海岸带生态环境保护与修复

王在峰　徐　敏　谢素美　谢正磊　编著

海洋出版社

2025年·北京

内容简介

本书在介绍海岸带环境污染与生态退化现状的基础上，用大量案例介绍了海洋生态空间规划、海洋污染治理、海洋生态修复和海洋灾害防治等方面的知识；通过将环境保护与生态修复的理论与实践相结合，以创新、协调、绿色、开放、共享的新发展理念推动海岸带高质量发展；同时，提升公众对海岸带生态环境保护与修复的关心、认识和行动力。

本书可以作为高等院校海洋科学、海洋资源与环境、海洋资源开发技术、海洋技术、环境科学等专业的教学用书，也可以作为高校和科研院所相关领域科技工作者的参考用书。

图书在版编目（CIP）数据

海岸带生态环境保护与修复 / 王在峰等编著 . — 北京：海洋出版社，2022.11
ISBN 978-7-5210-1039-8

Ⅰ . ①海…　Ⅱ . ①王…　Ⅲ . ①海岸带 – 生态环境保护 – 研究 – 中国 ②海岸带 – 生态环境 – 生态恢复 – 研究 – 中国　Ⅳ . ① X321.2

中国版本图书馆 CIP 数据核字（2022）第 208077 号

责任编辑：高朝君
责任印制：安　淼
海洋出版社　出版发行
http：//www.oceanpress.com.cn
北京市海淀区大慧寺路 8 号　邮编：100081
涿州市般润文化传播有限公司印刷　新华书店经销
2022 年 11 月第 1 版　2025 年 2 月第 2 次印刷
开本：787mm×1092mm　1/16　印张：23.75
字数：438 千字　定价：128.00 元
发行部：010-62100090　总编室：010-62100034
海洋版图书印、装错误可随时退换

前　言

　　海岸带是人类开发利用海洋的密集区，全世界约 2/3 的人口和 250 万以上的城市处在潮汐河口附近，10 人中有 6 人生活在距海岸 60 km 以内的地区。海岸带是陆地和海洋的过渡地带，在陆海统筹和海洋强国建设中发挥着重要作用。我国沿海区域人口密集，经济发达，占陆域国土面积 13% 的沿海经济带承载着全国 42% 的人口，创造了全国 60% 以上的国民生产总值。随着海岸带开发活动的不断加剧，自然资源的消耗速度也急剧加快，引发了海洋环境恶化、滨海湿地萎缩、生物多样性下降等一系列的生态退化问题，从而威胁海岸带地区经济的可持续发展。

　　随着对海洋开发利用的不断推进，海洋环境污染和生态破坏不断加剧，国民的海洋生态安全意识不断觉醒，开始重视对海洋环境的保护。党的十八大报告就"大力推进生态文明建设"明确提出了"建设美丽中国"的任务。建设"美丽海洋"是建设"美丽中国"的重要组成部分。面对海洋资源约束趋紧、环境污染严重、生态系统退化的严峻形势，必须树立尊重自然、顺应自然、保护自然的生态文明理念，把海洋生态修复和环境保护摆在更加重要的位置。为了加快"美丽海洋"建设，推进海洋生态建设和整治修复，我国相继实施了一批"南红北柳""蓝色海湾"以及"生态岛礁"等海洋海岸生态、湿地整治修复工程，部分河口和海湾生物多样性状况有所改善，一些海洋生态系统功能得到提高，水质和底质环境质量明显趋好，部分沙滩得到恢复，增加了公共亲海空间。党的十九大报告紧盯环境保护重点领域、关键问题和薄弱环节，提出加强大气、水、土壤等污染治理的重点任务和举措。为了加强近岸海域污染治理，按照从山顶到海洋、海陆一盘棋的理念，坚持河海兼顾、区域联动，开展入海河流综合整治，加强沿海城市污染源治理，清理非法或设置不合理的入海排污口，逐步减少陆源污染排放。同时，严控围填海和占用自然岸线的开发建设活动，推进海洋生态整治修复，增强污染防治和生态保护的系统性、协同性。这是建设"美丽海洋"的必要手段和必然途径。

　　本书通过分析海岸带海域环境污染与生态退化的现状，将生态环境保护与修复的制度建设、工程技术措施和管理方法以及沿海海洋生态修复实践有机结合，以期为推动海岸带生态环境保护与修复提供一定的理论支持和实践借鉴。本书共分为 10 章。第 1 章主要介绍海岸线和海岸带的概念及综合管理；第 2 章详细介绍了海岸带环境要素与典型生态系统类型；第 3 章介绍了海岸带环境污染与生态退化的诊断方法及现状；第 4 章介绍了海岸带生态保护与修复的理论基础、目标与措施；第 5 章介绍了海洋生态空间规划的分类及管控措施；第 6 章从入海污染物源头控制、过程阻断和末端治理方面，介绍了海岸带水污染控制与治理措施；第 7 章介绍了海洋垃圾、海洋微塑料、海洋倾废物的处理方法；第 8 章介绍了生态海堤建设的技术方法和工程措施；第 9 章介绍了滨海湿地、红树林、珊瑚礁、海草床、海藻场、海洋生物资源、海岛等典型生态系统的修复技术和方法；第 10 章介绍了海洋气象、地质、生态等海洋灾害的预警与防范措施。

　　本书由作者根据多年从事海洋资源与环境领域科研及教学的工作实践和经验积累编撰而成。全书参阅了众多海洋环境保护、海洋生态修复、海洋污染防控等方面的著作，力求有选择性地吸收海洋生态环境保护与修复的最新成果，并使本书在科学性、系统性、实用性、简洁性和易读性等方面有所突破。本书由王在峰、徐敏、谢素美和谢正磊共同编写。其中，第 1 章由徐敏编写；第 2 章至第 8 章由王在峰编写；第 9 章由谢素美编写；第 10 章由谢正磊编写；全书由王在峰统稿。此外，王丽珠、王静、刘佰琼、刘晴、李玉凤、李思达、刘云、李海瑞、沈祎尧等均参与书稿的校对和图件清绘工作，孙家录提供了部分封面图片，在此一并表示衷心感谢。

　　在本书的编写过程中，除书后列出的主要参考文献外，还参考了国家部委颁发的通知、文件及其他期刊文献，恕不一一列出，编者谨致谢忱。

　　由于作者水平有限，对于书中出现不妥之处，恳请读者批评指正。

编　者

2022 年 6 月

目　录

第1章 绪 论

与江、河、湖、海等水域濒临的陆地滨水地带，保证了人类生产生活的水源，提供了便捷的交通，促进了文化的交融。人类居住的地球，约71%的面积被海水覆盖。多数滨海区域水域空间开阔，自然资源丰富，对外交通发达，已不断发展成为人类生产空间拓展的主要区域。随着沿海地区开发进度的加快，"海岸带"一词被越来越多的人所熟悉。海岸带作为一个空间概念，有一个范围边界，边界是构成区域的基本要素。在这个边界内，从事一些活动，例如空间规划就是规定一定空间范围内的活动，使得空间的边界性变得十分重要。由于缺乏统一的海岸带空间基准边界，目前，各国对于海岸带范围的具体界限看法尚不一致。一般来讲，海岸带系指海洋和陆地相互交接、相互作用的地带，它包括紧邻海岸线一定宽度的陆域和海域。那么，什么是海岸线？海岸线两侧宽度如何限定？

1.1 海岸线的概念与分类

1.1.1 海岸线的概念

岸线是指陆地和水体接触的分界线，是潮涨潮落的变动位置，譬如我们经常说到的"河边""湖边""海边"。海岸线是多年平均大潮高潮时的痕迹线所形成的水陆分界线。海岸线分为岛屿岸线和大陆岸线，但海岸线不是一条线。海洋与陆地空间关系十分复杂，我们暂且假定陆地是固定不变的，海洋只有潮汐变化。海水昼夜不停地反复地涨落，海平面与陆地交接线也在不停地升降改变。假定每时每刻海水与陆地的交接线都能留下鲜明的颜色，那么一昼夜的海岸线痕迹是具有一定宽度的一个沿海岸延伸的条带。为了测绘、统计上的方便，地图上的海岸线是人为规定的，一般地图上的海岸线是用现代平均高潮线来表示的。

（1）科学意义上的海岸线

海洋和陆地是地球表面的两个基本单元，海岸线一般被理解为陆地和海洋的分界线。受海洋潮汐的影响，海洋与陆地的分界时刻都在变动，在海岸线上下变动的区域形成一个带状区域。地理学家把它们分为大潮高潮线、小潮高潮线、中潮线、小潮低潮线、大潮低潮线,以及最高高潮线、最低低潮线,同时给出了各种平均值。我国把海岸线定义为平均大潮高潮线。在自然地理学上,通常用海洋最高的暴风浪在陆地上所达到的线来划定海岸线,在海岸悬崖地区则以悬崖线来划分。其中,平均大潮高潮位是单个潮位站按时间、年限和特定方法得出的统计值,其与相邻潮位站的平均大潮高潮位连线并非存在简单的线性关系或其他关系,与海蚀阶地痕迹线、海滩堆积物痕迹线、海滨植物痕迹线不能等同,不可混淆。海蚀阶地痕迹线是由于历史上地壳运动、海浪冲蚀、潮流冲刷及潮汐涨落共同作用而产生的,有的海滨同时存在几条海蚀阶地痕迹线,它们之间的距离相距几米、几十米甚至上百米。如何确定,因人因地而异。海滩堆积物痕迹线是由于历史上大潮和高潮共同作用而产生的痕迹线,其成因是潮高加波浪爬高而产生的水体上举力,使得某些漂浮杂物在海岸边堆积。因此,这类痕迹线比实际平均大潮高潮位高,不能代表平均大潮高潮位。有的海滨同时存在几层海滩堆积物痕迹线,层与层之间相距几米至几十米不等,难以确定。从地理定义的角度来说,平均大潮高潮线是界定水陆分界线在科学意义上的基本准则,其他痕迹线因其模糊性和不确定性,只能作为界定海岸线的近似方法。

(2)地图中的海岸线

不同的行政管理部门,通常利用不同比例尺的地图来规划与管理海岸线,我国地图中对海岸线的定义集中反映在国家标准和行业标准对海岸线的规定中。

测绘行业标准《地籍图图示》(CH 5003—94)规定,"海岸线以平均大潮高潮的痕迹所形成的水陆分界线为准""干出线是最低低潮线""干出线与海岸线之间的潮侵地带为干出滩,又称海滩或滩涂"。

国家标准《中国海图图式》(GB 12319—1998)规定,"海岸线是指平均大潮高潮时水陆分界的痕迹线"。

水利行业标准《水道观测规范》(SL 257—2000)规定,"海岸线应根据平均大潮高潮时所形成的实际痕迹进行测绘"。

国家标准《海洋学术语 海洋地质学》(GB/T 18190—2017)规定,海岸线是"多年大潮平均高潮位时海陆分界痕迹线"。

国家标准《国家基本比例尺地图图式 第1部分 1:500 1:1 000 1:2 000 地形图图式》(GB/T 20257.1—2017)规定,"海岸线指海面平均大潮高潮时的水陆分界线;干出线指海面最低低潮时的水陆分界线(最低低潮线)。一般可根据当地的海蚀阶地、海滩堆积物或海滨植物确定";"干出滩又称海滩,是海岸线与干出线之间的潮浸地带,高潮时被海水淹没,低潮时露出"。

从以上可以看出,国家标准、行业标准对海岸线的定义比较一致,都认为海岸线是指平均大潮高潮时水陆分界的痕迹线,可根据滨海冲淤环境、植被线、杂物等辅助确定。

（3）航海中的海岸线

海图是为适应航海需要而绘制的一种地图，地图上详细地标绘了航海所需要的资料，如岸形、岛屿、礁石、浅滩、水深、底质、水流资料以及助航设施等。航海图是直接用于舰船航线设计、定位导航和系泊，保证航行安全的海图。对于测绘学而言，在海图上，有潮海海岸线为多年平均大潮高潮的水陆分界线；无潮海海岸线为平均海面的水陆分界线。而航海图为了航海安全上的需要，海岸线以理论最低低潮线为分界线，一些航海图上的海岸线会比最低低潮线还略低一些，可以保证任何时间实际的水深都比图上标示的水深更深，舰船按此海图航行绝对不会搁浅。

（4）政治领域的海岸线

国际法上的海陆分界线是最低低潮线。《联合国海洋法公约》规定，"除本公约另有规定外，测算领海宽度的正常基线是沿海国官方承认的大比例尺海图所标明的沿岸低潮线"。

在国内政治领域中，海岸线是指海水面与陆地接触的分界线，由于此分界线会因潮水的涨落而变动位置，大多数沿海国家规定海岸线以海水大潮时连续数年的平均高潮位与陆地（包括大陆和海岛）的分界线为准。

（5）行政管理意义的海岸线

海岸线作为海陆分界线，是典型的地理分形事物，海岸线长度随量测尺度大小而变化。自《中华人民共和国海域使用管理法》出台后，海岸线的位置和长度等基础地理信息已成为沿海各级政府和有关部门进行海洋综合管理的必要数据。由于海岸线的长度因测量尺度不同，所测得的同一段海岸线长度不一致，可能导致上级与下级部门、部门与部门之间在海岸线数据的统计、利用甚至对外宣传方面出现不同的数据，进而在政府决策或是政策执行的过程中产生一系列问题和不利的影响等。长期以来，平均大潮高潮线已经作为国家行政管理权和司法管理权实践的地理范围界线，管理岸线向海一侧即为海域，适用与海洋有关的法律法规；管理岸线向陆一侧即为陆域，适用与国土有关的法律法规。

在实际管理工作中，为了将海岸线具体化，政府部门在海域与陆地之间可以划出一条相对固定的具体界线。2002年国务院正式启动了全国省、县两级海域勘界工作，并规定："海域勘界的范围为我国管辖内海和领海，界线的起点从陆域勘界向内海一侧的终点开始，界线的终点止于领海的外部界限。"为了确定界线的起始点，原国家海洋局将大陆海岸线修测作为海域勘界的重要组成部分，组织沿海省（自治区、直辖市）开展大陆海岸线的修测工作。自2009年以来，我国沿海各省级人民政府陆续审批了各自辖区的管理海岸线，作为海陆管理的分界线。为了便于管理，管理海岸线在许多地方和实际存在的海岸线并不一致，这样就有了管理岸线和实际岸线之分。

1.1.2 海岸线的分类

海岸线是一条海洋与陆地交汇的线，随着时间不断发生演变，包括长度的变化、位置的迁移和类型的变化。海岸侵蚀、淤积、海平面上升等自然因素的变化和堤坝、围垦、采砂、填海等人为因素的变化，都可能会导致岸线的扩张或退缩。因此，海岸线的变迁是全球环境变化、海岸环境变化过程以及自然变化与人为活动相互作用的结果和综合反映，海岸线的确定也可采用不同的划分方法。目前，岸线分类标准从海岸线自然属性、海岸底质与空间形态和海岸线开发用途角度进行划分。如：依据海岸线自然属性是否改变，将海岸线细分为自然岸线、人工岸线和河口岸线；依据海岸底质与空间形态，将自然岸线细分为基岩岸线、砂质岸线、淤泥质岸线、生物岸线和整治修复后的自然岸线；依据海岸线开发用途，将人工岸线细分为渔业岸线、临海工业岸线、交通运输岸线、旅游娱乐岸线、造地工程岸线、特殊岸线、其他岸线和未利用岸线等（表 1-1）。

表 1-1 海岸线分类体系

一级分类	二级分类	主要特征
自然岸线	基岩岸线	裸露的基岩构成的海岸线
	砂质岸线	砂质和砾质砂石构成的海岸线
	淤泥质岸线	淤泥或粉砂质泥滩的海岸线
	生物岸线	红树林岸线、珊瑚礁岸线和海草床岸线
	整治修复后的自然岸线	整治修复后具有自然海岸形态特征和生态功能的海岸线
人工岸线	渔业岸线	用于渔业生产和重要渔业品种保护的海岸线
	临海工业岸线	开展工业生产所使用的岸线
	交通运输岸线	满足港口、航运、路桥等交通需要所使用的岸线
	旅游娱乐岸线	用于各类旅游、娱乐、休闲活动的海岸线
	造地工程岸线	用于城市、城镇、滨海新区公共和基础设施建设、城镇居民亲海、赶海等功能用途的海岸线
	特殊岸线	用于特殊功能用途的海岸线
	其他岸线	用于其他用途的岸线
	未利用岸线	当前还没有开发利用的海岸线或具有其他开发利用价值，预留保留用于将来开发利用的海岸线
河口岸线	河口岸线	入海河流与海洋的分界线

1.1.2.1 自然岸线界定与分类

根据《海岸线保护与利用管理办法》，自然岸线是指由海陆相互作用形成的海岸线，包括基岩岸线、砂质岸线、淤泥质岸线、生物岸线等原生岸线。整治修复后具有自然海岸形态特征和生态功能的海岸线纳入自然岸线管控目标管理。

因此，自然岸线包括由海陆相互作用形成的原生自然岸线，以及通过自然恢复或整治修复后具有自然岸滩形态特征和生态功能的海岸线。

（1）基岩岸线

基岩海岸的潮间带底质以基岩为主，是由第四纪冰川后期海平面上升，淹没了沿岸的基岩山体、河谷，再经过长期的海洋动力过程作用形成岬角、港湾相间的曲折海岸。基岩岸线的位置一般界定在多年平均大潮高潮位时海陆分界的痕迹线或者陡崖的基部（图1-1）。

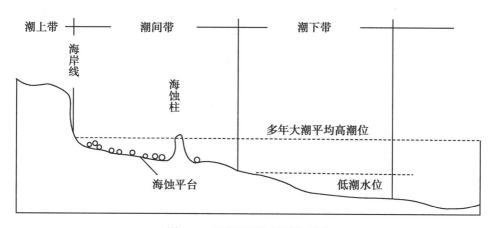

图 1-1 基岩岸线位置界定示意

基岩海岸一般具有以下特征：

1）岸线曲折，岬湾相间，岬角突出，两岬之间往往形成深入陆地的港湾，沉积物来自邻近岬角和海底岸坡。

2）地形反差较大，水下岸坡较陡，岸滩宽度较窄，水深较大，许多岸段5~10 m等深线逼近岸边，地形和沉积物横向变化显著。

3）海岸营力以波浪为主，某些岸段受潮流影响。

4）地质构造和岩性对海岸轮廓、海蚀与海积形态影响明显。

5）海蚀地貌发育，形态各异，高度不一，多发育有海蚀崖、海蚀平台、海蚀洞、海蚀柱等。

我国的基岩海岸主要分布在辽东半岛、山东半岛、浙江、福建、广东、广西、海南、台湾以及众多沿海岛屿。这些海岸的基本特点是众多的基岩岬角凸出于海洋之中，使海岸形成大小不等、封闭程度不一的海湾，海崖陡立，崖前有宽度不一的岩滩（海蚀平台），基岩岬角和海崖不断遭到侵蚀、后退，在海湾处往往形成不同规模的堆积体。基岩海岸的另一种类型为断层海岸，规模较大的断层海岸分布在台湾岛东岸。该海岸呈 NNE 走向，高耸陡峭的山体直插入海，形成了陡峭的断崖，水下岸坡陡急，海蚀平台狭窄，崖麓有散落的重力堆积的巨石，岸线平直。在我国其他基岩海岸上，也都发育有规模不大的断层海岸，如胶州湾内的红岛东北部海岸就有一段断层海岸。

（2）砂质岸线

砂质海岸的潮间带底质主要为沙砾，是由粒径大小为 0.063~2 mm 的沙、砾等沉积物质在波浪的长期作用下形成的相对平直的海岸。砂质海岸多具有包括水下岸坡、海滩、沿岸沙坝、海岸沙丘及潟湖等组成的完整地貌体系。它多发育于基岩海湾的内缘或直接毗连于海岸台地（平原）前缘。砂质海岸形成时代可追溯至晚更新世，其规模取决于海岸轮廓、物质来源和海岸动力等因素。

砂质岸线一般比较平直，通常在海滩上部堆成一条与岸平行的脊状砂质沉积，称滩脊，海岸线一般界定在滩脊顶部向海一侧。滩脊不发育或缺失的，海岸线一般界定在砂生植被生长存在明显变化线的向海一侧；沙滩向陆一侧为陡崖且直接相连的，海岸线界定在沙滩与陡崖的交接线；沙滩向陆一侧为海堤或道路的，海岸线可界定在海堤或道路坡脚处（见图 1-2 和图 1-3）。

砂质海岸一般具有以下几个特征：

1）组成物质以沙砾为主，其来源分别有中、小河流供沙，海岸侵蚀供沙及陆架供沙。

2）海滩与水下岸坡的坡度较大，宽度较窄。

3）海岸营力以波浪为主。

4）堆积地貌多样，常有水下沙堤、岸坝、离岸坝及沙坝–潟湖体系。

5）季风与风暴潮对堆积地貌改造作用明显。

我国的砂质海岸约占全国大陆海岸的 25.6%，主要分布在辽宁、河北、山东、浙江、福建、广东、广西、海南及台湾等。

（3）淤泥质岸线

淤泥质海岸的潮间带底质基本为粉砂淤泥，是由泥沙沉积物长期在潮汐、径流等动力作用下形成的开阔海岸。淤泥质海岸多分布在有大量细颗粒泥沙输入的大河入海口沿岸，是由于陆源泥沙在潮汐和河流运动作用下不断淤积，在河口处形成平缓的潮滩。淤泥质岸线应根据多年大潮平均高潮位时海陆分界的痕迹线，以及海岸植被、植物碎屑、贝壳碎片等分布的痕迹线综合分析界定（图1-4）。

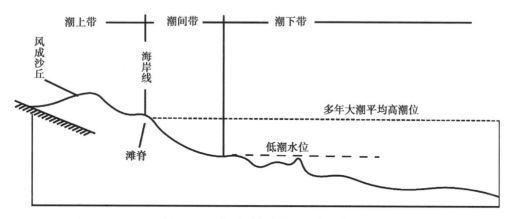

图 1-2 一般砂质岸线位置界定示意

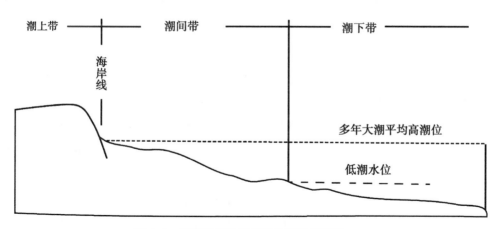

图 1-3 具陡崖的砂质岸线位置界定示意

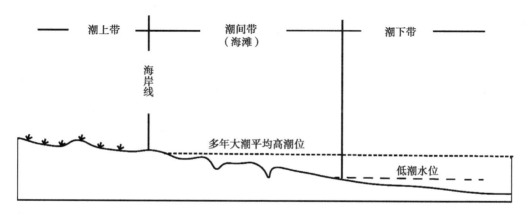

图 1-4 淤泥质岸线位置界定示意

淤泥质海岸一般具有以下几个特征：

1）组成物质为黏土、粉砂质黏土、黏土质粉砂及细粉砂等细粒物质，粒径为6~9 mm，滩坡坡度多小于1/1 000，季节性冲淤变化明显。

2）受潮、浪的共同作用，常以潮流为主。

3）潮滩宽平，地貌比较单调，从陆向海具有明显的分带性。

由于入海河流输沙作用，大部分泥沙在河口及河口以外适当的地方沉积，从而形成了广泛发育的淤泥质海岸。根据淤泥质海岸的物质组成、形态和成因，又可分为平原粉砂淤泥质海岸、河口湾淤泥质海岸和港湾淤泥质海岸三种类型。其中，平原粉砂淤泥质海岸主要分布在大江大河冲积平原外侧，如辽河平原、华北平原、苏北平原沿岸等；河口湾淤泥质海岸在河口湾两侧发育有规模不等的潮滩，滩面平坦开阔，主要发育在钱塘江口和珠江口等典型的河口湾及杭州湾；港湾淤泥质海岸岸线曲折，海湾众多，有较大的封闭性，湾内动力较弱，受湾内或邻近来沙影响，形成粉砂淤泥质海岸，主要分布在辽东半岛东南岸、浙江海岸及福建闽江口以北海岸。

（4）生物岸线

生物海岸的潮间带是由某种生物特别发育而形成的一种特殊海岸空间，包括珊瑚礁、牡蛎礁等动物分泌物、骨骼和残骸架构而成的近岸生物系统，以及草本、灌木和乔木等植物构成的滨海沼泽和湿地系统。我国生物海岸以杭州湾为界分为南、北两个典型区域类型。北方生物海岸以柽柳、芦苇、碱蓬、互花米草为主要植物，同时木麻黄、黑松、海三棱藨草、獐茅、二色补血草等植物混生组成滨海生态湿地海岸，主要分布在辽河三角洲、黄河三角洲、江苏海岸带、长江三角洲以及杭州湾。南方生物海岸主要包括由红树林为主要植物类型的潮间带湿地和珊瑚礁为主体构成的近岸浅水生态系统，其中红树林植物种类较多，包括秋茄、白骨壤、桐花树、红海榄、木榄、海漆、无瓣海桑（引进）和拉贡木（引进）等38种，主要分布于海南、广西、广东，福建、香港也有分布，浙江、澳门、台湾有少量分布。珊瑚礁主要分布于南海诸岛和海南岛沿岸，在广东徐闻、广西涠洲岛和斜阳岛、台湾及周边岛屿均有分布，广东（除徐闻外）和福建沿岸也有少量分布。此外，我国沿海还分布有牡蛎礁、贝壳堤以及海草床等生物海岸。牡蛎礁主要分布在渤海湾、江苏沿海以及长江口，贝壳堤主要分布于渤海湾，海草床在渤海湾以及广东、广西和海南均有分布。

红树林岸线和海草床岸线界定方法参照砂质岸线或淤泥质岸线；珊瑚礁、牡蛎礁等岸线界定方法参照砂质岸线或基岩岸线。

（5）整治修复后的自然岸线

近几十年来，随着沿海地区经济社会快速发展，海岸线和近岸海域开发强度不断加大，保护与开发的矛盾日益凸显，出现了港口开发、临海工业和城镇建设活动大量占用海岸线，自然岸线日益缩减，海岸景观和生态功能遭到破坏，公众亲海空间严重不足等问题。一些海岸的人工岸线经过整治修复或长时间的海陆相互作用，逐渐恢复了自然海岸的形态和功能，此类岸线应被认定为新增自然岸线并加以严格保护（图1-5）。

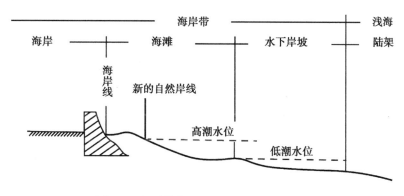

图1-5 整治修复后的自然岸线位置示意

1）整治修复的岸线。整治修复的岸线是指经整治修复后具有自然海岸形态特征和生态功能的海岸线。随着海岸整治修复工程技术的进步，可以通过退堤还滩、补沙养滩、退养还滩、种植护滩等人力手段对原人工岸线向海一侧的岸滩加以自然生态恢复、修复，当新形成的岸滩具备自然岸滩形态特征和生态功能后，这类次生岸线也可以认定为整治修复形成的自然岸线。

2）海洋保护区内具有生态功能的岸线。海洋保护区管理措施要求严格保护岸线的自然属性和海岸原始景观，并采取一定的人工辅助措施修复侵蚀和退化的岸线，在一定程度上维持和恢复了岸线的生态功能和景观特征。海洋特别保护区内、自然保护区等核心范围内历史存在的堤坝岸线，经过保护管理而逐步恢复了基本生态功能，界定为自然恢复的岸线，纳入自然岸线管理。

1.1.2.2 人工岸线界定与分类

人工岸线是指通过修筑人工构筑物等方式，形成的具有人工构筑特点的海岸线，如防波堤、防潮堤、护坡、挡浪墙、码头、防潮闸、船坞、道路等挡水（潮）建筑物组成的岸线，可以通过海挡向海一侧的外边缘线、道路向海一侧外边缘线、闸或取水口主体构筑物的向海一侧外边缘线等来识别认定。人工海岸的堤坝是为了阻挡海水侵入，在设计上要确保特大海潮时也不能漫堤，故所受潮汐作用的影响很小，有利于遥感影像对其直接监测，因此可将这些堤坝作为海岸线；对于一些在平均大潮高潮时海水能漫过的人工构筑物，在判定岸线位置时，以人工构筑物向陆侧的平均大潮高潮时水陆分界的痕迹线作为海岸线；与海岸线垂直或者斜交的海岸工程，如引堤、突堤式码头、栈桥式码头等，海岸线以其与陆域连接的根部连线作为该区域的海岸线。随着海洋开发活动的不断拓展，海岸线使用强度和规模不断扩大，海岸线使用用途也日益多样。根据海岸线毗邻海域、陆域的使用功能用途，可将海岸线划分为渔业岸线、临海工业岸线、交通运输岸线、旅游娱乐岸线、造地工程岸线、特殊岸线、其他岸线和未利用岸线等（表1-2）。

表1-2　海岸线利用类型与编码

一级类		二级类	
编码	名称	编码	名称
10	渔业岸线	11	渔业基础设施岸线
		12	围海养殖岸线
20	临海工业岸线	21	盐业岸线
		22	固体矿产开采岸线
		23	油气开采岸线
		24	船舶工业岸线
		25	电力工业岸线
		26	海水综合利用岸线
		27	其他工业岸线
30	交通运输岸线	31	港口岸线
		32	路桥岸线
40	旅游娱乐岸线	41	旅游基础设施岸线
		42	浴场岸线
		43	游乐场岸线
50	造地工程岸线	51	城镇建设填海造地岸线
		52	农业填海造地岸线
		53	废弃物处置填海造地岸线

续表

一级类		二级类	
编码	名称	编码	名称
60	特殊岸线	61	科研教学岸线
		62	军事岸线
		63	海洋保护区岸线
		64	海岸防护工程岸线
70	其他岸线	71	生态修复岸线
80	未利用岸线		

（1）渔业岸线

渔业岸线指用于渔业生产和重要渔业品种保护的海岸线，包括用于渔港和渔业设施基地建设、养殖、增殖、捕捞生产，以及重要渔业品种的产卵场、索饵场、越冬场和洄游通道等功能用途的海岸线。渔业岸线是我国目前功能用途最广的一类海岸线，在辽东湾、莱州湾、江苏沿海、北部湾等区域广泛分布。

（2）临海工业岸线

临海工业岸线指用于建设用填海和围海（港口建设除外）发展临海工业的海岸线，包括盐业岸线、固体矿产开采岸线、油气开采岸线、船舶工业岸线、电力工业岸线、海水综合利用岸线和其他工业岸线。

盐业岸线指盐田、盐田取排水口、蓄水池、盐业码头、引桥及港池（船舶靠泊和回旋水域）等所使用的岸线。

固体矿产开采岸线指开采海砂及其他固体矿产资源所使用的岸线。

油气开采岸线指开采油气资源所使用的岸线，包括石油平台、油气开采用栈桥、浮式储油装置、输油管道、油气开采用人工岛及其连陆或连岛道路等所使用的岸线。

船舶工业岸线指船舶（含渔船）制造、修理、拆解等所使用的岸线，包括船厂的厂区、码头、引桥、平台、船坞、滑道、堤坝、港池（含开敞式码头前沿船舶靠泊和回旋水域，船坞、滑道等的前沿水域）及其他设施等所使用的岸线。

电力工业岸线指电力生产所使用的岸线，包括电厂、核电站、风电场、潮汐及波浪发电站等的厂区、码头、引桥、平台、港池（含开敞式码头前沿船舶靠泊和回旋水域）、堤坝、风机座墩和塔架、水下发电设施、取排水口、蓄水池、沉淀池及温排水区等所使用的岸线。

海水综合利用岸线指开展海水淡化和海水化学资源综合利用等所使用的岸线，

包括海水淡化厂、制碱厂及其他海水综合利用工厂的厂区、取排水口、蓄水池及沉淀池等所使用的岸线。

其他工业岸线指上述工业岸线以外的岸线，包括水产品加工厂、化工厂、钢铁厂等的厂区、企业专用码头、引桥、平台、港池（含开敞式码头前沿船舶靠泊和回旋水域）、堤坝、取排水口、蓄水池及沉淀池等所使用的岸线。

（3）交通运输岸线

交通运输岸线指为满足港口、航运、路桥等交通需要所使用的岸线。主要包括港口岸线和路桥岸线。港口岸线指用于港口建设的海岸线，包括用于码头、防波堤、港池、航道、仓储区等建设功能用途的海岸线。路桥岸线指连陆、连岛等路桥工程所使用的岸线，包括跨海桥梁、跨海和顺岸道路等及其附属设施所使用的岸线。我国港口码头海岸线主要分布于大连港、天津港、青岛港、北仑港等沿海港口区域。

（4）旅游娱乐岸线

旅游娱乐岸线指用于各类旅游、娱乐、休闲活动的海岸线，包括被各类风景旅游区、海水浴场、海上游乐场、海上运动场及辅助设施等开发功能用途占用的海岸线。近年来，我国滨海旅游业发展迅速，优质沙滩、礁石海岸景观、生物海岸景观等海岸旅游资源开发力度不断加大，用于旅游娱乐功能的海岸线规模日趋增大。典型的旅游娱乐岸线有海南三亚海岸线、青岛金沙滩海岸线、河北北戴河海岸线等。

（5）造地工程岸线

城镇建设填海造地工程岸线指用于城市、城镇、滨海新区公共和基础设施建设、城镇居民亲海、赶海等功能用途的海岸线。城镇建设填海造地工程岸线以前主要分布在大连、青岛、厦门、海口等滨海城市，现在随着越来越多的滨海新区建设，分布范围和规模都在不断扩大。

农业填海造地工程岸线指通过筑堤围割海域，用于农、林、牧业生产等用途的海岸线。

废弃物处置填海造地工程岸线指通过筑堤围割海域，用于处置工业废渣、城市建筑垃圾、生活垃圾及疏浚物等废弃物用途的海岸线。

（6）特殊岸线

特殊岸线指用于其他特殊功能用途的海岸线，包括用于防护海洋灾害功能的海岸防护工程岸线、用于科研教育功能用途的科研教学岸线、用于军事用途的军事岸线等。海洋保护区岸线指位于各类海岸保护区内的海岸线及其各类需要保护的海岸线，包括位于国家级自然保护区、国家级海洋特别保护区范围内的海岸线，地方（省、市、县）各类保护区范围内的海岸线，以及具有特别的自然、历史文化、开发利用价值，需要保护的海岸线，如贝壳堤海岸线、红树林海岸线、珊瑚礁海岸线等。

（7）其他岸线

其他岸线指人工生态修复后具有自然海岸形态和生态功能的海岸线，包括经过退围还海、退养还滩（湿）、沙滩养护后形成的沙滩，海堤生态化建设后的海堤、护岸等。

（8）未利用岸线

未利用岸线指当前还没有开发利用的海岸线或具有其他开发利用价值，预留用于将来开发利用的海岸线。随着我国当前海岸线利用规模的不断加大，未利用海岸线日渐稀少，海岸线急需集约、节约利用。

1.1.2.3 河口岸线界定

河口是海水和淡水交汇及混合的部分封闭的沿岸海湾，它受潮汐作用的强烈影响，如同潮间带是陆地和海洋环境的交替区一样，河口是地球上两类水域生态系统——入海河流与海水环境之间的过渡区。河口海岸线分布于河流入海口，是入海河流与海洋的分界线，主要包括开放式河口连续线、封闭式河口连接线（防潮闸/坝等）。由于河口段受到径流和潮流的双重影响，水动力较强，加上人类活动频繁，河口海岸线处于不断变动之中，用传统的遥感方法难以准确确定其界线。因此，河口岸线的界定根据河流入海口区域的地形地貌、咸淡水混合区域、管理传统等，按照以下顺序进行界定（图1-6）。

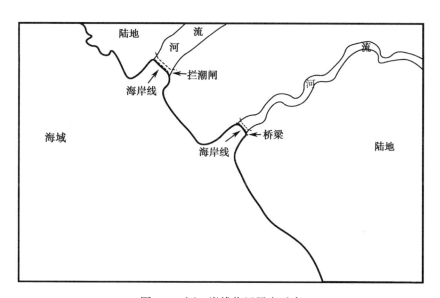

图1-6 河口岸线位置界定示意

1）以已明确的河口海陆分界线作为河口岸线位置。

2）以河口区域的历史习惯线或者管理线作为河口岸线位置。

3）以河口区域最靠近海的第一条拦潮闸（坝）或第一座桥梁外边界线作为河口岸线位置。

4）以河口突然展宽处的突出点连线作为河口岸线位置。

1.2 海岸带的概念与范围

海岸带是陆地与海洋的交接带，是陆地与海洋活动最密切的地区。海岸带以海岸线为基准线，向两侧延伸一定宽度的海域和陆域。海岸带的概念，既包含近海陆地又包含海洋的范围，因此，在进行综合性管理或制定海洋法律时要综合考虑各地的生态、地形等自然因素以及政治法律等社会因素。目前，国内外对海岸带的定义和界定有着不同的认识和理解，所以尚无统一的标准。一般可归纳为两种：一种是地理上的海岸带；另一种是管理上的海岸带。

1.2.1 地理上的海岸带

从地理角度讲，海岸带具有整体的连贯性，由滩涂、河口、崖壁等许多复杂的地理单元所组成，因此在划分海岸带范围时应考虑到自然单元的完整性和不可分割的特点。因此，海岸带的范围界定主要从地势地貌角度出发，认为由海域向陆地区域波浪冲刷衍生辐射的一定范围的过渡区域就是海岸带，涵盖潮上带（近岸陆地）、潮间带、潮下带（近岸海域）三个区域（图1-7）。

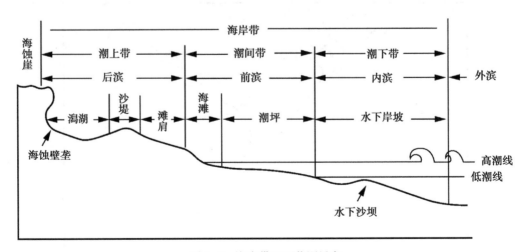

图1-7 海岸带地理范围界定

（1）潮上带

潮上带又叫海岸带陆地区域，一般的风浪和潮汐都达不到，在极端情况下可能受到暴风浪、风暴潮等海洋作用的影响。潮上带在不同底质海岸地貌形态各不相同，在基岩海岸，陆地的基岩质山地丘陵受海水侵入淹没，使得海岸陆地山峦起伏，奇峰林立，海岸岬角与海湾相间分布，岬角向海突出，海水直逼崖岸，形成雄伟壮观的海蚀崖。在一些海水反复进退的基岩岸段，还存在海蚀阶地、海蚀平台等地貌类型。在砂质海岸，在长期的海洋堆积作用下，形成面积较大，地势平坦的滨海平原，又叫海积平原。海积平原向海前缘多分布有滨海沙丘，滨海沙丘分链状风积沙丘、滨岸沙丘、下伏基岩沙丘和丘间席状沙地等，滨海沙丘多沿海岸线展布，宽度 500~1 500 m，高度多在 20 m 以下。丘间席状沙地地势平坦，地表堆积有厚度 1.0~1.5 m 的风积沙层，多为风选极好的细砂。淤泥质海岸多为河流携带泥沙淤积形成的洪积平原，又叫三角洲平原。三角洲平原地势相对平坦，海岸线平直，河床发育，由分汊河床沉积、天然堤沉积、决口扇沉积以及低地、潟湖的沼泽沉积等类型组成。随着淤泥质海岸河流沉积作用增强，在河床中逐渐形成边滩、沙洲，在河口区域形成沙嘴、沙坝和潟湖。

（2）潮间带

潮间带是海陆相互作用最为集中的区域。

在基岩海岸的潮间带，由于长期受海浪冲刷侵蚀破坏，一些结构破碎或岩性较软的区域被海浪掏挖成凹进岩体，形成海蚀槽或海蚀洞。海蚀槽或海蚀洞顶部岩体破碎塌落后，海岸后退就形成海蚀崖，原来的海蚀槽或海蚀洞底部岩石则成为向海稍有倾斜的基岩平台，称为海蚀平台。从悬崖上崩塌下来的岩块，被波浪冲刷带走的过程中，逐渐滚磨成碎块，形成相对平坦的海蚀滩。一些海蚀洞顶部岩石受侵蚀塌落，洞壁岩石相对坚硬，在长期的海浪冲刷侵蚀作用下形成海蚀柱。一些向海突出的岬角同时遭受到两个方向的波浪作用，使两侧海蚀洞侵蚀穿透，呈拱门状，称为海蚀拱桥。海蚀拱桥崩塌后，拱桥向海一端便形成基岩孤岛，孤岛继续冲刷侵蚀则形成海蚀柱。基岩海岸一般地势陡峭，深水逼岸，掩护条件好，水下地形稳定，多具有优良的港址建设条件，同时奇特壮观的海蚀地貌景观，也为发展滨海旅游业提供了丰富资源。

砂质海岸潮间带底质为结构松散、流动性大的沙砾，来源包括河流来沙、海崖侵蚀供沙、陆架来沙、离岸输沙、风力输沙、生物沉积等。砂质海岸潮间带水沙动力作用十分活跃，主要动力过程包括波浪作用、潮汐作用、风力等。当向岸流速大于离岸流速时，海滩沙砾物质向岸输移量大于向海输移量，海滩处于堆积状态，发育成沙滩、沙堤、沙嘴、水下沙坝、潟湖等海滩地貌形态；当离岸流速大于向岸流速时，海滩沙砾物质向海输移量大于向岸输移量，海滩处于侵蚀状态，海滩剖面呈凹形，或有侵蚀陡坎。砂质海岸潮间带滩平沙细，水清浪静，是重要的滨海休闲旅游娱乐资源。

淤泥质海岸潮间带为范围广阔的淤泥质滩涂湿地，其间散布着大小不一的潮沟体系，形成由潮沟分割和给养的条块状潮滩地貌。淤泥质潮滩自陆向海地势由高渐低，地貌形态、冲淤性质和生态环境特征等具有明显的分带性，依次分为高潮滩带、上淤积带、冲刷带和下淤积带四个地带。冲刷带和下淤积带多为裸露泥滩；上淤积带可能会有稀疏的湿地植物发育；高潮滩带会有芦苇、碱蓬、红树林等相对密集的植被发育。河流由中上游携带而来的大量泥沙在河口区域及沿海堆积，形成河口三角洲前缘滩涂湿地。在河流泥沙来源丰富的情况下，淤泥质滩涂前缘不断向海推进，高潮滩带和上淤积带不断淤高成为陆地，冲刷带和下淤积带淤高成为新的高潮滩带和上淤积带，如此不断淤涨，增加了陆地土地供给。而在河流携带的泥沙物质减少或中断的情况下，不但不能形成新的淤泥质滩涂湿地，而且原来的淤泥质滩涂外缘受波浪、潮流的冲刷侵蚀，海岸会不断向陆地方向后退。淤泥质潮滩地势平坦，沉积泥沙细，结构松散，营养丰富，是底栖水产品的主要生产区。

（3）潮下带

潮下带处于波浪侵蚀基面以上，海水长期淹没的水下岸坡浅水区域。这一区域阳光充足，氧气充分，波浪活动频繁，沉积物以细砂为主，分选良好，磨圆度高，自低潮水边线向海，沉积物由粗逐渐变细。根据海底地形的局部变异，潮下带可分为局限潮下带和开阔潮下带。局限潮下带海底微微下凹，波浪振幅较小，水流较弱，沉积物较细；开阔潮下带与外海直接连接，海底地形微微凸起，波浪和潮汐对海底沉积物搅动作用大，沉积物较粗，分选及磨圆度均较高。从潮坪及陆架地区带来的丰富养料聚集于潮下带，使潮下带成为海洋生物的聚集带，珊瑚、棘皮动物、海绵类、层孔虫、腕足类及软体动物等大量发育，进行光合作用的钙藻也大量发育。基岩海岸潮下带地形复杂，凹凸不平，沟槽、礁石（暗礁）和岛屿发育丰富。砂质海岸潮下带地形相对平坦，局部海岸存在水下沙坝 - 槽谷系统。淤泥质海岸潮下带多为水下三角洲平原，沉积物细腻，富含有机质。

1.2.2　管理上的海岸带

海岸带管理属于行政管理，从管理的效率、便利的角度划分的区域应明确、清楚，不应含糊不清。从社会学角度讲，海岸带是以海洋为生的人口所活动的区域。从管辖权角度出发，将海岸线视作测量线，向陆海两个方向延伸扩散，向海可扩展到沿海国家海上管辖权的外界，即 200 海里专属经济区的外界；向陆距离海岸线十几千米，其中包括了各种形态的近岸土地部分及大片海域等。1995 年国际地圈 – 生物圈计划（IGBP）认为：海岸带区域是向海洋侧延伸到陆架边缘带，下限大致是 –200 m 等深线，向大陆侧延伸到河流流域，其上限是 200 m 等高线（图 1–8）。

我国在 1985 年开展全国海岸带和海涂资源综合调查时规定了海岸带范围为向陆延伸 10 km，向海延伸至 10~15 m 等深线；我国近海海洋综合调查与评价专项将我国大陆和海南岛海岸带范围确定为以潮间带为中心，自海岸线向陆延伸 1 km，向海延伸至海图 0 m 等深线。在开展海洋功能分区、海洋开发规划时，根据行政分区的完整性，以沿海县市为界确定陆域一侧的规划范围。

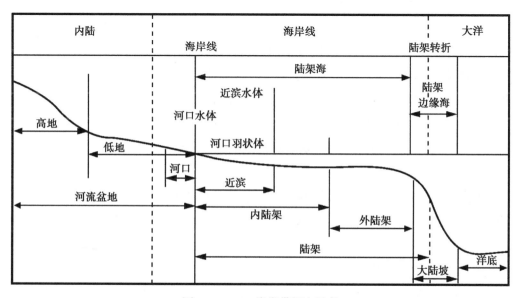

图 1–8 IGBP 海岸带概念示意

1.3 海岸线与海岸带管理

海岸线是陆地与海洋的分界线，受自然因素和人为因素的双重影响，往往随大陆边缘形态的自然变迁及开发利用而动态变化。海岸带是海洋和陆地相互作用的地带，具有环境敏感性的特点，单独考虑或规划利用或开发保护陆海一方，都有可能造成另一方的环境资源损害或不可持续。因此，为了加强海岸线和海岸带的开发利用保护，必须按照陆海统筹的理念，以海岸线为轴，统筹海岸线两侧功能和需求，实现陆地国土空间规划与海洋空间规划有效衔接。由于陆海统筹侧重于沿海地区的经济发展，更加注重社会功能的实现，为了实现经济发展和沿海生态系统保护并重，需要解决整个海岸线范围内资源利用和环境保护冲突的问题，这就需要部门之间、不同层次机构之间进行空间管理以及国家的综合管理，即海岸带综合管理模式。

1.3.1 海岸线管理

早期的海岸线管理是为了保持海岸线的稳定。由于海岸侵蚀和淤积，海岸线处在不断的变化之中，再加上海平面上升加剧了海陆作用的过程，人类因此试图控制和管理海岸线，提出的管理海岸线的措施包括硬工程如海堤、防波堤和护面块石，软工程如人工海滩、人工沙滩、湿地再造等。现代的海岸线管理则除了考虑侵蚀控制外，更认识到了保护和保持海岸线与自然资源的生态功能的重要性，通过制定海岸线总体规划来平衡海岸线的土地利用和海岸线的保护。

我国有关国家标准和行业标准规定海岸线是平均大潮高潮线，但在实际应用中，海岸线的位置是很难确定的。由于自然和人为因素的影响，近几年海岸线变迁很快，既有海岸侵蚀造成的岸线蚀退，也有河口冲淤或填海造地所造成的岸线向海推进。由于以前没有明确的管理界线，造成涉海各方在一些地区出现了管理范围的交叉与重叠，产生管理权限和经济利益的冲突。虽然《中华人民共和国海域使用管理法》明确了海域使用管理向陆域一侧的范围为海岸线，但这条线究竟如何划定，操作起来比较困难。

长期以来，由于海岸线的模糊性，海陆界线的不清晰，管理职责范围的不明确，引发了各行业之间、部门之间以及开发与管理之间的纠纷，制约了海洋资源环境的开发与保护，造成海岸线资源的浪费与破坏。因此，准确掌握海岸线的位置、长度、类型及开发利用现状，是严格保护自然岸线，整治修复受损岸线，拓展公众亲海空间，实现海岸线保护与利用的经济效益、社会效益、生态效益相统一的重要前提。为了确定海岸线界线的起始点，海洋行政主管部门于 2016 年启动了大陆海岸线的修测，并于 2019 年 7 月颁布了《全国海岸线修测技术规程》，指导全国大陆海岸线和有居民海岛岸线的修测工作。目前，沿海省（自治区、直辖市）大陆海岸线修测成果得到了省级人民政府的批准。

1.3.2 陆海统筹管理

海岸带作为陆海两域的连接地带，生态系统极为脆弱，特别是在陆地与海洋交接地带，生态系统多样性比较突出，但同时生态环境又比较容易遭到破坏，所以海岸带区域内存在污染严重等很多环境问题。从以往发展来看，我国文化起源于农耕文明，城市化的发展以陆域土地扩展为基础，长期呈现陆地城市化趋势。在漫长的城市发展历程中，围海造地虽然在一定程度上促进了城市经济的发展，但未将海洋作为空间资源纳入城市规划建设中，导致近岸空间涉及的陆域和海域两大主体在空间建设和规划管理中存在割裂。对海洋自然环境和生态系统没有给予相应的保护，自然会出现因方法不当或者急于求利，而导致海洋资源利用率低且过度利用、海洋生态环境恶化、环境污染等一系列问题，进而影响陆域社会经济发展的稳定秩序。

统筹兼顾的思想和意识很早就被提及并运用到我国大政方针中，随着改革开放，海洋经济优势体现，海洋的投入开发和陆海统筹协调发展成为时代发展的必然趋势。1996 年，《中国海洋 21 世纪议程》提出"要根据海陆一体化的战略，统筹沿海陆地区域和海洋区域的国土开发规划"，海陆一体化思想作为我国早期的陆海发展思想和原则，是陆海统筹概念的雏形。2005 年在北京大学举办的"纪念郑和下西洋 600 周年"学术研讨会上，"陆海统筹"概念被首次提出。2011 年，第十一届全国人大审批了《十二五规划纲要（草案）》，其中明确指出"坚持陆海统筹，制定和实施海洋发展战略"。陆海统筹正式被提升至海洋发展战略地位，首次被列入国家级发展规划。2019 年 5 月，国土空间规划明确提出了陆海统筹的要求，作为新时代的新规划，国土空间规划体系特别强调注重陆海统筹，把海域纳入国土空间一并考虑，总体上实现全域国土空间治理体系和治理能力现代化。

从区域发展的层面来看，陆海统筹是指对陆海资源、生态、经济和社会等条件进行综合考虑，将海洋和陆地视作两个独立的系统，分析两个独立系统之间物质、能量和信息的流通和传递，以科学发展观为指导，制定相关政策法规对沿海区域未来发展进行规划，从而实现海洋与陆地区域的生物、化学、矿产等资源和能源流通，加强海陆系统之间的互动作用和优势互补，最终促进沿海区域又好又快发展。陆海统筹作为我国海洋发展的基本战略，从总体上说，是对陆域和海域进行统筹管理，地理范围为兼有陆域和海域的沿海地区，促进沿海地区以经济为主的社会、生态、文化等多方面综合的协调发展，最终实现我国建设海洋强国的目标。

1.3.3　海岸带综合管理

随着海洋与海岸带开发利用活动的复杂化和深入化，海岸带地区的资源环境问题逐渐显露出来，经济效益降低，以部门分割、行政区域分割的传统管理模式已经不能完全解决海岸带地区所面临的问题。同时，人类也具有了越来越完备的海岸带系统以及管理方面的知识，在这种背景下，综合管理成为海岸带管理的主流模式。通过制定政策和管理战略，海岸带综合管理成为一种解决海岸带资源利用冲突，控制人类活动对海岸带环境影响的一个持续的、动态的过程。在海岸带综合管理模式下，提出了部门间的综合、同层次机构上的综合（如国家的、省的及地方的）、空间上的综合（海陆综合）、科学与管理的综合以及国家间的综合。从这里可以看出，海岸带综合管理的目标是解决整个海岸带范围内资源利用冲突的问题，通过控制人类活动对环境与生态系统的影响来保证海岸带可持续发展。

1.3.3.1 海岸带综合管理概念

20 世纪 30 年代，阿姆斯特朗等就提出对延伸至大陆架外缘的海洋资源区应当采取综合管理，这是最早的海岸带综合管理思想的萌芽。1972 年美国颁布《海岸带管理法》，将海岸带作为一个完整的自然实体，提出对海岸带地区实施"综合开发，合理保护，最佳决策"的管理目标与原则，正式拉开了海岸带综合管理的序幕。1980 年后，世界沿海国家广泛地接受了海岸带"综合管理"的概念，形成了国际海岸带综合管理体系。《联合国气候变化框架公约》号召沿海国家制定海岸带综合管理计划，以解决全球气候变化的影响；政府间气候变化专家组建议沿海国家实施海岸带综合管理以减少全球气候变化引起的经济、环境和社会影响；经济合作和发展组织呼吁沿海国家政府实施海岸带综合管理。《联合国海洋法公约》和《21 世纪议程》等文件中，列出了许多海洋和海岸带综合管理需要解决的问题，其中涉及的领域包括渔业和水产养殖、矿物资源开发、港口和海湾、沿海开发和工程、旅游、污染防治和生态保护、海岸侵蚀等。1992 年，在巴西里约热内卢召开的联合国环境与发展大会通过的《21 世纪议程》要求沿海国家实施海岸带综合管理，正式提出"海岸带综合管理"的概念，将海岸带综合管理定义为"一种政府行为，各利益集团在国家或政府公权力的引导下参与到海岸带综合管理规划及实施中，寻求各方平衡的最佳利益方案，协调海岸带开发与保护之间的矛盾，获得海岸带区域的总体发展"。这次会议将传统的各部门独立执法、互不干涉的单目标海岸带管理，转化为多部门协调统一、联合执法的现代海岸带综合管理。1993 年，《世界海岸大会宣言》指出，"海岸带综合管理已被确定为解决海岸区域环境丧失、水质下降、水文循环中的变化、沿岸资源的枯竭、海平面上升等的对策及有效方法，以及沿海国家实现可持续发展的一项重要手段"。

国内长期以来尚未形成海岸带综合管理的系统研究，缺乏对海岸线资源的统筹管理，使得海岸带开发利用过程中存在诸多问题。2006 年，《海洋功能区划技术导则》（GB/T 17108—2006）发布，我国制定了海洋功能区划分类体系，将海洋功能区划分为 10 个一级类型和 33 个二类，主要一级功能区包括农渔业资源利用和养护区、港口航运区、工程用海区、矿产资源利用区和旅游区等。后来，基于生态系统的管理逐步融入海岸带综合管理中，将海洋生态系统视为一个整体，运用生态系统论、生态保护论和可持续发展论等，达到保护海洋生态环境、节约海洋资源、实现生态系统健康可持续发展的目的。鹿守本提出基于生态系统的管理是"海洋综合管理在海岸带区域的细化，是一种高层次的政府职能行为和管理方式，通过制定法律规划和执法监督等手段，协调管理海岸带的资源环境和开发利用行为，达到海岸带开发利用的可持续发展"，定义涉及海岸带综合管理的实施主体、手段、目的等多个方面，也是我国目前最受认可的海岸带综合管理内涵。此后，管治理念被引入海岸带综合管理研究中，将海岸带综合管理定义为"实现海岸带地区最优资源环境组合和最大获益的管理方式，将管治理念引入管理的各个环节之中，通过专家咨询和多方协商，达到相关集团利益冲突的协调"，强调海岸带综合管理对资源保护和经济发展的协调作用。

1.3.3.2 海岸带综合管理措施

海岸带综合管理是对海域资源生态的综合管理，包括对海域环境资源的基础管理、权属管理、使用活动管理等，海岸带综合管理强调必须高度统筹海岸带资源的合理配置和利用。我国虽然已经颁布了一些涉及海岸带使用与保护相关的法律，但大都仍是行业管理的思路，多数为部门单项立法，管辖权有限，很难超出部门权限范畴统筹多部门协调管理，而海岸带地区复杂的形式需要多部门协调管理。

（1）陆海统筹，科学界定海岸带管理范围

确定海岸带范围是海岸带管理的前提。不同地方、机构出于各自对海岸带资源管理的不同需求，在界定海岸带定义和范围时也各有不同。目前，国家、省、市各层面的海岸带范围划定没有统一的标准，海岸带空间范围与管辖范围不统一，不便于日后对海岸带的管理，造成行政界限交叉，管辖范围冲突，部门职责重叠，海岸带开发利用权属混乱等问题。因此，在厘清海岸带范围时要统筹考虑生态单元的完整性、陆海区域的差异性和管理的可实施性，依托陆海核心资源要素，以及围绕资源要素开展的行为活动，将两者共同占有的空间作为划定依据。在陆域侧划定时考虑地貌、行政边界的完整性，便于日后管理实施；在海域侧划定时要考虑协调河口岸线、自然保护区、生态敏感区、城镇建设区、港口工业区、旅游景区等规划区范围，并且将所有海岛包含在海岸带范围内，最终确定海岸带空间范围。

（2）协调融合，构建海岸带综合管理机制

海岸带综合管理是一项长期工作，只有通过建立有效的制度机制，才能保证自身持续发展下去。协调是海岸带综合管理的方式之一，海岸带管理工作同时涉及环保、自然资源、财政、发改、城建、沿海县区等多个单位，在实际工作中，因各部门分别制定的相关政策和计划有所不同，加上缺乏必要的协调，容易存在各部门管理权限及责任不明确等问题。随着海岸带开发利用程度越来越高，因资源的有限性，行业间利用资源竞争性越来越强，之间的冲突也日益增多。单一的部门分工管理已不能适应海岸带综合管理的要求，要从管理的可行性角度出发，加强部门"块块"和行业"条条"间的沟通与协调，才能有效实现海岸带综合管理。建立协调长效机制的方式主要有四种：一是有行政能力的海洋管理委员会，统筹拟制海岸带法律法规、政策、规划，协调海域重大开发项目，监察执法等；二是规划协调机构，如建立海岸带开发保护规划协调委员会，统筹规划海岸带的开发和保护工作；三是联席会议，协调解决海岸带使用与保护中的一些具体问题；四是海岸带综合管理工作的政府部门，建立和健全县以上各级政府的专门机构或指定一个具体部门负责海岸带综合管理工作。在国家层面上，随着自然资源部、生态环境部、中国海警局等各部门工作的开展，职能上的交叉和重叠更需要建立长效的协调机制来推进。此外，由于沿海各地不同行政区域之间缺乏充分的协调，还需要根据海区、湾区海岸带的自然属性，建立跨区域的协调机制，统筹生态系统保障和海岸带的开发使用。

（3）精细管控，严格制定海岸带管理举措

落实生态空间用途管制制度。规划是海岸带立法的核心，所以应明确海岸带综合保护与利用规划制定的原则和要求，构建合理的海岸带保护与利用格局，将海岸线、海岸带与国土空间规划中的"三线"有效衔接和有机结合。一是严守自然资源消耗上限，保障自然资源的多样性，严格禁止将陆海交界区域内的生态空间转换为城镇空间和农渔业空间；二是严守海洋生态保护红线，衔接国土空间规划中的生态保护红线，限定红线内海岸带区域开发利用规模和强度；对红线范围内已占用海岸线的用海项目采取逐步退出和转变用途的办法，严禁不符合海岸带保护要求或损害海洋生态功能的用海活动；三是严守生态环境质量底线，按照城镇建设适宜性、农渔业发展适宜性和生态功能重要性划定不同分类的海岸带空间，合理安排海岸带开发利用的范围、时序和分布。

严格制定有针对性的管制政策。针对海岸带保护与开发管理中面临的问题，结合划定的海岸带管理范围以及海岸建设指引对海岸带区域进行具体管控，从生态改善、品质提升、功能塑造等角度对不同特色滨海空间进行有针对性的规划，在建设退界、防灾减灾、环境管制、景观利用与旅游发展等方面制定管制政策。

（4）强化实施，积极落实海岸带管理保障

对于海岸带的管理，尚没有以国家层面针对海岸带这一特殊区域制定专门的法律规定，当前国家制定的法律多数只是涉及海岸带资源方面，如《中华人民共和国海域使用管理法》《中华人民共和国海洋环境保护法》《中华人民共和国矿产资源法》《中华人民共和国水土保持法》《中华人民共和国土地管理法》《中华人民共和国渔业法》等。对于这些法律法规因各自侧重点不同，容易造成在同一区域可适用多个相关法律，造成重叠、冲突现象。因此，应加快立法保护海岸带环境资源，积极构建海岸带综合性法律法规体系，实现海岸带区域各要素一体化管理。

　　明确体制机制保障，严格保障海岸带相关规划编制工作的质量，确保海岸带规划与各类规划的衔接融合，保障海岸带规划编制的合理性、可行性和科学性。加强海洋监测保障，建立快捷高效的海岸带监测预警网络，提高海岸带管理工作的实时性、信息化和数据化，定期对近海区域的环境状况和管理效果进行评价，建立有效、准确、快捷、持续的海洋环境监视监测系统和评价体系。建立陆海统筹的海岸带联合执法制度，整合陆海环境保护执法资源，建立联勤联动机制，统筹执法协作，共同保障陆海统筹的海岸带联合执法制度的实施。

<h3 style="text-align:center">思考题</h3>

1. 如何理解海岸线的概念？

2. 什么是自然岸线？其类型包括哪些？

3. 什么是海岸带？说明其组成部分是如何界定的。

4. 说明管理岸线的作用和意义。

5. 陆海统筹和以海定陆的区别是什么？

6. 什么是基于海洋生态系统的综合管理？

第 2 章 海岸带环境与生态系统

海岸带是大陆地貌、海洋地貌的交错带，是独特的生态区域单元。海岸带既包括海洋部分，也包括部分的陆域，是一个既有别于一般陆地生态系统，又不同于典型海洋生态系统的独特生态系统。海岸带生态系统是由海岸带物理环境和海洋生物类群两大部分构成，其中，海岸带物理环境是指海陆交错地带以人类为主体的大气、水、土壤、地质地貌和生态环境以及社会经济环境的总和。按照研究习惯，海岸带物理环境分为自然意义上的地质环境、地形地貌环境、气候环境、水动力环境、水环境、景观环境等。海岸带处于海陆交互作用的地带，各种环境条件在海陆垂直方向上往往呈梯度分布，如温度、盐度、悬沙、沉积物颗粒、生物群落、景观等都具有梯度变化的特征，包括维度梯度、海陆梯度和垂向（深度方向）梯度。由于光线、压力、盐度、海流、潮汐、波浪、营养盐以及地质等条件的不同，形成了千差万别的生存环境，孕育了适合各自生存环境的不同的海洋生物。在众多的海洋生物群体之间，在食物链关系下，存在着一个相互之间适应生存的需要，这种关系经历漫长的演变和进化过程，形成了相对稳定的结构，保持着生态平衡状态。在不同的海洋环境中，存在着完全不同类型的生态系统。这样一个个生态系统在它们适应了自身的生活环境之后组织起来，形成整个海洋生态系统。

2.1 海岸带环境要素

环境要素，又称环境基质，是指构成人类环境整体的各个独立的、性质不同而又服从整体演化规律的基本物质组分。人们一般把环境要素分为自然环境要素和社会环境要素两大类。通常指的环境要素是自然环境要素，包括水、大气、岩石、生物、阳光和土壤等。环境要素是组成环境的结构单元，环境的结构单元又组成环境整体或环境系统。海岸带环境按照不同的环境要素，可划分为海岸带地质环境、海岸带地形地貌环境、海岸带气候环境、海岸带水动力环境、海岸带水环境、海岸带沉积物环境、海岸带生物质量、海岸带景观环境等内容。

2.1.1 海岸带地质环境

海岸带区域地块的水平运动和铅锤运动构成了海岸带资源环境演变的地质背景。地块拉开沉降区,形成广袤平原,且海岸线比较平直,滩涂宽阔,几乎没有海湾发育;地块挤压隆起区,由于断裂交错分布,形成丘陵隆起和盆地凹陷。海水入侵后,海湾发育,海岸线曲折。我国沿海和海域,地质环境复杂多变。近年来,随着沿海经济的迅速发展和海洋资源的大规模开发,地质环境遭到日益严重的破坏。在自然条件和人类活动的综合作用下,各类地质灾害频繁发生。因此,当前保护沿海地区的地质环境,防治地质灾害,就显得十分重要。

(1)平原海岸淤泥质软土发育

平原海岸主要发育于构造沉降区,在波浪作用下形成各种各样的海积地形。潮流在海岸的形成中也起了重要作用,在比较大的潮差及强大的潮流作用区,常常形成淤泥质浅滩和三角洲。海岸平原一般受河流、构造和海面升降活动控制。三角洲沉积平原是单一河流系统的沉积,沉积物是由自旋回作用进积于海盆或湖盆,由于舌形进积的结果,可发育成一个向上变粗的层序。构造控制的海岸平原沉积层序中,地层厚度的变化与褶皱和断裂有关。海面升降控制的海岸平原,岸线位置的变化往往与气候和冰川环境的波动相关联。

平原海岸物质形态主要为沙质,在沿海平原的地层中,或多或少有晚更新世和全新世形成的淤泥质土地层,各处厚薄不等,属软弱地基,对沿海城市建筑、临海工业基地、码头海港、跨海铁路公路路基,以及机场等各类建筑物不利,是选线选址阶段就必须查明的主要地质问题。许多滨海城市,如上海、天津等,由于过量开采地下水,使软土层释水压缩而发生地面沉降,对国民经济和人民生活造成严重危害。

易液化砂土层在海岸带平原和近岸海底均有分布。砂土液化是指处于地下水位以下松散的饱和砂土,受到震动时变得更紧密的趋势。但饱和砂土的孔隙全部为水充填,因此,这种趋于紧密的作用将导致孔隙水压力骤然上升,而在地震过程的短暂时间内,骤然上升的孔隙水压力来不及消散,这就使原来由砂粒通过其接触点所传递的压力(有效压力)减少,当有效压力完全消失时,砂层会完全丧失抗剪强度和承载能力,变成像液体一样的状态,即通常所说的砂土液化现象。平原海岸地区饱和砂土、饱和粉土具有液化的宏观条件,地震活动会诱发砂土液化,直接威胁着工程区的整体稳定。

浅层气主要分布于平原海岸和陆架海区的浅沉积层中,是一种会诱发地质灾害的隐患。浅层气以生物成因为主,主要成分为甲烷、二氧化碳、硫化氢等。受上覆水层、土层、岩层压力的作用,浅层气多沿裂隙或地层上倾方向向上运移。由于浅层气以沉积物中"气"的形式存在,沉积物中的气体改变了沉积层土质的力学性质，使其强度降低，结构变松，破坏了土质原始稳定性，减小了基底支撑力，影响了工程基础；在外载荷重下，含气沉积物会发生蠕变，并可能导致下陷、侧向或旋转滑动，使其上的构筑物发生倾斜倒塌。

（2）岩石风化壳发育

海岸带风化作用受物质组成、气候因子、植被因子、地质作用以及人为活动等因素的影响。岩石风化作用是造成海岸带可蚀性差异的重要内因，进而会影响海岸侵蚀速率与方向。风化作用是沉积岩经历的第一个阶段，地表和接近地表的岩石，在水、空气、太阳能及生物能的作用和影响下所发生的岩石破坏作用称为风化作用，其又可分为物理风化作用、化学风化作用以及生物风化作用。

海岸带岩石的物理风化作用主要表现为气温变化引起的热胀冷缩作用、冰劈作用以及盐类矿物结晶作用等对岩石的机械破坏。物理风化总的趋势是使海岸基岩的强度变小，导致基岩崩解疏松，产生岩石或矿物碎屑。

海岸带岩石的化学风化作用主要表现为长石、黑云母、角闪石等不稳定造岩矿物在地表环境下发生的一系列化学转变。岩石风化作用总的效果主要是破坏岩石颗粒间的连接，形成、扩大岩体裂隙，产生次生黏土矿物等，从而降低岩体的强度和稳定性。

海岸带岩石的生物风化作用主要表现为矿物、岩石受生物生长及活动影响而发生的风化作用，包括物理与化学两种方式。其中，生物通过生命活动的黏着、穿插和剥离等机械活动使矿物颗粒分解，被认为是生物物理风化作用；生物通过自身分泌及死后遗体析出的酸等物质，对岩石的腐蚀称为生物化学风化。

隆起带基岩海岸以花岗岩、火山岩、变质岩等分布最广，风化作用强烈，风化作用使岩石变得软弱疏松，强度和稳定性随之降低，这就为海岸侵蚀提供了有利条件，加快了海岸侵蚀作用的速度，不仅对建筑基础不利，而且也是造成山坡塌方、水土流失等地质灾害的主要原因。部分地段分布碳酸盐岩，岩溶化作用强烈，但岩溶水资源丰富。

（3）海岸侵蚀与河口淤积加剧

海岸侵蚀是指在自然力（包括风、浪、流、潮）的作用下，海洋泥沙支出大于输入，沉积物净损失的过程，即海水动力的冲击造成海岸线的后退和海滩下蚀。引起海岸侵蚀的原因包括自然因素和人为因素。自然因素包括河流改道或大海泥沙减少、海面上升或地面沉降、海洋动力作用增强等；人为因素包括拦河坝的建造、滩涂围垦，大量开采海沙、珊瑚礁，滥伐红树林，以及不适当的海岸工程设置等。基岩海岸的侵蚀作用主要取决于基岩岩性和外营力两个因素。在海岸带地区外营力主要为波浪和潮汐作用。波浪对基岩进行机械性的撞击和冲刷，挟带的碎屑物质对基岩进行研磨，由于风化作用而变得疏松的部位往往容易被侵蚀而形成凹坑。同时，空气被海浪压缩进入海岸基岩在风化过程产生的裂缝中，对岩石产生巨大的压力，促使裂隙扩展和岩块脱落。淤泥质海岸主要受沿海河流泥沙供应条件的制约，松散的粉土、松软的淤泥质土及粉质黏土抗侵蚀能力差是淤泥质海岸侵蚀的内因，外因主要是海平面上升和泥沙供应不足，此外，波浪侵蚀作用也较大，它可以搅起已沉积的泥沙，并在潮流作用下将其运走。

海岸淤积以河口、海湾地带最为明显，淤积物主要来自河流入海的泥沙，海岸淤积速度主要受入海泥沙量、地壳升降运动、近岸潮流等因素的控制。我国沿海海岸极不稳定，一方面，上升海岸由于海浪、海潮的强烈冲刷，出现明显的蚀退现象，造成岸坡崩塌式滑动，使海岸建筑以及土地资源或旅游资源等遭受破坏，并威胁港口码头的安全；另一方面，黄河、长江、珠江等大河河口及邻近地区，海岸不断淤涨，如近 30 年来，黄河三角洲和莱州湾地区海岸线均呈现显著的向海方向扩张的趋势，且增长速率逐渐加快；同时在自然因素与人为作用双重影响下，一些港口和航道淤塞严重，影响海港与航道的正常运行。

（4）活动断裂与地震

海岸带区域地质构造一般较为复杂，新构造运动强烈，活动断裂发育，地震活动较为频繁。活动断裂又称活断层，是第四纪以来（或晚第四纪以来）活动、至今仍在活动的断层。地震是一种发生于地壳内或上地幔的应力迅速释放现象，地球内部发生地震的地方叫震源，震源到地面的垂直距离叫震源深度。根据震源深度地震可分为浅源地震（震源深度＜70 km）、中源地震（70 km＜震源深度≤300 km）和深源地震（震源深度＞300 km）。深源地震通常不在地表引起灾害，深源地震破坏性小；浅源地震能够产生更大的地球表面的震动。因此，浅源地震破坏性最大。

活断层与地震灾害的关系密切，板块与板块之间相互挤压碰撞，造成板块边缘及板块内部产生错动和破裂，是引起地震的主要原因。活断层决定着多数破坏性地震的发生位置，活断层的规模大小、运动性质和活动时代等属性决定着地震震级的大小，同时，对强地震地面运动具有复杂的影响。我国东部沿海位处环太平洋地震带，活动断裂发育，许多滨海城市存在地震活动，影响区域地壳稳定性。例如海城、唐山、天津等地，在 20 世纪 70 年代均发生过 7 级左右的破坏性强震。福州附近及广州、深圳一带，地震烈度达 7~8 度。渤海湾、黄海、东海海域，也曾多次发生 6 级以上地震。现沿海地区的地震活动，是重大地质灾害之一。

2.1.2　海岸带地形地貌环境

海岸带的地形地貌是海洋动力、河流的侵蚀、搬运和堆积等海陆相互作用的结果。按其成因可以将海岸分为侵蚀型海岸、堆积型海岸和平衡型海岸三类。

2.1.2.1 侵蚀型海岸

侵蚀型海岸受海水动力因素侵蚀产生各种形态，又称海蚀地貌。塑造海岸侵蚀地貌的主要动力因素是波浪和潮流，高纬度地带的海岸还受到冻融风化和冰川侵蚀，热带和亚热带的海岸则受到丰富的地表水和强烈的化学风化作用的侵蚀。海岸侵蚀导致的结果是海岸线的后退和海滩的下蚀。

侵蚀型海岸的发育过程，还受组成海岸岩性的抗蚀能力制约。结构致密、坚硬的岩石海岸，抗蚀能力较强，但因裂隙和节理发育，多海蚀洞、海蚀拱、海蚀柱、海蚀崖。松软岩石海岸，抗蚀能力较差，海蚀崖后退较快，易形成海蚀平台。石灰岩海岸，在海水溶蚀下具有独特的蜂窝状海蚀地貌形态。海浪塑造的海蚀地貌壮丽多姿，不仅有嵯峨巨石，还有曲径幽洞、嶙峋怪石，常被辟为旅游胜地。

2.1.2.2 堆积型海岸

堆积型海岸是由粉砂、沙及其他随着海水带来的物质堆积而成，这些物质可以借波浪进行堆积，或由河流推至河口堆积，如河口三角洲。按照海岸带陆地地貌，可以分为平原海岸、山地丘陵海岸和生物海岸。

（1）平原海岸

平原海岸曾有"沙岸"之称，由巨厚而松散的沉积物组成。这种海岸的岸线平直、单调，岸上地势平坦，有些地方多沙洲、浅滩，潮间带宽阔，缺乏天然良港和岛屿。平原海岸的特点包括：由细粒的粉砂和淤泥质沉积物所组成；有着极为低平而向海方向微微倾斜的地势，地面坡度很小，为1/1 000~1/4 000；其内缘往往与冲积平原相连接；海岸动态十分活跃，岸线的冲淤变化很快，因此岸线很不稳定。

（2）山地丘陵海岸

山地丘陵海岸的构成地貌基本为山地或丘陵，组成物质为基岩，并且在地质构造影响下造成的海岸线曲折，海蚀地貌发育。山地丘陵海岸可分为下列几种亚类。

1）岬湾海岸。岬湾海岸是一种稳定的海岸存在形式，它是山地丘陵海岸的代表类型，主要由岬角及海湾组成，其中岬角的海蚀作用强烈，海蚀地貌也很发育；岬角之间为海湾，常常发育出砂砾质海滩，或由多列沿岸沙堤组成的砂质海岸平原。海湾岸急水深，多成为良港所在地，如辽宁的大连湾，山东青岛的胶州湾，福建的泉州港、厦门港，香港的维多利亚港等。

2）沙坝－潟湖海岸。沙坝－潟湖海岸是由沙坝、潟湖、潮汐通道、潮滩等主要部分所组成的，滨外沙坝将潟湖与外海相隔开，潟湖通过一个或数个潮汐通道与外海相连。沙坝－潟湖海岸是海、河、风等多动力混合作用的沉积区，但水动力环境通常是以潮流控制和波浪作用为主。沙坝外侧主要受到波浪作用，而沙坝内侧的潟湖由于受到沙坝阻碍，形成波浪作用弱、潮汐作用强的水动力条件。湾口拦湾坝的发育造成沙坝、潟湖两个海岸单元，拦湾坝多存在缺口，成为潮汐通道，入口处（潟湖内）堆积出涨潮三角洲，出口处堆积有退潮三角洲，二者均阻碍航行。潟湖内水浅，堆积作用较强，四周常见沼泽及淤泥质海滩发育。如广东的水东港。

3）溺谷海岸。溺谷海岸是由于全新世海水浸入更新世河谷中形成。溺谷深入内陆，受河流和海潮影响，水面宽阔，深度大，纳潮量也大，冲刷很强，两岸堆积平原不很发育，溺谷海底每见有古河相沙泥和河床卵石层存在。如广东的镇海湾，浙江的象山港，福建的沙埕港等。

4）峡湾海岸。峡湾的形成是由于冰川侵蚀河谷，冰川由高山向下滑时，不仅从河谷流入，还将山壁磨蚀，成为峡谷。当这些接近海岸的峡谷被海水倒灌时，便形成峡湾。峡湾海岸湾宽水深，伸入内陆，海岸陡峭。如北欧挪威的一个峡湾，长达220 km，南美智利的巴塔哥尼亚的一个峡湾，深度为 1 288 m，是世界最深的峡湾。

5）纵海岸。区域地质构造线（褶皱或断层）与海岸线方向相平行的海岸，所成的海湾、半岛和岛屿等排列均与海岸平行。海岸线方向稳定，形态平直，抵御海蚀作用能力强，如地中海的达尔马提亚海岸。

6）横海岸。区域地质构造线与海岸线方向垂直的海岸，所成的海湾、岛屿和半岛与海岸垂直。岸线一般呈现冰挂形和城垛形，岸线曲折，湾岬相间，岸线沿断裂或软弱地质体向陆地方向上溯而蚀退，如西班牙西部的里亚斯海岸。

7）斜交海岸。海岸线方向与区域构造线斜交的海岸，所成的海湾、岛屿和半岛互相交叉，海岸曲折，形成锯齿或狼牙状海岸。如我国浙江和广东的海岸。

8）断层海岸。海岸线的总方向与断层线走向基本一致的海岸称断层海岸，其特征为山地逼近海岸，海岸线平直，海崖峻峭，水下岸坡急陡。沿断层面抬升的地块，多呈悬崖峭壁；下滑的地块，则为海洋深渊，在坚硬的结晶岩地区，断层岸的岸线多平直，岸壁陡峭，如我国台东海岸，崖高 1 200 m，坡度达 45°，海蚀地貌发育。

（3）生物海岸

生物海岸是主要由生物构建的热带、亚热带地区特有的海岸，包括珊瑚礁和牡蛎礁等动物残骸构成的海岸，以及红树林与湿地草丛等植物群落构成的海岸，如造礁珊瑚、有孔虫、石灰藻等生物残骸的堆积，构成了珊瑚礁海岸地貌，主要分为岸礁、堡礁和环礁三种基本类型。岸礁与陆地边缘相连，并从陆地向海方向生长，如红海和东非桑给巴尔的珊瑚礁。堡礁与岸线几乎平行，礁体与海岸之间由潟湖分隔，如澳大利亚的昆士兰大堡礁。环礁则环绕着一个礁湖呈椭圆形，中国南海西沙群岛大多为环礁。牡蛎礁是由大量牡蛎固着生长于硬底物表面所形成的一种生物礁，它广泛分布于温带和亚热带河口和滨海区，我国牡蛎礁主要分布于天津大神堂、江苏海门蛎蚜山、山东莱州湾、福建深沪湾和金门等。在茂盛生长有耐盐的红树林植物群落的海岸，构成红树林海岸地貌。红树植物有特殊的根系、葱郁的树冠，能减弱水流的流速，削弱波浪的能量，构成了护岸的防护林，并形成了利于细颗粒泥沙沉积的堆积环境，形成特殊的红树林海岸堆积地貌。

2.1.2.3 平衡型海岸

海岸带的主要外动力是波浪和潮流，在波浪和潮流的作用下，有些地方发生侵蚀，有些地方发生淤积，泥沙发生平行海岸线的移动即纵向移动和垂直于海岸线的移动即横向移动，从而使海岸线的平面轮廓和剖面形态发生改变。稳定平衡海岸线是指波浪、潮流等动力因素作用下平面位置和平面形态保持稳定的海岸线。平衡型海岸是基本处于侵蚀和淤积平衡状态的海岸。

海岸均衡剖面的形成是一个复杂过程，它的存在是相对的和暂时的。海岸平衡剖面，指在波浪的侵蚀、搬运和堆积作用下，最终使水下岸坡上的组成物质从发生位移到只发生振荡运动而并不改变原有位置的过程和结果。细颗粒泥沙海岸的平衡往往是指动态平衡，细颗粒沉积物变化受大小潮或者季节气候变化的作用很大，短时间尺度的变化明显，此类海岸可能是处于冲淤转换阶段或者是蚀后平衡阶段。冲淤过渡型剖面的平均高潮线向海移动，平均低潮线向岸移动，潮间带不断变窄变陡，潮下带表层沉积物随着波浪作用的加强而粗化。上部淤积而下部冲刷，冲刷逐渐向剖面上部扩展，致使高潮水边线附近也向侵蚀转换，淤积带逐渐变窄。海岸遭受侵蚀时，浅水较深水后退速度快，侵蚀速度由快变慢，经过长年的调整，剖面坡度变缓，剖面整体趋于平直，最终将会处于平衡状态。

2.1.3 海岸带气候环境

气候是地球上某一地区各种天气过程长时期的综合表现，包括天气多年的平均状态和极端状态，一般用某一地区各种气候要素（气温、湿地、气压、风、降水等）的统计量来表示该地区的气候特征。太阳辐射、下垫面和大气环流是决定气候特征的三个重要因素。海岸带最主要的特点就是海洋和陆地两种性质差异很大的下垫面邻接在一起。太阳辐射是一切大气过程的总能源，又是大气中一切物理过程和物理现象形成的基本动力。在到达地球表面以后，太阳辐射要经过一系列的物理过程才能转化为驱动大气运动和天气气候现象的能量。这些物理过程可以归结为辐射平衡和热量平衡。海洋和陆地吸收太阳辐射的能力、能量的分布和传递方式等都有很大的不同，因此辐射平衡与热量平衡存在明显的差异，从而使得海岸带成为一个能量分布急剧变化的过渡带。下垫面环境条件包括地理纬度、海陆分布、地形地貌、土壤、植被等。海岸带的下垫面条件十分独特，由于潮位的涨落和波浪引起的增减水作用等，陆海交界线是一条动态曲线，它在垂直方向上的升降幅度能达到数米甚至数十米，在水平方向上的进退可达数十千米。不同的下垫面类型在地质形成、物质成分、物理性质、热力学性质等方面都有很大差异，对海岸带气候有着显著的影响。大气环流是指大规模的大气运行现象，一方面是气候形成的因子，影响着气候的特征，另一方面它本身也是一种气候现象，受气候形成的其他因子所制约。大气环流作为一种大范围的现象，在海岸带也有独特的表现：一种表现是季风环流的形成；另一种表现是在海岸带附近存在的以昼夜为周期的海陆风。季风与海陆风都是海陆热力作用不同的产物。

　　不同的气候环境以各异的温度、风、降水、冰冻等参与海岸过程。光能热量和水分条件的特性直接决定海岸带各种物质的风化分解过程，不同的气候带对于风化作用的强度和速度以及风化的类型和性质不但直接影响到基岩海岸的风化破坏与侵蚀强度，而且影响到河流输沙的成分和性质。一般来说，温带海岸物理风化较强，其基岩易于形成硅铝残积风化壳，为海岸带提供一定数量的碎屑岩块和沙砾；亚热带和热带海岸高温多雨，化学风化较强，岩石矿物强烈破坏分解，地面可形成较厚的风化壳；亚热带和热带的高温条件促使了珊瑚礁、红树林和海滩岩的发育，沿海和近海沉积物有机质含量较高。风，由于地球的受热和散热不均匀导致大气压力变化而引起的空气水平流动而产生，同时地球引力场、地转偏向力、惯性离心力、摩擦力等导致风向的紊乱性。风可直接对海岸产生作用，同时还可以通过风成浪和风应力产生的流，以及风暴潮的作用对海岸带资源环境产生间接影响。降水，以地表漫流或径流的形式对海岸带产生作用。海冰，冰封阶段沿岸固定冰对浅滩有短期的封闭作用，使波浪动力减弱或中断；消融阶段，波浪、海流伴随冰块掀动滩面泥沙，使浅滩出现冲淤变化。

　　我国气候带分为暖温带、亚热带、南亚热带和热带，由于自然地理条件、植物区系不同，各气候带生境类型和分布均有明显的不同。其中，暖温带北起辽宁的鸭绿江口，经过渤海和北黄海，南达江苏的灌溉总渠，植被类型比较简单，以草丛和灌木为主，主要有碱蓬、芦苇和柽柳等；亚热带北起苏北灌溉总渠，南至福建闽江口，植被类型有碱蓬、芦苇、红树林和海三棱藨草等；南亚热带北起闽江口，向南经广东，向西至广西北仑河口，植被类型为红树林；热带为雷州半岛、海南岛及南海诸岛，主要生境类型为红树林、珊瑚礁和海草床等。

2.1.4　海岸带水动力环境

　　海岸带尤其是河口海岸地区是大陆与海洋两种力量相互消长的区域，兼有二者及其叠加以后的动力因素，其水流、泥沙运动及床面变化的物理机制十分复杂。这种复杂性首先表现为动力因素的多样性。河流方面的主要动力因素是径流，海洋方面的主要动力因素为潮汐，在宽阔的河口口门附近及海岸还有波浪和沿岸流的作用。此外，由于河水、海水的密度不同，形成的盐水异重流也与河口的水流形态以及淤积形态密切相关。其次是动力因素的多变性。径流在年内有洪、枯之分，多年又有丰、少之别；潮汐则不仅有日、月、年、多年的周期性变化，而且还在浅水区发生的浅水变化；而波浪则更有随机性变化等。这些构成了河口海岸动力条件的复杂性。天然的河口海岸区是长期处于波浪、潮流、泥沙等海洋动力因素共同作用下的复杂多变的"准平衡自适应系统"。波浪、潮流、泥沙等海洋动力因素都有各自不同的运动规律，相互之间又存在非常复杂的非线性相互作用。相对稳定的岸滩地形是三者之间长期作用而达到的一种动态平衡，水动力 – 泥沙运动 – 岸滩地形构成了一个相互制约、相互作用的动态系统。

（1）潮汐作用

潮波是指海水在天体引潮力作用下所产生的周期性运动，习惯上把海面垂直方向的涨落称为潮汐，而把海水在水平方向的流动称为潮流。潮波运动过程中会受到地转偏向力、复杂的海底地形和曲折的海岸线的影响，致使潮汐类型多样，潮差差异显著。海岸带水域水深较浅，本身产生的潮波不大，但来自大洋的潮波，传入陆架浅水区以后，能量在深度方向上迅速集中，潮高变高，潮流流速变大，致使海岸带浅海水域出现显著的周期性潮汐潮流现象。潮汐在远离岸线的外海为半日潮，而近岸和河口因受局部地形、陆地径流的影响，多表现为不正规半日潮，如江苏沿海潮汐类型主要为正规半日潮，但是浅海分潮显著，向岸边浅水区潮汐过程线有明显的变形，因此在射阳河口、梁垛河口、新洋河口等浅海分潮振幅较大的海区，潮汐类型为不正规半日潮。在有潮海区或潮差大的强潮海区，由于潮位的变化幅度，会拓宽波浪对海岸的冲蚀范围。即使在无浪的情况下，与潮位相伴而产生的潮流也会对岸滩边缘产生冲蚀作用。

（2）波浪作用

波浪是海洋、湖泊、水库等宽敞水面上常见的水体运动，其特点是每个水质点作周期性运动，所有水质点相继振动，引起水面呈周期性的起伏。海浪是发生在海洋中的一种波动。当海面有风时，海面会发生一种不规则的起伏波动，这种由风力直接作用而在当地产生的不规则波动称为风浪。当海面无风时，海面也会出现表面光滑的波动，它是由外侧产生的风浪从远处传来的，这种波动称为涌浪。习惯上把风浪、涌浪以及它们形成的近岸波，合称为海浪。海浪产生于开阔的海洋，因风而起，风力越大，风区长度就越长，波浪也越高。波浪在靠近浅水区时，由于水底摩擦力的作用而减速，波长降低，使得波浪变得又高又陡。在水深是波高的 1.3 倍时，波浪将破碎。波浪在海岸带破碎时，能量作用于海岸，会造成海岸地形地貌的改变。波浪是塑造海岸地貌最活跃的动力因素，海岸在波浪作用下不断地被侵蚀。波浪冲击海岸时，由于海岸岩层抗蚀力的差异，海岸的后退通常是不均匀的，抗蚀强的岩石以岬角、海蚀柱和沿岸岛屿的形式残留下来；而较弱的岩层则被切割后退形成岬角之间的海湾，结果出现岬角与海湾交替的海岸轮廓。被海浪侵蚀的碎屑物质则由沿岸流携带，输入波能较弱的地段堆积，塑造出多种堆积海滩，包括沙砾滩和淤泥滩。海上波高大于 6 m 的灾害性海浪更是由于其携带巨大的能量，对航海、海上施工、海上军事活动、渔业捕捞等产生威胁，甚至巨大灾难。一般而言，波高在 4~5 m 以上的海浪，容易造成恶性的海难。

（3）海流作用

海流一般是指海水较大规模相对稳定的非周期性流动，即发生在较大的空间尺度范围内海水的运动方向、流动速度和流动路径在较长时间内大致相似的一种海水流动。海流是海水重要的运动形式之一，一般情况下，海流是三维的，海水不但沿着水平方向流动，而且在垂直方向上也存在流动。海流形成的原因很多，从成因来分类，海流作用可分为潮流（由潮汐运动产生的潮流）和非潮流（主要为风吹流或称漂流及热盐环流或称密度流）。潮流运动主要有旋转流和往复流两种流态，沿岸海域以往复流为主，往复流的主流向在湾口、河口区一般与口门成正交，平直海岸处与岸线平行；水深较大的开阔海域潮流一般为旋转流。潮流以湾口或海峡为最强；辽阔的沿岸近海区一般潮流流速也比较大，因为这里是全球潮能消散的主要地带。当潮流的含沙量低于其挟沙能力时，将对所经过的海底产生冲刷作用；当含沙量超过挟沙能力时，部分泥沙便在所经过的海底发生堆积。由于地球偏转力的影响，大海中潮流对科氏力顺转而产生旋转流；对海岸带河口段还会引起涨潮流与落潮流分歧，导致河口展宽与发育心滩、心洲和分汊河槽。如江苏南黄海辐射沙洲群拥有全球最具代表性的辐聚辐散潮流体系，由两个潮波系统共同控制，一是自南向北传播的东海前进潮波，二是东海前进潮波经山东半岛南岸反射后形成的南黄海旋转潮波，两大潮波系统在江苏中部弶港外海域发生潮波的辐聚和辐散，形成了平原海岸两碰水的潮流格局，潮差大、潮流强。其中，连云港外海、辐射沙脊群外侧海域和近岸浅滩区以旋转流为主，其他区域为往复流。

（4）河流作用

河流作用是来自陆地的作用。河流携带大量的水沙入海，河口盐水楔、泥沙运移、沉积物、生态系统等能量和物质交换的作用过程在控制邻近海岸的资源环境特征上起着重要的作用；流域系统的水文循环过程变化将影响入海通量及其在不同年份和季度的变化，使得河口区底床形态、泥沙堆积类型发生变化。泥沙在径流或落潮流的紊动作用或底剪应力的作用下，滚动组分（泥沙粒径＞0.5 mm）以底沙运动的形式被水流自上游推向河口，跃移组分（泥沙粒径为 0.125~0.5 mm）以跳跃的形式被水流送入河口或河口湾。向外海水域比较隐蔽的河口湾，波浪作用较弱，泥沙在河口的堆积形态一般较为稳定；河口向外若是较为开阔的海域，由于受海浪的作用，推移质泥沙在河口口门附近的堆积形态易受侵蚀破坏，随着波浪的沿岸分量或沿岸流输入河口左右两侧的地带。海岸沉积率的大小与河流输沙多寡有直接关系，当河流沉积物减少或断绝，海岸沉积率降低，甚至成为负值，将致使海岸侵蚀后退。此外，入海河流携带的悬移质和溶解质同样在潮流和海流的作用下产生扩散运移，致使产生沉积物粒度、化学成分、有机质含量等的不同分布，海岸带的不同区域呈现不同的环境特征。

总体而言，海岸带的变化是在海水与陆地共同作用过程中形成的。海水波浪的机械能和化学溶解等都能引起海岸带破坏，造成陆地海岸的不断后退。同时，河流携带的大量物质也在入海口沉积，从而扩大陆地面积。河流淤积与海洋侵蚀在海岸带的相互往复作用下周而复始，造成了海岸带地表物质常年处于松散状态，在不同作用下的海岸带常年处于运动过程中，因此具有脆弱性。

2.1.5 海岸带水环境

海岸带承接陆海，是沿海国家实现经济、社会和环境可持续发展的关键区域。海岸带作为经济规模最为庞大、人口最为聚集、资源开发利用强度最高，同时面临陆域水环境问题和海域水环境问题的地区，其水环境状态受影响的因素比较复杂。海水是一种溶解有多种无机盐、有机物质、气体以及含有多种悬浮物质的混合液体，海水的溶解性、透光性、流动性、温度、盐度、密度等特性具有重要的生态学意义，尤其是温度、盐度和密度是海洋水环境中极为重要的物理参量，可以说海洋中的一切现象几乎都与之有密切关系。其中，温度控制着化学反应的速率，海洋生物的生命活动，如代谢、性成熟、生长发育、数量的分布及变动都与温度有着密切的关系，海洋环境自净能力、物质循环等生态过程也受温度的影响。盐度是海水含盐量的一个标度，是海水物理过程、化学过程和生物过程的基本参数，与蒸发、降水、江河入海径流以及海水的流动有关，对海水的动力变化、海洋生物的生活和生长具有重要作用，目前已知海水中的元素有 80 种以上，这些元素含量极不平衡，其主要元素有 11 种（氯、硫、碳、溴、硼、钠、镁、钙、钾、锶、氟），占海水中溶解盐类的 99% 以上。海水密度是指单位体积中海水的质量，海水密度的分布与变化直接受温度、盐度的支配，而密度的分布又决定了海洋压力场的结构，部分海域由于压力场的存在形成上升流，有利于浮游植物大量繁殖，往往形成著名的渔场。

从水体理化环境特点来说，海岸带水环境一般以河口为中心，上溯到入海河流在陆域的整个流域，海域部分为受陆源理化过程影响的近岸海域。海岸带的居民和自然环境有着天然的空间需求、农业需求、生态系统功能维持需求等，都涉及用水排水问题，因此共同诱发人们对水资源、水环境和水生态的需求。在这些需求的驱动下，人类利用淡水、海水资源进行养殖捕捞，开发海岸带填海造地、建设港口航道工程，利用水资源进行农业灌溉进而影响水环境，建设水利设施调整水资源分配以及景观生态。在人类生产开发活动的同时还伴随着自然水体和沉积物的各类理化过程。这些过程共同构成了海岸带水环境系统过程。海岸带水环境一系列的系统过程决定了海岸带水环境系统的自然状态和社会状态。系统的自然状态涉及海岸带水文状态、水生生物体量和结构等，而社会状态涉及农、水产品安全和海岸带水环境景观格局等方面。海岸带水环境自然状态决定了海岸带水环境承载力，而社会状态决定了海岸带产业结构和人口规模。海岸带的近岸海域包括河口、潟湖等浅水区，分布着众多陆源排污口，也是水陆水体交换强度最高的区域，从整体来看，海岸带近岸局部污染严重，陆源污染压力巨大，入海排污口邻近海域环境质量总体较差。

2.1.6 海岸带沉积物环境

沉积物是完整水体环境的一个重要组成部分，没有底栖生境的安全，就没有水生生态系统的健康。沉积物是水环境中持久性和有毒的化学污染物的主要存储场所，人类活动所产生的、不易降解的化学废弃物最终都将归于沉积物中。有些化学性质较稳定的污染物，能在海洋中较长时间地滞留和积累，一旦造成不良影响则不易消除。沉积物污染不仅会对底栖生物产生负效应，还会对位于食物链上端的生物和人类产生影响，同时也是对水质有潜在影响的次生污染源。

通常将各种海洋沉积作用形成的海底沉积物总称为海洋沉积物，物源主要包括河流、风等带入海洋的碎屑物质，生物遗体、微生物分解物质等有机质成分，少量的由火山喷发坠入海中的火山灰，以及来自宇宙空间的陨石和宇宙尘粒等。由于富集重金属及其他有毒难降解有机物，海底表层沉积物逐渐成为海洋污染物的储蓄库。海洋中各类化学污染物绝大部分通过物理、化学作用长期富集在海底沉积物表层，其污染物含量由于累积的原因往往比海水中的污染物含量要高，各类污染物含量分布通常十分复杂，由于经常受到水动力、水化学、排放状况等条件的影响，即使在邻近污染物排放口的区域含量也不高，在水体中检不出，而在表层沉积物中则有可能富集至很高浓度，而且表现出更长周期的稳定性、作用持久性以及较强分布规律。海底表层沉积物作为海洋生物的重要栖息场所和海洋污染物的主要富集者，因其比水介质具有更优越的概括性和稳定性，通常作为对海洋环境质量状态和变化趋势具有指示作用的监测要素。

近年来，海洋沉积物中的典型污染物，特别是重金属、有机碳、石油类和硫化物是人们关注的重点。重金属具有易蓄积、来源广、不易被生物降解、污染后不易被发现、残毒时间长并且难以恢复等特征，对水生生物有"致死、致畸、致突变"效应，对海洋生物和人类健康有较大的负面影响。石油类污染物会在水面上形成厚度不一的油膜，隔绝水面与大气，从而降低水中溶解氧，进而影响水体的自净作用，导致水体变黑发臭。有机碳主要存在于有机质中，而有机质主要由类脂化合物、糖类、腐殖质等有机化合物或生化物质组成。水环境中硫化物具有很强的腐蚀性，影响鱼卵和仔鱼的成活。

2.1.7　海岸带生物质量

海洋生物在参与自然界物质循环的过程中，促进了污染物在海洋中的分布、运动和归宿，同时生物也受到污染物的各种危害和潜在影响，这些都与环境的变化息息相关。污染物的生态毒理学评价依据之一是生物浓缩，所以测定生物体中的污染物残留量，可以反映水体的污染状况，用来评价环境质量。

生物监测能反映环境中各种因素的综合影响和污染物的长期效应。因此，为了全面指示海洋环境质量，一般采用生物标准物综合指示法，利用海洋动物体内污染物残留量，监测和评价海洋环境污染状况及污染物空间和时间分布趋势。目前，我国的海洋污染生物监测主要侧重于重金属、有机磷农药等监测指标上。

污染物对生物体的影响是从生物体内分子水平上开始的，并逐步在细胞、组织、器官、个体、种群、群落等各个水平上反映出来。因此，能反映这种污染物作用的生物标志物在海洋环境监测和质量评价中有很大的实用价值。海洋双壳类动物具有分布地域广、种群密度大、活动范围小的特点，主要营固着、附着和埋栖生活，通过滤食海水满足营养和呼吸需要，对污染物有很强的富集能力，体内污染物含量可超出其所在环境多个数量级，因此可准确指示当地污染状况。自20世纪80年代以来，双壳类动物被应用到许多环境监测项目中，成为常用的海洋环境污染监测指示生物，如贻贝、牡蛎和文蛤等。

2.1.8　海岸带景观环境

海岸带作为海陆之间生态系统的带状过渡区域，植被系统、水文系统和生物系统等多种生态系统构成了完整的海岸带景观。海岸带景观作为兼具自然景观与人工景观的区域，以其独特的海陆界面风光、宽阔的海洋视野，成为滨海城市独具特色的城市风貌。

（1）地形地貌景观

地形地貌景观是在成因上彼此相关的各种地表形态的组合。海岸带是在多种自然因素的作用下逐渐形成的，具有多种地貌特征，包括海滩、港湾、湿地、海蚀崖等多种地貌。不同的地形地貌，形成了不同的海岸带景观环境。侵蚀地貌景观是基岩海岸在波浪、潮流等作用下形成的各种地貌，如海蚀崖、海蚀穴、海蚀拱桥、海蚀柱、海蚀平台等，造型独特，富有观赏价值，如位于辽宁海岸的"滴水岩"，在海蚀作用、风力作用以及冬季的海冰冻融共同作用下，造就了其独特的景观环境。堆积地貌景观是近岸物质在波浪、潮流和风的搬运作用下，沉积形成的各种地貌景观，按照物质组成及其形态，可分为沙砾质海岸、淤泥质海岸、三角洲海岸、生物海岸等，其中，沙砾质海岸是天然海水浴场最为重要的组成因素，甚至"蓝天、碧水、金沙滩"成了大众对海岸带景观物质形态认识印象最重要的三要素；淤泥质海岸在退潮后会形成潮沟、坑洼带等特色景观，如江苏黄海沿岸的辐射沙脊群，是中国沿海一片独特的地貌景观，因世界上独一无二的辐射状海洋地质学构造有着突出的地质学价值，吸引着大量人群前往那里跑滩、休闲度假。

（2）气候景观

气候是长期天气状况的综合，是导致海岸环境变化的重要因素，它通过气温、降水、风等气象要素的长期变化，逐渐改变海岸的动力环境和物质环境，从而影响海岸带的景观变化。我们经常说"大自然的造化""鬼斧神工"，不可否认，这其中有地质活动的因素存在，但大自然独特景观的形成，也有风蚀、水蚀等气象因素的作用。从海岸的角度来看，气候变化主要是通过气温变化引起海平面大幅度升降，造成海侵海退，海岸线大范围变迁，对海岸景观塑造的时空尺度较大。气候的类型和分布影响着景观的类型和格局，气候对景观的地域分异主要是由热量和水分两个因子决定的，不同经纬度下的气候条件对海岸带景观产生不同的影响，海岸带所处的地理位置不同，景观环境也就存在着巨大的差异，不同的四季气候的变化产生不同的景观环境。例如，植被的选择，北方海岸带地区选择耐寒、常绿等类型的植被，而南方海岸带地区植被则以亚热带常绿阔叶林为主。此外，由于海陆气候交错以及局部地形的影响，还形成了一些独特的景观，如浙江海宁的大潮景观、蓬莱的海市蜃楼等。

（3）生物景观

生物景观是指以生物群体构成的总体景观和具有珍稀品种和奇异形态的个体景观。海岸带拥有丰富的动植物资源，植被和生物群落等自然资源都影响着海岸带景观的规划与设计。不同的生物资源呈现出不同的景观空间，通过人工的设计建设，成为不同类型的海岸带景观空间。海岸带地区多为滨海盐土和潮土，土壤的物质结构对植被的选择产生了一定的局限性，植被景观类型以红树林、海草、柽柳、碱蓬、芦苇等为主，用植被对海岸带景观进行塑造，要结合土壤及生态情况，达到海洋与植物相和谐的景观观赏效果；动物景观类型以珊瑚、濒危鸟类、迁徙候鸟以及其他野生动物为主，栖息于滩涂湿地、红树林、海草床、珊瑚礁等生态系统中，具有很高的观赏价值。如辽宁盘锦红海滩以翅碱蓬为景观特色闻名于世；东台条子泥湿地是全球九大鸟类迁飞区之一的东亚－澳大利西亚候鸟迁飞路线的中心节点，每年有数百万只候鸟在此停歇，被誉为"鸟类的国际机场"，已被列入《世界遗产名录》。

（4）建筑景观

海岸带是城市环境和海洋自然环境冲突的地带，凭借其优越的地理位置和生态资源，往往是沿海城市开发的集中区域。由于海岸带地区的景观优势，势必存在着数量不等的建筑、广场等构筑物。海岸带的建筑在满足功能需要的同时，融入了充满激情和浪漫的海洋文化特征，更符合海岸带的景观环境和城市的风貌特色，成为景观特色的一部分。在现有的海岸带景观中，涌现出大量诸如海星、鱼类、船舵、卵石等形象抽象而来的雕塑和建筑，甚至在施工材料方面，景观路面的铺装也采用破碎的贝壳、沙砾，具有独特的海岸建筑风格，让游人印象深刻、流连忘返。如青岛城市规划中规定：新建的房屋必须与青岛现有的五种色彩相协调，即红瓦屋顶，黄色的沙滩和立面，绿树，湛蓝的天空和碧蓝的大海。

2.2 海岸带生态系统

海岸带是海洋生态系统和陆地生态系统复合交叉的地理单元，是受海－陆相互作用的独特环境系统和特殊开放系统。作为海－陆交错区和过渡带，海岸带生物多样性异常丰富，但其内部多个系统存在复杂的交互作用，且不同系统之间的物质和能量流动在人类活动介入后变得更为复杂，这种独特性使海岸带生态环境脆弱性显著。此外，由于生态系统具有连通性，可能会对其他系统构成威胁，从而影响海岸带和海洋的生物多样性。海岸带生态系统同样由非生物和生物组成，或者说包括非生物环境、生产者、消费者和分解者四种基本成分。非生物成分是生态系统的生命支持系统，由能源（太阳能、其他能源），气候（光照、温度、降水、风等），基质和介质（岩石、土壤、水、空气等），物质代谢原料（二氧化碳、水、氧气、氮气等，无机盐、碳水化合物、蛋白质、脂肪、腐殖质等）组成。非生物成分是海洋生物生活的地点和场所，具备海洋生物生存所必需的物质条件。海岸带生物成分是生态系统的主体，生物种类复杂多样，其中生产者以浮游植物和大型固着生长的绿藻、褐藻与红树类植物为主，动物以近岸性浮游动物、鱼类和螺、蚌、牡蛎、蚶、贝、沙蚕等底栖生物为多。根据生境类型，海岸带分布有滨海湿地、红树林、珊瑚礁、河口、海湾、潟湖、岛礁、海草床等多种典型的海洋生境。

2.2.1　海洋生物群落

2.2.1.1　海洋微生物

微生物是指一些非常小的、肉眼看不到的生物（直径一般小于 0.1 mm），包括所有微小的生命形式。广义的微生物包括了原核生物、微型真菌、蓝细菌、原生动物、显微藻类以及病毒等；狭义的微生物指原核微生物和微型真菌。海洋微生物种类繁多，包括细菌域、古菌域和真核生物域以及病毒等各个类群，估计物种超过 2 亿种，生态碳总量达 9×10^7 t。海洋微生物在海洋生态系统的物质循环、能量流动、生态平衡及环境修复等方面发挥着关键的作用。海洋微生物作为海洋生态系统的基本组分，履行着主要分解者的作用，是物质循环和能量循环的关键，推动着自然界养分元素的生物地球化学循环过程，是大自然元素的平衡者。与此同时，环境对海洋微生物也有着不同的作用，例如在污染严重的区域，大多数海洋微生物都不能存活，但也总有一些海洋微生物能继续生长甚至喜好这种环境。微生物降解作用使得生命元素的循环往复成为可能，使各种复杂的有机化合物得到降解，从而保持生态系统的良性循环。

2.2.1.2　浮游生物

浮游生物是指在水流运动的作用下，被动地漂浮在水层中的生物群。它们的共同特点是缺乏发达的运动器官，运动能力弱或完全没有运动能力，只能随水流移动。浮游生物是一个大的生态类群，包括浮游植物和浮游动物两大类别。浮游植物主要是生活在真光带营浮游生活的单细胞藻类，包括硅藻、甲藻、蓝藻、金藻、绿藻、黄藻等；浮游动物主要包括桡足类等小型甲壳动物、被囊动物、原生动物等。浮游生物虽然个体小，但是在海洋生态系统中占有非常重要的地位。它们的数量多、分布广，是海洋生产力的基础，也是海洋生态系统能量流动和物质循环的最主要环节。

2.2.1.3　底栖生物

海洋底栖生物是由生活在海洋基底表面或沉积物中的各种生物所组成，包括底栖植物和底栖动物。底栖植物有单细胞底栖藻类、海藻和维管植物，种类相对较少，几乎包括全部大型藻类，如海带、石莼、紫菜等，以及海草和红树等种子植物。底栖动物包括各大分类单元的代表，门类种类、数量很多，如软体类、甲壳类、环节动物、棘皮动物等。海洋底栖动物根据其通过筛网的大小，可以分成大型底栖动物、小型底栖动物和微型底栖动物。其中，大型底栖动物是能够被孔径为0.5 mm网筛截留的底栖动物；小型底栖动物是能通过孔径为0.5 mm网筛、而被孔径为0.042 mm网筛截留的底栖动物；微型底栖生物是能通过0.042 mm网筛的底栖动物。底栖动物分布遍及全球各大洋，从潮间带到水深超过万米的超深渊，从赤道到极地都有踪迹。

2.2.1.4　游泳生物

游泳生物是指具有发达的运动器官，游泳能力很强的一类大型动物，主要包括鱼类、头足类、鲸类、少数虾类、爬行类以及少数鸟类。按照对水流阻力的适应能力不同，可将海洋游泳生物分为四个类群，包括：底栖性游泳生物，主要生活在海洋底层，游泳能力较低，如灰鲸属、儒艮属、鲽形目种类及一些深海对虾类；游泳性游泳生物，运动能力较差，如灯笼鱼科、星光鱼科的种类；真游泳生物，生活于广大的海洋水层中，游泳能力较强，速度快，如大王乌贼科、须鲸科的种类；陆缘游泳生物，常见于海岸沙滩、岩石、冰层或浅海处，如海龟、企鹅、海牛属等种类。从种类和数量上看，鱼类占主导地位，也是海洋渔业捕捞的主要对象。很多游泳生物有周期洄游性，主要包括产卵洄游、索饵洄游和越冬洄游。

2.2.1.5　滨海湿地鸟类

滨海湿地被誉为"鸟类天堂"，是鸟类的栖息地、觅食地和迁徙中转站，为各种鸟类的生存提供了栖息环境。我国滨海湿地迁徙鸟类的特点是种类多、分布广、生态习性多样、珍稀濒危程度高，以鹀鹎鸟、鸬鹚鸟、鹭类、雁鸭类、鸻鹬类、鸥类、鹤鹳类等最为常见。我国滨海湿地是东亚－澳大利亚迁徙路线的重要组成部分，为各种水鸟的生存提供了栖息条件。首先，我国广阔的海岸滩涂为大量迁徙鸟类提供了优良的中途停歇地，使其通过觅食补充继续飞行所需的能量。同时，在黄渤海生态区的南部沿海地区，如长江入海口及江苏盐城一带，也是丹顶鹤、东方白鹤、雁鸭类、鸻鹬类等众多水鸟理想的越冬地；而我国东北、华北的沿海地区则是水鸟在迁徙路线上的重要繁殖地。据统计，每年利用我国滨海湿地迁徙、中停、繁殖和越冬的水鸟共有246种，其中约四成为鸻鹬类，数量达800万只，而这些鸻鹬类中，有38种主要依赖于滨海湿地，17种仅栖息于沿海地区。

2.2.2　海洋生物多样性

生物多样性是地球上生命经过几十亿年发展进化的结果，是人类赖以生存的物质基础。生物多样性是一个相当广泛的定义，根据《生物多样性公约》第二条第 1 款的规定，生物多样性包括物种内、物种之间和生态系统的多样性，指的是所有来源的各种各样的生物体，这些来源包括陆地、海洋和其他水生生态系统及其所构成的生态综合体。海洋是地球生命的摇篮，海洋约占地球表面的 71%，控制着许多自然过程，是地球生物圈的一个重要组成部分。在海洋中，哺育着种类繁多的海洋生物，各种鱼类、藻类、海洋浮游生物等所有依靠海洋环境生存的生物共同构成了海洋生物多样性的内涵。生命的各种形式，从最早的原始细胞直到我们人类，都和海洋密切相关。海洋生物多样性较陆地生物多样性更为复杂。海洋是个动态的系统，海洋生物除了生命体自身的各种生物过程的多样性外，还存在着海水流动性和湍流所造成的复杂性。

海洋生物多样性主要包括物种多样性、遗传多样性和生态系统多样性。遗传多样性是基础，任何一个物种都有其独特的基因序列和遗传组织形式，从而物种多样性显示了遗传多样性。物种是组成生态系统的基本单元和组成成分，是基因及遗传物质的载体，而生态系统多样性为生物多样性的最高层次，多样的生态系统维持着物种多样性和遗传多样性的稳定，是物种多样性和遗传多样性存在的基本保证。

（1）物种多样性

物种多样性是生物多样性的关键和中心，是组成生物多样性的主要结构和功能单位。我国海洋物种多样性极其丰富，我国海域现已记录到的海洋生物物种有 2.8 万多种，海洋生物多样性分布趋势是南多北少，其中尤其南海一带，因其独特、复杂、多变的气候和生态环境形成多种多样的生态系统，其海域不仅物种多样性丰富度高，而且在国际上具有典型性或代表意义，因而成为重要的海洋生物多样性资源宝库。我国近海经济利用价值较大的鱼类有 150 多种，重要的捕捞对象有带鱼、鳗、大黄鱼、小黄鱼、鲽、鲳、鲐、红鱼、金线鱼、沙丁鱼、盆鱼、河豚等；具有经济价值的软体动物有鱿鱼、乌贼、鲍鱼、扇贝、章鱼等；节足动物有对虾、青虾、龙虾、毛虾、鹰爪虾、锯齿青蟹、梭子蟹等；棘皮动物有海胆、棘参、梅花参；腔肠动物有海蜇等。除此之外，我国海洋生物中还有许多特有物种和世界珍稀濒危物种，如中国特有的世界珍贵的中华鲟、中华白海豚、儒艮、鹦鹉螺等。

（2）遗传多样性

遗传多样性是指动物、植物和微生物个体体内基因遗传信息的总和。物种遗传信息的基本单位是基因，狭义的遗传多样性是种内基因的差异或变异导致遗传构成上的差异。遗传物质主要有染色体的畸变和基因突变两种类型，表现在分子、细胞、个体等多个层次上，基因能够将遗传信息代代相传，在分子水平上发生遗传多样性，并与核酸的理化性质有关。我国丰富的海洋生物多样性基因拥有多种特殊的生理活性物质，我们从中获得了数以万计的化合物，并在药物、食品、化工产品等方面发挥了重要的价值。一个物种所包含的基因越丰富，对生存环境的适应能力便越强，它的繁衍生息能力在物种中也有很强的体现，所以，我们应该加强基因遗传的研究，选育、提炼能够增强个体或种群优势的基因，增强生物物种的生存能力，为海洋生物多样性开发利用提供更广阔的空间。

（3）生态系统多样性

生态系统多样性是生物群落和生境类型综合体的多样性，它包含着陆地、海洋、湖泊等多种不同层次的生态系统，而同层次的生态系统又可划分为多种生态类型，如海洋有近岸、大洋、深海等。即便相同的生态类型，由于处于不同的地理区域，在地理条件、气候变化、纬度等因素的影响下，其环境特征和生物类型也有差异。我国海洋生态系统的类型主要有红树林、珊瑚及珊瑚礁、海草床、海湾、河口、上升流、重要产卵地等生态系统，类型多样的生态系统维持着我国海洋生态平衡。但近年来由于外界过度的干扰与破坏，超出了生态系统承受能力的阈限，导致海洋生态系统的健康状况出现不同程度的损伤。

2.2.3 典型海岸带生态系统

2.2.3.1 滨海湿地生态系统

湿地是地球上一种重要的、独特的、多功能的生态系统，它在全球生态平衡中扮演着极其重要的角色，不仅是诸多海洋生物、鸟类的栖息地，也是地球淡水存储、物质循环和碳汇的重要场所，有着"地球之肾"的美名。湿地是世界上生产力最高的环境之一，它是生物多样性的摇篮。无数的动植物物种依靠湿地提供的水和初级生产力而生存。湿地养育了高度集中的鸟类、哺乳类、爬行类、两栖类、鱼类和无脊椎物种，也是植物遗传物质的重要储存地。湿地是珍贵的自然资源，也是重要的生态系统，湿地是生态文明和美丽中国建设中必不可缺的重要基础，对于维护生物多样性，调节径流，改善水质，调节小气候，以及提供食物及工业原料，提供旅游资源，保障国家生态安全，促进人与自然和谐共生具有重要意义。

滨海湿地地处海洋与陆地的交汇地带，是湿地的重要生态类型，也是海岸带重要的地理单元，要承受海陆各种物质的补给，大量悬浮物和营养盐在此沉降，咸淡水混合交汇，嫌气和好气条件频繁转换，使它成为特殊的自然综合体。滨海湿地生态系统包括砂质海岸、泥质海岸、岩岸生态系统，指低潮时水深 6 m 以浅的浅海和潮间带、潮上带盐渍积水洼地与生活在其中的各种动植物共同组成的有机整体。砂泥质生态系统是许多速生经济鱼类的幼仔滋养地和一些珍稀、濒危或保护物种的生存场所，特别是在饵料丰富、天敌较少的浅水区域尤为重要；同时还有减弱潮流、波浪以及风暴潮对陆地侵袭的作用；砂质海岸还是人类休闲旅游的场所。岩岸则为固着类海藻和野生动物提供了生长和栖息之地，适合多种经济鱼类和贝类的生产，是野生多种珍稀、濒危和保护物种的觅食和繁殖场所，此外还保护滨海土地不受波浪、潮汐的侵蚀。

2.2.3.2　河口生态系统

河口是海水和淡水交汇和混合的部分封闭的沿岸海湾，受潮汐作用的强烈影响，是两类水域之间的交替区，是大陆水系进入海洋的特殊生态系统，环境条件有强烈的波动。河口通常可分为三段：海洋段或河口下游段（至淡水舌锋缘），与开阔海洋连通；河口中游段，在此咸、淡不混合；河口上游段或河流段，主要为淡水控制，但每天受潮汐的影响。

河口生态系统位于河流与海洋生态系统的交汇处，径流与潮流的掺混造成河口区独特的环境和生物组成特征。潮汐节律引起盐度的周期性变化是河口区的最重要的特点；在河口中游段，每个潮汐周期内，低潮时的盐度可能接近淡水，高潮时则接近海水；盐度的变化幅度在河口区的上游段和下游段则小很多。河口温度的变化较开阔海区和相邻的近岸区大；由于河水的输入，河口水温的季节变化对海水更为明显；在较高纬度的海区，特别是温带海区，由于河水冬冷夏暖，河口水温在冬季就比周围近岸水温低，而夏季则比周围近岸水温高。

适盐性是栖息于河口的海洋生物有别于淡水生物的生理生态特征之一，根据生物的适盐性，河口海洋生物可分为高盐种、广盐种和低盐种。众多的河口生态系统拥有丰富的生物多样性，同时具备了若干淡水类型、海洋类型及河口区特有的物种，如白鲟、中华绒螯蟹。河口区还是很多溯河物种的主要洄游通道或短暂停留地，很多重要经济动物将河口区作为产卵繁育地。

2.2.3.3　红树林生态系统

红树林是热带、亚热带海岸潮间带，受周期性潮水浸淹，由红树植物为主体的常绿乔木或灌木组成的特有的盐生木本植物群落，通常分布在赤道两侧 20℃ 等温线以内，热带海区 60%~75% 的岸线有红树林生长。红树林是陆地向海洋过渡的特殊生态系统，兼具陆地与海洋双重生态特性，具有较高生产力，在自然生态系统中有特殊的作用，成为最复杂、最多样的生态系统之一，发挥着社会、经济、生态服务等多重功能。茂盛的红树林构成的森林生态系统，有"海底森林"之称。

由于红树植物具有复杂的地面根系和地下根系，能够阻挡潮流，使潮流发生滞后效应，促使悬浮泥沙沉积，并固结和稳定滩面淤泥，起到防浪护岸的作用。红树林可吸收入海污水中的氮、磷、重金属等威胁海洋生物及人体健康的物质，如秋茄红树植物能将吸收的汞存储在不易被动物摄食的部位，避免了汞在环境中的再扩散；白骨壤红树叶表吸附 0.45 mg/cm² 油时仍能正常生长，其幼苗甚至在含风化油的土壤里会迅速生长。红树林是世界上最多产、生物种类最繁多的生态系统之一，为众多鱼类、甲壳类动物和鸟类等物种提供繁殖栖息地和觅食生境，还提供木材、食物、药材和其他化工原料，并被认为是二氧化碳的容器，同时兼具旅游景观。我国的红树林主要分布在广西、广东、海南、福建和浙江南部沿岸，福建福鼎是我国红树林自然分布的北界，浙江乐清湾是我国红树林人工种植分布的最北界。

2.2.3.4 珊瑚礁生态系统

珊瑚礁是海洋环境中独特的一类生态系统，它由生物作用产生的碳酸钙沉积而成。珊瑚礁是个庞大的生态系统，拥有海洋中最多的物种，约 1/3 的海洋鱼类生活在礁群中，各个门类的生物均有它的代表，共同组成生物多样性极高的群落，素有"海洋中的热带雨林""生物多样性保存库"之称。热带雨林和珊瑚礁群落的基本物理结构是相似的，都是由生物有机体组成的。

珊瑚礁具有很高的生物生产力，能在养分不足的水域内进行生源元素的有效循环，为大量的物种提供广泛的食物。珊瑚礁构造中众多孔洞和裂隙，为习性相异的生物提供了各种生境，为之创造了栖居、藏身、育苗、索饵的有利条件。珊瑚礁充当水力栅栏，从而为背风一侧提供了一个低能环境，可降低波浪能和水流能，为海滩填补海沙，保护海岸，防止或减缓海岸侵蚀。

2.2.3.5 海草床生态系统

海草是生长于近岸浅水区软质底上的一类海洋被子植物。海草的地下部分是网状的根 – 根茎系统，根茎水平伸展连接各个植株，而根垂直向下生长；地上部分是根茎处长出的分散枝条，从枝条的基部（叶鞘）长出薄的带状叶片。海草能阻止和吸附水流中的悬浮颗粒，能够消除污染、净化水质、改善水质环境，能减弱海浪能、水流能、维护海岸、保持海床稳定，并为儒艮、绿海龟、海胆、海马、蟹类、海葵等许多海洋生物提供食物来源。

2.2.3.6　海岛生态系统

海岛是地球进化史中不同阶段的产物，可反映重要的地理学过程、生态系统过程、生物进化过程以及人与自然相互作用的过程。海岛是四面环水并在高潮时高于水面的自然形成的陆地区域，是一个完整的地域单元。海岛生态系统是海岛及受其影响的整个环境，不仅包括海岛陆域部分，还包括其水下部分及周边一定范围内的海域。岛内的生物群体在长期进化过程中形成了自己特殊的动植物区系板块，是一个特殊的生态系统。海岛为海洋生物提供了丰富的异质性生存空间和多样化的庇护场所。海岛陆地上主要有土壤、植被、景观等方面的资源，海域部分包括一定范围内水文、气象、生物、化学等方面的环境状况，以及渔业、旅游等方面的资源。

2.2.3.7　濒危物种生态系统

濒危物种生境是指濒危动物的生存环境或生息繁衍场所和濒危植物的生长环境，包括该物种所占有的资源（如食物、隐蔽物、水土资源和空间资源等）、物理化学因子（温度、盐度、雨量等）以及生物之间的相互作用环境（濒危物种和其他物种间的捕食和竞争关系）。濒危物种一般都被纳入了国家重点保护动（植）物名录和地方重点保护动（植）物名录。2019 年 7 月 18 日，世界自然保护联盟公布了更新版的《濒危物种红色名录》，有 500 种深海硬骨鱼、16 种鳐鱼被列入名录，鳞脚蜗牛成为首个濒危深海软体动物。生物多样性和生态系统服务政府间科学政策平台报告指出，过度捕捞是威胁海洋濒危物种生存的重要因素。目前，超过 90% 的海洋鱼类被过度捕捞，或是处于不可持续状态。人类活动对海洋生物栖息地的影响和破坏，也会对物种生存构成极大威胁。例如，在全球现存的 7 种海龟中，除了平背海龟，其他 6 种都处于种群规模快速下降的危险阶段，其中棱皮龟、玳瑁与肯氏海龟已被列为濒危物种。在海鸟类中，如极度濒危鸟类勺嘴鹬，由于繁育地生态环境遭到破坏、迁徙途经地用途的改变、在中转站被非法捕猎等因素，近年来数量急剧下降。

思考题

1. 海岸带的环境要素有哪些？
2. 海岸带有哪些海洋生物群落？
3. 什么是海洋生物多样性？主要分为哪几类？
4. 海岸带典型生态系统有哪些？

第3章 海岸带环境污染与生态退化诊断

海岸带作为人类开发利用海洋的密集区,随着海岸带开发活动的不断加剧,自然资源的消耗速度也急剧加快,从而引发了海洋环境恶化、滨海湿地萎缩、生物多样性下降等一系列的生态退化问题,已经威胁到了海岸带地区经济的可持续发展。江河携带污染物入海、陆源入海排污口排污和大气沉降等已严重影响海洋生态环境质量,成为我国近岸海洋环境恶化的关键因素,主要河口和海湾生态系统整体呈现不健康或亚健康状态,生态系统结构发生一定程度变化,生态系统服务功能有所退化,生物多样性下降。针对我国日益严峻的海洋生态保护形势,亟须开展环境污染和生态退化程度的诊断,为海洋生态环境的恢复与保护提供支撑。

3.1 海岸带生态环境评价与诊断

按照生态恢复的程序,在某一特定区域实施生态恢复前,要对该区域的生态系统状况进行调查与评价,并对生态系统的退化状况进行诊断,从而为后续的生态恢复目标、原则和方案的确定提供依据。海岸带生态环境质量是确定和衡量海岸带环境好坏的一种尺度。海岸带生态环境质量评价指的是根据不同目的要求和生态环境质量标准,按一定的评价原则和方法,对海域生态环境要素(水质、底质、生物、生态、地质地貌、水动力)的质量进行评价,为海域生态环境规划和管理以及污染防治提供科学依据。通过生态环境质量评价,可以了解海岸带生态环境的现状及其演化规律,探讨海岸带生态系统中脆弱的因子,评价近岸海域生态质量及发展趋势,为近岸海域生态系统保护提供理论依据和决策支持。

3.1.1 海岸带水环境质量评价

随着海岸带区域经济的快速发展、人口的增加和海水养殖业的兴起,大量的污染物和营养盐被排放入近岸海域,海岸带资源和环境都面临着巨大的压力,近岸海域水环境质量下降已是较为突出的环境问题。通过海岸带水环境质量评价及富营养状况和趋势的分析,可以了解近岸海域环境污染状态和程度。污染物时空特征的识别与陆源排污、海洋工程建设情况的结合分析有助于污染成因的探究,从而为环境管理和规划、环境污染综合防治与决策、环境保护政策的制定等提供相应参考。海岸带水环境系统是一个庞大复杂的系统，评价其质量水平，揭示其变化规律，并提出改善系统水环境的有效方法，必须建立可行的指标体系。

海洋水环境质量是海洋环境质量的最主要表征，对海洋环境质量进行定义和评价是进行近岸海域环境保护和管理的有效工具。海水水质评价是根据海水的用途，按照一定的评价标准、评价参数和评价方法，对海域的水质或海域综合体的质量进行定性或定量的评定。通过海洋水环境要素的时空分布和变化，评价营养状态水平和有机污染状况，分析海洋环境及污染状况，可以为海洋开发利用决策和海洋生态环境修复策略提供依据。

（1）海水环境要素评价

以《海水水质标准》（GB 3097—1997）对主要水环境要素进行评价，按照海域的不同使用功能和保护目标，海水水质分为四类（表 3–1）：

第一类　适用于海洋渔业水域，海上自然保护区和珍稀濒危海洋生物保护区。

第二类　适用于水产养殖区，海水浴场，人体直接接触海水的海上运动或娱乐区，以及与人类食用直接有关的工业用水区。

第三类　适用于一般工业用水区，滨海风景旅游区。

第四类　适用于海洋港口水域，海洋开发作业区。

表 3–1　海水水质标准

单位：mg/L

序号	项目	第一类	第二类	第三类	第四类
1	漂浮物质	海面不得出现油膜、浮沫和其他漂浮物质	海面不得出现油膜、浮沫和其他漂浮物质	海面不得出现油膜、浮沫和其他漂浮物质	海面无明显油膜、浮沫和其他漂浮物质
2	色、臭、味	海水不得有异色、异臭、异味	海水不得有异色、异臭、异味	海水不得有异色、异臭、异味	海水不得有令人厌恶和感到不快的色、臭、味
3	悬浮物质	人为增加的量 ≤10	人为增加的量 ≤10	人为增加的量 ≤100	人为增加的量 ≤150
4	大肠菌群≤（个/L）	10 000 供人生食的贝类增养殖水质≤700	10 000 供人生食的贝类增养殖水质≤700	10 000 供人生食的贝类增养殖水质≤700	—
5	粪大肠菌群≤（个/L）	2 000 供人生食的贝类增养殖水质≤140	2 000 供人生食的贝类增养殖水质≤140	2 000 供人生食的贝类增养殖水质≤140	—

序号	项目	第一类	第二类	第三类	第四类
6	病原体	供人生食的贝类养殖水质不得含有病原体	供人生食的贝类养殖水质不得含有病原体	供人生食的贝类养殖水质不得含有病原体	供人生食的贝类养殖水质不得含有病原体
7	水温（℃）	人为造成的海水温升夏季不超过当时当地1℃，其他季节不超过2℃	人为造成的海水温升夏季不超过当时当地1℃，其他季节不超过2℃	人为造成的海水温升不超过当时当地4℃	人为造成的海水温升不超过当时当地4℃
8	pH	7.8~8.5 同时不超出该海域正常变动范围的0.2 pH单位	7.8~8.5 同时不超出该海域正常变动范围的0.2 pH单位	6.8~8.8 同时不超出该海域正常变动范围的0.5 pH单位	6.8~8.8 同时不超出该海域正常变动范围的0.5 pH单位
9	溶解氧> （DO）	6	5	4	3
10	化学需氧量≤ （COD）	2	3	4	5
11	生化需氧量≤ （BOD_5）	1	3	4	5
12	无机氮≤ （以N计）	0.20	0.30	0.40	0.50
13	非离子氨≤ （以N计）	0.020	0.020	0.020	0.020
14	活性磷酸盐≤ （以P计）	0.015	0.030	0.030	0.045
15	汞≤	0.000 05	0.000 2	0.000 2	0.000 5
16	镉≤	0.001	0.005	0.010	0.010
17	铅≤	0.001	0.005	0.010	0.050
18	六价铬≤	0.005	0.010	0.020	0.050
19	总铬≤	0.05	0.10	0.20	0.50
20	砷≤	0.020	0.030	0.050	0.050
21	铜≤	0.005	0.010	0.050	0.050
22	锌≤	0.020	0.050	0.10	0.50
23	硒≤	0.010	0.020	0.020	0.050

续表

序号	项目	第一类	第二类	第三类	第四类
24	镍≤	0.005	0.010	0.020	0.050
25	氰化物≤	0.005	0.005	0.10	0.20
26	硫化物≤（以 S 计）	0.02	0.05	0.10	0.25
27	挥发性酚≤	0.005	0.005	0.010	0.050
28	石油类≤	0.05	0.05	0.30	0.50
29	六六六≤	0.001	0.002	0.003	0.005
30	滴滴涕≤	0.000 05	0.000 1	0.000 1	0.000 1
31	马拉硫磷≤	0.000 5	0.001	0.001	0.001
32	甲基对硫磷≤	0.000 5	0.001	0.001	0.001
33	苯并（a）芘≤（μg/L）	0.002 5	0.0025	0.002 5	0.002 5
34	阴离子表面活性剂（以 LAS 计）	0.03	0.10	0.10	0.10
35	放射性核素（Bq/L）				
	^{60}Co	0.03	0.03	0.03	0.03
	^{90}Sr	4	4	4	4
	^{106}Rn	0.2	0.2	0.2	0.2
	^{134}Cs	0.6	0.6	0.6	0.6
	^{137}Cs	0.7	0.7	0.7	0.7

海水水质现状采用单因子污染指数评价法。单因子污染指数评价法是将某种污染物实测浓度与该种污染物的评价标准进行比较以确定水质类别的方法。

1）一般水质因子。

$$S_{i,j}=C_{i,j}/C_{si}$$

式中：$S_{i,j}$——标准指数；

$C_{i,j}$——表示评价因子 i 在 j 点的实测统计代表值，mg/L；

C_{si}——评价因子 i 的评价标准限值，mg/L。

2）特殊水质因子。

溶解氧：

$$S_{DO,j} = \frac{|DO_f - DO_j|}{DO_f - DO_s}, \quad DO_j \geqslant DO_s$$

$$S_{DO,j} = 10 - 9\frac{DO_j}{DO_s}, \quad DO_j < DO_s$$

式中：$S_{DO,j}$——DO 的标准指数；

DO_f——某水温、气压条件下的饱和溶解氧浓度，mg/L，计算公式常采用 $DO_f = 468/(31.6+T)$，T 为水温，℃；

DO_j——在 j 点的溶解氧实测统计代表值，mg/L；

DO_s——溶解氧的评价标准限值，mg/L。

pH 值：

$$S_{pH,j} = \frac{7.0 - pH_j}{7.0 - pH_{sd}}, \quad pH_j \leqslant 7.0$$

$$S_{pH,j} = \frac{pH_j - 7.0}{pH_{su} - 7.0}, \quad pH_j > 7.0$$

式中：$S_{pH,j}$——pH 值的标准指数；

pH_j——pH 值实测统计代表值；

pH_{sd}——评价标准中 pH 值的下限值；

pH_{su}——评价标准中 pH 值的上限值。

水质因子的标准指数不大于1时，表明该水质因子在评价水体中的浓度符合水域功能及水环境质量标准的要求。在近岸海域环境质量评价中，某一监测站位的海水任意一个评价项目超过相应的国家评价标准的第一类标准指标而符合第二类标准指标的，即为第二类质量；超过第二类标准指标而符合第三类标准指标的，即为第三类质量；超过第三类标准指标而符合第四类标准指标的，即为第四类质量。

（2）海水富营养化评价

近岸海水富营养化主要是由于营养盐及耗氧有机物的输入、输出动态平衡失调而引起的生态异常现象。一般采用富营养化指数法和营养状态质量指数法评估海域的富营养化程度和营养状态水平。

$$EI = \frac{COD \times DIN \times DIP \times 10^6}{4\,500}$$

式中：EI——富营养化状态指数；

COD——水体化学需氧量，mg/L；

DIN——无机氮质量浓度，mg/L；

DIP——活性磷酸盐质量浓度，mg/L。

若 $EI<1$，则水体处于贫营养化状况；若 $EI \geqslant 1$，则认为水体出现富营养化；EI 值越大，表明富营养化程度越严重。

（3）有机污染状况评价

海水有机污染指数法综合考虑了海水的有机污染和无机污染指标，利用 COD、DIN、DIP、DO 四个水质指标对海水质量状况进行评价，能反映水质的整体状况（表 3-2）。评价公式如下：

$$A = \frac{COD_i}{COD_s} + \frac{DIN_i}{DIN_s} + \frac{DIP_i}{DIP_s} - \frac{DO_i}{DO_s}$$

式中：A——有机污染指数；

COD_i、DIN_i、DIP_i、DO_i——COD、DIN、DIP 以及 DO 的实测值，mg/L；

COD_s、DIN_s、DIP_s、DO_s——相应的一类海水水质标准（GB 3097—1997）阈值，mg/L。

表 3-2　有机物污染评价分级

级别	水质程度	范围
1	水质较好	$0<A<1$
2	开始受到污染	$1<A<2$
3	轻度污染	$2<A<3$
4	中度污染	$3<A<4$
5	严重污染	$A>4$

3.1.2　海岸带沉积物质量评价

多年来，海洋环境和其他水环境的污染评价都是一直以上覆水水质评价为主。不可否认，这种评价方式对水体中生物的保护是绝对必要的。但考虑到大部分高毒性污染物主要富集于沉积物中而不是上覆水内，忽略了对沉积物质量的评价，便无从对海洋环境实施全面有效的保护。作为区域环境评价要素，尽管上覆水对多介质水环境质量波动和响应具一定的直接性和灵敏度，特别是对陆表水体，上覆水水质评价不失为一种主要的污染评价方式（因面积小，近污染源，梯度明显），但对大空间尺度多随机变化的海洋环境而言，单独依赖水质评价，对其区域环境质量波动评估的科学可靠性则很难保障。因此，底部沉积物，作为污染物的主要富集介质和重要的生物栖息场所，可作为比水介质更稳定、更概括和更强的区域环境质量状态和趋势指示作用的监测要素。

（1）评价标准

根据《海洋沉积物质量》（GB 18668—2002），按照海域的不同使用功能和环境保护目标，海洋沉积物质量分为三类（表3-3）：

第一类 适用于海洋渔业水域，海洋自然保护区，珍稀与濒危生物自然保护区，海水养殖区，海水浴场，人体直接接触沉积物的海上运动或娱乐区，与人类食用直接有关的工业用水区。

第二类 适用于一般工业用水区，滨海风景旅游区。

第三类 适用于海洋港口水域，特殊用途的海洋开发作业区。

表 3-3 海洋沉积物质量标准

序号	项目	指标		
		第一类	第二类	第三类
1	废弃物及其他	海底无工业、生活废弃物，无大型植物碎屑和动物尸体等		海底无明显工业、生活废弃物，无明显大型植物碎屑和动物尸体等
2	色、臭、结构	沉积物无异色、异臭，自然结构		
3	大肠杆菌（个/g湿重）≤	200		
4	类大肠菌群（个/g湿重）≤	40		
5	病原体	供人生食的贝类增养殖底质不得含病原体		
6	汞（×10⁻⁶）≤	0.20	0.50	1.00
7	镉（×10⁻⁶）≤	0.50	1.50	5.00
8	铅（×10⁻⁶）≤	60.0	130.0	250.0
9	锌（×10⁻⁶）≤	150.0	350.0	600.0
10	铜（×10⁻⁶）≤	35.0	100.0	200.0
11	铬（×10⁻⁶）≤	80.0	150.0	270.0
12	砷（×10⁻⁶）≤	20.0	65.0	93.0
13	有机碳（×10⁻²）≤	2.0	3.0	4.0
14	硫化物（×10⁻⁶）≤	300.0	500.0	600.0

续表

序号	项目	指标		
		第一类	第二类	第三类
15	石油类（$\times 10^{-6}$）$\leqslant$	500.0	1 000.0	1 500.0
16	六六六（$\times 10^{-6}$）$\leqslant$	0.50	1.00	1.50
17	滴滴涕（$\times 10^{-6}$）$\leqslant$	0.02	0.05	0.10
18	多氯联苯（$\times 10^{-6}$）$\leqslant$	0.02	0.20	0.60

（2）评价方法

沉积物质量现状评价采用单因子标准指数法。用标准指数（P_i）法评价污染程度时，按评价因子逐项计算出指数值后，再根据数值的大小评价其污染水平。单因子标准指数法计算公式如下：

$$P_i = \frac{C_i}{C_{si}}$$

式中：C_i——污染因子实测值；

C_{si}——评价标准值。

3.1.3 海洋生物质量评价

海洋生物质量通过海洋生物体内污染物质残毒量进行评价。测试生物尽可能选取栖息在海域的潮间带生物和底栖生物中的海洋双壳贝类生物。

（1）评价标准

生物质量标准是对污染物在生物内的最高容许含量所作的规定，即生物体内积累的污染物不得超过的水准。它是对环境质量进行综合评价所必需的组成部分，是达到或趋近环境质量目标的一种手段，是一定时期保护海洋生态系统和生物资源，保证水产品质量和保障人体健康的质量要求。

海洋生物质量评价标准采用《海洋生物质量》（GB 18421—2001），标准以海洋贝类（双壳类）为环境监测生物，规定海域各类使用功能的海洋生物质量要求。按照海域的使用功能和环境保护的目标，海洋生物质量划分为三类（见表3-4）：

第一类 适用于海洋渔业水域、海水养殖区、海洋自然保护区、与人类食用直接有关的工业用水区；

第二类 适用于一般工业用水区、滨海风景旅游区；

第三类 适用于港口水域和海洋开发作业区。

表 3-4　海洋贝类生物质量标准值（鲜重）

单位：mg/kg

项目	第一类	第二类	第三类
感官要求	贝类的生长和活动正常，贝体不得沾粘油污等异物，贝肉的色泽、气味正常，无异色、异臭、异味		贝类能生存，贝肉不得有明显的异色、异臭、异味
类大肠菌群（个 /kg）≤	3 000	5 000	—
麻痹性贝毒 ≤	0.8	0.8	0.8
总汞 ≤	0.05	0.10	0.30
镉 ≤	0.2	2.0	5.0
铅 ≤	0.1	2.0	6.0
铬 ≤	0.5	2.0	6.0
砷 ≤	1.0	5.0	8.0
铜 ≤	10	25	50（牡蛎 100）
锌 ≤	20	50	100（牡蛎 500）
石油烃 ≤	15	50	80
六六六 ≤	0.02	0.15	0.50
滴滴涕 ≤	0.01	0.10	0.50

　　海洋鱼类、甲壳类和软体动物生物质量评价，目前国家尚未颁布统一的评价标准，甲壳类、鱼类和软体动物体内铜、锌、铅、镉、总汞等采用《全国海岸和海涂资源综合调查简明规程》规定的生物质量标准进行评价（表 3-5）。对于海洋鱼类、甲壳类和软体动物中的砷、铬和石油烃等没有适用的标准，暂不做评价。

表 3-5　其他物种重金属评价标准

单位：mg/kg

种类	铜	锌	铅	镉	总汞
鱼类	20	40	2	0.6	0.3
甲壳类	100	150	2	2	0.2
软体动物	100	250	10	5.5	0.3

（2）评价方法

　　海洋生物质量现状评价采用单因子标准指数法。单因子标准指数法计算公式如下：

$$P_i = \frac{C_i}{C_{si}}$$

式中：C_i——污染因子实测值；

　　　C_{si}——评价标准值。

海洋生物质量评价因子的标准指数≤1时，表明该海洋生物质量评价因子在评价海域海洋生物体中的浓度符合海洋生物质量标准的要求。

3.1.4　海岸带地质环境质量评价

地质环境质量是指在一个具体的地质环境内，环境的总体或者环境的某些要素对人类生存和繁衍以及社会经济发展的适宜程度。我国海岸带地质环境质量评价就是对我国海岸带地区地质环境质量的优劣进行定量描述，即按照一定的评价标准、方法对特定地区的地质环境开发适宜性进行评定、预测。我国海岸带的形成、发育和演化主要受大陆地质营力的影响，新构造运动在我国东部地质环境基本面貌的形成中起了重要作用，也决定了我国主要海洋水文的分布格局和基本走向。因此，在进行地质环境质量评价中应充分考虑地质构造、地形地貌类型、水文地质等方面的影响。海岸带处于海陆交汇地带，针对某个工程地质环境质量评价，除需要考虑常规的工程地质要素以外，还必须对海洋自然环境有较深入的认识，如海岸带变迁、滨海沉积结构与演化、海洋水文地理、海洋气象、海洋灾害等方面。

海岸带地质环境质量评价因子包括地壳稳定性、地形地貌类型、水文地质、工程地质、环境质量、地质灾害、人类活动等（表 3–6）。

表 3–6　海岸带地质环境质量评价因子

一级因子	二级因子
地壳稳定性	地震活动、断层分布
地形地貌类型	陆地、海岸带、海底地形
水文地质	河流分布、地下水埋深、水资源量、海（咸）水入侵、海洋水文
工程地质	地层岩性、基岩埋深、持力层埋深、岸线稳定性、海岸蚀淤
环境质量	海洋水文化学特征、海底沉积特征
地质灾害	陆域灾害、海域灾害
人类活动	与人类工程相关等设施

3.1.5 海岸带水动力环境评价

海洋中，水是物质和生物的载体，海洋的水动力过程对海水中物质输运与生物过程起到重要作用。作为海洋中物质输运的驱动力，水动力状况发生改变后会引发纳潮量、水体交换能力及挟沙力等一系列环境因子的变化，这些环境因子的变化直接对海域的环境容量与生态系统造成影响。例如，大面积围填海是造成各海域海水交换率下降、岸线变化剧烈及纳潮量减小的主要原因。同时，海水交换能力减弱还会降低海水的自净能力，对近海环境造成污染。

3.1.5.1 流场特征

流场是海洋环境动态变化中最为基础的矢量场，是海洋能量传输和物质传输的主要载体。首先，流体运动所占据的空间称为流场，海洋流场是典型的非定常、非线性流场。海洋中，海水运动是海水在不同海区间发生的不同尺度、不同速度的大规模的水平或垂直运动，流场是海流、波动、潮汐及各种涡旋等运动的综合体现。不同区域的主导运动是不一样的，如在近岸浅海，海水运动一般为潮汐占主导。根据涨落潮周期的不同，潮汐可划分为全日潮、半日潮以及混合潮三类。同时由于海岸的存在，依据海流较海岸的运动相对方向，分为向岸流、离岸流（或称裂流）和沿岸流三类，三者构成近岸环流系统。在一些浅海的较深海域，沿岸风的作用使海水自表层至底部产生一个包含表层流、中层流和底层流的三层流动结构。表层流是由风直接引起的漂流和由于漂流导致水体体积运输造成海面倾斜而形成的倾斜流叠加形成；中层流以纯倾斜流的流动状态为主；底层流，考虑海床的影响，是一种受海底摩擦的倾斜流。流场变化对于水流挟沙能力、污染物净化有着重要影响。

（1）水流挟沙能力

水流挟沙能力通常是指在一定的水流边界条件下，单位水体能够携带的床沙的数量。潮流波浪共同作用下的泥沙运动较为复杂，床面附近的泥沙交换主要表现为重力作用下悬沙的沉积和床面泥沙颗粒在湍流运动作用下的上扬。河口地区水深较浅，波浪具有强烈的掀沙作用，是近底含沙量形成的主要动力。由于波浪为周期性振荡，掀起的泥沙主要在潮流的作用下输移。在潮流加速过程中水流挟沙能力大于实际含沙量，而在减速过程中水流挟沙能力小于实际含沙量。

（2）污染物净化能力

污染物净化能力是指污染物通过对流输运和稀释扩散等物理过程与周围水体混合，与外海水交换，浓度降低，水质得到改善。海洋自净是一个错综复杂的自然变化过程，它是指海洋环境通过它本身的物理能（波浪能、潮汐能、热能）、化学能（大量阳离子和阴离子、pH 值及盐度的变化）和生物能（多种微生物的分解作用、动植物的吸收等），具有使污染物的浓度自然地逐渐降低乃至消失的能力。自净能力越强，净化速度越快。海洋自净过程按其发生机理可分为物理净化、化学净化和生物净化三种。三种过程相互影响，同时发生或相互交错进行。一般来说，物理净化是海洋自净中最重要的过程。物理净化主要通过稀释、扩散、吸附、沉淀或气化等作用而实现的自然净化。海水的快速净化主要依靠水体输运与扩散和泥沙吸附与沉淀。在河流入海口和内湾，潮流是污染物稀释扩散最持久的营力。如随河流径流携入河流入海口的污水或污染物，随着时间和流程增加，通过水平流动和混合作用不断向外海扩散，使污染范围由小变大，浓度由高变低，可沉性固体由水相向沉积相转移，从而改善了水质。

3.1.5.2　潮位变化

海洋潮位是海洋水动力领域最重要的基础参数之一，是反映水动力学特征的一个重要指标。地球表面海水受到周围天体（主要是月球和太阳）引潮力的作用，会产生周期性运动现象。一般情况下，潮汐是指海面在垂直方向的涨落现象，而潮流是指海水在水平方向的流动。海水的自由水面距离固定基面的高度称为海洋潮位，我国规定固定基面选用黄海基准面。影响潮位变化的环境因子较多，包括海底地形突变、洋流运动、台风变化、海平面变化等。海底地形突变主要是由海底地震引起的，其引发的海啸会形成特大高潮位，对海堤造成巨大的破坏，但海底地震是小概率事件，其引发的海啸虽然对潮位过程影响巨大，但对潮位的年际变化基本不产生影响。洋流运动是海水沿一定途径的大规模流动，其规律具备可预测性，短期内也不会发生太大的变化。因此，海底地形突变及洋流运动均不是造成潮位变化的主要环境因素。从潮位的成因上看，潮位的变化主要是天文潮、风暴潮及潮位涨落的基础水位变化导致的。天文潮是受月球和太阳引潮力作用产生的，其具备可预测性。风暴潮是由于剧烈的大气扰动导致的海水异常升降，其变化受台风变化影响。潮位涨落的基础水位变化受海平面变化的影响。因此，潮位变化过程不仅包括周期性的垂直涨落（天体引潮力作用下），还包括由于台风、气压、海平面、海底地震、洋流运动、大陆径流等自然因素所引起的非周期变化，人们所观测到的潮位测量数据是以上各种变化的综合影响结果。

为了更加清晰、准确地描述潮位涨落过程，人们绘制潮位涨落曲线（见图3-1），图中横坐标表示潮位变化经过的时间，纵坐标表示潮位变化高度。在涨潮初期，海洋潮位会一直不断升高，涨到一定高度后，在短时间内潮位不再变化，此时叫作平潮，平潮的中间时刻定义为高潮时。过了平潮以后，潮位会逐渐降低。当潮位下降到最低液面时，此时与平潮过程相似，也出现潮位短时间内不再变化的状态，这种现象称为停潮，其中间时刻定义为低潮时。然后，停潮过后潮位会再次出现上涨，海水会如此循环往复运动。涨潮时是低潮时到高潮时的时间间隔，而落潮时是高潮时到低潮时的时间间隔。同时，高潮高就是海面上涨到最高位置时的竖直位移，而下降到最低位置时的竖直位移叫作低潮高，潮差就是连续两个高潮高和低潮高的数学差值（图3–1）。

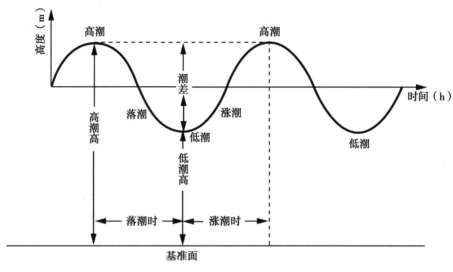

图3–1 潮位要素示意

海岸带是海岸线随潮位变化而横向移动的地带，潮位的变化一方面会对港口和航道造成影响，另一方面还会使潮间带的面积发生变化，从而影响湿地生态环境和植被生长。潮汐变化的重要特征是周期性，潮差的大小主要与引潮力有关，引潮力越大潮差越大，而引潮力的变化主要受天体运行轨道变化的影响。

3.1.5.3 纳潮量变化

纳潮量是潮流通过特定断面的流体体积或者质量，海湾纳潮量则是一个潮周期（包括涨潮期、落潮期）内流经湾口断面的潮流总量。对于海湾而言，纳潮量直接反映了海湾的自净能力，是湾内外水体以及物质交换的基础，对海湾内物质扩散输移过程起着决定性作用，因此是表征海湾特别是半封闭海湾水动力、水质、生化环境等生命力的重要指标，其大小的变化直接影响到海湾的潮流特性，影响海湾冲淤能力、海湾与外海的水交换强度以及污染物的迁移扩散，从而制约着海湾的自净能力和环境容量，还有可能破坏水动力条件与海湾形态之间的动态平衡，使海湾潮滩形态和岸线地形随之进行调整。因此，纳潮量对于维护海湾良好的生态环境至关重要。

对于海湾纳潮量的计算方法大致分为三种：根据实测地形数据和平均潮差进行计算、利用海流观测仪器测量湾口断面的流量进而计算纳潮量和根据潮流数值模拟的结果，得到计算网格节点的潮差与其代表面积相乘，然后累加得到海湾的纳潮量。一般情况下，海湾纳潮量的定义为海湾高潮水量与低潮水量之差，纳潮量的数值主要取决于海湾高、低潮时潮位的变化和海域面积的变化，纳潮量的公式如下：

$$Q=\frac{1}{2}(S_1+S_2)(h_1-h_2)$$

式中：Q——海湾的纳潮量，m^3；

　　　S_1、S_2——平均高、低潮潮位的水域面积，m^2；

　　　h_1、h_2——S_1、S_2 所对应的潮高，m。

3.1.5.4　流速、流向变化

流速和流向是决定海水流动性质的两个要素，流速是指海水中水质点在单位时间内移动的距离，单位为节（n mile/h）或 cm/s 等，常用海流计测量；流向是指海水流去的方向，以度或方位表示，角度计算方法以正北为零度，顺时针递增，正东为 90°，正南为 180°，正西为 270°，常用海流计测定。

大潮期涨落半潮平均流速的变化，可以直观反映出相关工程建设对水动力环境的影响。流速下降后，水流挟沙能力会有所下降，影响区域整体的冲淤平衡。一般认为，工程实施前后，流向最大变化幅度不超过 5°，对船舶航线、区域流场环境等的影响不大。

3.1.6　海岸带生态系统退化诊断

生态系统是一个处于不断变化的动态系统，正常的生态系统是生物群落与自然环境处于平衡状态的自我维持系统，各种组分按照一定规律发展变化并在某一平衡位置发生一定程度的波动，从而达到一种动态平衡状态。然而，在一定的时空背景下，在自然干扰、人为干扰或者二者的共同作用下，生态要素和生态系统整体发生不利于生物或人类生存的量变和质变过程，打破了原有生态系统的平衡状态，造成破坏性波动或恶性循环，称为生态系统退化。在退化过程中，退化生态系统的生物种类组成、群落或系统结构会发生明显的改变，表现为生物多样性减少、生物生产力降低、土壤和微环境恶化，以及生物间相互关系的改变。

生态系统退化程度的确定是进行生态恢复和生态重建的基础和前提，而退化程度的诊断需要对生态系统健康状态进行评价。目前，最常用的生态系统健康评价方法包括指示物种法和指标体系法两种。指示物种法主要是采用一些指示种群来监测生态系统健康，依据生态系统的关键物种、特有物种、指示物种、濒危物种、长寿命物种和环境敏感物种等的数量、生物量、生产力、结构指标、功能指标及某些生理生态指标来描述生态系统健康状况。当生态系统受到外界干扰时，生态系统的结构和功能将发生变化，这些指示物种的适宜生存环境将受到影响，它们的结构和功能指标也将发生明显的变化。指标体系法是根据生态系统的特征以及功能构建指标体系，并采用数学方法确定其健康状况。通常包含生态系统水平、群落水平、种群及个体水平等生态指标、物理化学指标及人类健康与社会经济指标等方面。

3.1.6.1 生态系统健康评价指标

（1）潮上带生态系统健康评价

在生态系统健康评价方面，评价指标很多，且侧重点也不尽相同。本书选择活力、组织力、异质性和协调度等作为潮上带生态系统健康评价的一级指标，并在一级指标设计的基础上，选取了相应的二级指标（图 3-2）。

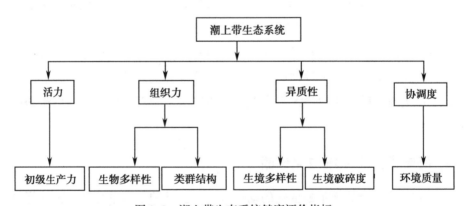

图 3-2　潮上带生态系统健康评价指标

1）活力。活力是对生态系统的生产活动、同化能力以及初级生产力的测定，它能表征生态系统的能量流动和物质循环。具体指标为生态系统的初级生产力。初级生产力是初级生产者通过光合作用或化学合成的方法生产有机物的速率。潮上带的生产者是植被，因此潮上带生态系统的活力采用植被净初级生产力指标来测算。净初级生产力是指植物在单位面积、单位时间内所累积的有机物量。植被是潮上带生态系统中主要的生产者，作为地表碳循环的重要组成部分，净初级生产力能够直接反映植被群落在自然环境条件下的生产能力，是判定潮上带生态系统活力的重要因子。根据 Whittaker（1973）的研究（表 3-7）可知，不同植物群落的净初级生产力差别较大。

表 3-7　世界陆地各类生态系统的净初级生产力

生态系统类型	面积（×10⁶ km²）	范围 [g/（m²·a）]	近似平均 [g/（m²·a）]	总生产量（×10⁹ t/a）
热带雨林	17.0	1 000~3 500	2 000	34.0
夏绿林	7.0	400~2 500	1 000	7.0
暖温带混交林	5.0	600~2 500	1 000	5.0
北方针叶林	12.0	200~1 500	500	6.0
疏林地	7.0	200~1 000	600	4.2
矮生灌丛	26.0	—	90	2.4
温带草原	9.0	100~1 500	500	4.5
耕地	14.0	100~4 000	650	9.1
沼泽湿地	2.0	800~4 000	2 000	4.0

2）组织力。组织力一般体现潮上带生态系统的生物多样性及类群结构状况，生态系统的组成和结构越复杂，自动调节能力就越强，生态系统就越健康。组织力用来反映生态系统要素的数量、多样性以及各组成要素之间的相互作用，组织力受物种多样性和物种间物质交换途径的影响，因此选择生物多样性和类群结构作为组织力的测算指标。

生物多样性：将植被的物种数量作为评价指标。

类群结构：各类生物在整个生态系统的物质循环和能量流动过程中的位置格局表征。

3）异质性。异质性表征生境的复杂性和分布特征。生境的异质性为生物生存提供了丰富的选择，有利于岛屿物种的生存、繁衍以及整个生态系统的健康。异质性主要体现在生境类型的复杂多样性以及斑块的破碎度，因此将生境多样性和生境破碎度作为测量系统异质性的指标。

生境多样性：即生境的种类和多样程度。

生境破碎度：生境破碎度表示生境被分割的破碎程度。生境破碎是导致物种退化和生物多样性衰退的重要原因。适宜生境斑块面积的缩减和斑块之间连接度的降低是生境破碎化的直接反应。

4）协调度。协调度表征潮上带生态系统的资源与环境的供给与人类需求之间的适应程度。选取生态盈余与亏损作为潮上带资源供给与人类需求协调度的表征，选择环境质量作为潮上带环境供给与人类发展的协调度指标。

生态盈余与亏损：是生态平衡概念下区域生态状况的表达，是生态系统承载力和生态足迹的差值。生态足迹大于生态系统承载力，说明该区域人类对资源的消耗超过区域生态能够自我恢复的能力，这种状况称为生态亏损或生态赤字，反之则会出现生态盈余。

环境质量：指环境素质优劣的程度。其中优劣是质的概念，程度是量的概念。具体地说，环境质量是指在一个具体的环境内，环境的总体或环境的某些要素对人类生存和繁衍以及社会经济发展的适宜程度。

（2）潮间带生态系统健康评价

潮间带生态系统健康诊断指标见表3-8。

表3-8　潮间带生态系统健康诊断指标

一级指标	二级指标	三级指标
环境指标	水质	DO、COD、无机氮、活性磷酸盐、石油类等
	沉积物	硫化物、石油类、有机碳、As、Cd、Zn、Hg、Cr、Cu等
	生物质量（贝类）	粪大肠杆菌、石油烃、As、Cd、Zn、Hg、Cr、Cu等
结构指标	滩涂植被	多度、盖度、生物量等
	底栖生物	生物量、物种丰富度等
功能指标	海洋供给服务	食品生产、原料生产、潜在土地资源等
	海洋调节服务	气体调节、水质调节、干扰调节和生态控制等
	海洋文化服务	休闲娱乐、科研等
	海洋支持服务	生物多样性维持
稳定性指标	物种多样性	滩涂植被、底栖生物物种多样性

1）环境指标。潮间带生态系统的环境质量状况，通过水质、沉积物以及生物质量（贝类）状况来反映，主要选取海洋环境质量监测中的常规监测项目。①水质包括DO、COD、无机氮、活性磷酸盐、石油类等因子。②沉积物包括硫化物、石油类、有机碳、As、Cd、Zn、Hg、Cr、Cu等因子。其中重金属指标使用重金属潜在生态危害指数。重金属潜在生态危害指数参照瑞典学者Lars Häknson（1980）提出的沉积物中金属污染物的潜在危害指数计算方法，重金属元素结合该海域特征，选择Hg、Cd、Pb、Cu和As 5种重金属，计算公式如下：

$$R_I = \sum_{i=1}^{n} T_r^i C_{表层}^i / C_n^i$$

式中：C_n^i——重金属含量参照值，Cu、Pb、Cd、Hg 和 As 分别为 50×10^{-6}、70×10^{-6}、1.0×10^{-6}、0.25×10^{-6} 和 15×10^{-6}，mg/kg；

　　T_r^i——毒性系数，Cu、Pb、Cd、Hg 和 As 分别为 5、5、30、40 和 10。

③生物质量状况主要是指贝类的质量状况，包括粪大肠杆菌、石油烃、As、Cd、Zn、Hg、Cr 和 Cu 等因子。

2）结构指标。潮间带生物主要为湿地植被和潮间带底栖生物，结构指标主要选取滩涂植被的多度、盖度、生物量等因子，及潮间带底栖生物生物量、物种丰富度等因子。

3）功能指标。生态系统服务功能是指海洋生态系统及其生态过程所提供的人类赖以生存的自然环境条件及其效用。海洋生态系统服务功能价值是指一定时期内海洋生态系统服务的货币化价值，包括海洋供给服务价值、海洋调节服务价值、海洋文化服务价值和海洋支持服务价值。

海洋供给服务价值

海洋供给服务是指一定时期内海洋生态系统提供的物质性产品和产出，其价值包括食品生产价值、原料生产价值和潜在土地资源价值。

食品生产价值采用如下计算公式：

$$P_1 = \sum Y_n (P_n - C_n)$$

式中：P_1——食品生产服务价值，万元 /a；

　　Y_n——研究海域内第 n 类海产品的产量，t/a；

　　P_n——第 n 类海产品的市场单价，万元 /t；

　　C_n——第 n 类海产品单位质量的成本，万元 /t。

海产品是通过市场交易来实现的，其价值可以采用市场价格法进行计算。但考虑到食品生产服务产生的过程中，人力、物力等投入并非生态系统服务的产出，而且其所占比重较大，仅通过市场价格法往往难以剔除这部分价值，以统计资料中的海水养殖业的增加值，以及研究海域内的海水养殖面积来计算食品生产价值，计算公式如下：

$$P_1 = S_1 \times \frac{F_S}{S_0}$$

式中：P_1——食品生产生态服务价值，万元 /a；

　　S_1——研究海域海水养殖面积，hm^2；

　　F_S——区域海水养殖业的增加值，万元 /a；

　　S_0——区域海水养殖面积，hm^2。

F_S、S_0 值可从当地海洋渔业统计数据中获得。

原料通过市场交易，其价值可以采用市场价格法进行计算，原料生产服务价值可以根据研究海域内的各种原料产量，以及各种原料的市场价格计算。计算公式为

$$P_2=\sum Y_i(P_i-C_i)$$

式中：P_2——原料生产服务价值，万元/a；

Y_i——研究海域内第 i 类原料的产量，t/a；

P_i——第 i 类原料的市场单价，万元/t；

C_i——第 i 类原料单位质量的成本，万元/t。

潜在土地资源价值采用如下计算公式：

$$P_3=T\times L\times V$$

式中：P_3——潜在土地资源价值，万元/a；

T——某岸段每年向外推进速率，m/a；

L——淤涨岸段的长度，m；

V——沿海新增土地平均价格，万元/m²。

海洋调节服务价值

海洋调节服务价值是指一定时期内海洋生态系统提供的调节人类生存环境质量的服务，主要包括气体调节、水质调节、干扰调节和生态控制。

气体调节。海洋气体调节服务主要指海洋浮游植物通过光合作用吸收二氧化碳（CO_2），释放氧气（O_2），从而达到调节 O_2 和 CO_2 平衡的功能。

气体调节服务价值并没有在市场上通过交易来体现，目前主要通过碳税法和造林成本法来计算。根据光合作用方程式，植物每生产 1 g 干物质会吸收 1.63 g CO_2，释放 1.19 g O_2。

气体调节生态服务价值计算公式为

$$P_4=1.19X\times F_{O_2}+1.63X\times F_{CO_2}$$

式中：P_4——气体调节服务价值，万元/a；

X——潮滩植被和浮游植物干物质的量，t/a；

F_{O_2}——O_2 的价格，万元/t（我国氧气的造林成本为 352.93 元/t）；

F_{CO_2}——固定 CO_2 的价格，万元/t（采用碳税法计算，以瑞典政府的碳税率 150 美元/t，美元与人民币之间的汇率为 1:6.6）。

水质调节。目前一般采用影子工程法来计算水质净化服务价值，即以污水处理厂处理相同数量污水的成本来替代。水质调节价值计算公式为

$$P_5=S_iL_{Ni}F_N+S_iL_{Pi}F_P$$

式中：P_5——水质净化服务价值，万元 /a；

　　　S_i——研究海域第 i 类湿地的面积，hm^2；

　　　L_{Ni}、L_{Pi}——第 i 类湿地单位面积削减 N、P 的量，$t/（hm^2 \cdot a）$；

　　　F_N、F_P——除氮、除磷成本，万元 /t。

干扰调节。潮间带一般都是破碎波。给定一个水位时不同的水深部位破波波高可以粗略计算，等于水深的 0.6~0.7 倍。根据各个岸段潮间带地形和水深，可计算出潮间带潮滩最外侧波高以及近岸波高，潮间带外侧和近岸波高差就是该段潮间带潮滩消减的波浪，可采用影子工程法估算，利用不同岸段潮间带潮滩所能消减的波浪，换算成采取工程措施消减这部分波浪所需的工程费用。

生态控制。生态控制服务难以计量，可通过比较研究海域的损失与其他海域的平均损失差异而获得，如贝类养殖区比其他海区所减少的赤潮发生次数、面积、经济损失等手段间接获得。利用机会成本法，计算公式为

$$P_6= \sum（D_{Ai}-D_{Li}）$$

式中：P_6——生态控制服务价值，万元 /a；

　　　D_{Ai}——第 i 类灾害损失的平均值，万元 /a；

　　　D_{Li}——在指定海域第 i 类灾害损失值，万元 /a。

海洋文化服务价值

海洋文化服务价值是指一定时期内海洋生态系统提供文化性的场所和材料价值，包括休闲娱乐价值和科研价值。

休闲娱乐价值。休闲娱乐主要是指滨海湿地为人们提供旅游、观鸟、摄影、垂钓等活动的场所、机会和条件，使人们得到美学体验和精神享受的服务。根据谢高地等（2003）对我国生态系统各项生态服务价值平均单位的估算结果，我国湿地、农田、森林生态系统单位面积的休闲娱乐价值分别为 4 910.9 元 /（$a \cdot hm^2$）、8.8 元 /（$a \cdot hm^2$）、1 132.6 元 /（hm^2）。

科研价值。科研价值是生态系统为人类提供了美学、精神、科教等贡献的价值。计算科研文化功能损失值采用成果替代法，其评估模型为

$$L_{CR}=S \times V_{CR}$$

式中：L_{CR}——科研文化功能价值，万元 /a；

　　　S——占用的海域面积，hm^2；

　　　V_{CR}——单位面积生态系统平均科研价值，万元 /（$hm^2 \cdot a$）。

根据陈仲新等（2000）对我国生态效益价值的估算，我国单位面积湿地生态系统平均科研价值为 382 元 /（$hm^2 \cdot a$），Costanza 等（1997）的研究对全球湿地系统科研价值的估算值为 513 元 /（$hm^2 \cdot a$）。

海洋支持服务价值

海洋支持服务是指为保证海洋生态提供供给、调节和文化三项服务所必需的基础服务，主要指生物多样性维持服务。生物多样性维持主要是指滨海湿地不仅生活着丰富的生物种群，还为其提供重要的产卵场、越冬场和避难所等庇护场所，维持着生物多样性。生物多样性维持服务价值计算公式为

$$V_{SSD}=S \times P_{SSD}$$

式中：V_{SSD}——生物多样性维持服务价值，元 /a；

S——占用的海域面积，hm^2；

P_{SSD}——单位面积生态系统多样性维持价值，元 /（$hm^2 \cdot a$）。

单位面积物种多样性维持价值采用成果参照法。Costanza 等（1997）计算的全球单位面积湿地的生物庇护服务价值结果 2 492 元 /（$hm^2 \cdot a$），吴玲玲等（2003）计算长江口湿地生物支持服务价值取值为 1 328 元 /（$hm^2 \cdot a$）。

4）稳定性指标。在一个生态系统中，多样性与生态系统稳定性有正相关趋势。因此，以滩涂植被、底栖生物的物种多样性为稳定性指标，在一定程度上，可反映生态系统的稳定性。多样性指数采用 Shannon–Weaver 多样性指数。

$$H'=-\sum P_i \log_2 P_i$$

式中：H'——Shannon–Weaver 多样性指数；

P_i——第 i 种的个体数（或密度）占总个体数（或密度）的比例。

（3）浅海生态系统健康评价

浅海生态系统为海洋生态系统的一部分，涵盖海湾生态系统、海草与藻场生态系统、红树林和珊瑚生态系统等。浅海系统生态健康诊断指标见表 3–9。

1）环境指标。浅海生态系统的环境质量状况，通过水质、沉积物质量状况来反映，主要选取海洋环境质量监测中的常规监测项目。水质包括 DO、COD、无机氮、活性磷酸盐和石油类等因子。沉积物包括硫化物、石油类、有机碳、As、Cd、Zn、Hg、Cr 和 Cu 等因子。

2）结构指标。浅海生态系统生物主要为浮游植物、浮游动物、游泳动物和底栖生物，结构指标主要选取叶绿素 / 初级生产力和生物量、物种丰富度等因子。

3）功能指标。生态系统服务功能是指潮滩湿地生态系统及其生态过程所提供的人类赖以生存的自然环境条件及其效用。滩涂湿地的主要生态服务功能包括食品生产、气体调节、水质净化、营养物质循环和生物多样性维持等服务。

4）稳定性指标。针对浅海海洋生态系统健康评价，可选取浮游植物、浮游动物、游泳动物和底栖生物物种多样性作为稳定性评价指标。

表 3-9　浅海系统生态健康诊断指标

一级指标	二级指标	三级指标
环境指标	水质	DO、COD、无机氮、活性磷酸盐、石油类等
	沉积物	硫化物、石油类、有机碳、As、Cd、Zn、Hg、Cr、Cu 等
结构指标	浮游植物	叶绿素 / 初级生产力、物种丰富度等
	浮游动物	生物量、物种丰富度等
	游泳动物	生物量、物种丰富度等
	底栖生物	生物量、物种丰富度等
功能指标	生态服务功能和价值	食品生产、气体调节、水质净化、营养物质循环、生物多样性维持等
稳定性指标	物种多样性	浮游植物物种多样性
		浮游动物物种多样性
		游泳动物物种多样性
		底栖生物物种多样性

3.1.6.2　生态系统健康评价模型

生态系统非常复杂，单靠某一类敏感物种不可能完全展现系统的因果关系，而且指示物种对生态系统产生的影响以及在生态系统中作用等确定均非常困难和复杂，指示物种法并不能全面反映生态系统的变化趋势。而指标体系法综合了生态系统的多项指标，可从生态系统的结构、功能演替过程、生态服务和产品服务的角度来度量生态系统是否健康，用于评价生态系统健康更为合理。因此，合理选择对评价目标其主导作用、比较稳定、可量化的参评指标，是生态系统评价工作的关键。只有在系统分析海洋生态条件的基础上，选取合理的指标体系，准确提取各种指标的性状参数和赋予其科学的评价标准，才能使评价结果真实、客观。不合理的指标体系不仅会造成评价结果出现偏差甚至错误，可能还会因此造成开发决策不合理、海洋环境进一步退化乃至重大安全事故的发生等一系列的严重后果。

（1）指标无量纲化

目前，常用的线性无量纲化公式主要有极值法和标准差标准化法。

1）极值法：利用指标的极值（极大值或极小值）计算指标的无量纲值 x_i'。

计算公式主要有

$$x_i' = \frac{x_i}{\max x_i}$$

$$x_i' = \frac{\max x_i - x_i}{\max x_i}$$

$$x_i' = \frac{x_i - \min x_i}{x_i}$$

$$x_i' = \frac{x_i - \min x_i}{\max x_i - \min x_i}$$

2）标准差标准化法。其计算公式为

$$x_i' = \frac{x_i - \bar{x}}{s}$$

其中，$s = \sqrt{\dfrac{1}{n} \sum\limits_{i=1}^{n} (x_i - \bar{x})^2}$。

一般来说，标准化方法处理后的各指标均值都为 0，标准差都为 1，它只反映了各指标之间的相互影响，在无量纲化的同时也抹杀了各指标之间变异程度上的差异，因此，标准化方法并不适用于多指标的综合评价中。而极值法对指标数据的个数和分布状况没什么要求，转化后的数据都在 0~1 区间，转化后的数据相对数性质较为明显，便于做进一步的数学处理，同时就每个指标数值的转化而言，这种无量纲转化所依据的原始数据信息较少，只是指标实际值中的几个值，如 $\max x_i$、$\min x_i$ 和 x_i 等。本书选取极值法对各指标进行无量纲化处理。

设 x_{ij} 表示第 j 个目标方案 x_j 在第 i 个指标因子 f_i 下的指标值。a_j 表示 f_j 的最佳稳定值，$[q_1^j, q_2^j]$ 表示 f_j 的最佳稳定区间。下面给出越大越好型、越小越好型、固定型和区间型指标的标准化方法。

对于越大越好型指标：

$$y_{ij} = \frac{x_{ij} - \min\limits_i x_{ij}}{\max\limits_i x_{ij} - \min\limits_i x_{ij}}$$

对于越小越好型指标：

$$y_{ij} = \frac{\max\limits_i x_{ij} - x_{ij}}{\max\limits_i x_{ij} - \min\limits_i x_{ij}}$$

对于固定型指标：

$$y_{ij} = \frac{\max\limits_i |x_{ij} - a_j| - |x_{ij} - a_j|}{\max\limits_i |x_{ij} - a_j| - \min\limits_i |x_{ij} - a_j|}$$

对于区间型指标：

$$y_{ij} = \frac{\max\limits_i \left[\max(q_1^j - x_{ij},\ x_{ij} - q_2^j) - \min(q_1^j - x_{ij},\ x_{ij} - q_2^j) \right]}{\max\limits_i \left[\max(q_1^j - x_{ij},\ x_{ij} - q_2^j) \right] - \min\limits_i \left[\max(q_1^j - x_{ij},\ x_{ij} - q_2^j) \right]}$$

对于海岸带生态系统诊断指标体系，有 m 个评价指标，n 个评价对象，经过标准化得到多目标关于多指标的评价矩阵：

$$X = (x_{ij})_{m \times n} = \begin{cases} x_{11} & x_{12} & \cdots & x_{1n} \\ x_{21} & x_{22} & \cdots & x_{2n} \\ \vdots & \vdots & \vdots & \vdots \\ x_{m1} & x_{m2} & \cdots & x_{mn} \end{cases}$$

对 X 进行标准化得到一模糊矩阵：

$$Y = (y_{ij})_{m \times n} = \begin{cases} y_{11} & y_{12} & \cdots & y_{1n} \\ y_{21} & y_{22} & \cdots & y_{2n} \\ \vdots & \vdots & \vdots & \vdots \\ y_{m1} & y_{m2} & \cdots & y_{mn} \end{cases}$$

式中：y_{ij}——第 j 个对象在评价指标 i 上的隶属度，且依据是越大越好型、越小越好型、固定型或区间型指标标准化方法求得。

（2）指标权重的确定

在生态系统健康评价中，往往由于评价目的的不同，而对不同指标的重视程度也不同，或者因某项指标的影响程度不同，在评价生态系统健康时给予不同的重视程度，因此，在评价过程中应对各个指标赋予不同的权重。权重的大小反映各指标的相对重要性，直接影响评价结果，任何综合评价系统，都必须确定评价指标的权重。目前确定指标权重的方法很多，根据原始数据的来源不同，可分为主观赋权法和客观赋权法两类。

主观赋权法是根据对各属性的主观重视程度由专家根据经验进行赋权，采用专家打分得到各级指标的得分，再通过归一化处理得到各级指标的权重。主观赋权法反映了决策者（或专家）的主观意向，但由于主观随意性较强，客观性也较差，同时增加了决策者的负担，操作难度大，在应用过程中有很大的局限性。

客观赋权法是各属性根据一定的规则进行自动赋权的方法，它不依赖于人的主观判断，而是根据客观原始数据信息的联系强度或各指标所提供的信息量来决定指标权重大小的方法。常用的客观赋权法主要有主成分分析法、熵权法、离差及均方差法和多目标规划法等。其中熵权法作为客观赋权法中应用较多的一种方法，是由评价指标值构成的判断矩阵来确定指标权重的一种方法，减少了专家确定权重过程中的人为影响，能尽量消除各因素权重的主观性，使评价结果符合实际，在生态系统健康评价中已得到了广泛的应用。其计算步骤如下：

$$H_i = -\frac{1}{\ln n} \sum_{j=1}^{n} f_{ij} \ln f_{ij}$$

式中：$i=1，2，\cdots，m$。

$$f_{ij}=\frac{y_{ij}}{\sum\limits_{j=1}^{n}y_{ij}}$$

其意义就是对矩阵进行归一化。

并假定，当 $f_{ij}=0$ 时，$f_{ij}\ln f_{ij}=0$。

$$w_i=\frac{1-H_i}{m-\sum\limits_{i=1}^{n}H_i}$$

由此得到权重集：

$$W=\{w_1，w_2，w_3，\cdots，w_m\}$$

$D_i=1-H_i$ 为第 i 项指标的差异系数。差异系数反映了同一指标下各样本的指标数据的差异性大小，若某指标的数据差异系数大则差异性大，说明该指标对评价对象的影响程度大，即权重大。且有 $0\leqslant\omega_i\leqslant1$，$i=1,2，\cdots，m$，$\sum\limits_{i=1}^{m}\omega_i=1$。

熵值法的优点在于最大程度地利用了评价方案的目标值或属性值来计算各目标的权系数，因而是较为客观的权系数赋权方法。

（3）模型建立

通过指标无量纲化和权重的确定，建立线性加权综合评价模型，得到各样本的综合健康指数值 I_{CH}。其模型结构为：$I_{CH}=\sum\limits_{i=1}^{m}I_i\cdot w_i$。

3.1.6.3 生态系统健康分类

通过综合指数法确定的熵权综合指数是 0~1 的连续数值。为了度量海岸带生态系统的健康状态，可以定义当 I_{CH} 为 0 时，生态系统健康状态最差；当 I_{CH} 为 1 时，生态系统健康状态最好。为了便于描述，可以将 0~1 的连续数值进行等分，分别对应不同的健康状态。按照均分原则，一般将健康等级分为 5 等，分别为很健康、健康、亚健康、一般病态和病态。《近岸海洋生态健康评价指南（HY/T 087—2005）》将近岸海洋生态系统健康状况分为健康、亚健康和不健康三种状态。

1）健康。生态系统保持其自然属性，生物多样性及生态系统结构基本稳定，生态系统主要服务功能正常发挥，人为活动所产生的生态压力在生态系统的承载力范围之内。

2）亚健康。生态系统基本维持其自然属性，生物多样性及生态系统结构发生一定程度的改变，但生态系统主要服务功能尚能正常发挥，环境污染、人为破坏、资源的不合理利用等生态压力超出生态系统的承载能力。

3）不健康。生态系统自然属性明显改变，生物多样性及生态系统结构发生
较大程度改变，生态系统主要服务功能严重退化或丧失，环境污染、人为破坏、
资源不合理利用等生态压力超出生态系统的承载能力。生态系统在短期内难以
恢复。

3.2　海岸带生态环境现状及问题

海洋生态系统由海洋物理环境和海洋生物种群两大部分构成，其中海洋物理
环境主要包括海水环境和海底沉积环境，可以为人类社会提供海洋环境支撑、海
洋资源供给、海水净化、污染物容纳、海洋灾害缓冲等服务。但是，排入海洋数
量巨大的污水、废弃物等在短时间内即可改变海洋原有理化条件，引发海洋生物
新陈代谢困难，打破系统内物质、能量、信息的正常流动，干扰系统的平衡运
行，引发一系列负面反应，使海洋物种结构、环境条件不断恶化。我国近岸海洋生
态系统具有显著的区域性特征，海洋生物地方种和特有种较多，物种结构的特殊
性使得系统运行对原始生境条件有较高的依赖性，也导致海洋生物多样性和系统
的脆弱性比较明显。近年来，大规模的海洋开发和利用，使得海洋生态系统，尤
其是近岸海洋生态系统的健康、清洁运行遭受到了严重威胁。虽然各级政府已经
开始重视海洋生态环境保护与治理工作，也取得了一定的成效，但仍有较长的路
要走。

3.2.1　气候变暖和海平面上升

气候变化正在给全球海洋环境、海岸带和沿海地区带来前所未有的威胁。气候
变化导致海洋环境出现以水温升高、海平面上升和海洋酸化为主要特征的一系列物
理和化学的连锁反应。随着地球系统的不断发展更迭，气候也随之出现相应变化，
而促使气候发生变化的原因主要有两个，一是自然因素，二是人类活动，两者共同
发挥作用。其中自然因素既体现在不同圈层间相互作用所产生的自然振荡，比如大
气环流、海洋中热盐环流，又体现在太阳辐射、气溶胶等外部强迫因子造成的变
化；除此之外，人类活动的影响对气候变化也起了很大的促进作用，工业革命时期
由于化石燃料过度燃烧使得温室气体排放量大大增加，从而大气长波辐射增加，造
成整个地球气候系统温室效应增强，温度升高。

海平面上升是由全球气候变暖、极地冰川融化、上层海水变热膨胀等原因引起
的全球性海平面上升现象。气候变暖背景下，全球平均海平面呈持续上升趋势，给
人类社会的生存和发展带来严重挑战。研究表明，近百年来，全球海平面已上升了

10~20 cm，并且未来还要加速上升。中国沿海地区经济发达、人口众多，是易受海平面上升影响的脆弱区，对海洋生态安全造成威胁。

温室气体的持续排放导致的全球海洋变暖和酸化有增无减。随着海洋吸收了通过人类活动释放到大气中的二氧化碳，海水的碳酸盐化学和酸度发生变化，这个过程被称为海洋酸化。海水应为弱碱性，海洋表层水的 pH 值约为 8.2，随着越来越多的二氧化碳进入海洋，打破海洋酸碱平衡，海洋 pH 值显著下降，这将直接影响海洋生物的生存环境及适应能力，同时影响海洋生态系统的正常运行。海洋酸化会破坏海洋生物的生态系统，影响粮食安全，危及渔业和水产养殖。同时可能影响珊瑚礁、海上运输以及旅游业等。海洋储存二氧化碳和调节气候的能力将受到影响，因为随着海洋酸化程度的增加，海洋吸收二氧化碳的能力会逐渐下降。

3.2.2　近海水质与底质环境恶化

海洋是污染物的最终归宿。很久以来，人们就把各种污染物直接或间接地排入海洋。随着沿海经济的快速发展，逐渐增加的工业废水、生活污水和农田灌溉废水不断进入河流，并随地表径流汇流到近海海域，显著影响着近海海洋营养元素的浓度和组成，给海洋环境造成越来越大的压力。自 20 世纪 70 年代以来的海洋环境质量报告显示，我国近岸海域水质主要污染物是无机氮、无机磷和石油烃。我国海洋污染快速蔓延的势头得到一定程度的减缓，但海洋环境质量恶化的总趋势仍未得到有效的遏制，尤其是河口、海湾以及大中城市邻近的海域污染日趋严重。统计分析近 20 年来我国管辖海域水质数据，各大海区达到较清洁（二类海水水质）海域总面积呈减少趋势，轻度、中度和严重污染（三类、四类、劣四类海水水质）海域面积有所增加。

（1）海水质量

近年来，我国渤海、黄海、东海和南海四大海区达到较清洁海域总面积显著减少，轻度、中度和严重污染海域面积有所增加，管辖海域水质总体呈恶化趋势。尽管近年局部污染态势有所放缓，但中国近岸海域严重污染面积仍居高不下。根据《2021 年中国海洋生态环境状况公报》，我国海水环境质量整体持续向好，符合第一类海水水质标准的海域面积占管辖海域面积的 97.7%，同比上升 0.9 个百分点；近岸海域优良（一类、二类）水质面积比例为 81.3%，同比上升 3.9 个百分点；劣四类海域面积为 21 350 km²，同比减少 8 720 km²，主要分布在辽东湾、渤海湾、长江口、杭州湾、浙江沿岸、珠江口等近岸海域，主要超标指标为无机氮和活性磷酸盐。

（2）海洋沉积物质量

在沉积环境方面，我国海域尚未出现重金属、石油烃等较难降解物质的严重污染，除金属铜含量外，监测站各项沉积环境参数均符合《海洋沉积物质量》（GB 18668—2002）一类标准要求，与 2015 年相比，沉积物质量良好的点位比例基本持平。重点潮滩湿地、河口的监测数据表明，海洋沉积物环境中的重金属等不易降解物质含量呈现出近海高、远海低的分布趋势，这与各海域容纳的陆源污染物搬运、扩散、累积效应有关系，显示出我国海洋沉积环境的变化受陆源影响较大。

（3）海洋生物质量

近年来，渤海近岸贝类体内的总汞、镉、六六六和滴滴涕含量呈总体下降趋势，但铅、砷和多氯联苯（PCBs）含量总体仍呈上升趋势，贝类体内的重金属等污染物普遍超标。黄海近岸海域贝类体内的石油烃、镉、铅、砷、滴滴涕均呈现逐年降低的趋势，而总汞、PCBs 呈轻微上升趋势。东海近岸海域贝类体内污染物（石油烃、总汞、镉、铅、砷、六六六、滴滴涕）残留水平，除宁德、闽江口至厦门近岸贝类体内的铅有显著下降外，其污染物的含量基本不变。

（4）海洋生物种群

从 20 世纪 90 年代以来，我国大部分近岸海域浮游植物群落结构和数量逐渐失衡，部分海域受污染影响富营养化问题严重。同时，大多数优势海洋浮游动物物种丰度明显下降，底栖生物多样性指数下降明显，大型底栖生物量大幅减少，优势物种变化较大，整个生物群落向不健康趋势发展。近年来，我国沿海多数海洋生态重点监控区的浮游植物多样性有先下降后上升的趋势，表明大量污染水体给浮游植物提供了更加有利的营养环境，但多数检测区如珠江口、长江口、苏北浅滩、黄河口等地的浮游动物和底栖生物多样性指数均大幅度下降，证实了海洋生存环境变化造成海洋生物群落结构与数量变化的生态恶果。

3.2.3　自然岸线不断减少

（1）海岸线人工化

海岸带是海岸线向陆地延伸 10 km，同时向海域方向延伸至 10~15 m 等深线处的"黄金地带"，作为沿海人口承载区、第一海洋经济区，海陆双向辐射，是经济发展、海洋资源开发以及文化交流、对外贸易的重要地带，但同时也是生态交错的脆弱区和环境极易变迁的敏感区。自改革开放以来，海岸带区域的经济开发利用活动无论是在范围还是强度上都有所增大。人类活动对海岸带的无序、粗放利用导致了严重的生态问题，如大规模围填海造成海岸线生态环境严重恶化，无限制填海造地和工程建设致使自然岸线不断减少。由于缺乏统一规划，加上开发利用无度，给海岸线资源的持续供给带来了巨大压力。据统计，近30年来，渤海区域的海岸线主要通过填海造地、盐田围海以及围海养殖等人工化的形式向海一侧推进。其中，以填海造地方式向海一侧扩张的海岸线以天津滨海新区最为显著，最大推进距离约为15 km；以围海养殖方式向海一侧扩张的海岸线以山东滨州和辽宁凌海区域最为显著，最大推进距离约为16 km和9 km。除部分河口岸线外，其他海域岸线基本全部由人工岸线替代，海湾面积持续缩小，纳潮量也呈逐年递减态势，且随着水动力条件的变迁，部分岸段也发生了严重的海水侵蚀、潮滩淤涨，对海湾沉积环境、自净能力、海洋生物栖息及海水水质产生了显著影响。

（2）海岛岸线生态恶化

我国大陆海岸线沿途大小海岛星罗棋布，除蕴藏有丰富的生物、矿产、土地、森林等资源外，也是海洋旅游、海洋渔业、海洋采矿业、海洋运输业等产业的要地，以及海上军事、通信中转等重要设施的布设地。就海岛规模而言，我国大部分海岛面积较小，恶劣的环境条件、贫瘠的土壤尤其是淡水资源的缺乏，导致很难发育（除完整的生物链条），生物物种种类不多，使得其生态环境稳定性、抗干扰性以及生态承载能力远差于陆地或大洋。生态系统的脆弱性和易损性，致使海岛在开发利用过程中，不可避免地遭受了严重的破坏，如炸岛、挖岛、乱垦乱伐、滥捕滥采、围海填海等活动改变了部分海岛的地形地貌和自然景观，也导致生物多样性进一步降低，生态环境难以逆转的恶化。

3.2.4 典型海洋生态系统受损

海岸带生态环境多样，为不同生物的繁衍生息提供了优越的环境条件。随着沿海经济带开发建设的大力推进，海洋工程建设等开发活动日益增多，在沿海经济高速发展的背后，海洋生态环境遭受着巨大破坏，承受着巨大压力。根据《2021年中国海洋生态环境质量公报》，全国重点监测的24个河口、海湾、滩涂湿地、珊瑚礁、红树林和海草床等典型海洋生态系统均处于健康或亚健康状态，其中6个处于健康状态，18个处于亚健康状态。湿地、河口、海湾、海岛等重要生态系统在人类活动的影响下显得脆弱不堪，红树林、珊瑚礁、海草床等典型生态系统遭受严重破坏，部分生态系统正在退化、消失。由于乱砍滥伐、毁林养殖、陆源污染、垃圾倾倒、外来物种入侵和病虫害等原因，我国红树林生态系统面临着生境面积减少、林分退化、质量下降等问题。据调查统计，天然红树林面积已由20世纪50年代初的5×10^4 hm^{2}减少到目前的1.4×10^4 hm^2，全国60%以上的红树林生态系统处于亚健康和不健康状态。珊瑚礁生态系统总体上也呈退化趋势，沿岸造礁珊瑚种类和数量明显减少。由于滨海区域的不合理开发和近岸海域环境污染，导致海南、广西、广东部分地区海草床的覆盖度和密度下降，退化趋势明显。另外，由于航道疏浚、防波堤构建、潟湖内外围填海、海岸采砂、潮汐通道改变、水产养殖等人为活动影响，海南岛潟湖、河北滦河三角洲潟湖、广西北海潟湖、山东半岛朝阳港潟湖、粤西博贺潟湖、粤东后江湾沙坝 – 潟湖等逐渐淤浅，面积萎缩，沙坝侵蚀，潮汐通道堵塞，生态功能退化。"十三五"期间，我国纳入常规监测的河口和海湾生态系统多数处于亚健康状态，优良（一类、二类）水质点比例呈上升趋势，氮磷比失衡问题有所缓解；沉积物质量总体良好；生物栖息地面积减少趋势得到有效遏制；多数河口和海湾浮游植物、浮游动物多样性指数有所升高，硅甲藻比例升高；但饵料生物桡足类占比有所下降，鱼卵仔鱼密度总体处于较低水平。滩涂湿地生态系统处于亚健康状态，植被面积基本稳定。红树林生态系统处于健康状态，监测区域红树林面积增加、群落结构稳定。珊瑚礁和海草床生态系统处于健康或亚健康波动状态。

3.2.5　滨海湿地面积萎缩

滨海湿地作为海洋生态系统与陆地生态系统的过渡地带，其复杂的运行机制造就了多样的生态环境及服务功能，能够滞留营养物质，降解污染，蓄水调洪，改善当地气候，减轻海水侵蚀，是海洋生物尤其是鱼类重要的产卵孵化、栖息生长、迁徙停歇生境，被称为全球温室气体的"源"和"汇"，具有不可替代的生命支持作用。湿地生境退化是一个复杂的过程，受到海岸侵蚀、风暴潮灾害、海平面上升、河水断流、围海造地、过度开发、工程建设、环境污染等多种自然或人为因素的综合影响。近几十年来，人类开发活动叠加在高脆弱的湿地生态系统，加剧了湿地环境恶化演变的进程，使其渐渐偏离自然轨迹。沿海地区工农业的发展以及城市用地扩张，滨海湿地不断转化为种植业种地、水产用地、盐业用地和城市用地，使得滩涂湿地面积严重缩小，加上城市化过程对滨海湿地的污染加重，使滨海湿地功能退化，湿地生境破坏，原生生物减少，生物多样性降低。调查数据显示，围填海是造成滨海湿地大规模减少的最主要原因，湿地空间资源利用方式的转变尽管在短时间内能带给沿海地区一定的经济社会收益，如水产养殖业的兴旺、城市用地的增多，但也给沿海地区未来发展埋下隐患，如围堤的建设导致湿地生境连通性降低。除围填海之外，污染也是湿地面积急剧下降的主要原因。滨海湿地是陆源污染最直接的承泄区和转移区，陆源化肥农药的施用加之油田等非点源污染物经由雨水携带也大量进入湿地。湿地面积的减少、环境污染的加重，一方面加剧了陆域点源与非点源污染排放、降解的困难，造成严重的水体污染，富营养化程度不断上升，影响了海洋生物及鸟类等的繁殖栖息，减弱了对生物多样性的维护能力，导致生产能力急剧下降，水质净化、水文调节等服务也相继减弱，影响了人类社会可持续发展潜力；另一方面极大地降低了海岸带蓄水与抗旱防涝的生态功能，使河道更容易发生淤积，对风暴潮等自然灾害的抵御能力大幅下降，致使承受灾害增加。如由于湿地减少，莱州湾自20世纪80年代开始便承受海水入侵灾害的威胁，造成地下水质不断恶化，潮上带土壤盐碱化加重，海草等植被群落基本消失殆尽，甚至沿岸农作物也大量枯死。

3.2.6　近海生物资源衰减

在海洋资源中，海洋生物资源是人类利用最早的重要资源之一。海洋生物资源中，有大量的动植物，特别是鱼类等资源是人类优质蛋白质来源。一方面，渔业的发展为人类提供了丰富的优质蛋白质和各种生物原料，并提供了就业机会，推动了经济发展和社会进步；另一方面，渔业的发展不同程度地破坏着海洋生态系统和环境，并反过来对渔业的发展造成不利影响。海洋近岸和港湾水域是各种主要海洋生物的产卵场、索饵场和育肥场，海洋环境的退化导致海洋生物赖以生存的海洋生态系统出现明显的结构变化和功能退化，生物资源衰退，鱼类种群结构逐渐小型化、低质化。

从世界范围看，资源的过度捕捞、兼捕物的抛弃、毁灭性捕捞渔具和方法的使用、栖息地的退化、养殖业的无序发展、渔业水域污染、养殖业自身污染及对环境的冲击等问题，以及人口过快增长等，严重制约着渔业资源的可持续利用。此外，渔业水域污染，不仅造成鱼类等水生动植物减产，而且严重影响其品质。水产养殖的快速发展，虽然弥补了捕捞渔业产量的下降，但是由于世界人口的超高速增长，人均水产品占有量呈逐渐下降趋势。事实上，全球水产品供应的威胁，不仅仅来自过度捕捞和污染。随着沿海湿地、红树林和珊瑚礁的消失，许多水生生物的产卵和幼苗生长地带也消失了。修建沿海防潮堤和各种填海、围垦等工程，河流修建堤坝等，也使许多物种失去了产卵、索饵和育肥场所。

人类活动向海洋排放的各种污染物，经过海洋生态系统的物质能量循环而富集到海洋生物中，对海洋生态系统的物质能量循环及海洋生物生产数量和质量造成严重影响。特别是持久性的有机污染物，如有机氯农药、多氯联苯等，以及海洋石油开采运输过程中泄漏的油类污染物，具有高毒性、难降解、易于生物积累等特性，在海洋生态系统物质和能量循环中不易被分解，反而富集，通过食物链进入人们食用的经济鱼、贝体内，最终把长效毒物、致癌物带入人体，危害人类健康。而且，海水富营养化引发的海洋生态系统非良性循环加速了赤潮灾害的发生。人类对海洋生态系统的破坏也增加了海洋灾害的危害程度，使得海洋生态系统生物成分减少或消失，直接影响到海洋生态系统结构的稳定性。结构不稳定妨碍了物质能量的良性循环，进而导致系统功能削弱，生产能力下降，最终危及海洋生物资源的供给。

3.2.7　海洋灾害损失加剧

海岸带是岩石圈、水圈、大气圈和生物圈四大圈层交汇、能流和物流的重要聚散地带，呈现复杂性和动态性。全球气候变化、海平面上升、风暴潮，加剧了海岸带对自然灾害的敏感性。海洋灾害是指由于海水异常运动或海洋环境异常变化，在海洋或沿海地区造成人员伤亡和财产损失的自然灾害，主要包括风暴潮、赤潮、巨大海浪、严重海冰和海啸等突发性较强的灾害和海平面上升的缓发性灾害，这些灾害往往呈现灾害链的形式，对海岸带资源环境系统造成巨大的破坏。海洋灾害主要威胁海上及海岸，有些还会自海岸向陆地广大纵深地区发展，威胁着沿海城镇人民生命财产的安全和经济建设，如海啸往往以灾害性海浪的形式造成巨大的破坏力，在外海时由于水深较大，波浪起伏较小，不易引起注意，但到达岸边浅水区时，巨大的能量使波浪骤然升高，形成内含极大能量、高达十几米甚至数十米的"水墙"，冲上陆地后对生命财产和自然生态环境造成严重摧残。由于受不同地质构造、海岸岩性、泥沙运动、水动力条件等因素的影响，存在着不同程度的海岸侵蚀、海水入侵和土地盐渍化等地质灾害，影响着沿海地区淡水资源、陆域植被发育、腐蚀构筑物等。此外，外来物种入侵已逐渐形成灾害，造成生态系统多样性、物种多样性、生物遗传资源多样性的丧失和破坏，并导致农林牧渔业生产的严重经济损失，甚至威胁人类健康。我国是世界上为数不多的几个受海洋灾害影响最严重的国家之一，海洋灾害主要以风暴潮、海浪和赤潮等灾害为主，海冰、绿潮、外来物种入侵等灾害也有不同程度的发生。

思考题

1. 如何开展海岸带生态环境现状评价？
2. 什么是海洋生态系统健康？
3. 我国海岸带生态环境的现状及存在问题有哪些？
4. 全球气候变暖和海平面上升的影响和具体表现是什么？
5. 什么是海洋灾害？如何防范海洋灾害？

第4章 海岸带生态保护与修复措施

随着海岸带社会经济的高速发展，海岸带生态环境承受巨大压力。不合理的开发利用活动导致海岸线、滨海湿地、海水水质和景观环境等面临前所未有的威胁和破坏，海域水质下降、水体呈富营养化、典型生态系统被破坏以及自然岸线和滨海湿地等不断被占用而减少等现象时有发生。因此，开展海岸带生态保护修复工作势在必行，这对于维护和改善海岸带生态环境、提升海岸带生态价值、保障海岸带生态安全以及推进我国海洋生态文明建设具有重要意义。因此，以海岸带生态保护与修复为目标，进行海岸带综合治理，恢复受损海洋生态服务功能，是目前我国在海洋环境保护领域必须要认真面对和解决的主要问题之一。

4.1 理论基础

4.1.1 系统生态学理论

生态系统的基本过程包括支持、生产、消费和还原四大功能，功能之间以物质循环、能量流动、信息传递的方式来维持和实现。生态系统中各生态单元各自占据一定的生态位，相互之间存在生态位势差，从而形成一定范围的生态位势场，在这种势场梯度力的作用下，各生态单元之间形成连通渠道而使物质流、能量流、信息流等生态流有序流动。

海洋是组成地球生物圈的三大生态系统之一，是一个由各种自然环境要素和生物组成的生态功能整体，在这个系统中，每一个组成要素都具有其独特和不可替代的系统和环境功能，这种功能对整个系统的维系有大有小，但都具有功能性，任意一个要素功能的缺失或不完整，都会对整个系统或环境的功能产生或大或小的负面影响。完整的海洋生态系统，是包括海洋自身及其各类生物和非生物组成部分通过能量流动和物质循环构成的具有一定结构和功能的统一体。

人类作为生态系统的构成因素，其生存和发展依赖于自然，但不是消极地处于生态系统某一生态位上的被动性生物，而是能够超出生物层面之外，按照自己的意志能动地作用于自然，影响自然的结构、功能与演化。一方面表现为人类从自然界索取资源和空间，享受生态系统提供的服务功能，向环境排泄废弃物；另一方面表现为自然资源和环境对人类生存和发展的制约，包括自然灾害、环境污染和生态退化对人类的负面影响。海洋环境和生态系统复杂，众多环境因子之间的动态相互关系微妙，由于人类活动的大规模介入，整个生态系统已经处于非常脆弱的状态。海洋环境保护的目的，是把人类活动所带来的不利影响限定在海洋环境可接受的限度或容量内，即在对海洋环境的利用和对海洋各类资源的获取，限定在海洋可承受的范围之内，不至于破坏海洋正常的循环和演化。

4.1.2 经济学理论

在经济学上，生态环境是公共产品，又称为公共物品，主要是指消费中不需要竞争的非专有货物。海洋环境和资源无疑是一个能带来丰厚经济利益的公共产品，市场经济中的各种经济主体在环境成本承担上都体现为尽可能多的攫取和侵占公共环境资源，形成逃避环境成本承担的"搭便车"现象。为防止只索取而不为环境保护付出的行为对海洋环境造成无法弥补的生态灾难，在进行海洋环境保护时，有必要根据这一理论制定一些特殊的规定，以区别于对其他财产或产品的保护。首先，在关于财产的所有权制度上，把自然环境及其资源作为特殊的财产规定其所有、使用和保护救济的制度。如鉴于海洋具有一定的开放性，多数国家都将海洋资源视为公共财产，而非民法意义上的财产，而我国法律并不作此区分。其次，规定合理的环境利益分配机制、环境义务及损害赔偿机制，以弥补环境公共产品破坏对海洋环境保护带来的不利影响。

在海洋环境保护的制度建设中，这一理论一方面体现在污染者承担责任的严格性上，无过错责任和举证责任倒置原则就是最明显的体现。另一方面体现是海洋环境侵权损害责任承担的社会化，既然经济活动的个体总是想办法降低自身生产的成本，使成本外溢最大化，而市场对此行为的调节经常失灵，那么，在一定范围内，由所有生产者共同承担对海洋环境的损害责任，就具有了理论上的合理性和正当性。

4.1.3 资源环境价值理论

资源环境的价值包括实物价值、生态服务功能价值和非使用价值。海岸带资源具有种类多样性、功能多样性、服务多样性，其价值包括可直接利用的有形的实物性商品价值和目前还不能准确评估的生态服务价值以及其内在价值。资源环境系统服务包括支持、供给、调节和文化服务。例如，生物生产、地球化学物质循环、环境净化、生物多样性维持、气候调节、调节水循环和减缓旱涝灾害、改善和保持土壤、控制病虫害、维护改善人的身心健康和激发人的精神文化追求等。有些服务价值是显而易见的，例如，自然界为人类提供食物、药品和工农业原材料等，有些服务价值间接地影响人们的经济生活，为人类的日常起居健康福祉提供保障，或者控制工农业的成败，其影响往往是长期的和深远的，例如，滨海湿地植物可通过化学和生物过程把吸收的有机物和某些有毒物质分解或储存起来，净化环境。

4.1.4　可持续利用理论

可持续利用指的是以可持续的方式利用海洋环境净化功能与海洋自然资源。海洋具有非常强的自净能力和可再生性。对于可更新资源，可持续利用指的是在保持它的最佳再生能力前提下的利用；对于不可更新资源，可持续利用指的是保存和不以使其耗尽的方式的利用。可见，可持续利用的核心是人类的经济和社会发展不能超越资源与环境的承载能力。对海洋可更新资源的利用不能超过其更新的速度，如果超过其更新速度进行利用，会造成对海洋可更新资源总量减少，对其利用的最高速度只能是其更新速度。对于可更新的海洋生物资源，要保护海洋生物的多样性及其生命的支持系统——海洋生态环境的平衡。另外，可采用适当的人工措施促进海洋可更新资源的再生产。

4.1.5　海洋生态修复理论

相对于生态破坏而言，生态恢复是帮助退化、受损或者损坏的生态系统恢复的过程，它是一种旨在启动及加快对生态系统健康、完整性及可持续性进行恢复的主动行为。由于生态系统具有复杂性和动态性，因此生态恢复的首要目标是保护自然的生态系统，其次是恢复现有的退化的生态系统，再次是对现有生态系统进行合理的管理，避免退化，最后是保持区域的可持续发展，并实现景观层次的整合、生物多样性保护以及保护生态环境处于良好的状态。

由于人口不断地向海岸带地区聚集，海岸带面临的生态压力越来越大，资源和环境问题也日益严重。目前，世界各国都采取了许多保护措施，制定了相关法律、法规。同时为了减少资源的破坏和避免海洋生态环境的进一步恶化，人们不断探索用人工措施对已受到破坏和退化的海岛海岸带生态系统进行生态恢复。但由于人类对海岸带生态系统复杂性认识的不足，目前对海岛海岸带生态恢复的研究还主要集中在单因子的生态因子上。目前，唯一从恢复生态学产生的理论为人为设计和自我设计理论，该理论在生态恢复实践中得到广泛应用。人为设计理论认为通过工程方法和植物重建可直接恢复退化生态系统，但恢复的类型是多种多样的。自我设计理论认为只要有足够的时间，随着时间的进程，退化生态系统将根据环境条件合理地组织自己并会最终改变其组分。人为设计理论将生态恢复放在个体或种群层次上考虑，恢复的结果可能有多种，而自我设计理论把生态恢复放在生态系统层次考虑，任何恢复完全由环境因素决定。

4.2　海洋生态保护修复目标

目前，我国海洋生态环境保护工作依然面临诸多问题和挑战，比如陆源污染排放量大，近岸海域水质改善成效还不稳固；海洋生态环境脆弱，海洋生态退化趋势尚未得到根本遏制；海洋生物多样性受损，海洋赤潮、浒苔等生态灾害仍处于多发期等。海洋生态环境保护与修复，必须突出问题和目标导向，以美丽海洋为重要抓手，着力解决人民群众反映强烈的海洋生态环境突出问题，全面推进海洋生态环境质量持续改善，不断提升海洋生态环境综合治理水平和生态保护修复成效，在"水清滩净、岸绿湾美、鱼鸥翔集、人海和谐"的美丽海湾和美丽海洋建设中取得新成效。

4.2.1　海洋生态和谐

和谐海洋，是人类与海洋长期交往逐渐形成的、以和谐共荣为特征的行为规范，用来约束和规范人类善待海洋资源、维护海洋生态、保护海洋环境的行为，它体现了人与自然和谐发展的平等观。建设和谐海洋社会，首先，在全社会形成较高的海洋生态意识。在海洋生态文明建设中，要大力培植人们的海洋生态价值意识、海洋生态忧患意识、海洋生态道德意识和海洋生态责任意识，在全社会形成热爱海洋、珍惜海洋、保护海洋的浓烈氛围。其次，在全社会普及海洋生态教育。教育作为人类自觉发展与提升的实践活动，能够主动推进人的生态形态的发展。因此，生态文化素质的培养主要是通过教育。海洋生态教育既为海洋生态文化的发展提供智力支持和精神资源，又为最广泛的社会公众提供了获取生态知识的渠道和路径。

海洋生态和谐是指海岸带的阳光、大气、水、土、生物之间形成的物质和能量循环通畅，各生态要素包括海岸的蜿蜒曲折以及潮上带生物、潮间带生物、海洋生物的生生不息，人与生物和谐共生。针对社会公众"临海不亲海、亲海质量低"等突出问题，重点要着力提升海洋生态环境风险防范和应急响应能力，不断拓展公众亲海岸线和生态空间，通过人工补沙、沙滩养护、堤坝拆除、退堤还海、湿地植被种植、促淤保滩，以及生态护岸、滨海湿地和生态廊道建设等生态化措施，提升海岸带生态功能。

4.2.2　海洋生态安全保障

海洋生态安全是指与人类生存、生活和生产活动相关的海洋生态环境及海洋资源不受到威胁和破坏，主要包含两方面的含义：一是海洋生态系统受人类活动的影响要降到可控制的程度，防止由于海洋生态环境的退化对海洋经济乃至国民经济基础构成威胁，主要指环境质量状况低劣和自然资源的减少与退化削弱了经济可持续发展的支撑能力；二是对当前海洋生态的问题要采取措施进行补救，防止由于沿海生态环境破坏和海洋资源短缺引发人民群众的不满，特别是环境移民的大量产生，从而导致社会格局的动荡。

海岸带处于陆域、海洋、大气相互作用的交汇地带，威胁海岸带安全的因素较多，主要有台风、风暴潮、巨浪、海冰、海啸、地震等骤发性灾害；海岸侵蚀、海水入侵、土地盐渍化、湿地退化等缓发性灾害；水土流失、风沙、海底滑坡、活断层、浅层气、砂土液化以及软弱地层等地质灾害；赤潮、物种入侵及传播性养殖病原生物等生物灾害。与其他任何灾害一样，海岸带灾害具有一定限制的可控制属性，具有可预见性和不可预见性，有些灾害属于不可抗拒力，有些则可以加以防御。因此，需要通过海堤护岸原位除险或海岸清淤疏浚整治等措施，增强海岸抗侵蚀和灾害防御能力，或增强沿岸水体交换能力和改善冲淤环境，提升海岸带基本利用功能，增加海洋安全的保障能力。

4.2.3　海洋生态系统健康

海洋是最具价值的生态系统之一，是人类赖以生存和发展的宝贵财富和最后空间。随着海洋经济的快速发展，开发利用海洋的活动日益增多，导致了我国近海海域污染日益严重，海洋生态系统环境面临前所未有的威胁和破坏。海洋生态文明最主要的标志，就是海洋生态系统本身的健康。海洋生态系统健康是指生态系统保持其自然属性，维持生物多样性和关键生态过程稳定并持续发挥其服务功能的能力，其含义可包括：海岸带的土壤、湿地、海水、底质未受污染，海洋生态系统、湿地生态系统的健康以及人类的健康。威胁海岸带生态系统健康的因素主要有污染、赤潮、生物入侵及地方病等。

4.2.4　海洋生态景观宜人

海岸带景观资源十分丰富，景观类型多样，形式构成多彩。海洋景观包括海洋自然景观和海洋人文景观。海洋自然景观是处在海洋或者与海洋有关的景观，包括地质地貌景观、植物生态景观、动物生态景观、瞬时气象景观等；海洋人文景观是人们与海洋长期共同生活而产生的景观，如海洋历史文化景观、海洋建筑与设施景观、海洋民俗景观、海洋节庆景观和海洋艺术景观等。

海岸带承载着重要的生态、经济和社会功能，为了实现人海和谐，拓展人与自然和谐共生的空间，可以通过环境整治、生态绿化、景观改造、文化塑造、亲海设施构建等措施，打造沿海景观廊道和滨海广场等自然和人文景观，提升海岸线景观效果和文化价值，让人们真正享受到大海之美。

4.3　海岸带生态保护修复措施

4.3.1　海洋生态文明建设

生态，即自然界各要素之间相互依存、有机一体的"生境状态"，这种相对独立而又有机互联的生态系统是"和谐"的。自工业文明数百年来，人类参与改造自然生态系统的能力不断提升、干预程度不断拓展，以技术革命进步和物质财富快速增长为引领、以化石能源为动力，大量消耗不可再生资源，改变自然生态系统，排放大量污染物。但是，人类对自然资源的攫取和对生态平衡的破坏，已经超出了自然生态系统自我修复、自我净化的能力。工业文明在 300 年的历史长河里以人类征服自然为主要特征，全球的工业化进程让征服自然达到了极致，从而导致了一系列全球性的生态危机、持续的环境恶化。痛定思痛，人类不得不重新审视文明的定义，开始有意识地寻求新的发展模式，开创崭新的文明形态来延续人类的生存，生态文明便应运而生。可以说，生态文明是人类文明发展的新阶段，反映了人类文明的发展趋势。

海洋生态文明是陆地生态文明的拓展和延伸，随着人类开发利用海洋进程的发展而形成和演化，是对人类生态文明的补充和完善，它和陆地生态文明一起组成了人类生态文明建设的全部内涵，是我国社会主义生态文明建设的逻辑必然。海洋生态文明建设是新时期我国海洋强国建设的重要保障和有机组成部分。海洋生态文明建设是一项长期、复杂的系统工程，要通过不断培育和提高全社会海洋生态文明意识、改变传统落后的用海方式和理念、集约高效利用海洋资源、加强海洋科技创新能力、维持海洋生态环境秩序和完善海洋生态管理制度等一整套科学、完整的体系建设来推动完成。海洋生态文明建设不能简单地理解为大力改善环境，同时既不能坚持"人类中心论"，也不能强调"自然中心论"，而是应以海洋经济发展壮大来维护海洋生态环境的平衡，以海洋环境的良性生态循环推动海洋经济开发的更大发展，两者既相互独立，又相互支撑，最终形成一个和谐共荣的海洋生态文明局面。

4.3.1.1　构建海洋生态文明意识

海洋生态意识是人类对海洋生态各构成要素的认知水平的概括，主要包含了海洋生态责任意识、海洋生态价值意识、海洋生态发展意识和海洋生态协调意识等。以负责任的态度、科学严谨地看待海洋生态的重要性，强调海洋生态的可持续性、自觉保护海洋生态环境是海洋生态意识文明的主要内容。构建海洋生态文明意识的目的是让人们能够主动承担必要的社会责任，校正一部分短视和歪曲的海洋生态价值取向，确保人们正确地对待海洋资源和海洋生物；树立海洋可持续发展意识，确保当前经济活动不占用和破坏后代的海洋利益。一段时期以来，由于我国还没有建立起海洋生态文明意识，对海洋资源掠夺式开发、无视海洋生态环境状况的发展模式还较为普遍，生态资源浪费严重、海洋生物多样性下降等海洋生态环境问题正威胁着我国海洋生态安全。因此，在全社会构建海洋生态文明意识，可以帮助人们更加准确地了解海洋生态环境的现状，正确审视自身行为，理性思考对海洋生态安全的伦理责任，对自身行为加以矫正。

当前，民众对海洋生态水平的期望值越来越高，对优质的海洋生态环境和丰富的海洋生态资源有着强烈的期盼，但不可避免的是，普通民众不仅是海洋生态的受益者，也是海洋生态的破坏者和海洋污染物的制造者，目前，我国民众特别是内陆地区民众海洋生态责任意识、海洋生态价值理念还比较薄弱。因此，要搭建起政府、用海者、教育机构与社会组织"四位一体"的海洋生态意识普及与教育平台。

（1）加强海洋教育和人才培养

在学校教育方面，高等教育以环境科学、海洋环境保护等角度为支柱，进行海洋相关科研教育工作，加大涉海高校在海洋开发利用、海洋生态环境等方面的投入力度，引导涉海高校引领海洋持续有效发展之路，培育新型海洋科学技术人才；中小学教育中将海洋基础教育列入学校义务教育重要内容，增添海洋生态文明教育相关课程，解决儿童对海洋自然环境及海洋体验不足的状况，完善并提升海洋教育的学习氛围，拓展海洋教育的师资力量。

在社会教育方面，通过民间团体的引领带动，教育引导社会各界民众积极主动地了解海洋知识，从重陆轻海的传统观念中解放出来，培育海洋意识，学习海洋文化，树立海洋生态文明理念，树立全社会关心海洋、爱护海洋、保护海洋的新风尚。为了有效实施积极的海洋政策，需要不断提高人民群众对海洋生态文明的认知和把握，以学校教育为主，加强对海洋生态相关知识的宣传和引导，提高全体民众对海洋知识的了解程度。

高素质的人才是做好科技兴海工作的关键。应建设国家海洋科技人才库，为海洋生态文明建设提供软实力保障。部分高校要整合一部分优秀教育资源、开设门类齐全、面向未来、系统全面的海洋学科，培养一批热爱海洋事业、勤于科学研究的技能型人才，还要培养一批精于海洋发展规划、海洋生态保护和海洋资源开发的专门型海洋管理专家。针对建设海洋科技强国对各类人才的紧迫需求，根据海洋发展的战略思路，建立海洋科技人员的学术交流制度，通过海外人才引进、派遣出国留学、国内重点科研教学机构培养等多种渠道，实现科技人员的交换和流动；充分利用涉海企业、高校和海洋科研部门的智力资源优势，加强海洋管理技术人才的专业素养培训和继续教育，不断提升研究开发水平。

（2）促进海洋文化建设

人类起源于海洋，海洋是人类文化的发祥地。海洋文化是以海洋为生存背景而形成的文化形态，是人类在认识、开发、利用海洋的社会实践过程中，形成的物质成果和精神成果的总和。文化的力量是巨大的，作为整个人类文化体系的重要组成部分，强有力的海洋生态文化体系可以使民众正确认知赖以生存的海洋环境，引导社会大众形成科学、文明的价值取向和良好的行为规范，通过自身形成的价值取向和规范标准，约束全社会的生产和生活。21世纪是海洋世纪，海洋将成为国际竞争的制高点，人类社会的进步将更多地依赖海洋。海洋文化建设是应对激烈的国际竞争、拓展海洋生存空间的文化基础，是转变发展观念、提高文明素质的必然选择。

随着我国建设海洋强国的提出，海洋综合实力的提升离不开海洋文化的支撑。深入研究海洋文化，建立具有中国特色的海洋文化体系，要注重研究海洋文化的产生和发展，研究海洋文化的特点和内涵，推动文化体系的提升和完善。海洋文化本身具有开放性和包容性，这要求我们不断发挥主观能动性，积极运用这一优势，加强海洋文化的交流与合作，推动海洋文化的优势互补和整体提升，实现具有中国特色的海洋文化不断走向世界。

（3）强化全民海洋生态意识

提高民众海洋生态意识，需要民众具备基本的海洋常识。海洋生态文明建设要求民众认识并理解海洋生态保护的重大意义，学习并践行科学的生产生活方式。增强公众海洋生态文明意识是提高沿海地区社会管理效率的重要保证，也是海洋生态文明建设的内在要求。加强海洋综合管理、落实海洋发展规划离不开全国人民特别是沿海地区人民的积极参与。为此，各级政府应认识到公众参与海洋管理规划是海洋事业健康发展的现实需要，没有广大民众的积极参与，海洋生态文明建设将举步维艰，要让公众认识到海洋生态文明最终的受益者是民众自身，全民参与的海洋生态文明才可以持续、全面地展开，因此，动员和引导公众参与海洋产业规划与管理也是建设社会主义和谐社会的现实需要。

4.3.1.2　推动海洋生态文明行为

人的行为与海洋生态是一种动态平衡的关系，人类不断地发展前进，就需要持续不断地开发利用海洋的行为，就需要不断地打破旧的平衡，建立新的平衡。这是个人与海洋、开发与保护、发展与平衡相互适应的过程。海洋生态行为的主体有政府、公众和企业（用海者）等，各行为主体之间相互联系、相互影响并与海洋生态系统互为因果，构成了一个复杂的行为系统。海洋生态文明行为恰当与否，直接决定了人海关系是否和谐有序。

在生产领域，人类不当的海洋开发活动是造成海洋生态环境恶化等生态问题的主要原因。无序、无度的海洋资源开发行为使人类在实践层面对海洋的利用偏离了科学化、生态化的轨道，人类以违背海洋生态规律的行为方式野蛮地改变了原有的生态秩序，其结果必然是生态系统的恶化反作用于人类自身。随着海洋开发利用规模和强度的不断加大，人类不文明行为所带来的问题和矛盾呈明显上升趋势，主要表现在资源开发行为粗放、围海填海行为无度、养殖捕捞行为泛滥等方面。在海洋旅游、观光产业中人类不应该为了经济利益而随意地禁锢、驯养甚至剥夺海洋动物的生命，海洋动物的表演活动也应加以规范，不能只因为人类的娱乐而强迫海洋动物进行表演，坚持生物的生存需要高于人类的非生存需要，这样才是道德的，才是尊重自然和维护生态文明的行为。海洋产业从业者的行为应当受到最基本的限制，这些限制的行为标准就是海洋生态的平衡。

在生活领域，不文明的消费行为和消费习惯导致海洋生态压力骤增。自改革开放以来，人们的消费行为从满足基本的生存需要逐步转向享受和发展的物质定位上，物质欲望的满足成为实现人的自我价值的重要标准，形成一种崇尚过度消费的行为方式。这种行为方式直接导致了人的欲望站在了自然的对立面，自然成为人类无度索取和改造的对象。另外，在部分地区，人们常常将食用珍稀甚至濒危的海洋生物看作是社会地位的象征，将畸形的虚荣心建立在挥霍财富和破坏生态的基础上，这种错误的饮食观念是不文明消费行为的典型代表。无限膨胀的物质欲望带来的畸形消费行为必然会造成包括海洋生态问题在内的自然危机，进而致使人类的可持续发展陷入困境。

4.3.1.3　发展海洋生态文明产业

海岸带资源环境的自然属性决定了其自身的多功能性，其开发利用具有多宜性、关联性的特点，由此决定了海洋经济的多元化。随着科学技术的进步，海洋渔业、海洋盐业和海洋交通运输业等传统海洋产业获得了长足的发展；新型海洋产业，包括海洋油气业和海洋旅游业等，正在迅速崛起，逐步上升为海洋支柱产业。海水淡化和海水直接利用、海洋能利用和海洋药物等可望在 21 世纪形成具有一定规模的产业。长期以来，海洋经济的发展与海洋环境的保护总是处于分离、脱节的状态。海洋资源的"谁开发，谁受益"的激励机制，虽然在一定程度上推动了海洋经济的发展，但致使人们单纯追求海洋产值及其增长速度，致使海洋经济发展走入歧途，导致海洋资源的无度毁损，海洋生态的破坏和海洋环境恶化，动摇和削弱了海洋经济发展的基础。

按照国外海洋产业结构变化的规律可以看出：海洋第一产业所占的比重不断缩小，海洋第二产业所占的比重逐渐由小到大，再由大到小，海洋第三产业所占的比重不断扩大，最后变成最庞大的产业。产业结构的重心沿着第一产业、第二产业和第三产业的顺序转移，最后形成海洋第三产业大于第二产业和第一产业，第二产业大于第一产业，这种变化趋势在先进的海洋国家表现尤为明显。

因此，需要加强产业结构宏观调控，实施沿海产业升级行动方案，研究落实促进沿海地区产业转型升级的政策措施。按照"海域—流域—控制区域"三级水污染控制体系，实施区域污染物排放总量控制制度，沿海地区化学需氧量、氨氮、总氮等主要入海污染物总量将有望大幅减少。

4.3.1.4　培育海洋生态文明道德

海洋生态文明道德的逻辑起点是人与海洋关系的伦理回归。以实现人海和谐为目标，对人们的行为予以道德约束，海洋生态文明道德强调人的自觉和自律，强调人与海洋的相互依存。培育海洋生态文明道德，就是逐步规范人与海洋长期交往逐渐形成的行为规范，用其约束和规范人类合理开发海洋资源、保护海洋生态环境、发展海洋经济的行为，它体现了人与海洋的平等观。

海洋生态道德文明倡导将道德关怀拓展到整个海洋生态领域，将人与海洋的关系问题确立为一种生态道德问题，将人在道德上的自律性实践于海洋系统，把尊重海洋自身的发展规律作为一切涉海活动的基本遵循，保障和改善海洋生态环境，将人类社会的全面协调可持续发展作为最高目标，最终实现人与海洋的和谐共荣，构建新型的人与海洋的道德关系。构建海洋生态文明道德，要求民众提高对海洋生态环境的重视程度，依靠建立一套海洋生态道德规范和原则并倡导全体民众来遵守，主观上提升民众海洋生态道德意识水平，从而在客观上约束人们之前无序的海洋行为，达到妥善处理人海矛盾、实现海洋有序开发的目的。

4.3.1.5　健全海洋生态文明制度

习近平总书记高度重视制度建设，强调指出：要牢固树立绿水青山就是金山银山的理念；要正确处理好经济发展同生态环境保护的关系；把生态文明建设纳入制度化、法治化轨道。我国的海洋生态文明建设也需要走上制度化轨道。作为海洋生态文明建设的有机组成部分，海洋生态制度建设是海洋产业持续、绿色、健康发展的行为规范，更是维护海洋生态环境的根本保障。海洋生态文明制度是否系统和完整，在一定程度上决定了我国海洋生态文明建设水平的高低。因此，未来我国制定海洋产业政策时除了要提升海洋经济产业发展的质量和能力，更应考虑到海洋资源的可持续利用，以制度体系建设防止海洋生物多样性下降和海洋生态破坏。要从宏观角度出发，在经济、政治、法律等方面规范和约束人们的海洋资源利用、不断协调改善经济发展过程中的人海关系，为新时期海洋生态文明建设提供制度支持。

（1）法律法规

海岸带是受潮汐涨落影响的潮间带及其两侧一定范围的陆地、潮间带和浅海的海陆过渡地带，海洋经济社会活动主要集中在这个区域，海洋生态环境问题也主要发生在这个范围，也是目前陆海统筹的关键区域。早在 1972 年，美国就实施了《海岸带管理法》，韩国和日本等国家也相继出台了《海岸带管理法》和《海岸法》等有关海岸带的法律，对于统筹协调和管理这个人类活动最密集关键区域的陆源污染排放、自然资源利用与保护、生态系统维护与修复等，发挥了关键作用。在当前海洋经济社会发展阶段和技术水平条件下，为解决突出海洋生态环境问题、确保海洋生态环境红线不被逾越和突破，以及满足海洋生态文明建设目标需求和要求而制定更具刚性和约束力且能够有效实施和坚决执行的海洋环境保护制度和相关法律制度已刻不容缓。《中华人民共和国海洋环境保护法》在 1999 年修订时专门增加了海洋生态保护的章节，并将海洋污染防治工作扩展到海洋工程。在该法的基础上，国务院还颁布实施了若干配套法规，具体规范海洋开发的环境保护问题。2002 年国家颁布了《中华人民共和国海域使用管理法》，依法建立了海洋功能区划制度和海域使用论证审批制度。与此同时，《中华人民共和国渔业法》等涉及海洋环境保护的法规也已修订实施，形成了海洋环境保护和资源持续利用的法律体系，对保护海洋环境起到了重要作用。

（2）管理规章

海岸带资源环境系统需要政府宏观调控政策的引导进入"市场态"或"公共态"，建立并逐步健全集市场竞争、计划调节、权威协调、行政干预于一体的管理机制，实现优化配置和可持续利用；同时对需要由自然环境消纳的人类生产或生活产生的"副产品"（如废气、废水、固体废物）根据城市发展水平和自然环境的消纳能力提出排放标准要求（不同的城市发展水平，人们对生活质量的要求不同，对"三废"的排放标准可能要求不同）并进行监管。政府的管理手段主要是行政手段，即行政机构以命令、指示、规定等形式作用于直接管理对象的形式，其主要特征是带有权威性、强制性和规范性。

1）实行陆海污染联防联控。强化重点区域综合治理，以环渤海、长三角、珠三角等为重点区域，尤其打好渤海综合治理攻坚战。在渤海海区，以渤海湾、辽东湾、莱州湾、辽河口、黄河口等为重点，率先推动主要污染物排海总量控制，摸清污染家底，评估环境容量和污染减排成本，整治陆海污染。推进海洋环境灾害风险的联防联控，加强海岸带地区陆海生态灾害和环境事故风险的联防联控，排查海岸带环境灾害风险源和风险点，科学制定灾害风险区划、信息共享和应急响应体系。实施长效减排，降低陆源和海洋污染。

2）完善海洋资源有偿使用制度。我国海洋资源的供给、使用以及海洋生物制品的定价机制并没有体现海洋资源稀缺性特点和海产品开发中对海洋生态环境的损害补偿，因此我国的海产品价格长期低于世界平均价格。必须加快海洋资源及其产品价格改革，全面反映市场供求、资源稀缺程度、生态环境损害成本和修复效益。要把海洋生物制品的单位价格与其相对应的海洋生态损耗建立科学的评价体系，以产业指导价格等形式引导符合生态规律的价值取向。严格管控围填海活动，做好前期生态调研和后期有偿使用规划，杜绝海洋生态资源被暴利化甚至无偿化开发。深化海洋产业税费体制改革，提高资源密集型海洋产业的税费标准，利用制度手段提高生态消耗型海洋产业的成本，最终引导海洋资源利用实现科学化、集约化和低碳化。

3）建立海洋生态损害补偿制度。根据当前海洋产业发展状况，探索建立全局性的生态补偿机制。制定类似于美国和澳大利亚等国家的"海洋生态补偿法"的行政法律法规或者针对性强的地方法或者部门法，立法过程应当坚持谁受益谁投资、谁破坏谁补偿的原则，根据海域、产业类型的不同特点，制定不同的补偿标准，综合运用政府补助和生态产业扶持政策，建立多元化的生态补偿资金渠道，使海洋生态损害制度长期化、系统化、规范化，当务之急是要防止近海生态的进一步恶化，抑制海洋生态破坏行为，将海洋生态秩序维持在可控的范围内。具体来说，首先是立体的评估海洋生态资源的使用价值，建立海洋生态损害赔偿标准，其次是甄别海洋生态损害的行为及其责任人。在此基础上严格执行奖惩措施，保证制度落到实处。总之，就是要运用经济和行政双重手段来调整海洋资源开发中的各利益相关者的关系，从而激励海洋生态保护行为、杜绝海洋生态破坏现象，进而实现海洋生态保护与海洋经济发展之间的动态平衡关系，最终实现海洋可持续发展的战略目标。以制度体系建设鼓励海洋生态环境的保护与建设，同时惩处海洋生态破坏行为，借助市场经济手段使海洋生态资源利用回归理性轨道。

生态补偿的内容包括：①对海洋环境本身的补偿，即生境补偿和资源补偿，例如为了恢复和改善海洋生态环境、增殖和优化渔业资源，建设人工鱼礁、设立海洋自然保护区等。②对个人、群体或地区因保护海洋环境而放弃发展机会的行为予以补偿，例如对支持海洋渔业减船转产工程、实施渔船报废制度、退出海洋捕捞的渔民给予补贴等。③对海洋工程、海岸工程建设和海洋倾废等合法开发利用海洋活动导致海洋生态环境改变征收相应的费用，例如征收海域使用费、渔业资源增殖保护费等。④对海洋污染事故、违法开发利用海洋资源等导致海洋生态损害征收的费用，例如溢油污染事故赔偿等。

生态补偿的主要方式：①资金补偿，是最常见的、也是最迫切、最急需的补偿方式，是指由政府作为支付主体直接向受补偿者支付补偿金或补贴款。目前，国际上比较通用的生态补偿制度主要通过政府补贴、政府财政扶持、征收生态税或专项基金等方式来进行的。②政策补偿，是指中央政府、省级政府或地方政府通过制定关于填海造地项目政策来进行补偿。如果生态环境保护的资金十分贫乏，利用政策补偿就是十分重要的。因为政府可以通过充分运用其职能，制定相关的补偿政策，大力扶持有利于海洋生态资源可持续利用的生态产业，如对生态旅游业和生态养殖业等产业来进行补偿。③技术补偿，是指中央和当地政府通过技术来扶持生态环境的保护，比如开展技术服务、技术培训、人才管理等。因此，政府对于因填海造地而失去经济收入或工作的渔民，给予适当的技能培训，使其可以重新获得工作技能，从而实现重新就业，提高生活水平。④实物补偿，是指补偿者通过物质进行补偿，比如给予土地等方式，以解决受补偿者在生产和生活方面遇到的困难，改善受补偿者的生活条件，提高生活水平。因此，可以根据受损失者所遭受的物质损失，对于填海造地的受损失者给予相应的补偿，如对于因填海造地而迁居者直接补偿住房等。

4）建立海洋生态科技创新制度。科学技术是推动社会进步、经济发展的重要驱动力量。以科技创新驱动海洋经济产业转型升级是我国海洋生态文明建设的战略重点和发展方向。大力推进海洋科技创新、高新科技产业孵化需要完善的生态科技发展规划作为指引和保障。政府作为最具有公信力的国家机构，是产业发展的风向标，因此，政府要将促进生态科技自主创新的绿色采购制度，纳入政府采购计划，优先购买具有自主知识产权的生态高科技产品和装备，通过政策引导与支持，确立企业的生态科技创新主体地位。要加大对生态科研创新的财政投入与政策扶持力度，采用金融、财税、补贴等手段，鼓励和吸引企业投资绿色生态技术和产品的研发，摒弃落后、污染型设备，加强海洋生态新技术的引进、消化，积极鼓励科研单位、高校等拥有技术、人才优势的机构参与海洋生态科技创新，使企业的技术装备、工艺流程实现最大程度的闭合循环，实现生产过程和产品的生态化。

5）建立海洋生态承载力预警与应急机制。海洋生态承载力是指海域生态资源、环境实现自身平衡与健康发展的能力，是海洋区域政策和海洋生态发展规划的重要依据，是完善政府空间管理体系、统筹海洋资源合理配置等制度建设的重要参考指标。通过建立海洋生态承载力预警与应急机制，积极开展海洋生态承载力监测、评价与示范；搭建海洋生态承载力预警技术平台，设置预警控制线，制定预警响应措施及应急机制。建设布局合理的监测网络，开展定期监控，建立海洋生态承载力公示制度，采取系统、科学和规范的评价方法，对海洋生态承载力安全级别进行识别，加强对海洋环境破坏行为的有效监督和处理，对突发的海洋生态事故、灾害做到及时防控，使安全风险管理规范化、制度化。

6）建立绿色核算体系。绿色 GDP（简称 EDP），就是把资源和环境损失因素引入国民核算体系，即在现有的 GDP 中扣除资源环境的直接经济损失，以及为恢复生态平衡、挽回资源损失而必须支付的经济投资，即 EDP= 传统 GDP- 自然环境部分的虚数 – 人文部分的虚数。海洋绿色 GDP 是综合了海洋资源和经济因素的 GDP 的一种调整值。在发展海洋经济和评价其成就时，应该综合考虑经济发展与海洋资源、环境之间的关系，将海洋资源与环境对海洋经济发展所做的贡献定量表达出来。这就要求对海洋资源环境进行核算，扣除经济发展中所带来的海洋资源损失和生态环境损失，修正衡量海洋经济发展的 GDP 等综合指标。它代表了扣除海洋自然资源和环境损失（包括保护和恢复费用）之后的新创造的真实国民财富的总量指标。要提高海洋 GDP 的"绿化"水平，就要使单位经济产出的资源消耗率不断降低且资源的消耗方式是可持续的。

（3）环境标准的约束

环境标准是国家环境保护法规的重要组成部分，我国环境标准具有法律约束性。国家根据海洋环境质量状况和国家经济、技术条件，制定国家海洋环境质量标准。对没有国家标准而又需要在全国某个行业范围内统一的技术要求，可以制定行业标准，行业标准由国务院有关行政主管部门制定，并报国务院标准化行政主管部门备案。海洋环境保护标准发展至今，已有国家标准 18 项，行业标准 20 项。其中质量标准为《海洋生物质量》（GB 18421—2001）、《海洋沉积物质量》（GB 18668—2002）和《海水水质标准》（GB 3097—1997），3 项标准构成海洋环境质量标准；监测标准以《海洋监测规范》（GB 17378.1—2007）等 7 项标准为主导，《海底沉积物化学分析方法》（GB/T 20260—2006）、《海水中 16 种多环芳烃的测定 气相色谱 – 质谱法》（GB/T 26411—2010）、《赤潮灾害处理技术指南》（GB/T 30743—2014）等 19 项标准为补充，基本涵盖了海洋污染物监测项目，目前较先进的环境监测技术如色谱方法、微波消解方法均已被引入标准；评价标准有《海洋工程环境影响评价技术导则》（GB 19485—2014）、《海水综合利用工程环境影响评价技术导则》（GB/T 22413—2008）、《近岸海洋生态健康评价指南》（HY/T 087—2005）等 8 项标准；海洋环境管理类标准有《海洋倾倒区选划技术导则》（HY/T 122—2009）1 项。

环境标准是强化环境管理的核心，环境质量标准提供了衡量环境质量状况的尺度，污染物排放标准为判别污染源是否违法提供了依据。国家和地方水污染物排放标准的制定，应当将国家和地方海洋环境质量标准作为重要依据之一。在国家建立并实施排污总量控制制度的重点海域，水污染物排放标准的制定，还应当将主要污染物排海总量控制指标作为重要依据。排污单位在执行国家和地方水污染物排放标准的同时，应当遵守分解落实到本单位的主要污染物排海总量控制指标。对超过主要污染物排海总量控制指标的重点海域和未完成海洋环境保护目标、任务的海域，省级以上人民政府环境保护行政主管部门，暂停审批新增相应种类污染物排放总量的建设项目环境影响报告书（表）。

4.3.2　海岸带水环境治理

水环境问题是当前全球所共同面临的难题，构建良好的海岸带水环境是贯彻新时期习近平总书记提出的"绿水青山就是金山银山"的理念，落实"陆海统筹"推动建设生态文明和海洋生态文明的重要任务。当前，我国的海岸带水环境状况仍然不容乐观。整体来看，近岸局部污染严重，陆源污染压力巨大，入海排污口邻近海域环境质量总体较差，绝大多数区域无法满足所在海域海洋功能区的环境保护要求。海岸带水环境污染问题具有三个基本自然特性：水体的流动性、河海的连通性和污染物水环境承载力的有限性，这就要求海岸带水环境治理必须考虑流域和海岸带综合管理的思路。目前，水环境治理理念已经从传统的以"末端治理"为主的思路，转变为"源头减排、过程阻断、末端治理"全过程防控水污染的治水模式。通过污染源头治理、生物截污、调整产业开发布局、加强污染应急管理与处置等，控制污染物入海，恢复健康海洋水生态。

（1）污染物源头管控

控制污染物排放是水环境治理的前提。陆源污染物通过地表径流和排污口等途径进入海洋，加重了近岸海域水污染程度，打破了海岸带生态系统的平衡。加强陆海统筹治理，一方面调整陆海开发布局，加快海域养殖产业的生态化和无害化，对海上运输和其他活动实行严格管控；另一方面推进陆上源头管控，严格工业污染排放监管，在海域水环境质量较差的地区，实施环境容量总量控制，建立在线监测监视系统，对重点污染源实施在线监控。对水环境容量不足和海洋资源超载区域实行限制性措施，严控农村面源污染，增设污水处理厂，提高生活污水处理能力，减少陆源污染物的入海通量，通过综合整治实现海域水环境质量持续好转。

（2）污染物过程阻断

入海污染物因其排放路径的随机性、排放区域的广泛性以及排放量大面广等特征，即使在实施源头控制后，仍然不可避免地有一部分污染物随各排放途径输移，对近岸海域水体水质造成很大的影响。因此，实施生态拦截技术，高效阻断入海污染物输移是入海污染治理技术中非常重要的一环。生态拦截技术就是通过对现有污染物入海路径的生态改造和功能强化，或者额外建设生态工程，利用物理、化学和生物的联合作用对入海污染物主要是氮、磷进行强化净化和深度处理，实现污染物中氮、磷等的减量化排放或最大化去除。目前，一般采用人工湿地、河岸缓冲带、植被过滤带、沉淀塘等技术对入海污染水体进行净化。

（3）污染物末端治理

末端排污口或排放源是治理海洋水污染的重点。污染海域相对集中在经济发展较快、人口密度较大的海湾沿岸和主要河流的入海口附近，海水中的主要污染物是无机氮、活性磷酸盐和石油类。海湾水交换能力与自净能力是决定海域水环境质量优劣的重要因素，海水交换能力直接影响污染物滞留和迁移，海水交换能力弱，污染物容易滞留湾内，降低海湾水环境质量；海洋自净能力就是污染物进入海洋后，在海水中进行复杂的物理、化学和生物反应，并不断被稀释、吸收、沉降或转化的能力，自净能力越强、净化速度越快。为保证海域水环境的质量，除了对污染物在入海前进行处理、限排外，也可利用海水的交换能力与自净能力进行控制，比如通过清理人工海堤，有效拓展区域内水道宽度和水域面积，改善海湾区域水动力环境和自然纳潮能力，提高海水交换与自净能力。由于海洋的自净能力是有限的，一旦污染物的排放量超过水体自净能力就会造成水体污染。因此，通过采取化学除藻、生物净化、人工湿地、植物净化等措施，实现海洋污染物的治理。

4.3.3　海洋环境综合整治

4.3.3.1　海岸带环境综合整治

海岸带环境综合整治包括对重要海湾、河口海域、风景名胜区以及重要旅游区毗邻海域和大中城市毗邻海域等的综合整治和修复。通过废弃码头拆除、废弃物清理、退养还滩（湿）、退堤还海、自然岸线修复、人工岸线整治、离岸潜堤建设、防潮堤修建、滨海观景长廊修建、沙滩整治修复和地质遗迹景观修复等措施，能有效改善滨海生态环境，提供更多高质量的亲水空间。

（1）垃圾与废弃物清理

海洋垃圾的来源十分广泛，主要包括陆源和海上两部分，陆源主要来自海岸带开发活动、沿海地区的村镇生产生活垃圾以及河流输入等；海上主要是一些特定的海上活动，包括油气开发、海上倾废、海上渔业、海上货运和海上娱乐活动等。海洋垃圾大多含有降解速率极慢的物质，包括石油及其产品、生活垃圾、重金属物质和放射性核素等，不断丢弃的垃圾将在海洋中逐渐积聚，阻碍海上交通线、破坏船只，对海洋生物造成严重危害，海洋垃圾中的持久性、累积性污染物也可能通过生物链危害人类。因此，开展海洋垃圾与废弃物清理，将现有杂乱滩面的生活垃圾、漂浮垃圾、建筑废渣、渔港水域卫生环境，以及废弃船只、废旧轮胎、废旧车辆及渔具等各类废弃杂物进行清理，整治港口码头环境，清理渔港及水域范围内的废弃渔业垃圾，改造临港冻库、废旧滑冰槽等影响环境的废旧设施，改善海岸带生态环境。

（2）退养还滩（湿）

高密度的围海养殖造成水体大范围闭塞，养殖活动造成了较为严重的近海污染，损害了海洋生态系统健康，削弱了滨海湿地的生态系统服务功能，最终将限制沿海地区海洋产业的持续健康发展。因此，需要对近海滩涂养殖进行规范、规模控制，实施退养还滩、退养还湿工程，通过人工整平、水系构建和开挖等措施，将围填海形成的养殖池塘围堤拆除推平，形成平缓的坡面，恢复并促进滩涂湿地的形成和发育，形成较大面积的潮间带滩涂，同时实施滨海湿地修复工程，通过人工播植植被和藻类，增加鱼类、虾蟹类和贝类等生物多样性，恢复水禽和滩涂底栖生物栖息地和繁殖地，重建浅海湿地生态系统生物链，恢复生物多样性水平及其资源量。

（3）沙滩整治修复

沙滩资源在自然旅游资源中占重要的地位且具有不可再生的特点，伴随着沿海开发进程的推进，在一系列水文条件诸如波浪、潮汐，极端天气诸如风暴潮、台风、气旋以及人类活动等的影响下，砂质海滩的稳定性逐渐受到考验，与之相关的海滩侵蚀问题日益凸显。为维护岸线稳定性，满足人们对沙滩休闲度假的需求，可以实施海滩养护工程，通过利用吹沙船、车辆等人为方式对海滩进行补沙，并借助波浪、潮流等水文条件使海滩达到平衡剖面的状态，以达到增宽海滩的效果，此方法也被认为是当前抵御海岸侵蚀的最佳护岸措施。

（4）离岸潜堤与丁坝

由于部分海滩受侵蚀较重，或波浪斜向岸，泥沙沿岸运动比率较多，靠单纯抛沙常不奏效，为了拦沙，需辅以"硬工程"，包括水泥石块构筑的顺岸坝、丁坝和岸外坝等，其消浪阻沙显著，但也有侵蚀邻区的缺陷。海滩养护"硬工程"主要是通过护岸、海堤等阻断波浪作用来阻止对岸滩的侵蚀，利用丁坝、离岸坝、人工岬角等阻挡沿岸输沙的横向运动，来阻止海滩泥沙进一步流失，防止海岸侵蚀。离岸潜堤是指在破浪带或其他浅水区平行岸线修建的坝，又称为离岸坝，可以使一部分波浪在岸外破碎，另一部分波浪从坝与坝之间的空当传至坝后，发生绕射，使泥沙堆于坝岸之间，增宽海滩。丁坝在淤泥质海岸和砂质海岸均有较为成熟的运用。丁坝及丁坝群是靠拦截上游泥沙来达到防护海岸的目的。丁坝的上游淤积，下游由于泥沙被拦而沉积减少导致冲刷，为了防止下游冲刷危及沙坝安全，下游必须继续修建丁坝构成丁坝群。

（5）生态廊道建设

海岸生态廊道在我国是近几年才引入的一个概念，借用了景观设计中的生态廊道的理念。生态廊道具有保护生物多样性、过滤污染物、防止水土流失、防风固沙、调控洪水等多种功能。而海岸生态廊道因其独特的环境及地理条件，其功能定位主要是保护生物多样性、过滤污染物、净化水体、减弱波浪、侵蚀防护、提升景观效果，进而改善海岸生态环境。海岸生态廊道构建应以海岸线为轴心，向海陆分别扩展一定区域，通过海域清理（淤）、生态护岸、景观植被、沙滩铺设等手段，营造由海向陆的自然过渡环境，强调海陆生态系统的自然衔接。海岸生态廊道包括紧邻陆域的沿岸景观生态带、海堤（护岸）生态带和近岸生态带。

4.3.3.2　海岛环境综合整治

海岛环境整治包括海岛生态环境整治、海岛基础设施建设和特殊用途海岛保护，包括海岛岛体修复、植被种植、岸线整治、沙滩修复、周边海域清淤以及养殖池和废弃设施拆除等措施，实现生态和景观受损海岛得到修复，改善海岛生态环境；通过海岛码头、桥梁、护岸、防波堤、输水管道、海水淡化设施、垃圾处理厂（站）、污水处理厂（站）、山塘水库和环保厕所等的修建，海底电缆铺设，地质灾害治理以及山体边坡修复等措施，实现海岛的基础设施条件逐步改善；通过领海基点所在海岛现状调查和保护范围选划，以及重要生态价值海岛修复和生态试验基地建设等措施，新能源、新材料和新技术在海岛上应用示范，生态型开发模式和理念得以强化，提升海岛保护区的管护能力。

（1）垃圾整治与清理工程

由于海岛地理位置偏远、交通运输不便，加之海岛固废产量一般较小且季节变化幅度大，岛上建设垃圾处置厂成本高、运行稳定性差，因此海岛垃圾收集和处理较为困难。目前，许多小海岛的固废垃圾处置方法落后，往往堆放在海滩，严重污染了海岛滩涂和水体环境。因此，要加强海岛生活垃圾、养殖生产垃圾、废弃船舶、漂浮垃圾、建筑废渣等清理整治工作，建设完善的垃圾收集转运设施，加强岸滩保洁，对沿岸的垃圾堆放点和渔业水域的漂浮垃圾进行清除整治。同时，科学分类，实现垃圾减量化和资源化利用。对有机垃圾采取堆肥处理，对建筑垃圾采取就地利用，可作为平地或修路的原材料；对可回收垃圾采取回收，对其他垃圾在垃圾中转站压缩处理后运至大陆垃圾填埋场无害化处理。

（2）水资源利用与污水处理工程

海岛远离大陆，无法提供足够的淡水资源，会造成海岛上的淡水资源短缺，这将在很大程度上限制海岛的可持续发展，同时严重影响海岛上居民的生活质量。随着海岛上的居民逐渐增多，不仅会造成海岛上淡水资源的短缺，还会产生大量生产以及生活污水。如果污水未经处理直接排放到海岛附近的海水中，可能会超过海岛的环境承载力及其对污水的自净能力，使海岛的生态环境遭到破坏。因此，可以建设雨水收集系统，利用边沟和自然沟等进行收集和排放雨水，通过坑塘、洼地进行收集，将雨水回用于绿化与农田灌溉。构建集光伏、风电、储能和海水淡化为一体的海岛智能微电网系统，利用新能源发电进行海水淡化。

要定时清理维护沟渠，防止被淤泥堵塞，造成排水不畅。在海岛外缘，砌筑截污沟，防止生活污水进入海域，通过截污沟将污水引至污水处理站处理。

（3）海水养殖整治工程

海水养殖综合整治是指政府出于海洋环境保护、产业健康发展、规范海域使用等目的，对海上养殖行为采取的一系列整治措施，包括但不限于取缔非法海上养殖、限制养殖行为、更换养殖设施、调整养殖模式等。海岛具有海港优势和渔业资源优势，很多海岛周边海域广泛分布着渔业资源捕捞、水产品养殖等开发活动。为了适应海岛生态旅游的需要，对海岛重点旅游景点区和航道区实施养殖海域和滩涂环境的整治，清理漂浮垃圾，拆除脏乱的养殖设施。

4.3.4　海岸带生态系统修复

海岸带生态修复是保护和管理的重要内容。生态修复是帮助退化、受损和破坏的生态系统进行恢复的过程，是保持生物多样性、改善和提升生态系统结构与功能，改善退化生态系统的重要途径。在我国，国土空间生态修复被认为是推进生态文明建设的重大举措，相对于较大尺度的陆地国土空间内实施的矿山修复、退耕还林等生态修复工程，海岸带生态修复领域起步较晚，且面临的生态系统更加具有易破坏性和高脆弱性，在小尺度时空背景下，人类开发利用海洋活动与海岸带生态系统演替等自然变化因素多重叠加，给海岸带生态修复带来了巨大挑战。

4.3.4.1 海洋生态修复的内涵

海洋生态系统是生态系统的一个类型，包含相互作用、相互依赖的海洋生物和非生物组分，是通过能量流动和物质循环联结成的一个有机整体。海洋生态系统是具有一定的生物和非生物成分的层次性空间结构。在海洋生态系统内，任何一个生物成分或非生物成分在允许限度内的变化，都可以通过系统的自我调控能力进行适当调节使其保持原有的相对稳定与平衡。但是这种调节能力是有限度的，当外界压力超过阈值时，系统的自我调节能力随之降低、甚至失去作用。此时，生态平衡遭到破坏，生态系统趋向衰退，系统中有机体数量减少、生物量下降、能量流动和物质循环发生障碍，甚至可能导致整个系统崩溃，即生态平衡失调。海洋生态修复是指根据地带性规律、生态演替及生态位原理，采用适当的生物、生态及工程技术，逐步修复退化海岸带生态系统的结构和功能，最终达到海岸带生态系统的自我持续状态。海洋生态修复是一种新的理念，是保持人与自然和谐相处的具体体现。在海洋和海岸带管理工作中，要加强海洋生态修复，建设海洋生态文明，维护整个海洋生态系统的健康，以实现海洋资源的可持续利用和生态环境的有效保护。

海岸带处于地球上岩石圈、大气圈、水圈和生物圈重叠交汇的地带，除了受地球内部的内营力作用外，不断变化着的波浪、海流、径流、气候、生物过程以及来自陆地、大气及海洋的通量造就了沿海系统中较高的自然变率，塑造了复杂的海岸带资源环境系统。海岸带是自然生态系统与人文生态系统、水域生态系统与陆域生态系统相互作用、相互影响的交错脆弱敏感地带，生态环境保护与修复应按生态学原理建立物质、能量、信息高效利用，社会、经济、自然协调发展的理念。目前，我国重要生态系统保护和修复重大工程，基本原则之一就是要坚持"保护优先、自然恢复为主"。自然修复或被动修复，是指不依靠人工干预或者以最小化的人工干预措施达到生态恢复的目标；人工修复或主动修复，是指依靠人工干预或诱导达到生态恢复的目标，也是生态修复的最基本方法。生态修复不仅要使生态系统恢复到固有的自然生态系统服务价值，而且要有所提升，达到更高一层级的生态平衡，为人类提供更多的生态产品，人工支持引导就显得尤为重要。对于原始的或保存较好的生态系统，通过物种与种群的生物多样性保护、生态系统的保护种引入、自然保护区的保存来实现；对于轻中度退化的生态系统，通过生态系统的保护和培育，促进正向生态演替的生态保育；对于严重破坏退化的生态系统，通过人工干预实现生态系统组成和结构改良或改造层面的恢复重建；对于原生生态系统已消失的土地，可以转变为其他生态系统、用人工方法仿造重建原有的生态系统，或根据需求构建全新的生态系统。

4.3.4.2 海洋生态修复的程序

海洋生态修复是一项系统性的工程，主要涉及了生态修复选址、生态调查与资料收集、生态系统退化诊断、生态修复目标确定、生态修复措施制定、生态修复影响分析、生态修复实施、生态修复监测、生态修复成效评估和后期管护等多个环节（图4-1）。

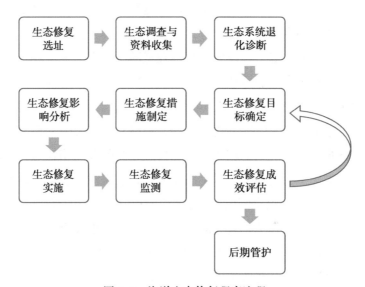

图4-1 海洋生态修复程序流程

（1）生态修复选址

生态修复选址需要从生态修复的可行性、必要性和重要性三方面考虑。生态修复的可行性是生态修复选址首要考虑的因素之一，其不仅包括自然条件的可行性，而且需考虑社会经济条件的可行性，具体包括：①自然条件适宜性，如气候条件、水文条件、底质条件、环境质量、生物因素等能满足恢复的生态系统的自我维持；②修复技术措施的可行性；③是否与区域发展规划相吻合，如是否符合当地社会经济发展规划、海洋空间规划、生态保护规划等；④当地政府、社区公众的支持；⑤周边人类活动干扰对生态修复可能造成影响的可接受性；⑥修复成本是否在可承受范围内等。

生态修复的必要性主要考虑生态系统自身的退化对区域生态平衡、社会经济发展等方面的制约和影响程度，以及政府和公众的强烈要求和意愿。生态修复的重要性考虑潜在的生态重要性（如珍稀濒危物种的生境）、区域社会经济发展的重要性，退化生态系统恢复后的受益范围和受益群体，以及预期产生的生态效益、经济效益和社会效益。在这些因素中，首先需要考虑潜在的生态重要性和修复成功的可能性。

（2）生态调查与资料收集

生态调查与资料收集是整个生态修复过程的基础工作，为生态系统退化诊断、生态修复目标制定、生态修复措施、生态修复成效评估等提供数据和依据，对每个环节均起着重要的作用。在时间尺度上，一般至少需要两个不同时期的数据，即干扰前或历史的、干扰后或当前的。在干扰前或历史数据无法获得的情况下，可收集拟选取的参照系统的数据替代。

生态调查与资料收集的具体内容需根据生态系统的类型、生态退化类型、生态修复目标确定。一般包括生态修复区周边区域的社会经济、气候条件、区域相关规划、污染源、水文动力条件、地形地貌、底质、环境质量、生物群落、生境、关键物种等。不同类型、不同区域的生态修复所涉及的具体内容有所差异，侧重点也有所不同。

（3）生态系统退化诊断

退化的生态系统是一种"病态"的生态系统，生态退化程度的准确诊断，是进行生态系统修复与重建的基础和前提。海岸带生态系统退化诊断是对海岸带生态系统，包括系统动力、生物组成和结构、环境状况、物质循环、能量流动、现状与历史的多尺度状况调查基础上的客观判断。有了准确的退化诊断，才能"对症下药"，达到最好的管理效果。由于退化生态系统是个相对的概念，因而退化程度诊断的方法更加强调的是与退化前生态系统的比较，一般是利用评估指标体系的方法对生态系统的生态承载力进行评估，进而对退化生态系统进行诊断。通过诊断评价样点的现状，揭示导致生态系统退化的原因，阐明其退化过程、退化类型、退化阶段及退化强度，找出控制和减缓退化的方法。

（4）生态修复目标确定

通过生态系统退化的综合诊断，确定修复与重建的生态系统的结构及功能目标，制定易于测量的修复标准，提出优化方案，选取适当的方法，对生态修复工程实施可能对生态环境、经济等各方面的影响进行分析、预测和评估。总体而言，无论对于什么类型的退化生态系统，海洋生态修复基本的修复目标或要求包括：①实现生态系统生境的稳定性；②恢复关键生态过程，实现生态的完整性；③实现物种的保护与恢复；④实现生物群落的恢复，提高生物多样性；⑤实现环境条件的恢复和改善；⑥实现生态系统自然功能的恢复；⑦实现生态系统服务功能的恢复；等等。生态修复实践中，必须制定具体的、详细的、明确的目标。例如，生态修复项目的目标包括：增加湿地的面积；增加生物多样性；增加生境异质性；恢复湿地水文结构和功能等。

（5）生态修复措施制定

生态修复的模式分为自然修复、人工促进生态修复及生态重建。自然修复是指生态系统受损程度未超过负荷，生态系统轻度退化，生态系统退化因素消除后，恢复可以在自然过程中发生。自然修复是最简单的生态修复模式，即去除、减缓、控制或者更改某些特定干扰，从而使生态系统沿着正常生态过程而独立恢复。人为促进生态修复，是指生态系统受损程度超过负荷，生态结构和功能出现局部或部分退化的现象，即便生态退化因素消除也无法实现自然修复。这种情况下，生态系统受到较为严重的干扰，但生境、生态系统未遭到完全的毁灭性破坏，可以基于生态系统的自我恢复能力，结合生物、物理、化学等一定的人为辅助措施，使生态系统退化发生逆转。生态重建是指生态系统受损程度超负荷，生态结构和功能完全退化或破坏，需采取人为辅助的措施重建新生态系统的过程，包括重建某区域历史上没有的生态系统的过程。

（6）生态修复影响分析

生态修复影响分析是指选取适当的方法，对生态修复工程实施可能对生态环境、经济等各方面的影响进行分析、预测和评估。生态修复评价的内容应根据生态修复区域、修复类型、修复措施、修复规模等确定。总体而言，海洋生态修复的影响分析包括了水文动力、地形地貌、海洋生态、海水水质、海洋沉积物，以及社会经济、景观等方面。不同的生态修复项目的影响分析与评价内容的侧重点有所差异，应根据项目的具体情况而定。

（7）生态修复实施

项目实施包括三个内容，即施工前准备、施工、施工监测及施工验收。其中，施工是指生态修复管理和技术措施的实施。

施工前准备：在施工准备阶段，施工预算和时间进度需明确，资金需有保证。

施工期监测：参照《海洋工程环境影响评价技术导则》（GB/T 19485—2014），结合项目所在区域环境特征，针对改善海洋生态环境、海洋生物资源恢复和岸线整治与修复，制订跟踪监测计划。

（8）生态修复监测

海洋生态修复工程结束后，进行长期的跟踪监测是必需的。通过现状调查与收集获取的数据资料，分析和阐明评价海域修复后的海洋生态环境要素和因子的时间、空间分布特征，分析海水水质、沉积物质量、生物质量等季节和年际变化的特征，评价海洋生态健康状况，分析变化范围、程度和特点，验证海洋生态环境修复的效果。

（9）生态修复成效评估

海洋生态修复成效评估，就是运用科学的方法、标准和程序，对生态系统动态变化进行跟踪、监测与分析，综合评估生态修复工程影响和效果的过程。成效评估工作依据生态修复的目标、修复类型、生态系统特征等确定，不同目标、不同修复类型的成效评估的侧重点不同。对于生态修复的某些区域可以采用单指标对比分析的评估方法，即根据评价区域特点，选取特征因子进行监测并评估修复后现状，或对比修复前后特征因子变化程度来评价修复效果。不同的生态类型应该结合实际建立不同的评价指标体系，可以选取岸线类型、滩面地形、沉积物粒度、水环境质量、湿地面积、植被分布、植被种类、景观评价要素等作为成效评估指标，静态评价和动态评价相结合的方法对比分析生态恢复前后生态资源情况，评估过程的监测应尽量运用现代化技术，将修复效果进行定性、定量评价，确保评价管理科学化。

（10）后期管护

海洋生态修复作为一种行之有效的生态恢复和重建的手段，通过污染管控、环境治理、生态建设等修复措施，在一定程度上促进了海岸带生态的修复。但由于目前海洋生态修复技术尚不完善，人们关注的重点局限于海洋生态恢复的方案设计及施工，同时过分强调植被恢复和湿地绿化面积的增加，忽略了对湿地生态系统结构和功能的恢复，对生态恢复措施实施后的成效评估工作也少有涉及，很难评估生态修复效果的好坏，也难以为其他湿地的生态修复提供实践经验。由于湿地生态系统构建的技术手段储备不足，也有可能出现生态修复工程实施后恢复效果不佳甚至完全失败的现象。因此，项目建成后，需要制定一系列长效、科学、切实可行的管理机制，既需要落实责任单位，开展一系列的日常管理，如植被的浇水、施肥、除草、病虫害治理和火灾防治，又要加强跟踪监测与管理，适时、适度开展项目的景观维护和提升工程，确保修复的生态系统达到自然稳定状态。

思考题

1. 海洋生态保护与修复的目标是什么？
2. 什么是海洋生态安全？
3. 海洋生态补偿的内容和方式是什么？
4. 海洋生态文明建设的定义和内涵是什么？
5. 如何实现入海水污染的有效控制与治理？
6. 什么是海洋生态修复？海洋生态修复程序如何？

第5章　海洋生态空间规划与管理

国土空间规划是国家空间发展的指南、可持续发展的空间蓝图，是各类开发保护建设活动的基本依据。建立国土空间规划体系并监督实施，将主体功能区规划、土地利用规划、城乡规划等空间规划融合为统一的国土空间规划，实现"多规合一"，有利于强化国土空间规划对各专项规划的指导约束作用。海洋空间规划是海洋资源保护和利用的顶层设计，同样是国土空间体系的重要组成部分。但海洋与陆地国土相比，是相对分割和独立的部分，海陆自然属性和利用状况都存在本质区别。海洋是一个整体的、系统的、复合的生态空间，其资源具有流动性和立体性的特点，动态变化强，没有陆地上的明确边界，区域差异性相对陆域不明显，海洋的空间规划分区和分类在空间尺度、类型、管控要求等方面与陆域有较大的差异。国土空间规划体系下的海洋空间规划要素包括海洋主体功能分区、海洋功能分区、海洋利用分类、海岸线分类保护、海岛分类保护、海洋生态红线等，为构建科学合理的海洋保护与利用格局，实现海洋空间治理现代化，推动主体功能区战略格局精准落地，统筹实施海洋空间的保护、开发利用和整治，自然资源部按照中央关于建立国土空间体系、划定并严守生态保护红线的有关要求，在已有实践的基础上，明确提出将海洋国土空间划分为"两空间内部一红线"，即海洋生态空间和海洋开发利用空间，海洋生态空间内划定海洋生态保护红线。海洋空间规划编制过程中坚持生态优先、绿色发展，尊重自然规律，坚持节约优先、保护优先、自然恢复为主的方针，在资源环境承载能力评价的基础上，科学有序统筹布局海洋生态保护空间，划定海洋生态保护红线以及各类海域保护线，强化底线约束，为海洋经济可持续发展预留空间。海洋生态空间划定以海洋自然保护区、海洋特别保护区、重要滨海湿地、敏感生态系统、重要砂质资源为主，优先划分海洋保护区，严格保护岸线、保护类海岛等海洋生态空间，优化海洋空间功能布局。

5.1　海洋生态空间类型

海洋生态空间是指以调节、维护和保障海洋生态安全，提供生态产品和生态服务为主导功能的海域，主要包括对维护海洋生物多样性具有重要作用的海域，典型海洋生态系统、珍稀濒危生物集中分布的空间和用途限定空间。海洋生态空间主要分为保护利用空间、特殊利用空间和未利用空间，包括已划定保护区或未划定保护区但具有重要自然、人文和生态保护价值的区域，需要保留海岸形态和地形地貌、自然景观、历史遗迹，维育生态系统和生物多样性的海岸带空间。

5.1.1　海洋生态岸线

海岸线作为海陆分界线，不仅提供港口岸线资源和自然生态景观，还载负着丰富的环境信息，对沿海滩涂、湿地生态系统及近岸海洋环境等有重要的指示意义，其保护与利用不仅关乎沿海城市及其港口腹地的发展，还影响着海洋生态环境的安全。我国大陆海岸线长约 1.8×10^4 km，人均海岸线长仅为 1.3 cm，实际适宜居住的海岸线只有 1 800 km，绝大多数被滩涂、礁石还有人类无法接近的海滩占领。此外，沿海地区对海岸线资源的价值及其稀缺性的重视不足，不同程度地存在"重开发轻保护""重发展轻管理"和"重经济轻生态"的惯性思维，海岸线开发利用方式粗放，闲置、浪费甚至破坏现象较严重，导致海湾与滨海湿地面积减少、海洋生物栖息地大量消失，海岸生态功能明显退化，严重威胁了海洋生态系统安全，极大影响了沿海地区经济社会可持续发展。加强海岸线保护与利用管理，就是要全力遏制自然岸线无序占用趋势，保护优质沙滩、典型地质地貌景观以及红树林、珊瑚礁等重要滨海湿地，提升海岸与近岸海域生态功能，维护海洋生态系统的多样性、完整性，构筑国家海洋生态安全屏障。2017 年，中央全面深化改革领导小组审议通过了《海岸线保护与利用管理办法》，提出"优先保护海洋生态环境，加强海岸线保护与利用管理，实现自然岸线保有率管控目标，构建科学合理的自然岸线格局"。这是全面深化海洋领域改革、加强海洋生态文明建设的重大举措，是坚持新发展理念、推动沿海地区社会经济可持续发展的必然要求，为依法治海、生态管海，实现自然岸线保有率管控目标，构建科学合理的海岸线保护与利用格局提供了重要依据。

根据《海岸线保护与利用管理办法》，以海岸线自然属性为基础，结合开发利用现状与需求，将海岸线划分为严格保护岸线、限制开发岸线和优化利用岸线三种类型。

（1）严格保护岸线

为保护岸线自然资源、生态环境，保护海滨旅游项目以及保障重大涉海工程安全运行，对自然形态保持完好、生态功能与资源价值显著，海洋环境条件脆弱、敏感的海岸线进行严格保护。严格保护岸线主要包括已建、在建和拟建的海洋自然保护区和海洋特别保护区，海洋珍稀和濒危生物栖息地，水产种质资源保护区，重要海洋生物产卵区、苗种区和繁殖区，保存完好的原生砂质海岸，典型地质地貌的基岩海岸，重要海洋景观资源，重要滨海淤泥质海岸和湿地生态系统，生态脆弱性港湾，重大涉海工程邻近区域以及海洋功能区划中禁止改变海域自然属性功能区等涉及的海岸线。

（2）限制开发岸线

为控制海岸线开发利用程度、保护和节约自然资源以及减轻开发利用的环境影响程度，对自然形态保持基本完整、生态功能和资源价值较好、开发利用程度和需求均不显著的海岸线，或有一定开发利用需求但受资源条件、生态环境、防洪御潮、重要港湾、潮汐通道和重大涉海工程等因素制约的海岸线，实行限制开发。主要包括部分渔业岸线、城乡建设岸线、具有旅游休闲及其他功能的海岸线。限制开发岸线是进行生态指标管控的开发海岸线。

（3）优化利用岸线

为了更加高效地利用海岸线，以支撑海洋经济和产业集聚区发展，实现海岸线利用的最大社会、经济效益，对人工化程度较高、海岸防护和开发利用条件较好的海岸线进行优化利用。主要包括现状港口码头、工业和城镇岸线。优化利用岸线是有一定经济基础、资源环境承载能力较强、发展潜力较大的海岸线，是重点开展港口群、工业化和城镇化建设的海岸线。优化利用岸线要紧扣海洋经济发展战略，遵循海岸线"优化利用"的集约原则，围绕港口开发、沿海城市发展、沿海产业集聚和农业综合开发等需求，将区位条件良好，开发基础优越，开发定位明确的海岸线进行规模化、集约化的科学利用。

5.1.2　海洋类保护区

海洋自然资源和自然环境是人类赖以生存和促进社会发展的最基础的物质条件之一。发展海洋生态保护事业，科学地开发和利用海洋自然资源，对于保持海洋生态系统平衡，保护海洋生物多样性、开展科学研究和对外交流，促进经济发展，丰富人民群众物质文化生活，都具有十分重要的意义。改革开放以来，我国海洋经济处于高速发展时期，伴随着海洋经济的快速增长，出现了海洋环境污染、典型海洋生态系统受损、生态功能下降、海洋资源量锐减等一系列的环境问题。事实证明，引起海洋生态环境脆弱、资源衰退的重要原因是海洋资源开发强度超过了海洋生态环境的承载能力，而海洋生态环境未能得到有效的恢复，诸多环境问题反过来制约了我国海洋经济的发展。如何协调海洋保护与开发利用之间的矛盾，促进海洋资源的可持续发展已成为海洋生态保护方面面临的重要问题。目前，海洋强国建设成为国家重要部署，海洋事业在我国经济社会发展中的地位更显重要，因此，应大力提高海洋开发、控制和综合管理能力，进一步规范海洋开发秩序，合理开发利用宝贵的海洋资源，保护好海岛、海岸带和海洋生态环境。由于海洋保护区推行"在保护中开发、在开发中保护"的方针，实现了保护与开发的双赢，海洋保护区建设工作逐步成为海洋生态环境保护的重要内容。

在 1962 年世界国家公园大会上，海洋保护区的概念被首次提出，但关于其定义却种类繁多。在空间范围上，有的将其严格限制在海洋水域，而有的则包括一定陆域空间如海岸带保护区；在保护对象上，有的是指代表性的自然生态系统、珍稀濒危海洋生物物种、具有特殊意义的自然遗迹，也有的是指脆弱生境或濒危物种所在的任何海岸带或开阔海域；在具体类型上，有的是严格意义上的海洋自然保护区，也有的是不同类型的海洋管理区。为指导各国海洋保护区的选划与管理，在1988 年国际自然保护联盟第十七届全会决议案中，将海洋保护区定义为"任何通过法律程序或其他有效方式建立的，对其中部分或全部环境进行封闭保护的潮间带或潮下带陆架区域，包括其上覆水体及相关的动植物群落、历史及文化属性"。

根据中共中央办公厅、国务院办公厅《关于建立以国家公园为主体的自然保护地体系的指导意见要求》（中办发〔2019〕42 号）文件精神，对重要的自然遗迹、自然景观、自然生态系统及其所承载的文化价值、生态功能和自然资源实施长期保护，按照自然生态系统内在规律、系统性、原真性、整体性及其依据效能和管理目标并借鉴国际经验，将自然保护地按保护强度高低和生态价值进行分类。对现有的自然保护区、地质公园、海洋公园、水产种质资源保护区、野生动植物保护区开展综合评价，按照保护区域的管理目标、生态价值和自然属性进行梳理调整和归类，逐步形成以国家公园为主题、自然保护区为基础、各类自然公园为补充的自然保护地分类系统。建立海洋保护区不仅在改善海洋环境、保护生物资源和生物多样性、加速资源恢复等方面产生了明显效果，而且为发展科学文化、生态旅游、环保教育和对外合作提供了重要基地。因而过去几十年来，建设和管理海洋保护区已成为我国海洋环境保护工作的重要组成部分，也成为各级海洋行政主管部门的重要职责。我国海洋保护区体系分为海洋自然保护区、海洋特别保护区、海洋水产种质资源保护区、海洋保护小区四大类别，均是国家对特定海域的资源、环境和生态系统等采取分类保护、整治和恢复等措施的海域。

5.1.2.1　海洋自然保护区

（1）海洋自然保护区概念

根据 1994 年国务院颁布的《中华人民共和国自然保护区条例》，自然保护区是指"对有代表性的自然生态系统、珍稀濒危野生动植物物种的天然集中分布区、有特殊意义的自然遗迹等保护对象所在的陆地、陆地水体或者海域，依法划出一定面积予以特殊保护和管理的区域"。自然保护区的保护对象包括有代表性的自然生态系统，珍稀濒危野生动植物物种，具有特殊保护价值的海域、海岸、岛屿、湿地、内陆水域、森林、草原和荒漠，以及具有重大科学文化价值的地质构造、著名溶洞、化石分布区、冰川、火山、温泉等自然遗迹。

海洋是人类生存和发展的重要领域。建立海洋自然保护区是保护海洋自然环境及生物多样性最有效的措施，是社会经济可持续发展的要求，正逐渐受到各方面的关注。目前，国际上对海洋自然保护区的定义和分类存在不一致的情况，多数国家按国际惯例将建于海岛、沿岸、海域的保护区均称为海洋自然保护区，而少数国家只把建于海上的保护区定义为海洋自然保护区。另外，国际上对海洋类型的海洋自然保护区名称也多样化，如国家公园，海洋公园，海洋保护区，海滨、海岸、沿海、河口或沼泽保护区等。国家海洋局1995年制定的《海洋自然保护区管理办法》给出了海洋自然保护区的定义，即"以海洋自然环境和资源保护为目的，依法把包括保护对象在内的一定面积的海岸、河口、岛屿、湿地或海域划分出来，进行特殊保护和管理的区域"。

我国的海洋自然保护区建设最早可追溯到1963年渤海海域划定的蛇岛自然保护区，但1982年《中华人民共和国海洋环境保护法》颁布实施后，我国的海洋保护区建设才正式起步。1989年年初，沿海地方海洋行政主管部门及有关单位，在国家海洋局统一组织下进行调研、选址和建区论证工作，选划了河北昌黎黄金海岸、广西山口红树林生态、海南大洲岛海洋生态、海南三亚珊瑚礁和浙江南麂列岛五处海洋自然保护区，并在次年9月由国务院批准为国家级海洋自然保护区。自1991年国务院批准天津古海岸与湿地和福建晋江深沪湾海底古森林遗迹两个海洋自然保护区之后，我国海洋保护区建设开始大规模兴起。随后，国家海洋局于1995年颁布了《海洋自然保护区管理办法》以进一步规范海洋自然保护区的管理，一批批地方级海洋自然保护区也相继由地方海洋管理部门完成选划并经国家海洋局和地方政府批准建立。根据《2017年全国自然保护区名录》，我国共有国家级和省级海洋海岸类自然保护区68个。

（2）海洋自然保护区分类

根据1998年国家海洋局颁布的《海洋自然保护区类型与级别划分原则》，依据不同性质、属性的保护对象，把海洋自然保护区划分为3个类别16个类型（见表5-1）。

表 5-1　海洋自然保护区类型划分

类别	类型
海洋和海岸自然生态系统	河口生态系统
	潮间带生态系统
	盐沼（咸水、半咸水）生态系统
	红树林生态系统
	海湾生态系统
	海草床生态系统
	珊瑚礁生态系统
	上升流生态系统
	大陆架生态系统
	岛屿生态系统
海洋生物物种	海洋珍稀、濒危生物物种
	海洋经济生物物种
海洋自然遗迹和非生物资源	海洋地质遗迹
	海洋古生物遗迹
	海洋自然景观
	海洋非生物资源

1）海洋和海岸自然生态系统。海洋和海岸自然生态系统包括河口生态系统、潮间带生态系统、盐沼（咸水、半咸水）生态系统、红树林生态系统、海湾生态系统、海草床生态系统、珊瑚礁生态系统、岛屿生态系统等。由于沿海地区人口密度过高，人类活动频繁，对海洋生态系统造成了相当严重的损害。从全球范围看，对珊瑚礁和红树林的破坏最为严重。除此之外，其他海洋生态系统，如河口、海湾、海岛、沼泽等也一直在遭受破坏。

2）海洋生物物种。海洋生物物种主要是海洋珍稀、濒危生物物种和海洋经济生物物种。海龟、海豹、海狗、红珊瑚都是海洋中的珍稀物种，另外，像文昌鱼、矛尾鱼、舌形贝等也都是遗存下来的古老物种。对这些海洋生物的保护，是海洋自然保护区的一个重要任务。

3）海洋自然遗迹和非生物资源。海洋自然遗迹和非生物资源包括海洋地质遗迹、海洋古生物遗迹和海洋自然景观等。海洋自然保护区的任务是对其中具有观赏、研究价值的，具有代表性、典型性的景观、遗物、遗迹等开展保护。

（3）海洋自然保护区分级

我国自然保护区分为国家级自然保护区和地方级自然保护区。国家级自然保护区由所在的省（自治区、直辖市）人民政府或者国务院有关自然保护区行政主管部门提出申请，报国务院批准；地方级自然保护区由所在县、自治县、市、自治州人民政府或者省（自治区、直辖市）人民政府有关自然保护区行政主管部门提出申请，报省（自治区、直辖市）人民政府批准。自然保护区内设有专门的管理机构，并配备专业技术人员，负责自然保护区的具体管理工作，包括执行国家相关法律法规、制定自然保护区管理制度、调查监测保护自然保护区内的自然环境和自然资源、组织协调有关部门开展自然保护区的科学研究工作、进行自然保护宣传教育、在不影响自然保护区的自然环境和自然资源的前提下，组织开展参观、旅游等活动。

5.1.2.2　海洋特别保护区

（1）海洋特别保护区概念

2010 年，国家海洋局颁布实施的《海洋特别保护区管理办法》给出了海洋特别保护区的定义，即"具有特殊地理条件、生态系统、生物与非生物资源及海洋开发利用特殊要求，需要采取有效的保护措施和科学的开发方式进行特殊管理的区域"。海洋特别保护区的建立既要突出海洋生态保护的主题，也要突出科学、合理开发利用区域资源的主题，力求"在保护中开发，在开发中保护"，通过调整区内的开发利用方式，最大限度地减轻人类活动对生态环境的影响，以达到保护生态功能的目的。

我国在 1982 年颁布的《中华人民共和国海洋环境保护法》中规定："国务院有关部门和沿海省、自治区、直辖市人民政府，可以根据海洋环境保护的需要，划出海洋特别保护区……"，第一次正式提出"海洋特别保护区"。1999 年修订的《中华人民共和国海洋环境保护法》第二十三条规定："凡具有特殊地理条件、生态系统、生物与非生物资源及海洋开发利用特殊需要的区域，可以建立海洋特别保护区，采取有效的保护措施和科学的开发方式进行特殊管理。"这是在我国沿海地区建设海洋特别保护区的法律依据。我国第一个由地方政府批准建立的海洋特别保护区，由福建省宁德市人民政府于 2002 年 3 月正式批准设立。它的成立，标志着我国海洋特别保护区开始投入运作。2005 年国家海洋局组织制定了《海洋特别保护区管理暂行办法》，规范海洋特别保护区的选划建设。2010 年 8 月，国家海洋局总结了几年来海洋特别保护区建设管理实践经验，进一步完善了海洋特别保护区管理制度，在对《海洋特别保护区管理暂行办法》进行补充和完善的基础上，出台了《海洋特别保护区管理办法》，以及《国家级海洋特别保护区评审委员会工作规则》《国家级海洋公园评审标准》等配套文件。这三个文件相互配套，成为目前关于海洋特别保护区最高层次的专项管理文件，并首次将海洋公园纳入海洋特别保护区的体系中。国家级海洋公园充实了海洋特别保护区类型，为公众保障了生态环境良好的滨海休闲娱乐空间，促进了海洋生态保护和滨海旅游业的可持续发展。截至目前，我国有海洋特别保护区 111 处，面积 7.15×10^4 km^2，其中国家级海洋特别保护区 23 处（表 5-2），国家级海洋公园六批共 48 处（见表 5-3）。

表 5-2　国家级海洋特别保护区名录

序号	名称	面积 /hm^2	主要保护对象
1	辽宁锦州大笔架山国家级海洋特别保护区	3 240.00	天桥陆连堤、动力环境及生态环境
2	天津大神堂牡蛎礁国家级海洋特别保护区	3 400.00	牡蛎礁及其生境
3	山东东营黄河口生态国家级海洋特别保护区	92 600.00	河口生态系统
4	山东东营利津底栖鱼类生态国家级海洋特别保护区	9 404.00	半滑舌鳎及近岸生态系统
5	山东东营河口浅海贝类生态国家级海洋特别保护区	39 623.00	以文蛤为主的浅海贝类
6	山东东营莱州湾蛏类生态国家级海洋特别保护区	21 024.00	蛏类、海洋生态
7	山东东营广饶沙蚕类生态国家级海洋特别保护区	6 460.00	沙蚕类、海洋生态
8	山东龙口黄水河口海洋生态国家级海洋特别保护区	2 168.89	滨海湿地及海洋生态
9	山东烟台芝罘岛群海洋特别保护区	769.72	岛屿生态、渔业和自然资源
10	山东莱阳五龙河口滨海湿地国家级海洋特别保护区	1 219.10	河口湿地生态系统、海洋生物
11	山东海阳万米海滩海洋资源国家级海洋特别保护区	1 513.47	海滩、海洋生物多样性
12	山东烟台牟平沙质海岸国家级海洋特别保护区	1 465.20	海砂资源、海洋生物栖息地

序号	名称	面积/hm²	主要保护对象
13	山东莱州浅滩海洋生态国家级海洋特别保护区	6 780.00	海洋生物产卵育幼场及砂矿资源
14	山东蓬莱登州浅滩海洋生态国家级海洋特别保护区	1 817.00	底栖生物、砂矿资源
15	山东昌邑国家级海洋生态特别保护区	2 929.28	柽柳为主的滨海湿地生态
16	山东威海刘公岛海洋生态国家级海洋特别保护区	1 187.79	岛屿生态系统
17	山东威海小石岛国家级海洋特别保护区	3 069.00	软体类资源、海岛生态
18	山东乳山市塔岛湾海洋生态国家级海洋特别保护区	1 097.15	海湾生态系统、生物栖息地
19	山东文登海洋生态国家级海洋特别保护区	518.77	海洋生态系统
20	浙江渔山列岛国家级海洋生态特别保护区	5 700.00	贝藻类海洋资源、独特的列岛海蚀地貌和领海基点
21	浙江乐清市西门岛国家级海洋特别保护区	3 080.00	滨海湿地生态环境、红树林群落和湿地鸟类
22	浙江嵊泗马鞍列岛海洋特别保护区	54 900.00	海洋生物资源、海岛生态系统
23	浙江普陀中街山列岛国家级海洋生态特别保护区	20 290.00	鱼类产卵场，鸟类资源及其生存环境，岛礁资源和贝藻类资源

表 5-3　国家级海洋公园名录

序号	批次	名称	面积/hm²	主要保护对象
1	一	广东海陵岛国家级海洋公园	1 927.26	海岛及周边海洋生态系统
2	一	广东特呈岛国家级海洋公园	1 893.20	海岛及周边海洋生态系统
3	一	广西钦州茅尾海国家级海洋公园	3 482.70	红树林、盐沼等典型生态系统、近江牡蛎种质资源
4	一	厦门国家级海洋公园	2 487	自然沙滩、海洋珍稀物种

续表

序号	批次	名称	面积 /hm²	主要保护对象
5	一	江苏连云港海洲湾国家级海洋公园	51 455	海岛及周边海洋生态系统
6	一	刘公岛国家级海洋公园	3 828	海洋生态景观、历史遗迹
7	一	日照国家级海洋公园	27 327	滨海湿地、岛屿礁石地质景观、海洋生物资源等
8	二	山东大乳山国家级海洋公园	4 838.68	原生态环境和岛屿岩礁群
9	二	山东长岛国家级海洋公园	1 126.47	自然岸线、海蚀地貌、斑海豹
10	二	江苏小洋口国家级海洋公园	4 700.29	鸟类栖息地、湿地
11	二	浙江洞头国家级海洋公园	31 104.09	海洋地质地貌景观、海岸带生物，历史文化遗迹
12	二	福建福瑶列岛国家级海洋公园	6 783	海岛及周边海洋生态系统
13	二	福建长乐国家级海洋公园	2 444	沙滩、海蚌
14	二	福建湄洲岛国家级海洋公园	6 911	湿地、沙滩和滩涂
15	二	福建城洲岛国家级海洋公园	225.2	海岛风貌、海龟产卵场
16	二	广东雷州乌石国家级海洋公园	1 671.28	珊瑚礁、海藻场生态系统
17	二	广西涠洲岛珊瑚礁国家级海洋公园	2 512.92	珊瑚礁及其生境
18	二	江苏海门蛎蚜山国家级海洋公园	1 545.91	牡蛎礁及其生境
19	二	浙江渔山列岛国家级海洋公园	5 700	领海基点及海洋生态系统
20	三	山东烟台山国家级海洋公园	1 247.99	滨海自然景观、人文遗迹
21	三	山东蓬莱国家级海洋公园	6 829.87	海洋生态类型与景观
22	三	山东招远砂质黄金海岸国家级海洋公园	2 699.94	砂质海岸
23	三	山东青岛西海岸国家级海洋公园	45 855.35	灵山岛、鸟类栖息地、海珍品生态环境
24	三	山东威海海西头国家级海洋公园	1 274.33	滨海湿地、近海海域海洋生态环境
25	三	辽宁绥中碣石国家级海洋公园	14 634	滨海湿地、岛礁
26	三	辽宁觉华岛国家级海洋公园	10 249	海岛、沙滩、种质资源等

序号	批次	名称	面积/hm²	主要保护对象
27	三	辽宁大连长山群岛国家级海洋公园	51 939.01	海岛及周边生态系统
28	三	辽宁大连金石滩国家级海洋公园	11 000	地质地貌资源和沙滩
29	三	广东南澳青澳湾国家级海洋公园	1 246	海洋环境、珍稀海洋生物
30	四	辽宁团山国家级海洋公园	446.68	海蚀地貌景观
31	四	福建崇武国家级海洋公园	1 355	海蚀地貌
32	四	浙江嵊泗国家级海洋公园	54 900	岛礁及周围海域环境
33	五	辽宁大连仙浴湾国家级海洋公园	4 471	海岛、沙滩和生物资源
34	五	大连星海湾国家级海洋公园	2 540.1	地质地貌景观及生物资源
35	五	山东烟台莱山国家级海洋公园	581.33	海洋生物栖息地
36	五	青岛胶州湾国家级海洋公园	20 011	滨海湿地及生物多样性
37	五	福建平潭综合实验区海坛湾国家级海洋公园	3 490	海岛生态系统
38	五	广东阳西月亮湾国家级海洋公园	3 403	砂质岸线
39	五	广东红海湾遮浪半岛国家级海洋公园	1 893	石斑鱼、海马
40	五	海南万宁老爷海国家级海洋公园	2 288	潟湖生态系统及其多样性
41	五	昌江棋子湾国家级海洋公园	6 021	海蚀地貌
42	六	辽宁凌海大凌河口国家级海洋公园	3 147.97	河口生态系统
43	六	北戴河国家级海洋公园	12 373.2	沙滩、海岸及海蚀地貌
44	六	宁波象山花岙岛国家级海洋公园	4 424	沙滩、海蚀地貌
45	六	浙江玉环国家级海洋公园	30 669	海蚀地貌
46	六	辽河口红海滩国家级海洋公园	31 639.01	河口滨海湿地生态系统及翅碱蓬生态环境
47	六	锦州大笔架山国家级海洋公园	12 217.69	大笔架山天桥陆连堤、海洋动力环境及生态环境
48	六	普陀国家级海洋公园	21 840	自然生态系统、历史遗迹、珍稀濒危生物

（2）海洋特别保护区分类

根据海洋特别保护区的地理区位、资源环境状况、海洋开发利用现状和社会经济发展的需要，海洋特别保护区可以分为海洋特殊地理条件保护区、海洋生态保护区、海洋资源保护区和海洋公园等类型。

1）海洋特殊地理条件保护区。在具有重要海洋权益价值、特殊海洋水文动力条件的海域和海岛建立海洋特殊地理条件保护区，主要包括对我国领海、领水、专属经济区的确定具有独特作用的海岛，具有特殊军事用途的区域，易灭失的海岛和维持海洋水文动力条件稳定的特殊区域。

2）海洋生态保护区。海洋生态保护区是指采取有效措施，保护红树林、珊瑚礁、滨海湿地、海岛、海湾、入海河口和重要渔业水域等具有典型性、代表性的海洋生态系统，珍稀濒危海洋生物的天然集中分布区。主要包括珍稀濒危物种分布区、珊瑚礁、红树林、海草床和滨海湿地等典型生态系统集中分布区、海洋生态敏感区或脆弱区和生态修复与恢复区。

3）海洋资源保护区。实施海洋资源保护，也是海洋资源开发利用的一种手段。没有资源保护，利用就会中断。开展海洋资源保护，方式多种多样，其中建立保护区是最主要而又最有效的一种方式。为促进海洋资源可持续利用，在重要海洋生物资源、矿产资源、油气资源及海洋能等资源开发预留区域、海洋生态产业区及各类海洋资源开发协调区建立海洋资源保护区，主要包括石油天然气、新型能源、稀有金属等国家重大战略资源分布区、重要渔业资源及海洋矿产分布区。

4）海洋公园。海洋公园是指为保护海洋生态与历史文化价值，发挥其生态旅游功能，在特殊海洋生态景观、历史文化遗迹、独特地质地貌及其周边海域划定的海洋特别保护区。海洋公园是海洋特别保护区的一种类型，不同于国际上普遍开发的以人造景观为主的凸显海洋生物主题的游乐公园，也不同于单纯以保护为目标的海洋生态保护区或海洋资源保护区。海洋公园侧重建立海洋生态保护与海洋旅游开发相协调的管理方式，在生态保护的基础上，合理发挥特定海域的生态旅游功能，从而实现生态环境效益与经济社会效益的双赢。海洋公园主要包括重要历史遗迹分布区、独特地质地貌景观分布区和特殊海洋景观分布区。

在各个国家和地区的国家海洋公园发展中，由于不同的地理区位、自然环境以及区域社会经济发展的差异，公园的设立存在着一定的差异，名称也不尽相同，如：国家公园、国家海洋公园、国家海岸公园、国家海滨公园、国家海洋保护区等。尽管各国国家海洋公园的设立存在差异，但其建立的目的基本类似：①提供一个生态保护场所。通过对公园内自然环境及文化历史遗产的保护，为子孙后代提供一个均等享受人类自然及文化遗产的机会。②提供一个游憩娱乐场所。通过对海陆特定区域内具有科学和观赏价值的自然景观及历史文化遗产的保护，为国民提供一个回归自然、陶冶情操的天然游憩场所，并增加社区居民收入，繁荣区域经济，进一步推动生态环境保护。③促进学术研究及环境教育。公园拥有的大量未经人类开发活动改变或干扰的地质、地貌、气候、土壤、水域及动植物等资源，是研究生态系统及文化历史遗产的理想对象，具有较高的学术研究及国民教育价值。不论是澳大利亚的"海洋公园"，还是美国的"国家海岸公园"，加拿大的"国家海洋公园"，均是站在公众利益的角度，强调保护珍贵的海洋生态环境及生物多样性，也都不排斥游憩、科研、教育等合理的资源利用模式。

（3）海洋特别保护区分级

海洋特别保护区实行分级管理，根据海洋特别保护区地理位置、生态保护与资源可持续利用重要性等程度，分为国家级和地方级。具有重大海洋生态保护、生态旅游、重要资源开发价值、涉及维护国家海洋权益的海洋特别保护区列为国家级海洋特别保护区，除此之外的海洋特别保护区列为地方级海洋特别保护区。具体分级条件见表5-4。

表5-4　海洋特别保护区分级条件

类型	国家级	地方级
海洋特殊地理条件保护区	对我国领海、内水、专属经济区的确定具有独特作用的海岛；具有重要战略和海洋权益价值的区域	易灭失的海岛；维持海洋水文动力条件稳定的特殊区域
海洋生态保护区	珍稀濒危物种分布区；珊瑚礁、红树林、海草床、滨海湿地等典型生态系统集中分布区	海洋生物多样性丰富的区域；海洋生态敏感区或脆弱区
海洋资源保护区	石油天然气、新型能源、稀有金属等国家重大战略资源分布区	重要渔业资源、旅游资源及海洋矿产分布区
海洋公园	重要历史遗迹、独特地质地貌和特殊海洋景观分布区	具有一定美学价值和生态功能的生态修复与建设区域

5.1.2.3　海洋水产种质资源保护区

（1）海洋水产种质资源保护区概念

水产种质资源是水生生物资源的重要组成部分和渔业可持续发展的基础，工程建设等人类活动占用和破坏重要的渔业水域，将严重影响渔业的可持续发展和国家生态文明建设。针对以上问题，农业农村部在开展增殖放流、休渔禁渔等水生生物资源保护和养护措施的同时，根据《中华人民共和国渔业法》和《中国水生生物资源养护行动纲要》的要求，2007 年以来积极推进水生种质资源保护区的建设。海洋水产种质资源保护区，是指为保护和合理利用海洋水产种质资源及其生存环境，在保护对象的产卵场、索饵场、越冬场、洄游通道等主要生长繁育区域依法划定出一定面积的海域滩涂和必要的土地，予以特殊保护和管理的区域。20 世纪 80 年代以来，我国相继颁发了《中华人民共和国渔业法》《中华人民共和国渔业法实施细则》《中华人民共和国水生动植物自然保护区管理办法》《水产种质资源保护区管理暂行办法》等一系列关于水产种质保护的法律法规，明确规定了渔业行政主管部门水产种质资源保护的职责，为水产种质资源保护区管理提供了法律保障。国务院 2006年颁布实施《中国水生生物资源养护行动纲要》（国发〔2006〕9 号）第三部分渔业资源保护与增殖行动指出："保护水产种质资源。在具有较高经济价值和遗传育种价值的水产种质资源主要生长繁育区域建立水产种质资源保护区，并制定相应的管理办法，强化和规范保护区管理。建立水产种质资源基因库，加强对水产遗传种质资源、特别是珍稀水产遗传种质资源的保护，强化相关技术研究，促进水产种质资源可持续利用。采取综合性措施，改善渔场环境，对已遭破坏的重要渔场、重要渔业资源品种的产卵场制订并实施重建计划。"农业部 2011 年公布的《水产种质资源保护区管理暂行办法》第五条指出：渔业行政主管部门应当积极争取各级人民政府支持，加大水产种质资源保护区建设和管理投入。2013 年国务院发布《关于促进海洋渔业持续健康发展的若干意见》（国发〔2013〕11 号）指出：加强濒危水生野生动植物和水产种质资源保护，建设一批水生生物自然保护区和水产种质资源保护区。

在海洋生物保护方面，1986 年全国人大通过、2013 年第四次修正的《中华人民共和国渔业法》第二十八条至第三十七条对渔业资源的增殖和保护做出详细规定。如第二十九条规定，"国家保护水产种质资源及其生存环境，并在具有较高经济价值和遗传育种价值的水产种质资源的主要生长繁育区域建立水产种质资源保护区。未经国务院渔业行政主管部门批准，任何单位或者个人不得在水产种质资源保护区内从事捕捞活动"。国务院 1993 年 9 月批准、农业部 1993 年 10 月发布的《中华人民共和国水生野生动物保护实施条例》第七条也规定，"渔业行政主管部门应当组织社会各方面力量，采取有效措施，维护和改善水生野生动物的生存环境，保护和增殖水生野生动物资源。禁止任何单位和个人破坏国家重点保护的和地方重点保护的水生野生动物生息繁衍的水域、场所和生存条件"。在控制陆源污染对海洋保护区的影响上，国务院 1990 年发布并实施的《中华人民共和国防治陆源污染物污染损害海洋环境管理条例》第八条规定，"任何单位和个人，不得在海洋特别保护区、海上自然保护区、海滨风景游览区、盐场保护区、海水浴场、重要渔业水域和其他需要特殊保护的区域内兴建排污口"。至 2017 年年底共审定公布 11 批 535 处国家级水产种质资源保护区，其中海洋种质资源保护区有 54 处（表 5-5），占总批准建立数的 10.09%。

表 5-5　海洋国家级水产种质资源保护区分布

序号	批次	名称	省份/海域	时间
1	一	海州湾中国对虾国家级水产种质资源保护区	江苏	2007
2	一	蒋家沙竹根沙泥螺文蛤国家级水产种质资源保护区	江苏	2007
3	一	官井洋大黄鱼国家级水产种质资源保护区	福建	2007
4	一	崆峒列岛刺参国家级水产种质资源保护区	山东	2007
5	一	长岛皱纹盘鲍光棘球海胆国家级水产种质资源保护区	山东	2007
6	一	海州湾大竹蛏国家级水产种质资源保护区	山东	2007
7	一	莱州湾单环刺螠近江牡蛎国家级水产种质资源保护区	山东	2007
8	一	靖海湾松江鲈鱼国家级水产种质资源保护区	山东	2007
9	一	辽东湾渤海湾莱州湾国家级水产种质资源保护区	渤海	2007
10	一	上下川岛中国龙虾国家级水产种质资源保护区	广东	2007
11	二	双台子河口海蜇中华绒螯蟹国家级水产种质资源保护区	辽宁	2008
12	二	乐清湾泥蚶国家级水产种质资源保护区	浙江	2008
13	二	马颊河文蛤国家级水产种质资源保护区	山东	2008
14	二	蓬莱牙鲆黄盖鲽国家级水产种质资源保护区	山东	2008
15	二	黄河口半滑舌鳎国家级水产种质资源保护区	山东	2008
16	二	灵山岛皱纹盘鲍刺参国家级水产种质资源保护区	山东	2008
17	二	海陵湾近江牡蛎国家级水产种质资源保护区	广东	2008
18	二	西沙东岛海域国家级水产种质资源保护区	海南	2008
19	二	东海带鱼国家级水产种质资源保护区	东海	2008
20	二	北部湾二长棘鲷长毛对虾国家级水产种质资源保护区	南海	2008
21	三	秦皇岛海域国家级水产种质资源保护区	河北	2009
22	三	靖子湾国家级水产种质资源保护区	山东	2009
23	三	乳山湾国家级种质资源保护区	山东	2009
24	三	前三岛海域国家级水产种质资源保护区	山东	2009
25	三	小石岛刺参国家级水产种质资源保护区	山东	2009

续表

序号	批次	名称	省份/海域	时间
26	三	桑沟湾国家级水产种质资源保护区	山东	2009
27	三	吕四渔场小黄鱼银鲳国家级水产种质资源保护区	东海	2009
28	四	昌黎海域国家级水产种质资源保护区	河北	2010
29	四	南戴河海域国家级水产种质资源保护区	河北	2010
30	四	三山岛海域国家级水产种质资源保护区	辽宁	2010
31	四	象山港蓝点马鲛国家级水产种质资源保护区	浙江	2010
32	四	荣成湾国家级水产种质资源保护区	山东	2010
33	四	套尔河口海域国家级水产种质资源保护区	山东	2010
34	四	千里岩海域国家级水产种质资源保护区	山东	2010
35	四	日照海域西施舌国家级水产种质资源保护区	山东	2010
36	四	西沙群岛永乐环礁海域国家级水产种质资源保护区	南海	2010
37	五	漳港西施舌国家级水产种质资源保护区	福建	2011
38	五	广饶海域竹蛏国家级水产种质资源保护区	山东	2011
39	五	黄河口文蛤国家级水产种质资源保护区	山东	2011
40	五	长岛许氏平鲉国家级水产种质资源保护区	山东	2011
41	五	鉴江口尖紫蛤国家级水产种质资源保护区	广东	2011
42	六	山海关海域国家级水产种质资源保护区	河北	2012
43	六	海洋岛国家级水产种质资源保护区	辽宁	2012
44	六	如东大竹蛏西施舌国家级水产种质资源保护区	江苏	2012
45	六	荣成楮岛藻类国家级水产种质资源保护区	山东	2012
46	六	日照中国对虾国家级水产种质资源保护区	山东	2012
47	六	无棣中国毛虾国家级水产种质资源保护区	山东	2012
48	六	月湖长蛸国家级水产种质资源保护区	山东	2012
49	六	汕尾碣石湾鲻鱼长毛对虾国家级水产种质资源保护区	广东	2012
50	七	曹妃甸中华绒螯蟹国家级水产种质资源保护区	河北	2013
51	七	大连圆岛海域国家级水产种质资源保护区	辽宁	2013
52	七	大连獐子岛海域国家级水产种质资源保护区	辽宁	2013
53	十	祥云岛海域国家级水产种质资源保护区	河北	2017
54	十	大连遇岩礁海域国家级水产种质资源保护区	辽宁	2017

（2）海洋水产种质资源保护区选划条件

具备下列条件之一的水域滩涂，可划定水产种质资源保护区：

1）国家或地方规定的重点保护或具有较高经济价值的渔业资源品种的产卵场、索饵场、越冬场、洄游通道等主要生长繁育区域。

2）具有较高遗传育种价值，为当前我国水产养殖的主导品种，且养殖原种为我国本地种的水生生物天然集中分布区域。

3）我国特有或当地特有的水生生物天然集中分布区域。

4）具有代表性或典型性的水生生物多样性集中分布区域。

5）具有特殊生态保护或科研价值，对渔业发展或其他人类活动有重大影响的水生生态系统所在区域。

（3）海洋水产种质资源保护区分级

水产种质资源保护区分为国家级和省级水产种质资源保护区。

国家级水产种质资源保护区是指在国内、国际有重大影响，具有重要经济价值、遗传育种价值或特殊生态保护和科研价值，保护对象为重要的、洄游性的共用水产种质资源或保护对象分布区域跨省（自治区、直辖市）行政区划或海域管辖权限的，经国务院或农业农村部批准并公布的水产种质资源保护区。

省级水产种质资源保护区是指在当地有重要影响，具有较高的经济价值、遗传育种价值或一定的生态保护和科研价值，经省（自治区、直辖市）人民政府或渔业行政主管部门批准并公布的水产种质资源保护区。

5.1.2.4　海洋保护小区

自然保护小区是我国生物多样性保护相关部门，包括生态环境部、国家林业和草原局等，对于非政府保护力量管理的自然保护地的一种正式称谓。一般指在零星分布的具有重要保护与科研价值的野生动物栖息地、野生植物原生地和独特生态的区域，一般是在群体自发性建立的基础上，由社区群众共同参与管理的区域。政府的保护力量指如自然保护区、国家公园、风景名胜区等，通常是由政府设立的管理机构。而非政府保护力量，可能是农民、城市居民、企业和社会团体，也应包括国家的企事业甚至行政机构。简单的理解，保护小区是经过政府批准认定的，由非政府保护力量管理的自然保护地。自然保护小区是面积较小的自然保护地，是在自然保护区外划定的区域，相比严格的自然保护区，自然保护小区由于其灵活的特点，是自然保护区的有效补充，由非政府力量进行管理，一定程度上缓解了国家和地方政府对资源环境保护的管理压力，而其面积小、管理灵活、管理主体多样化等优势也使其富有更强的生命力，未来将进一步丰富我国的保护地体系，具有广阔的发展空间。根据《国务院办公厅关于加强湿地保护管理的通知》（国办发〔2004〕50 号），采取多种形式，加快推进自然湿地的抢救性保护，对不具备条件划建自然保护区的，也要因地制宜，采取建立湿地保护小区、各种类型湿地公园、湿地多用途管理区或划定野生动植物栖息地等多种形式加强保护管理。国家林业局于 2013 年 3 月 28 日公布并于 2017 年 12 月 5 日修改的《湿地保护管理规定》第十一条规定："县级以上人民政府林业主管部门可以采取湿地自然保护区、湿地公园、湿地保护小区等方式保护湿地，健全湿地保护管理机构和管理制度，完善湿地保护体系，加强湿地保护。"

湿地保护小区是指面积较小，由县级行政机关批准保护的具有完整生态系统的湿地区域，或者在湿地保护区、湿地公园以外的生态区位较为重要的湿地保护区域，或者是由于历史文化、人文、自然或传统等因素自发形成的具有一定生态价值的湿地保护区域。湿地保护小区是湿地保护体系的组成部分和补充完善，建设湿地保护小区能够充分发挥湿地生态功能，科学保护和修复小面积、碎片化的湿地，进一步提高湿地保护率，对于保护湿地生态系统的完整性，保持生物多样性，维护区域生态平衡具有重要意义。滨海湿地作为湿地生态系统的重要类型，建立滨海湿地类型的湿地保护小区，是滨海湿地保护的新形式，将形成以滨海湿地公园、湿地保护小区为主体，其他形式为补充的湿地保护体系，是新形势下加快推进滨海湿地保护进程、实现全面保护滨海湿地的工作需求。例如，根据沿海滩涂自然湿地资源分布及利用现状，江苏如东县人民政府在沿海滩涂建立了三个保护小区，包括小洋口滩涂自然湿地世界珍稀鸟勺嘴鹬保护小区、洋口港海上迪斯科旅游及渔业资源自然湿地保护小区、东凌外滩自然湿地贝类资源保护小区，保护滩涂总面积 68 410 hm²，有效保护了勺嘴鹬、黑嘴鸥、鱼虾贝蟹等鸟类和渔业资源及滨海湿地环境。

5.1.3　海洋生态红线区

海洋保护区的建设为维持海洋生态系统平衡，保护和恢复海洋生物多样性，促进沿海地区社会经济发展做出了积极贡献，但由于缺乏统一规划和管理，造成了生态系统完整性的人为割裂、区域重叠、机构重置、职能交叉、权责不清、保护成效低下等问题。同时，也由于对于保护的理解存在偏差，生态保护与经济发展的协同性相对较低，造成了生态保护地内部生态功能退化、经济发展迟缓等问题。在此情况下，依据我国国情提出建立"生态保护红线"和"以国家公园为主体的自然保护地体系"具有重要的理论和现实意义，有助于形成由国家主导、社会广泛参与、系统管理的综合自然保护地体系。为此，《生态保护红线划定指南》和《海洋生态红线划定技术指南》将严格保护型、保护为主型两类保护地全域以及保护开发并重型保护地中的核心区域划入生态保护红线范畴，以实现红线区域"必须强制性严格保护"、以确保其"生态功能不降低、性质不改变、面积不减少"的管理要求。

海洋生态红线是指依法在重要海洋生态功能区、海洋生态敏感区和海洋生态脆弱区等区域划定的边界线以及管理指标控制线，是海洋生态安全的底线。海洋生态红线区指为维护海洋生态健康与生态安全，以重要海洋生态功能区、海洋生态敏感区和海洋生态脆弱区为保护重点而划定的实施严格管控、强制性保护的区域，包括重要河口、重要滨海湿地、特别保护海岛、海洋保护区、自然景观及历史文化遗迹、珍稀濒危物种集中分布区、重要滨海旅游区、重要砂质岸线及邻近海域、沙源保护海域、重要渔业水域、红树林、珊瑚礁及海草床等。在划定海洋生态红线区时，通常将海域原有的海洋自然保护区、海洋特别保护区以及种质资源保护区等各类保护区直接全部划为红线区。

5.1.3.1　重要海洋生态功能区

海洋生态系统具有提供食品生产、原材料、遗传资源、气体调节、气候调节、干扰调节、水分调节、休闲娱乐服务、教育科学服务、废弃物处理、海岸带防护、生物控制、初级生产、生境服务等功能。根据海洋生态功能对区域海洋生态系统健康及沿海社会经济可持续发展的重要性，结合海域生物与生态特征，筛选、合并后选取部分功能作为区域的重要海洋生态功能。

重要海洋生态功能区是指维护海洋生态系统健康和生态安全，在海洋生物多样性维持、海洋产品供给、海岸带防护、淡水和营养物质输入、海洋文化服务等方面具有重要作用，促进沿海社会经济可持续发展的区域。重要海洋生态功能区主要包括海洋自然保护区、海洋特别保护区、海洋水产种质资源保护区、重要滨海湿地、特殊保护海岛、珍稀濒危物种集中分布区和重要渔业水域等。

5.1.3.2　海洋生态敏感区和脆弱区

海洋生态敏感区和脆弱区是指对外界干扰和环境变化反应敏感，易于发生生态退化的区域，包括海洋生物多样性敏感区和地质水文灾害高发区（如海岸侵蚀敏感区、海平面上升影响区和风暴潮增水影响区等），如国家公园、自然保护区、风景名胜区、世界文化和自然遗产地、海洋特别保护区、自然公园，重要水生生物的自然产卵场、索饵场、越冬场和洄游通道，天然渔场，重要的海洋生态系统和特殊生境（红树林、珊瑚礁、海草床等），重要湿地，及其他生态保护红线管控范围。

5.2　海洋生态空间管控

5.2.1　海岸线分级管控

为了保护海洋生态环境，加强岸线的保护与利用管理，《全国海洋功能区划（2011—2020 年）》提出了"严格控制占用海岸线的开发利用活动，至 2020 年，大陆自然岸线保有率不低于 35%"的目标。2017 年 3 月，国家海洋局制定《海岸线保护与利用管理办法》，提出了自然岸线保有率的管控目标，要求构建科学合理的自然岸线格局，同时将整治修复后具有自然海岸形态和生态功能的海岸线纳入自然岸线管控目标管理。

5.2.1.1　海岸线管控指标

依据海岸线自身及其开发利用情况，设置了属性管控、自然岸线管控、开发利用强度管控和影响程度管控四个管控指标。

（1）属性管控

海岸线属性包括岸滩形态和生态功能，具体可根据环境进行细化分类，如砂质岸线可分为优质砂质岸线和一般砂质岸线。优质砂质岸线具有地表形态稳定、滩面宽度和坡度适中、砂质物质组成以中细砂为主、砂质纯净柔软等属性，一般砂质岸线即为其他砂质岸线；基岩岸线可分为典型地质地貌岸线和一般地质地貌岸线；人工岸线可分为养殖围堤岸线和水利堤岸线等类型。根据岸线的不同属性提出相应的管控要求，可分为保持、严格限制改变、限制改变、允许适度改变和允许改变五级。

（2）自然岸线管控

自然岸线是海岸带区域最基本、最宝贵的资源要素之一。保护自然岸线，应更多地保留原汁原味的自然原始形态，维持自然形成的岸线状态。鉴于此，自然岸线管控提出了保护和占补平衡的要求，具体分为保护、严格控制占用、控制占用和允许占用四级，占用自然岸线均需占补平衡。

（3）开发利用强度管控

海岸线开发利用强度由开发利用的方式和规模决定。我国海岸线资源的开发利用方式主要包括盐田、养殖、捕捞、港口、油田、石油化工、电力、工业园区、旅游、保护区等。其中，开发利用方式与海域管理的用海方式衔接，分为开放式、透水构筑物、非透水构筑物和围填海四类；开发利用规模分为少量和规模化两级。

（4）影响程度管控

岸线变迁以及海岸带景观格局的演变能够有效反映人类活动对自然环境的影响程度。海岸线的开发利用显著影响和改变陆海间的物质输运与相互作用，影响近岸海域的水动力、水环境和生物过程，加剧环境与生态灾害事件的发生。根据影响对象可分为生态、水动力和基本功能三类。

5.2.1.2　海岸线分级管控要求

为切实保护现有的自然岸线，将海岸线划分为不同等级进行监管。综合考虑海岸生态保护总体格局、海岸保护利用现状及发展需求，将大陆海岸线分划为三个管控级别，即严格保护海岸线、限制开发海岸线和优化利用海岸线。

（1）严格保护海岸线

严格保护海岸线指海岸线自然形态保持完好，生态功能与资源价值显著，拥有重要滨海湿地、生物海岸、原生砂质海岸、典型地质遗迹和各类保护区等敏感目标，需要采取严格保护措施禁止各类开发利用活动的岸线。严格保护海岸线主要包括：已建、在建和拟建的海洋自然保护区和海洋特别保护区，海洋珍稀和濒危生物栖息地，水产种质资源保护区，重要海洋生物产卵区、苗种区和繁殖区，保存完好的原生砂质海岸，典型地质地貌的基岩海岸，重要海洋景观资源，重要滨海淤泥质海岸和湿地生态系统，生态脆弱性港湾，重大涉海工程邻近区域以及海洋功能区划中禁止改变海域自然属性功能区等涉及的海岸线。

严格保护海岸线的主要特征：生态环境约束条件严格，资源环境价值很高，岸线资源和品质具有绝对稀缺性。

严格保护海岸线的管控要求：严格保护海岸线禁止改变海岸自然属性和破坏海岸生态功能的开发利用活动，海岸线的自然属性得以维持，自然岸线保有量不降低，海岸生态系统服务功能和生物多样性得以提升。在岸线两侧划定一定范围的陆域和水域保护范围加以严格管控，已建保护区或划入生态红线的岸段，严格按照保护区相关规定和红线区管制要求进行管理。在划定的保护范围之内，禁止建设永久性建筑物或构筑物，禁止进行土地复垦、采砂等破坏沿海地貌和生态环境的活动，鼓励新建以海岸线保护、恢复为目的的保护区，实施自然岸滩养护、恢复和生态修复工程。

（2）限制开发海岸线

限制开发海岸线分为两个层次：首先是海水养殖生产区，虽然适用于开发和建设，但更需要从维护国家水产品安全和社会稳定的角度考虑，应该限制大型建筑工程的开发建设；其次是海岸线自然形态保持相对完好，生态功能与资源价值较为显著，资源环境特征较为敏感，不适宜较大规模开展建设活动，并采取必要的限制措施的岸段。

限制开发海岸线的主要特征：资源环境约束性较为严格，资源环境价值较高，岸线资源和品质较为稀缺。

限制开发海岸线管控要求：限制开发海岸线要求严格限制改变海岸自然属性的开发利用活动，要求维护地方海岸线特色，提升海岸线公益服务能力。禁止围填海部分主要包括自然岸线形态基本完整和潮汐通道海域涉及的海岸线等，管控要求为：严格限制改变岸滩形态和生态功能；保护自然岸线；在符合海洋功能区划的前提下，经严格科学论证，允许建设少量构筑物；严格控制对近岸海域的水动力产生影响，不应对生态和基本功能产生影响。限围填海部分主要包括自然岸线集中且形态基本完整，景观资源较好，同时存在渔业设施建设、旅游休闲娱乐设施建设和特殊利用等需要少量围填海的海岸线，管控要求为：限制改变岸滩形态和生态功能；严格控制占用自然岸线，围填海占用自然岸线须占补平衡；在符合海洋空间规划的前提下，经严格科学论证，允许建设少量构筑物和少量围填海工程；严格控制对近岸海域的生态和水动力产生影响，不应对基本功能产生影响。

（3）优化利用海岸线

优化利用海岸线指经济较发达、人口较密集、岸线开发强度较高、后备空间资源紧张、资源环境问题更加突出，需要进一步优化利用，提升海岸空间资源价值和海岸线利用效益的岸段。

优化利用海岸线的主要特征：资源环境约束性宽松，资源环境价值较低，海岸线资源供不应求。

优化利用海岸线管控要求：优化利用海岸线允许适度改变海岸自然属性，要求节约、高效利用海岸线，形成海岸线保护与开发相协调的格局。限围填海部分主要包括优化利用需求强烈但水域环境条件敏感的河口、狭道海岸线以及以开敞式码头建设为主的港口区海岸线。管控要求为：允许适度改变岸滩形态和生态功能；控制占用自然岸线，围填海占用自然岸线须占补平衡；在符合海洋功能区划的前提下，允许建设规模化构筑物和少量围填海工程，优化开发利用布局，实现海岸线的集约高效开发利用；控制对近岸海域的生态和水动力产生影响，不应对基本功能产生影响。可围填海部分主要包括以围填海为主要开发利用方式的海岸线。管控要求为：允许改变岸滩形态和生态功能；允许占用自然岸线，围填海占用自然岸线须占补平衡；在符合海洋空间规划的前提下，不限开发利用强度，但应优化开发利用布局，实现海岸线的集约高效开发利用；不应对近岸海域的基本功能产生影响。

5.2.2 海洋保护区管控

5.2.2.1 海洋自然保护区管控

分区管理是保护区科学管理的重要组成部分。1995 年国务院颁布实施的《海洋自然保护区管理办法》明确了海洋自然保护区可根据自然环境、自然资源状况和保护需要划为核心区、缓冲区、实验区，或者根据不同保护对象规定绝对保护期和相对保护期。

（1）核心区

核心区指自然保护区内未曾受到或较少受到人为干扰的自然生态系统的区域，或者是虽然遭受过破坏，但有希望逐步恢复成自然生态系统的区域，是自然保护区三大组成的核心部分。核心区是保护区中突出地反映其保护目的，并且包括其保护对象长期生存所必需的所有资源的区域。重点要保护完整的、有代表性的生态系统及其相应的完整生态过程，但并不排斥资源的永续利用。核心区应包括丰富的自然多样性，也可以包括一定的文化多样性和自然资源传统利用方式的多样性。核心区内，除经沿海省（自治区、直辖市）海洋管理部门批准进行的调查观测和科学研究活动外，禁止其他一切可能对保护区造成危害或不良影响的活动。

（2）缓冲区

缓冲区是指为防止自然保护区核心区受到干扰或破坏，而在自然保护区核心区周围设立的有一定面积的缓冲地带。缓冲区是自然性景观向人为影响下的自然景观过渡的区域，目的主要是保护核心区，其生物群落应当是核心区的延伸或至少在内侧与核心区一样。对于核心区比较小的或保护对象季节性迁移的保护区，较宽阔的缓冲区直接起到保护作用。缓冲区内，在保护对象不遭人为破坏和污染前提下，经该保护区管理机构批准，可在限定时间和范围内适当进行渔业生产、旅游观光、科学研究、教学实习等活动。

（3）实验区

实验区是指缓冲区与保护区边界之间的区域。实验区主要是探索资源保护与可持续利用有效结合的途径，在有效保护的前提下，对资源进行适度经营利用，并成为带动周围更大区域实现可持续发展的示范地。实验区内，在该保护区管理机构统一规划和指导下，可有计划地进行适度开发活动。

绝对保护期即根据保护对象生活习性规定的一定时期，保护区内禁止从事任何损害保护对象的活动；经该保护区管理机构批准，可适当进行科学研究、教学实习活动。相对保护期即绝对保护期以外的时间，保护区内可从事不捕捉、损害保护对象的其他活动。

5.2.2.2　海洋特别保护区管控

海洋特别保护区功能分区是根据海域及海岛的自然资源条件、环境状况、地理区位、开发利用现状，并考虑地区经济与社会持续发展的需要，在海洋特别保护区内划分各类具有特定主导功能，并通过资源保护与合理利用，能够发挥最佳效益的区域。功能分区是依据区域的生态环境敏感性、生态服务功能重要性、自然环境与海域资源特征的相似性和差异性而进行的地理空间分区。在进行功能分区时，还应考虑区划的地理区位、海洋开发利用现状以及地区经济与社会持续发展的需要等因素，并可根据管理要求和资源环境特点进行适当调整。根据不同的主导功能，海洋特别保护区内可适当划分出以下功能区：

（1）重点保护区

重点保护区包括领海基点、军事用途等涉及国家海洋权益和国防安全的区域，珍稀濒危海洋生物物种、经济生物物种及其栖息地，以及具有一定代表性、典型性和特殊保护价值的自然景观、自然生态系统和历史遗迹作为主要保护对象的区域。重点保护区应维持现状，禁止一切开发活动。通过在保护区内实施各种资源与环境保护的协调管理以及防灾减灾措施，防止、减少和控制海洋、海岛自然资源与生态环境遭受破坏。

（2）生态与资源恢复区

生态与资源恢复区是指生境比较脆弱、生态与其他海洋资源遭受破坏需要通过有效措施得以恢复、修复的区域。该区只得从事保护区总体规划所明确可以开展的生产经营和项目建设活动。通过一系列的海洋生态工程，促进已受到破坏的海洋资源和环境尽快恢复。

（3）适度利用区

适度利用区是指根据自然属性和开发现状，可供人类适度利用的海域或海岛区域。适度利用是指开发项目不以破坏海域或海岛的地质地貌、生态环境和资源特征为前提。可以开展不与保护目标相冲突的生产经营和项目建设活动，应与保护区总体规划相协调，建立协调的生态经济模式，促进区域原有产业的生态化。在有效保护海洋生态的前提下，探索海洋资源最优开发秩序，达到最佳资源效益和经济效益。

（4）预留区

除上述功能区外的其他未利用区域或目前不具备开发条件的区域可作为预留区，应提出今后可能的保护或利用方向。

各海洋特别保护区功能区的划分并不必然包含上述全部功能区类型，可以根据各自保护区的实际情况进行适当增减处理，实行动态调整。

5.2.2.3 海洋水产种质资源保护区管控

根据水产种质资源保护区的自然环境、保护对象资源状况及保护管理工作需要，在保护区域上可以划分为核心区和实验区。

（1）核心区

核心区是指在保护对象的产卵场、索饵场、越冬场、洄游通道等主要生长繁育场所设立的保护区域。在此保护区域内，未经农业农村部或省（自治区、直辖市）人民政府渔业行政主管部门批准，不得从事任何可能对保护功能造成损害或重大影响的活动。核心区的划定应做到重点突出、面积适宜、区界明确，以满足保护管理工作需要。根据各地实际情况，一个水产种质资源保护区内可包括几个核心区。

在水产种质资源保护区的核心区内，根据不同保护对象的生活习性，可以设定特别保护期和一般保护期。特别保护期是指在保护对象的繁殖期、幼鱼生长期等生长繁育关键阶段，对其加以重点保护所设立的保护期。特别保护期内，未经农业农村部或省（自治区、直辖市）人民政府渔业行政主管部门批准，区内禁止从事任何可能损害或影响保护对象及其生存环境的活动。一般保护期是指特别保护期以外的时段。在一般保护期内，在不造成保护对象及其生存环境遭受破坏的前提下，经农业农村部或省（自治区、直辖市）渔业行政主管部门批准，可以在限定期间和范围内适当进行渔业生产、科学研究以及其他活动。

（2）实验区

实验区是指核心区以外的区域。在此保护区域内，在农业农村部或省（自治区、直辖市）人民政府渔业行政主管部门的统一规划和指导下，可有计划地开展以恢复资源和修复水域生态环境为主要目标的水生生物资源增殖、科学研究和适度开发活动。

5.2.3 海洋生态红线区管控

根据海洋生态红线区的不同类型、所在区域开发现状与特征，并结合海洋水动力、海洋生态环境等特点，制定分区分类差别化的管控措施。

一级管控区属于禁止类海洋生态红线区域，是海洋生态红线的核心区域，实行最严格的管控措施，严禁一切形式的开发建设活动。主要包括依法设立的国家级、省级海洋自然保护区的核心区和缓冲区，海洋特别保护区的重点保护区和预留区，以及保护区以外具有重要生态服务功能、景观、科研、历史文化价值的区域。

二级管控区属于限制类海洋生态红线区域,是海洋生态红线区中除一级管控区以外的其他区域,区域内以生态保护为重点,实行差别化的管控措施,严禁有损主导生态功能的开发建设活动。具体包括海洋自然保护区的实验区、海洋特别保护区的适度利用区和生态与资源恢复区及上述之外的重要海洋生态功能区、海洋生态敏感区和脆弱区。

5.2.3.1 禁止类海洋生态红线区管控措施

禁止类海洋生态红线区包括两类——自然保护区的核心区、缓冲区和海洋特别保护区的重点保护区、预留区。

自然保护区按照《中华人民共和国自然保护区条例》管理,禁止任何人进入核心区。因科学研究的需要,必须进入核心区从事科学研究观测、调查活动的,应按照《中华人民共和国自然保护区条例》规定的管理机构批准;禁止在自然保护区的缓冲区开展旅游和生产经营活动,因教学科研的目的,需要进入自然保护区的缓冲区从事非破坏性的科学研究、教学实习和标本采集活动的,应当由《中华人民共和国自然保护区条例》规定的管理机构批准。

海洋特别保护区按照《海洋特别保护区管理办法》管理,在重点保护区内,禁止实施各种与保护无关的工程建设活动;在预留区内,严格控制人为干扰,禁止实施改变区内自然生态条件的生产活动和任何形式的工程建设活动。

5.2.3.2 限制类海洋生态红线区管控措施

(1)海洋保护区

海洋保护区限制类海洋生态红线区包括两类——自然保护区的实验区,海洋特别保护区生态与资源恢复区和适度利用区。

自然保护区开发活动执行《中华人民共和国自然保护区条例》的有关规定,禁止在自然保护区内进行砍伐、放牧、狩猎、捕捞、采药、开垦、烧荒、开矿、采石、挖沙等活动。

海洋特别保护区开发活动执行《海洋特别保护区管理办法》的有关规定,海洋特别保护区生态保护、恢复及资源利用活动应当符合其功能区管理要求:在适度利用区内,在确保海洋生态系统安全的前提下,允许适度利用海洋资源。鼓励实施与保护区保护目标相一致的生态型资源利用活动,发展生态旅游、生态养殖等海洋生态产业;在生态与资源恢复区内,可以采取适当的人工生态整治与修复措施,恢复海洋生态、资源与关键生境。

（2）重要河口生态系统

维持河口区域自然属性，保持河口基本形态稳定，保障河口行洪安全。严格控制围填海、采挖海砂、底土开挖、新增直排排污口等破坏河口生态系统功能的开发活动。加强对受损重要河口生态系统的综合整治与生态修复。

（3）重要滨海湿地

禁止围填海、矿产资源开发及其他可能改变海域自然属性、破坏湿地生态功能的开发活动，加强对受损滨海湿地的整治与生态修复。在滨海湿地从事生产经营或者生态旅游活动，应当遵循"保护优先、科学修复、合理利用、持续发展"的基本原则，尊重湿地的生态属性、整体生态功能和自然特性，注意保护生物多样性和生境，实施岸线整治修复工程，恢复岸线的自然属性和景观；禁止开（围）垦湿地等影响湿地生态系统基本功能和超出湿地资源的再生能力或者给野生动植物物种造成破坏性损害的开发活动，禁止破坏野生动物栖息地，采挖猎捕野生动物以及其他破坏湿地及其生态功能的活动。在受损的滨海湿地，综合运用生态廊道、退养还湿、植被恢复、海岸生态防护等手段，恢复湿地生态系统功能。

（4）重要渔业海域

维持海域自然属性，保护渔业资源产卵场、育幼场、索饵场和洄游通道。禁止围填海、截断洄游通道、水下爆破施工及其他可能会影响渔业资源育幼、索饵、产卵的开发活动。禁止破坏性捕捞方式，合理有序开展捕捞作业；严格执行禁渔期、禁渔区制度以及渔具渔法规定。开放式养殖用海应注意控制养殖密度和养殖方式，减少养殖污染，推广生态养殖。开展增殖放流活动，保护和恢复水产资源。

（5）特别保护海岛

维护主权权益，严格保护海岛自然地形、地貌。禁止围填海、炸岩炸礁、填海连岛、实体坝连岛、沙滩建造永久建筑物、采挖海砂及其他可能造成海岛生态系统破坏及自然地形、地貌改变的行为，加强对受损海岛生态系统的整治与修复。根据海岛自然资源、自然景观以及历史、人文遗迹保护的需要，对具有特殊保护价值的海岛及其周边海域，依法批准设立海洋自然保护区或者海洋特别保护区强化保护。合理确定用岛规模，工程建设与生态保护措施同步进行，岛上固体废弃物和污水集中收集送至岸上处理或就地处理达标排放，确保零排放、零污染。适度发展海珍品养殖；支持开展科研、教育、监测等活动。

（6）珍稀濒危物种集中分布区

禁止实施对珍稀濒危物种有影响的开发建设活动。严格控制围填海、底土开挖等可能改变海域自然属性、破坏湿地生态系统功能和生态保护对象的开发活动；生产设施与水禽筑巢区、觅食及栖息地等集中分布区须保留安全距离，禁止惊扰鸟类的作业。

（7）重要滨海旅游区

禁止实施可能改变或影响滨海旅游的开发建设活动。严格执行限制开发的保护策略，科学合理利用海洋资源，大力推进海岸带整治与修复工程。以生态优先为前提，认真落实海洋功能区划和沿海旅游发展规划要求，在保护的基础上逐步推进海洋旅游休闲娱乐区建设。禁止新建排污口，不得建设污染自然环境、破坏自然资源和自然景观的生产设施及项目。

（8）重要砂质岸线及邻近海域

禁止实施可能改变或影响沙滩自然属性的开发建设活动。设立砂质海岸退缩线，禁止在高潮线向陆一侧 500 m 或第一个永久性构筑物或防护林以内构建永久性建筑和围填海活动。在砂质海岸向海一侧一定范围内禁止采挖海砂、围填海、倾废等可能诱发沙滩蚀退的开发活动。加强对受损砂质岸线的修复。

思考题

1. 海洋生态空间的定义和分类包括哪些？
2. 海岸线的作用和价值是什么？
3. 海岸线分类保护的类型有哪些？
4. 我国海洋保护区的类型有哪些？
5. 海洋自然保护区和海洋特别保护区有何区别？
6. 海洋生态红线的概念及管控要求是什么？

第6章　海岸带水污染控制与治理

海岸带是海陆交错或过渡区域，易受到陆源污染物的污染，同时海岸带也是个开放的复杂系统，受到人类活动影响强烈，是典型的脆弱生态系统，易被破坏且难以修复。随着生产生活用水量的不断增加，大量污水、废水随之产生，人类活动产生的污染气体、水体和固体通过直接排放、大气沉降、河流径流等途径进入海洋，严重降低了海洋生态环境质量，是海洋生态环境不断恶化的主要原因。其中，水是人类社会赖以生存和发展的重要基础，石油、无机氮、活性磷酸盐等污染物在水体中的污染浓度愈加严重，水污染造成海洋、湖泊、湾区等多种水体污染的问题日益暴露在公众面前。因此，面对日益严峻的海洋水环境保护形势，亟须采取有针对性的措施，控制、治理和修复海洋水环境。

6.1　陆源水污染控制

海洋在海陆水循环中的作用，使其成为众多污染物的最终归宿。随着经济快速发展和人们生活水平的提高，以各种方式、通过各种途径排入近岸海域的污染物总量居高不下，近岸海域的环境质量状况不容乐观。在陆源污染物入海方面，以工业废水、生活污水为主要构成的污染物排放量始终居高不下，其中，悬浮物和化学需氧量两种污染物之和占污水排放总量的 90% 以上，是我国入海污水排放的主要污染物，其次还有磷酸盐、氨氮、重金属、石油类、5 日生化需氧量（BOD_5）等。因此，按照陆海统筹、河海兼顾、系统治理的思路，以整治陆源入海污染为重点，陆海联动，有效实现经济发展方式转变、产业布局结构优化、节能减排、水污染治理、流域污染治理等目标的有机结合，切实强化污染源头控制，系统推进海洋污染防治，加强海洋环境调查监测和监督考核，系统解决好海洋水环境管理与保护的突出问题。

6.1.1　陆源水污染物的类型

目前，陆源入海水污染物通常分为石油类污染物、重金属污染物、农药类污染物、放射性污染物、生活污水、热/冷污染物等。

（1）石油类污染物

海洋石油污染是指石油及其炼制品（汽油、煤油、柴油等）在开采、炼制、贮运和使用过程中进入海洋环境而造成的污染。石油及其炼制品包括原油和从原油分馏成的溶剂油、汽油、煤油、柴油、润滑油、石蜡、沥青等以及经裂化、催化重整而成的各种产品。陆源进入海洋环境的石油及其炼制品主要来自：炼油厂含油废水经河流或直接注入海洋；油船泄漏、排放和发生事故，使油品直接入海；大气中的低分子石油烃沉降到海洋水域等。石油在海洋环境中的转化过程极为复杂，主要通过物理、化学和生物过程消除。通过蒸发和光氧化，一部分烃从海水中消失，另一部分溶解分散于海水和沉积物中；经过长期的风化，海洋环境中的石油烃会逐渐减少，最终依靠生物降解转化为生物体自身的生物量，产生二氧化碳、水及大量的中间产物。石油污染物在海洋环境中存在的时间较长，对海洋生态环境影响较大。

（2）重金属污染物

所谓重金属，一般是指比重大于 $4.0 \ \mathrm{g/dm^3}$ 的金属元素。进入海洋的重金属主要有天然来源、大气沉降和陆源输入等。其中，天然来源主要来自地壳岩石风化、海底火山喷发；大气沉降来源指的是人类活动和天然产生的各种重金属释放到大气中，经过大气运动进入海洋；陆源输入指的是人类各种采矿冶炼活动、燃料燃烧及工农业生活废水中的重金属物质由各种途径间接或直接注入海洋。

进入海洋的重金属，一般要经过物理、化学及生物等迁移转化过程。有些通过物理化学过程以颗粒物质的形式下沉至海底；有些被生物吸收，生物死亡后，重金属随其残骸沉入海底。重金属元素具有两面性，一方面，它们是生物体生长发育所必需的元素，有些重金属如锰、铜、铁、锌、铯等是生命活动所需要的微量元素，部分元素可作为催化剂激发或增强生物体中酶的活性；另一方面，大部分元素如汞、铅、镉等则非生命所必需，超过一定浓度，所有金属元素对生物体来讲都是有毒的，会引起生物的遗传物质发生突变，导致生长缓慢、发育异常，降低胚胎、幼体和成体的存活率，从而导致生物物种和群落结构发生改变，影响生物多样性，对生态系统构成直接和间接的威胁。重金属累积性很强，不易被排出体外，在这几种常见的重金属中，镉的累积性最强，生物半衰期长达 4～47 年，其次是进入骨骼的铅，生物半衰期 27 年。全世界每年因人类活动进入海洋中的汞有 $1 \times 10^4 \ \mathrm{t}$，与目前世界汞的年产量相当。自 1924 年开始使用四乙基铅作为汽油抗爆剂以来，大气中铅的浓度急速增高，通过大气输送的铅是海洋污染的重要途径。此外，海洋中的微生物能将某些重金属转化为毒性更强的化合物，如无机汞在微生物作用下能转化为毒性更强的甲基汞，可以在海洋环境中稳定存在，并容易被生物吸收进入食物链，进而发生生物富集作用，对生物的神经系统产生严重的毒害作用，引起水俣病；

镉、铅、铬会引起机体中毒，或致癌、致畸等，其他重金属剂量超过一定限度时，对人和其他生物都会产生危害。我们常吃的海鲜重金属限量国家标准见表6-1。

表6-1 海鲜重金属限量国家标准

重金属	海鲜类别	标准限值 /（mg/kg）
铅	鱼类、甲壳类	0.5
	双壳类	1.5
	水产制品（海蜇制品除外）	1.0
	海蜇制品	2.0
镉	鱼类	0.1
	甲壳类	0.5
	双壳类、腹足类、头足类（去除内脏）	2.0
甲基汞	水产动物及制品	0.5
	肉食类鱼类及其制品	1.0
无机砷	水产动物及制品	0.5
	鱼类及其制品	0.1
铬	水产动物及制品	2.0

（3）农药类污染物

森林、农田等施用农药而随径流迁移入海，或逸入大气，经搬运而沉降入海，包括汞、铜等重金属农药，有机磷农药，百草枯、蔬草灭等除莠剂，滴滴涕、六六六、狄氏剂、艾氏剂、五氯苯酚等有机氯农药以及多在工业上应用而其性质与有机氯农药相似的多氯联苯等。

污染海洋的农药可分为无机和有机两类，前者包括无机汞、无机砷、无机铅等重金属农药，其污染性质相似于重金属；后者包括有机氯、有机磷和有机氮等农药。有机磷和有机氮农药因其化学性质不稳定，易在海洋环境中分解，仅在河流入海口等局部水域造成短期污染。从20世纪40年代开始使用的有机氯农药（主要是滴滴涕和六六六），是污染海洋的主要农药。

多氯联苯和有机氯农药一样，都是人工合成的长效有机氯化合物。主要通过大气转移、雨雪沉降和江河径流等携带进入海洋环境，其中大气输送是主要途径。进入生物体主要通过生物的摄食、吸附和吸收作用。

（4）放射性污染物

海洋中的天然放射性核素，主要有 ^{40}K、^{87}Rb、^{14}C、^{3}H、Th、Ra、U等60余

种。海洋环境中，核设施正常运行、核事故排放、核试验释放到海洋环境中的人工放射性核素种类繁多，特性各异。海洋的放射性污染主要来自：核武器在大气层和水下爆炸使大量放射性核素进入海洋、核工厂向海洋排放低水平放射性废物、向海底投放放射性废物、核动力舰艇在海上航行也有少量放射性废物泄入海中。来自核工业和核动力船舰等的排污，有铈-114、钚-239、锶-90、碘-131、铯-137、钌-106、铑-106、铁-55、锰-54、锌-65 和钴-60 等。其中以锶-90、铯-137 和钚-239 的排放量较大，且这些放射性物质的半衰期较长，对海洋的污染较为严重。2011 年 3 月 11 日，日本福岛第一核电站 6 座反应堆受强震和海啸冲击，造成核泄漏污染了大量水源；同时，为冷却堆芯温度，东京电力公司向核反应堆持续注入海水，产生了大量高辐射浓度的核废水，并暂时采用储水罐存储。而随着日益增长的核废水即将超出储水设施的极限容量，2021 年 4 月 13 日，日本政府正式敲定将福岛核电站上百万吨处理后的放射性核废水排入太平洋的方针，在时隔 10 年之后福岛核泄漏再次成为全球关注的焦点。

放射性物质排入海洋后，同时向水平和垂直两个方向扩散，一般水平方向的扩散较快，污染物随水流稀释。污染物经过物理、化学、生物和地质等作用，改变了时空分布。其中海流是转移放射性物质的主要动力，风能影响放射性物质在海中的侧向运动。由于温跃层的存在，上混合层海水中的离子态核素难以向海底方向转移，只有通过水体的垂直运动，被颗粒吸着，与有机或无机物凝聚、絮凝、或通过累积了核素的生物的排粪、蜕皮、产卵、垂直运动等途径才能较快地沉降于海洋的底部。

海洋生物受放射性污染有两种方式：一是外照射，通过体表吸收；另一种是内照射，通过对鳃和体表的渗透吸收，或者由摄食饵料经消化后吸收，在体内富集，导致一些海洋生物体内核素的浓度比周围水体高得多。放射性核素超过一定剂量时，对鱼卵、仔鱼的发育、生长产生明显不良影响，如胚胎发育缓慢、死亡率上升，仔鱼生长减退、死亡率增加，胚胎孵化出来的仔稚鱼畸形，鱼类寿命缩短，辐射还可以破坏成鱼的生殖系统，影响鱼类的繁殖。

（5）生活污水

生活污水主要来源于日常生活中洗涤、卫生洁具使用过程，包括粪便、洗涤剂和各种食物残渣等。生活污染中除含有寄生虫、致病菌外，还带有氮、磷等营养盐类，可导致水体富营养化，甚至形成赤潮。

有机物被无机悬浮物吸附后，增加了悬浮物的稳定性，从而影响海水的颜色和透明度。海水中碳酸盐所以成过饱和状态，其原因之一是有机物被吸附在碳酸钙微晶表面上，阻碍晶体的生长，故悬浮在海水之中而不沉淀，可使碳酸盐的含量超过通常的溶解度。

无机悬浮物上所吸附的有机物，能进一步吸附和浓缩细菌，在颗粒表面上进行生物化学过程，使被吸附的有机物降解和转化。另外，有机物的氧化还原作用，影响海洋环境的氧化还原电位，影响海水中生物的生物过程和化学过程。

溶解有机物中的氨基酸和腐殖质等物质，含有各种活性官能团，能通过共价键或配位键与多价金属离子发生络合作用，形成有机络合物，如使铜离子等有毒的重金属离子的毒性降低，甚至转化成无毒的物种；阻碍磷酸盐和硅酸盐等物质沉淀，延长它们在水体中的停留时间，更好地被生物利用。

近岸底栖的褐藻，分泌出大量的多酚化合物，根据其在海水中含量的多少，对生物的生长有促进或抑制作用。在溶解有机物中，有微量的化学传讯物种，它们是海洋生物所分泌的，能支配生物的交配、洄游、识别、告警、逃避等种内的和异种之间的各种生物过程的成分。

在正常情况下，海洋环境中营养盐含量低，往往成为浮游植物繁殖的限制因子，但当大量富含营养物种的生活污水、工业废水（食品、印染和造纸有机废水）和农业废水入海，加之海区的其他理化因子（温度、光照、海流和微量元素等）对生物的生长和繁殖又有利，赤潮生物便急剧繁殖而形成赤潮。

（6）热/冷污染物

海洋热污染，就是大量的含热废水（温排水）不断地排入水体，可使水温升高，影响水质，危害水中生物生长的一种现象。一般情况下，在局部海区，如果有比该海区正常水温高4℃以上的热废水常年注入时，就会产生热污染的问题。海洋热污染主要来自电力工业冷却水（火力发电厂、核电站），以及冶金、化工、石油、造纸和机械等工业排放的热废水。其中以电力、冶金、化工等工业冷却水为主。热污染的排放，会导致局部海区水温上升，使海水中溶解氧的含量下降，影响海洋生物的新陈代谢，严重时可使海洋动植物的群落发生改变，对热带水域的影响较为明显。

液化天然气（LNG）是常温的天然气经过脱酸和脱水过程处理，再经由冷冻工艺液化后形成的低温液体（–162℃），其密度较常温天然气大大增加，更有利于长距离运输。进口LNG运抵接收站后还需要加热至常温才能正常使用。LNG接收站是码头储存液化天然气再向外输送的装置，接收站主要包括LNG码头、LNG储罐、LNG汽化器和LNG运输泵。LNG汽化器广泛使用开架式水淋汽化器进行天然气汽化，其原理是使用海水作为加热介质，高温海水进行换热后作为冷废水排出，称为LNG冷排水。LNG接收站的冷废水排入海洋，会导致海洋生物在短时间内遭受冷冲击，超过海洋生物适温范围，对海洋生物造成严重的影响，更有可能作用于取水口水温,产生温降,使 LNG 的汽化效率大大降低。冷排水与温排水对水域环境影响都表现在受纳水体温度变化上,冷排水是降低受纳水体局部的温度,而温排水则相反。

6.1.2　陆源水污染控制措施

6.1.2.1　水环境管理制度

当前水环境管理的约束机制主要包括"三同时"制度、总量控制制度、排污许可证制度和海洋工程环境影响评价制度等。

（1）源头控制机制——海洋工程环境影响评价制度和"三同时"制度

海洋工程环境影响评价和"三同时"制度着眼于工程建设层面,从源头控制海岸带水环境污染,从工程施工到最终投入使用的过程中针对水环境污染建立多道防线。海洋工程环境影响评价是在海洋工程建设初期所要进行的一项重要的工作,主要从海洋工程项目建成后可能造成的环境影响入手,对其进行分析、预测和评估;从既定的用海方式入手,分析项目在施工期间和营运期对海洋环境造成的影响,并提出相应的环境保护对策,从而达到保护海洋环境的作用。"三同时"制度则是我国特有的一项控制污染的法律制度,在《中华人民共和国环境保护法》中已予以确认。海洋工程环境影响评价的实施实际也正是"三同时"制度中"同时设计"的具体实施,是控制建设项目对海洋环境污染的第一道防线。"三同时"制度不仅落实了事前预防的原则,还从一定程度上实现了"事中处理"。具体而言,"三同时"制度规定在工程项目的建设过程中环保设施必须同时施工,并采取措施防止施工过程中对水环境造成污染,这就构成了建设项目对海洋环境污染的第二道防线。"三同时"制度规定建设项目投产使用前,必须先向环保部门提交环保设施项目竣工验收报告,经环保部门验收合格后建设项目才能投入使用。项目建设方在这三项程序中任何一项出现违规操作,环保部门都有权勒令停止项目施工。

（2）底线控制机制——总量控制制度和排污许可证制度

环境污染物总量控制的内容主要包括:污染物总量控制标准的确定、污染物总量分配和污染物总量的监督管理。以海岸带水污染物总量控制为例,生态环境部制订全国的水体污染物总量控制计划,报国务院批准后,将污染物排放总量分配给各省,各省再逐级分解具体到各个排污单位。国务院以生态环境部和国家发展改革委为代表的部门对各省指标完成情况定期检查,各省有关部门也会对排污单位进行检查和考核,对完不成任务的单位进行处罚。排污许可证制度是基于总量控制制度具体确定各排污企业受到许可的污染物种类、当量和去向。申请排污许可证的企业要首先进行排污申报登记。总体来说，总量控制制度和排污许可证制度从控制污染物本身对海岸带水环境进行管理。由于纳入水体总量控制制度比较宏观，并不涉及具体实现方法和手段，因此其与排污许可证的结合能够有效实现水环境管理目标。

海洋具有一定的容纳污染物的能力，也就是具有一定的容量值，如果污染物的排放量超出这个容量值，海洋功能和生态环境将受到破坏。海洋环境容量确定是实行近岸海域污染物总量控制的基础，是海洋自净能力和环境管理目标的综合体现，是海洋环境管理的基础。海洋环境容量是在不造成海洋生态环境功能损害的前提下，某一海域一定时间内所能允许的污染物最大入海量，包含三方面内容：第一，海洋环境具备容纳污染物的能力，可以通过海域能容纳的污染物最大入海量来反映；第二，海洋环境容量是有限的，排入的污染物一旦超出海洋自净能力范围，海洋生态环境功能将受到损害；第三，某一海域的海洋环境容量并不是固定的，而是一个变量，它随着海域地形、水动力、生态等要素的变化而变化。

排污权交易是指在一定区域内，在污染物排放总量不超过允许排放量的前提下，内部各污染源之间通过货币交换的方式相互调剂排污量，从而达到减少排污量、保护环境的目的。排污权交易的主要思想就是建立合法的污染物排放权利即排污权，并允许这种权利像商品那样被买入和卖出，以此来进行污染物的排放控制。排污权交易作为以市场为基础的经济制度安排，它对企业的经济激励在于排污权的卖出方由于超量减排而使排污权剩余，之后通过出售剩余排污权获得经济回报，这实质是市场对企业环保行为的补偿。买方由于新增排污权不得不付出代价，其支出的费用实质上是环境污染的代价。排污权交易制度的意义在于它可使企业为自身的利益提高治污的积极性，使污染总量控制目标真正得以实现。这样，治污就从政府的强制行为变为企业自觉的市场行为，其交易也从政府与企业行政交易变成市场的经济交易。可以说排污权交易制度不失为实行总量控制的有效手段。

（3）水环境管理的引导性管理机制

水环境管理的引导性管理机制包括水体排污收费制度、海岸带典型生境（水库、滩涂及各类海洋保护区）和沿海流域生态补偿制度。

1）水污染税。过去 30 年来，我国针对水环境管理建立的引导性机制以排污收费制度为主。2003 年国务院颁布的《排污费征收使用管理条例》确立了属地征收、总量收费的基本制度，并以污染处理边际费用法确定收费标准。我国于 2016 年 12 月发布并于 2018 年 10 月修正了《中华人民共和国环境保护税法》，将水污染物作为应税污染物中的大类，将纳税人确立为向国家领域和国家管辖其他海域排放污染物的企业和生产经营者，本着"税负平移"的原则，用水污染排放税代替了污水收费制度。2018 年环境税开征，《排污费征收使用管理条例》同时废止。《中华人民共和国环境保护税法》第二十二条规定，"纳税人从事海洋工程向中华人民共和国管辖海域排放应税大气污染物、水污染物或者固体废物，申报缴纳环境保护税的具体办法，由国务院税务主管部门会同国务院生态环境主管部门规定"。

2）生态补偿制度。我国当前针对流域生态补偿和海洋生态补偿并没有专门的规范性制度，因此海岸带水环境管理还没有在生态补偿方面建立保障机制。目前和生态补偿有关的制度散见于其他综合性法规中，如《中华人民共和国海洋环境保护法》《中华人民共和国海域使用管理法》《中华人民共和国海岛保护法》。作为根本性法律的《中华人民共和国环境保护法》也仅在第三十一条中明确"国家建立、健全生态保护补偿制度。国家加大对生态保护地区的财政转移支付力度……国家指导受益地区和生态保护地区人民政府通过协商或者按照市场规则进行生态保护补偿"。在国家没有给出具体操作细则的背景下，我国海岸带水环境管理中的生态补偿制度以地方性制度为主。各省和计划单列市根据自身实际情况制定针对水环境管理的生态补偿制度。山东省着力构建海洋生态补偿机制，而福建省则将机制构建重点放在流域生态补偿上面。山东省于 2016 年年初制定了《山东省海洋生态补偿管理办法》，明确了海洋生态补偿的概念、范围、评估标准、核定方式。此办法特别将海洋生态补偿分为保护补偿和损失补偿，将前者定位在海岸带生物多样性、敏感性较强的生境修复，后者定位在传统意义上的资金补偿。福建省于 2015 年 1 月制定了《福建省重点流域生态补偿办法》，针对跨设区市的闽江流域 31 个市、县，九龙江流域 11 个市、县，敖江流域 4 个市、县，以资金补偿为核心，从资金筹集、资金分配、资金使用和保障机制四个方面规范了福建省流域生态补偿的有关制度。

6.1.2.2　水污染防控措施

（1）城镇污水截污纳管

截污纳管是一项水污染处理工程，就是通过建设和改造位于河道两侧的工厂、企事业单位、国家机关、宾馆、餐饮、居住小区等污水产生单位内部的污水管道（简称三级管网），并将其就近接入敷设在城镇道路下的污水管道系统中（简称二级管网），并转输至城镇污水处理厂进行集中处理。简言之，即污染源单位把污水截流纳入污水截污收集管系统进行集中处理。

（2）建设城镇污水处理厂

减少污染物入海，必须对污染物的携带者——污水进行处理，而污水处理最集中有效的措施就是建立污水处理厂。水体中的氮（N）、磷（P）含量高时会形成水体富营养化，造成水体中藻类迅速繁殖，导致海域发生赤潮现象逐年递增，而污水处理厂的处理则能减少氮、磷的排放量，减轻了氮、磷对海洋的污染，降低了赤潮的发生率。

污水处理工艺分三级，其中一级处理又称机械处理，工段包括格栅、沉砂池、初沉池等构筑物，以去除粗大颗粒和悬浮物为目的，处理的原理在于通过物理法实现固液分离，将污染物从污水中分离，这是普遍采用的污水处理方式。一级处理是所有污水处理工艺流程中的必备工程，城市污水一级处理 BOD_5 和固体悬沉物（SS）的典型去除率分别为 25% 和 50%。在生物除磷脱氮型污水处理厂，一般不推荐曝气沉砂池，以避免快速降解有机物的去除；在原污水水质特性不利于除磷脱氮的情况下，初沉的设置与否以及设置方式需要根据水质特性的后续工艺加以仔细分析和考虑，以保证和改善除磷除脱氮等后续工艺的进水水质。污水生化处理属于二级处理，以去除不可沉悬浮物和溶解性可生物降解有机物为主要目的，其工艺构成多种多样，可分成活性污泥法、间歇曝气活性污泥法（SBR）、稳定塘法等多种处理方法。目前大多数城市污水处理厂都采用活性污泥法。生物处理的原理是通过生物作用，尤其是微生物的作用，完成有机物的分解和生物体的合成，将有机污染物转变成无害的气体产物（二氧化碳）、液体产物（水）以及富含有机物的固体产物（微生物群体或称生物污泥）；多余的生物污泥在沉淀池中经沉淀池固液分离，从净化后的污水中除去。三级处理是对水的深度处理，是继二级处理以后的废水处理过程，是污水最高处理措施。它将经过二级处理的水进行脱氮、脱磷处理，用活性炭吸附法或反渗透法等去除水中的剩余污染物，并用臭氧或氯消毒杀灭细菌和病毒，然后将处理水送入中水道，作为冲洗厕所、喷洒街道、浇灌绿化带、工业用水、防火等水源。

（3）重污染行业治理

火电、钢铁、水泥、电解铝、煤炭、冶金、化工、石化、建材、造纸、酿造、制药、发酵、纺织、制革和采矿业等 16 类行业为重污染行业，其中水污染产污行业主要涉及煤气、石油炼化、化工、燃料、纸浆、焦化、电镀、氯碱、农药、玻璃、涂料、合成树脂、冶炼、电池、油漆等行业，相关生产活动排放大量难以处理达标的废水，甚至有毒有害的废水流到周围地表水中，严重污染项目周围地表水和地下环境，最终影响海洋生态环境。因此，必须开展重污染行业治理，完成"三线一单"（生态保护红线、环境质量底线、资源利用上线和生态环境准入清单），明确禁止和限制发展的涉水涉海行业、生产工艺和产业目录。严格执行环境影响评价制度，推动高质量发展和绿色发展。加强规划环评工作，深化沿海重点区域、重点行业、重点流域和产业布局的规划环评，调整优化不符合生态环境功能定位的产业布局。加强对重污染企业执法力度，对于新建厂要严把审批关，废水处理设施建设必须与项目建设同时设计、同时施工、同时投入使用；积极推广清洁生产，采用环保工艺技术等减少氮、磷排放；在农业上严加控制农业面源污染，多措并举改善海洋水质环境。

（4）入海排污口规范整治

开展排污口监测、排污口溯源分析和排污口整治工作，是实现标本兼治、源头治理，有效管控入海污染排放，改善近岸海域水生态环境质量的重要举措。开展入海排污口规范整治，必须坚持陆海统筹、以海定陆，以改善海洋生态环境质量为核心，开展入海排污口溯源调查，在清查入海河口和直排口两类排污口工作基础上，对沿海城市陆地和海岛上所有直接向海域排放污（废）水的入海排污口进行全面溯源排查，查清所有直排海污染源，包括直接向排污口排污的工业企业、城镇污水处理设施、工业集聚区污水集中处理设施，并逐一登记；加快推动排污许可证核发工作，已实施排污许可的行业和范围，实行依法持证排污。提出"一口一策"整治提升方案，实施一系列整治提升措施，包括建设监测监控体系、完善档案和信息动态管理、建设排污口信息公开和公示制度、设置规范化标志牌等。

6.2　入海水污染物过程治理

6.2.1　入海水污染湿地净化

针对入海河流而言，由于河水流量一般较大，尤其是洪水季节，在大型入海河流建设人工湿地很难实现。沿海部分工业废水污水处理厂处理后的达标污水和养殖废水采取人工湿地净化的方式存在一定的可行性。

人工湿地是一种生态型污水处理技术，人工湿地是通过人为的控制条件，由水、滤料及水生生物组成，在物理、化学、生物条件下，通过过滤、吸附、沉淀、离子交换、植物吸收和微生物吸附、吸收、分解等机制，具有较高的污染物去除效果的一种污水处理技术。污水进入人工湿地以后，被水生植物吸收，植物根系发生生物化学反应，将污水中的有机污染物降解，并释放出二氧化碳，以氮、磷作为营养元素，有机物经好氧微生物分解为无机物，被植物根系吸收，再加上土壤、砂石的过滤作用，水质得以净化。与传统污水处理技术相比，人工湿地具有低成本、低能耗、运行管理方便、去氮除磷效果好等特点。湿地技术可将污水处理、水源涵养、水土流失拦截过滤和湿地资源利用有机结合起来，实现污染控制、美化环境、提高污水和植物资源回收利用价值的多种目标，具有显著的环境和经济效益。按照污水流动方式，人工湿地分为表面流人工湿地、水平潜流人工湿地和垂直潜流人工湿地。

（1）表面流人工湿地

表面流人工湿地表面形成一层地表水流，污水呈推流式向前缓慢流动，流动过程中与土壤、基质、植物,特别是植物根部充分接触,通过物理、化学、生物反应,达到净化的目的(图 6-1)。在表面流湿地系统中,种植挺水植物,如芦苇、唐菖蒲等,向湿地表面布水,维持一定的水层厚度,一般为 10~30 cm,水力负荷可达 200 m³/(hm²·d)。表面流湿地类似于天然沼泽,造价成本运行费用较低,但占地面积大,水力负荷小,净化污水能力较弱,且夏季易滋生蚊蝇,散发恶劣气味,因此存在一定的环境卫生问题,在实际污水处理工程中应用较少。

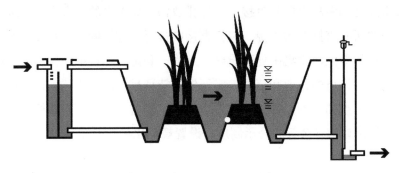

图 6-1 表面流人工湿地示意

(2)水平潜流人工湿地

水平潜流人工湿地由一个或多个填料床组成,床体填充材料基质,床底设隔水层,污水从布水管进入砾石区,按照特定顺序流经各个填料床,最终从出水管流出(图 6-2)。该项技术水力负荷及污染负荷较大,对 BOD、化学需氧量(COD)、SS 及重金属处理效果较好,且没有恶臭和蚊蝇滋生现象。但与表面流人工湿地相比控制较复杂,对植物的运输作用表现出较大的依赖性,且对植物根系净化和脱氮除磷效果欠佳,使得整体净化效果较差。在人工湿地填料床的两侧科学设置入水口砾石区和出水口砾石区,可以使中间基质区能够具有较好的处理效果以有效解决这些问题。

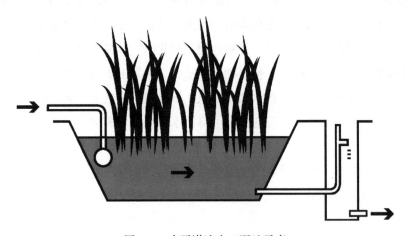

图 6-2 水平潜流人工湿地示意

（3）垂直潜流人工湿地

垂直潜流人工湿地指污水从表层流至不同介质层最终流向床底，通过物理、化学和生物反应使污水得到净化（图 6-3）。在湿地表层，溶解氧充足，硝化能力强，下层缺氧适于反硝化，当碳源足够可以进行反硝化去除总氮。垂直潜流湿地占地面积较小，在建设施工时投入成本较低，但操作上较为复杂，受气候因素和自然环境影响较大。

图 6-3　垂直潜流人工湿地示意

从地域和气候条件来看，人工湿地需要土地面积较大，需依附原有的天然湿地，再加上人工进行保护而组成的半人工半天然湿地才真正具有污染处理优势。净化能力受气候条件、植物生长影响较大。我国南北跨度大，南北方气候条件差异大，北方冬季气候严寒，人工湿地难以过冬，大量植物腐败，很容易造成二次污染，若将人工湿地翻新重建，则耗费大量人力、财力。

河口湿地是陆生和水生系统之间的过渡，是陆源物质的重要归宿，也是容纳净化污染物、削减其入海的天然屏障，主要通过土壤吸附和沉淀，植物吸收，微生物固定，泥炭增长等作用来实现污染截留和降解，起到保护河口近海渔业资源和防止富营养化的作用。

6.2.2　离岸排污口选划与管理

海洋一直以来便是人类向自然界排放废弃物的终点站。近年来，随着沿海地区经济的迅速发展，城市化进程加快，人类对海洋的污染日趋加重，大量陆源污染物排海是造成近岸海域污染的首要原因。而随着沿海地区经济大开发的不断推进，城市规模扩大，临海工业、产业园区大量布局，近海海域的污染物负荷将进一步加重。尤其是近年来大批工矿企业的建设和营运，带来了大量的工业废水，处理后的达标水如何排放和向何处排放成为日益突出的问题。由于近岸海域水系稀释自净能力不强，内河排污将会给内河水系造成大面积污染，同时河流入海口附近滩涂浅海的水流扩散能力较差，容易造成高浓度污水在岸边的累积。为缓解近岸海域环境压力，改善海洋环境质量，可以采取污水离岸排放方式，将市政污水、工业废水进行集中处理，达到一定标准后，再通过海底放流管道，离岸输送到水下一定深度的近海海域。污水离岸排放实质上是在不影响海域使用功能和海洋生态平衡的前提下，利用近海海域水动力强，环境容量大的优点，将污、废水排入水深较深海域，使之迅速与海水混合、稀释，以达到降低污染浓度，减轻其对海洋生态的损害程度。

离岸污水排放口的合理选划是实现离岸排海方式的前提和保障。不恰当的污水排放口选址，不仅可能耗费大量资金，拖慢工程进度，浪费海洋强大的稀释扩散能力，甚至可能因为地质灾害、人为损害等原因，破坏排污设施，造成对海洋生态环境的极大损害，使污水排海效果适得其反。因此，依据海洋自然属性，合理利用近海海域的环境容量，适当考虑排海工程的建设成本，顾及周边海域的生态环境，以科学、合理的方式开展离岸排污口选划具有重要的意义。

6.2.2.1　海洋环境自净能力

海洋自净是一个错综复杂的自然变化过程，它是指海洋环境通过它本身的物理能（波浪能、潮汐能、热能）、化学能（大量阳离子和阴离子、pH 值及盐度的变化）和生物能（多种微生物的分解作用、动植物的吸收等），使污染物的浓度自然地逐渐降低乃至消失的能力。自净能力越强，净化速度越快。海洋自净过程按其发生机理可分为：物理净化、化学净化和生物净化。三种过程相互影响，同时发生或相互交错进行。一般来说，物理净化是海洋水体自净中最重要的过程。

（1）物理净化

物理净化主要是通过稀释、扩散、吸附、沉淀或气化等作用而实现的自然净化。海水的快速净化主要依靠海流输送和稀释扩散。在河流入海口和内湾，潮流是污染物稀释扩散最持久的营力。如随河流径流携入河流入海口的污水和污染物，随着时间和流程增加，通过水平流动和混合作用不断向外海扩散，使污染范围由小变大，浓度由高变低，可沉性固体由水相向沉积相转移，从而改善了水质。

在河流入海口近岸区，混合和扩散作用的强弱直接受河流入海口地形、径流、湍流和盐度较高的下层水体卷入的影响。另外，污水的入海量、入海方式和排污口的地理位置，污染物的种类及其理化性质（比重、形态、粒径等）和风力、风速、风频率等气象因素对污水和污染物的混合和扩散过程也有重要作用。

（2）化学净化

化学净化主要是由海水理化条件变化所产生的氧化还原、化合分解、吸附凝聚、交换和络合等化学反应实现的自然净化，如有机污染物经氧化还原作用最终生成二氧化碳和水等。汞、镉、铬、铜等金属，在海水酸碱度和盐度变化影响下，离子价态可发生改变，从而改变毒性和由胶体物质吸附凝聚并沉淀于海底。海水中含有的各种配合体或螯合剂也都可以与污染物发生络合反应，改变它们的存在状态和毒性。离子价态的变化直接影响这种金属元素的化学性质和迁移、转化能力。影响化学净化的因子有酸碱度、氧化还原电位、温度、海水中化学组分及其形态等，如大多数重金属在强酸性海水中形成易溶性化合物，有较高的迁移能力；而在弱碱性海水中易形成羟基络合物如 $Cu(OH)^+$，$Pb(OH)^+$、$Cr(OH)^{2+}$ 等形式沉淀而利于净化。一般来说，可溶性的化学物质净化能力较弱，难溶性物质因其易沉入底质而净化能力较强。

（3）生物净化

生物净化是指微生物和藻类等生物通过其代谢作用将污染物质降解或转化成低毒或无毒物质的过程，如将甲基汞转化为金属汞，将石油烃氧化成二氧化碳和水。生物净化最重要的是微生物净化，其基础是自然界中微生物对污染物的生物代谢作用。微生物个体虽然极小，但其分布最广、种类最多、数量最大，同时将影响海水质量好坏的有机物作为营养来源。同时，微生物的代谢又具有氨化、硝化、反硝化、解磷、解硫化物及固氮等作用，能将有害物质分解为二氧化碳、硝酸盐、硫酸盐等，不仅净化了水质，也能为单细胞藻类的繁殖提供营养物质，促进藻类的繁殖。微生物在降解有机污染物时，要消耗水中的溶解氧。因此，可根据在一定时期内消耗氧的数量多少来表示水体污染的程度。目前已知微生物能降解石油、有机氯农药、多氯联苯以及其他各种有机污染物，其降解速率因微生物和污染物的种类和环境条件而异；还有多种类微生物可以转化汞、镉、铅、砷等金属。

浮游植物在生物净化中也扮演着双重角色，少数藻类具有异养功能，可直接利用水中有机物作为氮源，多数浮游植物可吸收大量的无机盐作为其基础养分，不仅促进了自身的繁殖和生长，还可以减少水体中营养盐的负荷量，降低了海水富营养化的发生概率。

大型藻类可以通过光合作用吸收海水当中的营养盐、重金属，实现减少或最终消除海水环境污染的目的。往往大型藻类存在的海域，海洋生物多样性和生物量较高，生态系统功能较强，可以显著提高海水自然净化能力。

6.2.2.2 离岸排污口选划

由于海底地形的影响，不同岸段、不同水深的水体扩散能力差异显著。在设置离岸排污口预选方案时，为体现不同岸段、水深条件下的污水扩散条件差异，同时尽量避免遗漏最佳的排污口方案，应考虑在不同岸段、不同水深设置预选方案（图6-4）。由于近岸海域污染严重，水环境质量相对较差，环境容量接近饱和，而离岸海域水深较大，水动力条件好，利于污水扩散稀释，因此，应将离岸排污口设置在达到一定水深条件的海域。此外，离岸排污口应避开自然保护区、海上风景旅游区、海水养殖区、河口等敏感海域。

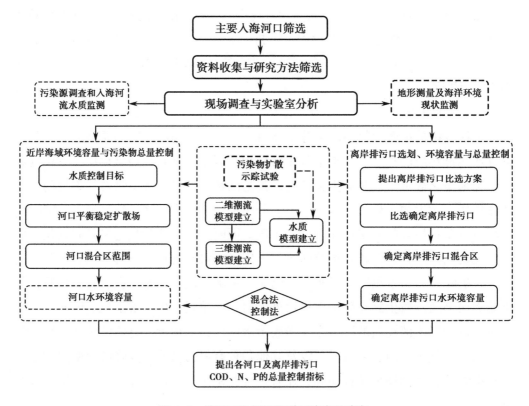

图6-4　排污口选划及海洋环境容量确定

（1）自然条件

海域自然特性是确定海洋环境容量的基础，主要包括海域位置和范围、水文动力特征、地形地貌特征、生物群落特征等。海域的客观条件决定了其物理、化学和生物自净能力的大小，如相对半封闭海湾，开敞海域对污染物的自净能力更强，海洋环境容量更大。离岸排污口所在海域的地形、水文条件对污水的扩散稀释起着十分重要的作用。一般而言，水深越大，流速越大，水体的交换能力也越强。因此，离岸海域的水体扩散能力往往强于近岸海域。另外，海域的环境容量越大，意味着其可接纳的污水排放量越大，越适于建设排污口。

（2）环境条件

不同海域的区位、自然资源和自然环境等自然属性不同，使得不同海域的开发利用适宜性和资源环境承载能力也不同，即具有不同的生态环境功能。因此，对不同海域提出了不同的生态环境功能要求。而不同的生态环境功能要求对海洋环境容量影响很大，要求高的海域，海洋环境容量小；要求低的海域，海洋环境容量大。预选排污口必须与海洋环境功能区划一致，并符合《中华人民共和国海洋环境保护法》相关规定，这是实现入海排污口布局的前提条件。《近岸海域环境功能区管理办法》将近岸海域环境功能区划分为四类，执行相应的海水水质标准。一切破坏海洋环境的海洋工程建设项目不允许建设在一、二类近岸海域环境功能区内，在可允许建设海洋工程项目的海域范围内，执行三、四类海水水质标准的海域更加适宜建设排污口。在选择合适排污口位置时，应对预选海区进行典型污染物的水质评价，看是否在当地海水水质标准范围内，观察典型水质因子浓度分布和超达标现象。通过对海区的水质评价，可估算典型污染物的剩余环境容量，实现对陆源污染物排放量的有效控制。

（3）敏感目标影响

衡量离岸排污口方案的适宜与否，应着重考虑其对周边生态环境的影响程度。以污染物自排放口排出后稀释扩散形成的影响面积衡量，影响面积越大，对周边生态环境的影响程度越深，越不适宜选划为排污口；除影响面积外，还需考虑影响区域的平面尺度，以潮流方向影响距离和垂直潮流方向影响距离来体现。为避免污染物对海洋自然保护区、海水养殖区等敏感区域造成影响，排污口应尽量远离这些环境敏感区域；为避免不同排污口之间的叠加影响，新设置的排污口应尽量远离海域中已有的排污口。

（4）规划符合性

排污口的选址，除了符合近岸海域环境功能区划外，还应符合海洋空间规划及行业规划，在自然保护区、重点渔业水域等海洋功能区内，不许建设排污口工程。应根据特殊利用区的管理要求，在科学论证的基础上，确定达标污水深海排放区域的位置和范围。此外，污水排放不能影响周边其他海洋功能区功能的发挥。

（5）工程可行性

离岸修建污水排海设施，应考虑工程建设的可行性。对放流管道和污水扩散器来说，海床越稳定，工程越安全；反之，若海床冲淤变化较为强烈，则可能对排污设施造成损害。排污设施在施工、运营期间存在着各种风险事故，包括海底地震、滑坡等地质灾害，以及由轮船碰撞排污设施造成的损害。此外，还需考虑污水排放设施的建设成本。

6.2.2.3 离岸排污口环境容量确定

海洋环境具有自我修复外界污染物所致损伤的能力，可通过自身的物理、化学、生物过程使污染物质的浓度降低乃至消失。在充分利用海洋自净能力并且不造成海洋污染损害的前提下，某一海域所能接纳的污染物最大负荷量，即为海洋环境容量，主要包含三方面内容：第一，海洋环境具备容纳污染物的能力，可以通过海域能容纳的污染物最大入海量来反映；第二，海洋环境容量是有限的，排入的污染物一旦超出海洋自净能力范围，海洋生态环境功能将受到损害；第三，某一海域的海洋环境容量并不是固定的，而是一个变量，它随着海域地形、水动力、生态等要素的变化而变化。海洋环境容量的确定是海洋自净能力和环境管理目标的综合体现，是海洋环境管理的基础。合理利用某一海域海洋释污条件和环境容量，在了解海域营养盐分布特征及变化趋势基础上，开展基于海洋环境容量的排污口优化比选工作。

（1）确定水质控制目标

水体对污染物的纳污能力，是相对于水体满足一定的用途和功能而言的。水的用途不同，水体允许容纳的污染物量也不同。以离岸排污口所在海域的自然环境属性为基础，综合考虑海洋空间规划对于相关海域的功能定位及海域环境敏感目标要求，确定排污口所在海域的主要生态环境功能，根据生态环境保护要求，确定海域的水质控制目标（表6-2）。

表 6-2　海域环境功能分区及其主要水质标准

海域环境功能区类别	适宜功能	主要水质标准 /（mg/L）			
		溶解氧（DO）	COD	BOD$_5$	无机氮
1	海洋渔业水域，海上自然保护区和珍稀濒危海洋生物保护区	6	5	4	3
2	水产养殖区，海水浴场，人体直接接触海水的海上运动或娱乐区，以及与人类食用直接有关的工业用水区	2	3	4	5
3	一般工业用水区，滨海风景旅游区	1	3	4	5
4	港口航运区，海洋开发作业区	0.2	0.3	0.4	0.5
5	污水净化区，包括岸边污水排放区、离岸污水处置区、海洋倾废区及石油平台排污区				

此外，由于进入海洋的污染物种类繁多，按照污染物在环境中的生物化学行为，可以分为可生物降解污染物、生物难降解污染物、生物不可降解污染物。因不同污染物的物理、化学性质和生物效应差异，海洋环境对其的净化能力也各不相同。同时，不同污染物之间是相互联系相互影响的，某种污染物在海洋环境中的数量增加可能会促进或抑制其他污染物的迁移转化。

（2）建立平衡稳定扩散场

在一定排放条件下，污染物扩散场呈周期性变化，扩散能力和影响范围在小潮和大潮这两个极值之间振荡变化。因此，将稳定排放情况下形成的扩散场定义为"平衡稳定扩散场"。平衡稳定扩散场代表了排污口海域在稳定排放条件下的污染物扩散影响特征，并以此为海洋环境容量研究的基础。由于排污口位置处水深相对较深，且排放形式为近底层排放，采用三维潮流数学模型和水质模型进行离岸排污口的污染物扩散数值模拟。离岸排污口为连续点源，污染物排放源强为污染物排放速率，计算连续稳定排放条件下污染物扩散场，叠置分析确定最大影响扩散场，即平衡稳定扩散场。平衡稳定扩散场分布特征为排污口附近高浓度污染物集聚，集中区域范围较小；与排污口达到一定距离之后，污染物稀释扩散明显；距离排污口越远，污染物浓度越低，低浓度污染物分布范围较大。

建立平衡稳定扩散场，需要建立拟选二维潮流模型及水质模型、三维潮流模型及水质模型，采用海域水文测验资料进行潮流数学模型的潮位验证和流速、流向验证；采用污染物扩散示踪试验结果进行水质数学模型验证。利用二维潮流模拟和污染物扩散模拟，建立主要河口的平衡稳定扩散场；利用三维潮流模拟和污染物扩散模拟，建立离岸排污口的平衡稳定扩散场。

（3）确定混合区边界

污水自扩散器连续排出，各个瞬时造成附近水域污染物浓度超过该水域水质目标限值的平面范围的叠加亦即包络称为混合区。在这个区域内，允许污染物的浓度超过规定的国家标准，而在这个区域的边缘线上和混合区以外，污染物的浓度应符合规定的标准要求。由于污染物在混合区内持续累积，混合区对海洋生态环境的影响非常大，而且混合区范围越大，影响也越大。只有对排污口混合区范围进行限制，才能有效控制近岸海域污染，保护海洋生态环境功能。以主要河口和排污口的平衡稳定扩散场为基础，通过分析平衡稳定扩散场的空间分布特征，可以找出污染物高浓度聚集区，从而确定主要河口和排污口的混合区范围。根据《污水海洋处置工程污染控制标准》（GB 18486—2001）对污水海洋处置工程污染物的混合区规定，若污水排往开敞海域或面积 600 km^2 以上的海湾及广阔河口，允许混合区范围在 3.0 km^2 以内。平衡稳定扩散场代表了排污口海域在稳定排放条件下的污染物扩散特征，混合区边界确定应以平衡稳定扩散场为基础。因此，针对典型的水流状况，以离岸排污口的平衡稳定扩散场为基础，通过分析平衡稳定扩散场的空间分布特征，在不同的排放方式和排放量下对混合区进行计算，经综合全面的比较，找出污染物高浓度聚集区，合理规定允许的混合区范围。

（4）海洋环境容量计算

采用混合区控制法进行海洋环境容量计算。依据确定的水质控制目标，通过控制排污口的混合区边界浓度，利用潮流数值模拟和污染物扩散数值模拟计算离岸排污口的最大允许排放量，确定推荐离岸排污口主要特征污染因子的水环境容量。在确定的近岸海洋环境容量基础上，综合考虑主要河口及离岸排污口的污染物排放现状，确定近岸海域污染物总量控制方案。在污染物总量控制方案基础上，根据海洋环境管理需求，提出污染物排放的优化调控措施。

6.2.2.4　入海污染物在线监测

陆源污染物具有规律性和突发性并存，季节性和随机性交替的特点。为了全面改善近海海域水质环境，必须建立近岸海域陆源污染物在线监测体系，快速全面获取陆源入海污染物的种类和入海总量。目前，各国都积极开展环境监测技术，以求在充分开发海洋资源，获得丰富经济效益的同时保护海洋环境。从某种程度上来说，海洋环境监测的能力直接影响着海洋资源利用和海洋环境保护的成败。近年来，在线监测技术迅速发展，相较于传统理化监测方式，在线监测评价技术拥有检测速度快、成本低、反应灵敏等优势，并能实现连续的在线监测功能。污染物在线监测评价系统具有高安全性、高可用性，大大提高入海污染物监测的效率，提升了污染物监测数据管理、分析、评价利用的工作效率，提高了监管工作的科学性，促进了政府部门的执法监督能力。通过开展陆源入海排污口监测工作，将摸清所辖海域陆源入海排污口的排污状况，有效防范陆源污染物对海洋的污染，为推动海洋生态文明建设和海洋经济健康发展提供了决策依据和技术保障。

（1）陆源入海污染物在线监测评价系统

在陆源入海污染物在线监测评价系统的建设过程中，要按照"四纵五横"总体框架，其中四个纵向体系包括：标准规范体系、运行管理体系、通信传输体系、安全保障体系；五个横向技术层包括：感知层、支撑层、汇集层、应用层、展现层（见图6-5）。

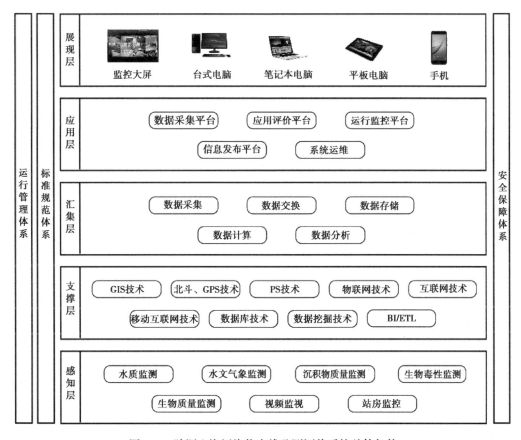

图 6-5　陆源入海污染物在线监测评价系统总体架构

1）感知层。感知层是"陆源入海污染物在线监测评价系统"的"眼睛、鼻子、耳朵",是深化陆源入海污染物物联网技术应用,实现入海水环境数据的全面感知。感知层实现了入海污染物信息的自动化采集,主要通过智能生产设备、智能仪器、智能仪表、智能传感器、智能摄像头、手持设备、智能水表等采集外部物理世界的数据然后进行传输,实时对水环境进行全天候测量、监控与分析,做到变被动为主动、全面感知。感知层的感知包括水质监测、水文气象监测、沉积物质量监测、生物毒性监测、生物质量监测、视频监视、站房监控等。

2）支撑层。支撑层是支撑"陆源入海污染物在线监测评价系统"的技术体系,包括 3S 技术、物联网技术、互联网技术、移动互联网技术、数据库技术、数据挖掘技术、BI/ETL 等。其中的互联网技术、移动互联网技术、物联网技术沟通了"陆源入海污染物在线监测评价系统"的"网络层",网络层解决的是感知层所获得的数据在一定范围内,通常是长距离的传输问题。网络层主要通过无线网络、因特网及数据采集汇集平台建立网络传输及通信,实现感知层数据的实时采集、传输、存储。

3）汇集层。信息采集汇集平台与"数据中心"共同构成"陆源入海污染物在线监测评价系统"的数据基础，主要实现对污染物监测数据进行采集、存储、处理和分析，实现网络层信息到应用层信息的转换，网络设备的管理、设备信息和业务信息的呈现。平台有效地屏蔽底层设备及网络的复杂性和多样性，统一数据的接口、标准和模型，是陆源入海污染物在线监测评价的基础部分。

4）应用层。"陆源入海污染物在线监测评价系统"的核心业务中"在线监测"与"评价分析平台"构成了"陆源入海污染物在线监测评价系统"的"应用层"，应用层支撑了入海排污口及邻近海域环境监测与评价的管理活动。

5）展现层。展现层服务对象为生态环境保护主管单位的各级领导、管理人员和工作人员，提供的应用终端包括监控大屏、网页浏览器、手机应用程序、短信等丰富的终端应用模式。

（2）水质自动监测岸基站

水质自动监测岸基站系统由站房和基础建设单元、仪表分析单元、采水单元、配水和预处理单元、辅助分析系统、视频监控单元、动力环境监控单元等组成（图6-6）。其中仪表分析单元由五参数分析仪（温度、pH、溶解氧、电导率、浊度）、氨氮分析仪、高锰酸盐分析仪、总磷分析仪和总氮分析仪等组成；采水单元将水样采集预处理后供各分析仪表使用；系统泵阀及辅助设备由 PLC 控制系统统一进行控制；各仪表数据经 RS 232/485 接口由数采工控设备进行统一数据采集和处理，系统数据支持光纤和无线传输两种传输模式。为防止雷击影响，水质自动监测系统配置完善的防直击雷和感应雷措施。系统配置智能环境监控单元对系统整体安全、消防和动力配电进行智能监控。同时，水质自动监测站设置有视频监控装置，可远程实时对取水口状况、站房内部状况进行监视。

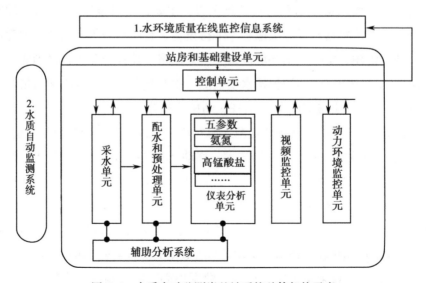

图6-6　水质自动监测岸基站系统总体架构示意

（3）水质浮标监测系统

海洋监测浮标是一种集先进的材料技术、机电一体化技术、野外监测技术、数据采集和通信技术、计算机及软件技术于一体的自动化监测系统。其优点是可以实现全天候、长期连续的定点监测，监测参数较多，数据量大，数据真实性和系统性好；可在开发海洋资源、保护海洋环境、减轻海洋灾害、增强海洋科学研究基础等方面发挥重要的作用。

每个海上浮标自动监测站由浮体系统、监测仪器系统、集成单元、供电系统、数据服务系统、安全防护装置等子系统组成（图6–7）。

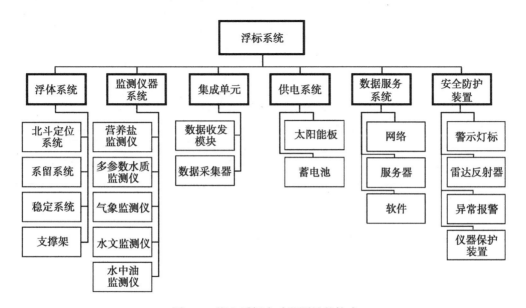

图6–7 海上浮标自动监测站的构成

1）浮体系统（基本支撑系统）。浮体是整个系统的平台，承载系统的所有仪器设备，为仪器设备提供可靠的运行环境和安全防护（见图6–8和图6–9）。

浮体应浮力高、随波性好、结构简单、可靠性高、载重量大，便于投放和回收；具有防撞自体保护性能，抗腐蚀性强，生命周期长。浮体内配有密封防水电控室，内置数据采集控制器、电池以及状态传感器等。浮体平台上部装有铝合金或不锈钢支承架，用于安装太阳能板、数据传输天线、警示灯标、雷达反射器等，以及浮标吊装、维护支撑部件。

浮体上安装北斗定位系统，接收卫星信号，定位浮标的位置，同时，位置数据也会被数采器采集，与监测数据一起发送至数据服务中心。通过位置数据可以使监测数据结合地图来显示，使结果显示更加形象具体。

2）监测仪器系统。在线监测仪器是监测浮标的核心组成，根据海洋环境的监测要求，同时结合当前的自动监测技术发展水平，站点海域投入的浮标根据站位的监测需求选择性配置以下五种监测仪器：水质监测仪、营养盐监测仪、气象监测仪、水文监测仪和水中油监测仪。

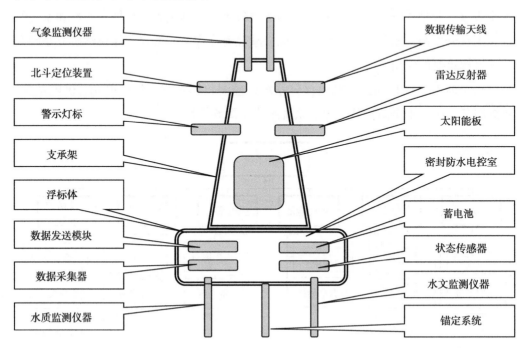

图 6-8　浮标体结构及承载仪器位置示意

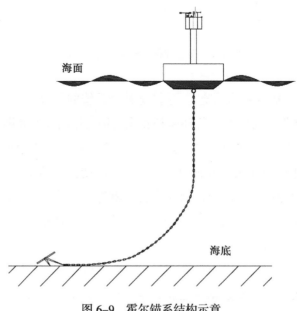

图 6-9　霍尔锚系结构示意

——水质监测仪，可监测如下 8 个参数：水温、电导率、盐度、酸碱度、氧化还原电位、溶解氧、浊度、叶绿素；

　　——营养盐监测仪，可监测如下 4 项参数：硝酸盐、亚硝酸盐、氨氮、活性磷酸盐；

　　——气象监测仪，可监测如下 6 项参数：气温、气压、湿度、风速、风向、雨量；

　　——水文监测仪，可监测如下 3 项参数：流速、流向和波浪。

　　——水中油监测仪，可监测如下 2 项参数：石油类、芳烃溶剂。

　　根据自动监测技术的发展，结合海洋环境监测工作需要，今后可增加配置其他自动监测仪器，如 γ 射线传感器、光照度传感器等。

　　3）集成单元。浮标体内配置有数据采集器，是监测浮标的大脑，调度系统协同运行，具有极强的控制能力、兼容性和扩展性，极低的电耗和故障率，适合野外环境的长期使用。浮标标配数采器有数字量和模拟量多端口，可同时接入多台水质仪器（数字量）、多种气象仪器（模拟量）和水文动力学仪器（高频数字量），内存容量大，断电不丢失数据。同时，数据采集器带有数据存储、数据管理、移位自动报警等模块。

　　数据收发模块通过北斗或 5G 网络实现现场和数据服务中心之间的无线数据传输，一方面负责把数据采集器采集得到的数据发送至数据服务中心；另一方面接收从数据服务中心发来的数据，通过这个功能，可以实现远程操作仪器。

　　4）供电系统。供电系统由太阳能板（多块）和蓄电池组成，太阳能板的功率总数和蓄电池的容量总数将根据浮标的实际消耗功率来计算，可保证在遇到连续 30 天阴雨天气的情况下，仍能正常供电（图 6-10）。

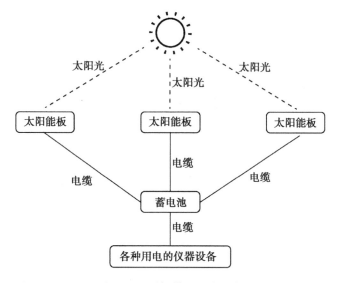

图 6-10　浮标供电系统示意

5）数据服务系统。数据服务系统包括网络、服务器和软件等。网络层解决的是所获得数据在一定范围内长距离的传输问题，主要通过无线网络、因特网及数据采集汇集平台建立网络传输及通信，实现监测数据的实时采集、传输、存储。服务器具备数据采集控制平台数据存储功能，可确保在仪器故障或系统故障情况下测量数据不丢失。软件平台应能满足海洋浮标自动监测数据和其他多源数据的管理与应用，可实现多种海洋信息产品制作流程化与可视化。

6）安全防护装置。安全防护装置应包括北斗定位报警、雷达反射器、警示灯标等。其中安装北斗定位系统，可通过数据采集程序设定浮标经纬度范围，一旦浮标漂离规定范围（无论是因盗窃漂离还是其他原因漂离），北斗定位系统测定后立即向预设电话报警，能及时追回。另外，浮标上安装雷达反射器和警示灯标以避免船只碰撞。

6.3 海上水污染控制与治理

海洋水体污染的类型有海洋石油污染、海水富营养化污染、海洋重金属污染、海洋热污染、海洋放射性污染等。其中，石油作为全球性的污染物，目前正以大大超过其他污染物的量进入海洋，在过去的几十年里已经成为海洋水生环境最大的破坏因素。海洋水污染问题已经成为我国海洋经济社会发展的最重要制约因素之一，已经引起国家和地方政府的高度重视。海洋水污染治理是保障国家海洋环境安全的迫切需要，并将是一项长期、复杂和艰巨的系统工程。

6.3.1 海洋石油污染防治

从污染源构成的角度来看，目前海上溢油风险源主要包括两方面：陆源溢油风险源和水上溢油风险源。陆源溢油风险源主要包括陆地输油管线或沿岸储油设施等，这些设施一旦发生泄漏，泄漏的油品容易沿排水管网进入海洋或河流，引发水上溢油污染。例如，2010 年发生在大连新港的 7.16 溢油事故以及 2013 年发生在青岛的输油管线爆炸事故，都是由陆源溢油风险源造成的海上溢油事故。水上溢油风险源主要指在海上石油开采和储运过程中，由海上船舶和海上石油平台事故溢油等原因造成的溢油污染。例如，2011 年 6 月 4—21 日，美国康菲石油和中海油合作开发的中国最大海上油气田蓬莱 19-3B、C 平台相继发生溢油事故，累计污染海域 5 500 km^2；2002 年 11 月，装载 8×10^4 t 原油的马耳他籍"塔斯曼海"轮在渤海湾因撞船而造成大量原油泄漏。随着全球贸易往来的日益频繁，海上船舶流量日益加大，船舶交通事故的风险也越来越大，这也加大了船舶溢油的风险。

6.3.1.1 海洋石油污染的特征

（1）海洋石油污染存在的形态

石油属可燃性矿物质，是地球在形成的不同历史时期由植物或动物等有机物残骸经过漫长的演化形成的混合物，其成分以烷烃、芳香烃及环烷烃为主，简称石油烃。在海洋中溢出的原油会经过一系列的化学、物理和生物过程，这一过程称为风化。这些过程改变了石油的性质，对生态系统中不同的动植物群体都有重要的影响。风化过程可分为蒸发、乳化、自然扩散、溶解、氧化、沉降、黏合以及形成沥青球体。在海洋环境中，溢出的石油主要以油膜、溶解态、乳浊液和沥青球体的形态存在。

1）油膜。石油在水面上能迅速分散成很薄的膜，1 t 石油任其扩散可形成厚 0.1 mm 覆盖 12 km² 的油膜。这些油膜会随水流和波浪波及数百千米海岸线，从而破坏海滨风景区、海滨浴场和滩涂养殖。当油膜厚度超过 1 μm 时，会隔绝空气和水体间的其他交换，导致水体溶解氧的下降，进而造成水体环境恶化。海水表面覆盖的油膜还会改变海面对日光的反射率，使得进入海洋表层的日光量降低，造成局部地区海水温度下降。

2）溶解态。尽管烃类在水中的溶解度很低，但仍然可以从水体中检测出溶解的烃类，并且烷烃的溶解度随碳链长度的增加而降低。

3）乳浊液。海浪搅动使油膜变成很小的微液滴，其中有些液滴接近胶粒大小，形成水包油或油包水的乳浊液。沥青质含量小于 3% 时，油水形成不稳定的水包油乳化物，在大于 7% 时形成稳定的油包水乳化物，而在 3%~7% 时，油水形成半稳定乳化物，1 天之后又分解为油、水、稳定的乳化物。其中，水包油型的乳浊液油滴平均大小可接近 0.5~1.0 μm 的细菌大小。

4）沥青球体。油包水乳化物呈黑褐色黏性泡沫状，它可长期漂浮于海面，并包裹海洋生物的分泌物及其残骸，最终形成沥青球，大多数沥青球体大小在几毫米至 30 mm 左右。大多数沥青球体可能是由冷水冲洗油舱形成，也可能在海浪、风化和降解等综合作用下由油膜形成。沥青球体常常凝聚一些碎屑、砂和其他一些固体物质碎片，重量增加有沉淀趋势。

（2）海洋溢油的自然动态

石油流入海洋后，在海洋特有的环境条件下，首先会发生扩散，伴随着风浪流等因素的影响，继而发生漂移，部分密度和黏度较小的石油容易挥发，同时在油的重力、黏度和表面张力联合作用下发生溶解、发散、乳化、生物降解、氧化、沉积等物理、化学和生物变化，使其在海洋中变化规律与其他物质并不相同（见图 6-11）。

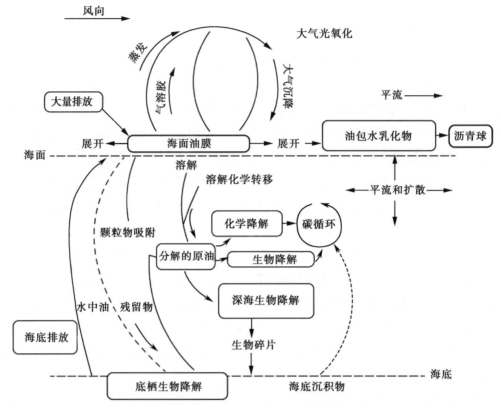

图 6-11　海上溢油的迁移转化过程（赵云英 等，1997）

1）溢油的扩展过程。溢油的扩展行为主要发生在开始溢油的阶段，它决定了油膜的扩散面积，且油膜面积又对溢油的风化过程产生影响。扩展的第二阶段主要受重力、表面张力、黏性力和惯性力的影响。第一阶段是重力和惯性力做主导，第二阶段是重力和黏性力做主导，第三阶段是黏性力和表面张力做主导。重力使油膜发生水平方向的扩展，油膜逐步变薄；惯性力在溢油的扩展中逐渐减小，它与油膜的密度、加速度和厚度有关；黏性力对各种扩展力产生阻滞作用，油膜形态及性质的变化会对黏性力产生影响；表面张力是由空气与海水、海水与油、油与空气之间的表面张力合成。

2）溢油的漂移过程。漂移又叫作溢油平流，是指油品在海洋中受到风场、流场、波浪场以及随机湍流等因素驱动产生的水平方向的运动。在风平浪静的海面，油膜厚度随着扩大的表面积而逐渐变小。在风浪较大的情况下，溢油的黏度受到影响，成为油包水的状态，此时溢油的扩散速率降低，油膜变厚，在海水中漂移。溢油漂移的速度和方向与风速和海水流动有关。

3）溢油的风化过程。风化过程包括蒸发、溶解、分散、乳化、吸附与沉降、生物降解和光氧化。风化过程对溢油的质量产生主要的影响，其中蒸发是最重要的风化过程。

蒸发。蒸发是原油和燃料油风化中最重要的过程，蒸发主要是受泄漏油品的物理性质、油膜的面积和厚度以及环境因素（主要为风速）的影响。同时，随着油的蒸发，溢油的物理性质也随之改变。油品是多种烃类混合物，其轻组分含量越多，蒸发量就越多。蒸发后留在海上的油膜的密度和黏性也会较之前增加。

溶解。溢油发生后的初始阶段，溶解作用即开始发生。溶解是油品中的小分子进入水体并进行融合的过程，通常时间约为 1 个小时，是溢油行为中耗时最短的。溶解的速度与油品的成分、性质、油膜面积、海表温度以及海流都有关系。在烃类中，分子量越低的化合物，溶解度越大。在风化过程中，溶解对油污质量的作用远小于蒸发。

分散。油膜在海面破碎波的作用下被打散，油滴进入海水中而无法回到海表面的过程称为分散，油滴的粒子量级范围为 μm 到 mm。分散过程通常在溢油 10 个小时左右效用最强。分散会增大油膜面积，使溢油的蒸发、溶解和降解作用增强。

乳化。在风浪、海水湍流等动力作用下，石油和海水剧烈混合，形成油水乳化液的过程，即溢油的乳化过程。乳化形成油包水乳浊液，使油的体积变大且黏性也增大。原油中的沥青含有乳化剂，故沥青含量越高乳化作用越大。乳化会遏制分散、蒸发、溶解等过程，其过程不可逆，会遏制油膜面积的增加。溢油 10 个小时内，蒸发作用会使油膜的黏性和密度增加，产生乳化剂。乳化一般在溢油几小时油膜被分散后发生，乳化油的产生会增加清除作业的难度。

吸附与沉降。当溢油进入有许多悬浮物和微生物的水中时，油可能会吸附在上面，从而发生沉降。吸附中悬浮物的直径一般小于 44 μm，当海水中盐度增加或温度降低，悬浮物和油滴的吸附作用会加强。油分子和固体颗粒虽然也可能会再一次分离，但吸附作用不是完全可逆。溢油的沉降主要有三种方式：溶解在海水中的油伴随颗粒状物体发生沉降；分散在海水中的油吸附液体悬浮物从而发生沉降；由于蒸发使油的密度变大，经过凝固形成了小油球而发生沉降。

生物降解。海洋中存在着大量的微生物，其中目前已知的大约有 200 种微生物可对进入海洋中的油污进行降解，一方面可以作用于合成自身细胞；另一方面生成水和二氧化碳。可以说生物降解无污染，对环境影响较小，成本也低，是一种比较好的溢油处理方法。有研究表明，生物降解的速度与油的组分有关，也与周围环境有关，其中影响最大的是环境温度，其他还有盐度、pH 等。油品的成分越复杂，越容易产生中间产物，分解速度也越慢。

光氧化。光氧化作用是溢油释放到环境中后转化的一条重要路径。海表面的油污在阳光照射下，与氧气产生化学反应，形成氧化物的过程称为光氧化。光氧化过程的影响因素主要包括光照强度、温度、石油类型等，在含有紫外光的照射下，光照越强，光降解速度越快；温度与光氧化速率成正比；一般轻质油的光氧化速度比重质油快。光氧化相对其他风化作用来说是一个比较缓慢的过程，一般在溢油的前几天不明显，但随着时间的增加，其作用越来越显著，氧化产物的浓度也会越来越高。一般来说，这种产物具有较大的毒性，故随着时间的增加，对海洋环境的危害也会越来越大。

（3）石油对海洋的危害

1）对海洋生物造成毒性和危害。溢油事故发生后，溢油立即在海水表面扩散漂移，形成油膜。由于溢油油膜阻碍了阳光的照射，浮游植物的正常光合作用受到影响，因而导致产氧量严重降低。在溢油光氧化和生物降解过程中，也会消耗海水中的氧气。两种过程同时发生，使得海水溶解氧含量短时间内急剧降低，严重影响到海洋生物的代谢作用。溢油进入海洋环境中，被海洋微生物和浮游生物吸收，并且对其产生毒性，对海洋低营养级生物造成严重危害。石油对生物的毒性分为两类：一类是大量石油造成的急性中毒；另一类是长期低浓度石油的毒性效应。石油在水体中的毒性效应大多来自水溶性大的低相对分子质量的正烷烃和单芳香烃，芳香烃类毒性也可使水生生物致畸和致癌。污染物中的毒性化合物可以改变细胞的渗透性，影响鱼卵和鱼类的早期发育，使藻类等浮游生物急性中毒死亡。同时沉积物的污染水平增高可导致水生生物丰度的降低和毒性的增加，溢油平台或排污源附近生长的生物体受影响的程度比较严重，表现在生理代谢异常、组织生化改变等，从而扰乱物种的生物繁殖，改变生物群落的生态结构和生活特性。

2）对人类健康造成危害。石油芳香烃化合物长期在海洋生物体内累积，最终通过食物链进入人体，严重威胁到周边居民的健康。石油在环境中通过多种途径对人类健康造成危害，如暴露在环境中的石油，其低沸点组分很快挥发进入大气，污染空气；人类直接摄取各种石油蒸馏物可能发生各种中毒症状；人类还食用被污染的鱼、海产品、水产品，使有毒物质进入人体，危害人体健康，甚至导致死亡。

3）恶化水体，危害水资源。含油污染物侵入无污染水域或地下，影响饮用水资源和地下水资源，并危害水产资源。海上油膜的存在大大降低了大气与海域水体的氧气交换速度，严重影响了海洋初级生产力。

4）污染大气。含油废水中含有挥发性有机物，且因以浮油形式存在的油形成的油膜表面积大，在各种自然因素作用下，其中一部分组分和分解产物可挥发进入大气，污染和毒化水体上空和周围的大气环境。同时，因扩散和风力的作用，可使污染范围扩大。

5）影响农作物生长。油类物质可黏附在农作物的根茎部，用含油废水灌溉农田，不仅会使土壤油质化，而且影响农作物对养分的吸收，造成农作物减产或死亡。同时，油类中一些有毒有害物质也可被农作物吸收，残留或富集在植物体内，危害人体健康。

6）影响自然景观。油类可以相互聚成油 – 湿团块，或黏附在水体中固体悬浮物上，形成油疙瘩，聚集在沿岸、码头、风景区，形成大片黑褐色的固体块，破坏自然景观。例如，溢油污染红树林后，污染能够存在10年以上，其自然生态长期受到危害；石油受洋流和海浪的影响，聚积于岸边，使海滩受到污染，许多海鸟因为翅膀黏附石油而不能飞行或在海中浮游以及食用被石油污染的鱼虾而生病死亡，破坏了风景区及其景观，影响海滨城市形象，给当地旅游业造成沉重打击。

6.3.1.2　海上溢油风险应急管理

溢油应急管理是指对海上船舶、石油钻井平台、岸上石油泄漏和所有其他类型的石油泄漏导致溢油污染或可能潜在的溢油风险进行应急管理和对造成的溢油污染进行及时处置。主要包括溢油应急管理体系建设和溢油应急能力建设两部分内容。溢油应急管理主要分为事前预防、事发应对、事中处置和事后处理四个阶段。事前预防主要是通过防止发生溢油事故，减少船舶油类污染物排放的措施和手段；事发应对、事中处置主要是按照溢油应急预案对突发溢油应急事件进行有效的应对和处置；事后处理主要是对事故的处理和评估，对溢油污染造成的损害进行索赔，对生态环境进行恢复，进一步加强溢油应急工作的事前预防。

（1）溢油应急管理体系建设

溢油应急管理体系建设是指溢油应急事件预防和处置时所采取的溢油应急指挥体系和反应预案建设以及应急规划布局，是预防和降低溢油应急事件所造成的污染损害所提出的应对措施。溢油应急管理体系相应的应对机制和应对措施主要是编制溢油应急预案和应急规划，修订和完善溢油相关的法律法规、行业标准等强制性规定，定期开展溢油应急演习，根据实际情况调整溢油应急建设布局规划等。

1）溢油应急反应预案。海上溢油应急反应预案是溢油应急管理工作中重要的组成部分，也是溢油应急管理工作有效及时开展的重要保障。建立国家溢油应急反应预案是《1990年国际油污防备、反应和合作公约》规定缔约国强制性执行的条款之一，并由国际海事组织在《油污手册》第二部分应急计划中对溢油应急计划的类型、要素、构成、组织、实施等进行了相应的规定。目前，我国已基本建立海上溢油应急预案体系，明确了我国辖区范围内溢油应急组织指挥系统、相关机构职能、信息报告和披露、应急反应和处置、后勤保障等具体内容。

目前，我国海上溢油应急相关的管理职能分属于不同机构进行监督管理，相关应急反应预案也由不同管理机构进行制定和审核，分别是交通运输部海事局、生态环境部、自然资源部等涉海管理部门。我国海上溢油应急反应预案根据不同溢油源划分为三类。首先，《海洋石油勘探开发溢油事故应急预案》处理的溢油事故主要是在海上石油勘探和开发中超出了石油公司应急处理能力范围的溢油事故；其次，国家海事管理机构发布的《中国海上船舶溢油应急计划》主要用于应对海上船舶溢油污染事故；最后，生态环境部负责应对陆源溢油污染事故，主要参考《国家突发环境事件应急预案》执行。

2）溢油应急法律体系。我国海上溢油应急相关法律体系主要由两部分组成：一是我国签署的有关国际公约；二是全国人民代表大会和国务院等有关部门制定的相关法律法规。一般而言，该法律体系的结构与国际油污法律体系的结构相似。

国际公约。我国加入了《1973年国际防止船舶造成污染公约》和1978年的协议以及《1990年国际油污防备、反应和合作公约》等国际公约。其主要对缔约国海上溢油污染防治、应急反应、民事责任和赔偿三个方面提出要求，并要求强化海上油污防治工作，建立双边或多边、地区性或国际性的溢油应急合作机制。

国内法律法规。围绕海洋环境保护和海洋经济发展，我国先后出台了多部法律法规，主要有《中华人民共和国港口法》《中华人民共和国环境保护法》《中华人民共和国海洋环境保护法》，以保护海洋环境和资源，防治海洋污染，并履行有关预防和控制海洋油污染的国际公约。

3）溢油应急组织指挥体系。溢油应急组织指挥体系是溢油应急管理处置工作中的核心。在我国重大海上溢油应急组织指挥体系中，交通运输部负责组织、协调和指挥重大的海上溢油应急处理工作，生态环境部、自然资源部、农业农村部等部门配合实施，根据各自职责，提供专业人员和溢油应急设备设施、信息保障、溢油应急技术、善后处置等必要支持。但由于涉海部门较多，职权多有重叠，缺乏统一的组织指挥体系。为此，国务院于2012年10月13日明确了我国重大海上溢油事故的应急责任，确定了国家海上搜救部际联席会议是我国海上搜救工作的领导机构，其主要职责是负责协调和处置重大海上搜救和船舶污染应急反应工作，相关部委和地方政府分别履行各自的职责。

（2）溢油应急能力建设

溢油应急能力建设是指政府机构和社会力量在处置溢油应急事件中所体现出来的溢油应急处置能力，主要包括建立统一的溢油应急相关标准，完善的溢油应急体制机制，按照溢油应急预案对突发溢油应急事件进行有效的应对和处置，对溢油污染造成的损害进行索赔，建设专业化溢油应急队伍和强化溢油应急设备设施和信息化建设，提高溢油应急反应能力，降低海上溢油污染带来的损害。

1）溢油应急设备库和应急船舶建设。为加强水上突发事件的应急处置能力，2007 年 4 月，国家发展改革委、交通运输部印发了《国家水上交通安全监管和救助系统布局规划（2005—2020）》（以下简称《布局规划》）。《布局规划》指出，溢油应急设备库和应急船舶是溢油应急效率以及能力保障的基础，当前我国溢油应急设施投入不足，布局不够完善，应急设备严重不足，应急船舶的数量和性能与实际需求差距较大，海上溢油应急力量亟待提高。根据《布局规划》的要求，交通运输部海事局全面评估水域溢油的风险，按照国家原油运输网络和敏感资源区分布，计划在 2005—2020 年期间，在沿海和长江干线水域建设 41 个溢油应急设备库，截至 2019 年年底，已建设完成 16 座国家船舶溢油应急设备库。为提升海上溢油应急处置能力，优化完善溢油应急设施设备建设，交通运输部会同其他部委于 2016 年 1 月印发了《国家重大海上溢油应急能力建设规划》，对溢油应急设备库和应急船舶提出具体建设要求，持续推进海上溢油应急设备库和应急船舶建设。

2）溢油监视监测系统建设。在发生海上溢油事故时，溢油监视监测系统可以通过视频监控、船舶监控、远程遥测遥控监控、航空监控、卫星监控、多功能浮标监控、码头和沿岸监控等手段获取溢油信息相关资料，判断溢油污染程度和扩散范围，并分析和评估溢油污染可能造成的影响。目前，我国主要通过海事管理机构的 VTS（船舶交通管理系统）和 CCTV（闭路电视）系统来远程监视监测到港船舶情况，当溢油事故发生时，可以对海域船舶进行交通管制和指挥调度。但是远离港池的水域，因无法实现信号覆盖，主要还是依靠传统手段，通过询问溢油水域附近船舶和派遣海巡船艇现场查看溢油状况。

3）溢油应急队伍建设。随着现在海上运输石油的船只越来越多，溢油风险也大大增大了，建立专业的溢油应急反应队伍是体现我国海上溢油应急管理能力不可或缺的一部分。在交通运输部海事局的努力下，目前我国各相关单位加强对溢油应急反应人员防污技术培训和实操演练，陆续培训了一批溢油应急指挥人员和专业技术人员，借助溢油应急演练平台，检验了培训成果，查找不足并及时调整培训的方式方法，不断适应溢油应急反应需求。培训对象主要来自政府溢油应急专业队伍、溢油清污单位、港口码头人员和社会志愿者。

6.3.1.3 海洋溢油控制与回收

针对海面突发石油污染事故，必须第一时间控制溢油和扩散，回收溢油进行处理，减少石油污染的危害。目前，常规的处理方法有物理处理法、化学处理法和生物处理法。

（1）物理处理法

物理处理法是借助于物理性质和机械装置，围堵、回收海面上残留的石油，消除海面和海岸油污染的方法，包括围油栏、油回收船、油吸引装置、网袋回收装置、油拖把、吸油材料吸油和磁性分离法等。目前，利用物理法和机械装置消除海面及海岸油污的效率最高，是国内外溢油处理的主要手段和方法。

1）围油栏。当溢油事故发生时，首先可以用围油栏将这些油包围起来，阻止其在海面扩散，以缩小溢油扩散面积。围油栏的材料一般采用耐油的聚乙烯、氯丁橡胶等，具有一定的强度及抗风浪等性能，也易于展开和回收。

2）机械式撇油器。撇油器是在不改变石油的物理化学性质的基础上将石油回收，是机械回收溢油的主要方法。机械式撇油器主要包括黏附式撇油器（图6-12和图6-13）、抽吸式撇油器、堰式撇油器等。黏附式撇油器是利用对油具有黏附性质的材料，将浮油吸附在一个运动的表面上，然后被运动部件带出水面，并通过刮擦或挤压转移至储油槽或输油泵中。抽吸式撇油器是运用真空油槽车或小型真空设备，通过吸管连接一个撇油头，吸油的同时吸入空气，吸管口及管内空气高速流动，高速空气从水面上将油带走，然后转移到回收槽。堰式撇油器是通过特别设计的带折堰的堰缘使油溢入撇油器中，而水则被拦截在撇油器外。

3）吸附法。利用吸油材料吸附海面溢油，是一种简单有效的处理溢油的方法，使用安全，材料简单易得且价格低廉。但是，该方法吸油量较小，多适用于浅海和海岸边等海况相对较平静的环境。目前，国内外的吸油材料主要有聚乙烯、聚氨酯

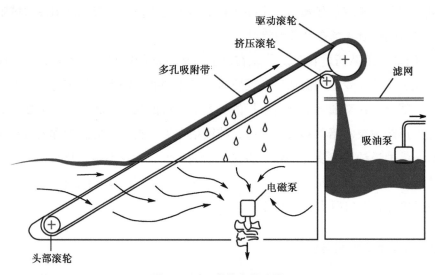

图6-12 吸附带式撇油器

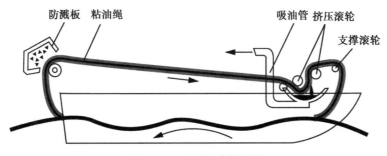

防溅板　粘油绳　　　　　　　吸油管　挤压滚轮　　支撑滚轮

图 6-13　吸油绳式撇油器

泡沫、聚苯乙烯纤维等人工合成的材料，以及锯末、麦秆等天然吸油材料。

（2）化学处理法

化学处理法主要是投加化学处理剂，改变海中油的存在形成，使其凝为油块，为机械装置回收或乳化分散到海水中让其自然消除。油化学处理剂有乳化分散剂、凝胶剂和集油剂。油化学处理剂主要用于机械、物理方法处理后无法再处理的薄油层处理，但在海况恶劣的场合，无法用机械、物理方法处理时，也可作为单独的方法处理。

1）燃烧法。燃烧法是采用各种助燃剂，使大量溢油能在短时间内燃烧完，清污效率高，无须复杂装置，后勤支持少，处理费用低。缺点是可能会对生态平衡造成不良影响，形成二次污染，并且浪费能源。

溢油燃烧的适用条件：①油膜厚度。大于 2 mm，才能维持水面油层的正常燃烧。②油的乳化情况。溢油尚处于较新鲜状态（溢油后 1~2 天）时进行，即在油中含水量应小于 30% 时。③海况。浪高小于 1 m，风速小于 8 m/s。

燃烧地点应与海岸、船坞、森林和海岸通信设施保持适当的距离，并远离生态敏感区、人口密集地区和停泊在附近水域的其他船舶，火势也不应波及周边地区的其他浮油。

2）分散法。溢油分散剂是由表面活性剂、渗透剂、助溶剂和溶剂等组成的均匀透明液体。其中，表面活性剂促进油乳化形成乳化液，并分布在油滴界面，防止小油滴重新结合或吸附到其他物质上。溶剂主要的作用是溶解活性剂并降低石油黏度，加速活性剂与石油的融合。溶剂材料主要采用正构烷烃等，毒性较低。化学分散剂的适用条件：①对于厚度不大于 3 mm 的薄油层，通过喷洒消油剂，可以改变油水界面的表面张力，使溢油分散，油膜消失。②凝油剂是通过增大油水界面张力将溢油包起来。③集油剂是将扩散的油聚集起来，而不像凝油剂那样使溢油变成胶凝状凝固。集油剂是一种化学围栏，适用于港湾、海域内，可作为未铺设围油栏的一种辅助手段。

3）凝固法。凝油剂能够通过增大油水界面张力将溢油包起来。凝固法就是采用凝油剂迅速提高油的黏度，使油膜胶凝成黏稠物甚至是果冻状的油块，从而便于通过机械方法回收。采用凝油剂的优点是毒性低，溢油可回收，不受风浪流影响，能有效防止油扩散，与围油栏和回收装置配合使用，可提高溢油的回收效率。

（3）生物处理法

生物处理法指生物催化降解环境污染物，以减少或最终消除环境污染物的受控或自发过程，主要有生物强化法、生物刺激法等。在海洋环境中，生物处理技术可将石油烃进行生物降解后转化为无毒的水和二氧化碳以及生物自身的生物量，达到彻底清除石油的目的。

海面和海滩石油污染的生物处理技术通常可采用以下两种方式：①营养剂法。海水中氮、磷不足，会限制石油烃的生物氧化。因此，需向海水中添加一定量的亲油性且能同油膜漂浮在一起的长效肥料，以补充微生物的营养，但应避免引起大量海藻的生成。②菌种法。利用细菌、酵母菌和真菌中能高效降解石油烃的微生物来降解海面浮油，主要采取超级细菌和混合菌群法两种形式。

6.3.2 海水养殖污染治理

海水养殖是指利用天然海水进行鱼、虾、贝、藻等经济海产品的养殖活动。随着海产品需求的增加以及近海渔业资源的衰竭，海水养殖规模不断扩大，海水养殖已成为获取海产品的重要方式。海水养殖过程中需要投入大量的饵料及治疗性药物以促进鱼类等快速成长，但由于海水养殖业不合理的养殖方式和生产过程产生的大量污染成为近海污染的重要原因之一。由于海水养殖生态系统结构较为简单，生态效率低下，这些输入的物质和能量无法被充分地循环利用，给养殖海域生态环境健康造成了较大的影响。

6.3.2.1 海水养殖方式

海水养殖根据养殖方式的不同，可以分为池塘养殖、网箱养殖、筏式养殖、吊笼养殖和底播养殖等。

（1）池塘养殖

池塘养殖一般是在潮间带或潮上带，通过人工建坝筑堤，建造海水池塘或围堰，利用纳潮或人工蓄水的方式获取海水，模拟自然海区的生物生长环境，采取人工辅助饲喂的方式进行的一种规模化高效养殖模式。池塘养殖一般包括室内工厂化养殖和露天池塘养殖，养殖品种一般有鱼类、虾类、蟹类等，有时会兼养贝类。目前沿海地区池塘养殖普遍采用混养模式，如在一个池塘水体中，采用上层水养虾，池塘底部养蟹、刺参，池塘底泥里养殖贝的模式，实现虾、蟹、贝、参等生态健康养殖。

（2）网箱养殖

网箱养殖是在天然水域条件下，利用合成纤维或金属网片等材料装配成一定形状的箱体，设置在水中，把鱼类等养殖生物高密度养在箱中，借助箱内外不断的水体交换，维持箱内养殖生物的生长环境，利用天然饵料或人工投饵实现苗种培育或成体养殖。海水网箱养殖的主要对象有：鲑鳟鱼、石斑鱼、小黄鱼等。网箱结构主要由箱体、框架、浮力装置和投饵系统四部分组成，附属设施有饵料台、浮码头及系留绳索等。网箱的结构类型及设置方式多种多样，按设置方式一般可分为固定式、沉下式、浮动式和升降式；按网箱的形状可分为方形网箱、圆形网箱、多角网箱和双锥体网箱；按组合形式可分为单个网箱和组合式网箱。

（3）筏式养殖

筏式养殖是在浅海水面上利用浮子和绳索组成浮筏，并用缆绳固定于海底，使海藻和固着动物幼苗固着在吊绳上，悬挂于浮筏的养殖方式。筏式养殖的基本形式有两种：一种是浮台式，是参照网箱养鱼所采用的木（竹）结构组合式筏架，适于风浪较小并可避风的海区使用；另一种是延绳式，通常适合水深流急的海区使用。筏式养殖可以有多种养殖模式，如垂养、平养、单养或混养。在我国及世界范围内，垂养和单养占主导地位，平养主要用于藻类养殖，如海带、紫菜、龙须菜、羊栖菜等；垂养则主要用于贝类的养殖，如牡蛎、贻贝、扇贝等；混养是一种值得推广的生态养殖模式，可以利用不同养殖对象在养殖过程中的生态互补性，达到高产高效、优化养殖环境的目的。

（4）吊笼养殖

吊笼养殖是贝类养殖的又一种常见模式，一般配合筏式养殖系统使用。整条浮筏由浮绠、橛缆、橛子、吊绳、养殖笼等构成。浮绠通过浮漂的浮力浮于海面，养殖笼通过吊绳悬挂在浮绠上，橛缆和橛子用以牢固筏体，吊笼可为塑料圆筒、塑料方箱或扇贝笼。吊笼养殖一般用于养殖海参和贝类。

（5）底播养殖

底播养殖是指将一定规格的底播苗种按一定密度投入环境适宜的海域，让其在自然状态下不经人工干预地生长而不断增殖。除刺参、鲍等需要在养殖海区投放石块、水泥构件等附着基外，其他大部分养殖种类均是在适宜增养殖的海区通过直接播撒苗种或者自然采苗的方式实现经济物种的增养殖。

6.3.2.2　养殖污染类型

海水养殖过程中产生的主要污染物为有机质、营养盐、重金属、抗生素等。有机质和营养盐主要来源于饲料的投放和鱼类粪便。重金属和抗生素主要来源于饲料添加剂以及药物的直接投放。有机质和营养盐的过量输入会使养殖海域长期处于富营养化状态，甚至引发赤潮。重金属和抗生素对海洋生物具有毒害作用，会影响海洋生物的生长发育，甚至导致畸形或死亡。

（1）有机质及营养盐污染

海水养殖中产生的有机质污染与营养盐污染具有较为密切的关系，且在需要大量投饵的网箱养殖、池塘鱼虾养殖中较为常见。在网箱养殖和池塘养殖中，渔民通常采取提高投饵率的方式来获得更高的收益，但是鱼类等养殖生物仅摄食部分饵料，导致大量未能有效利用的残饵和鱼类粪便等有机质在养殖区沉积物中大量累积，使养殖海域悬浮颗粒物的沉降通量显著增加，海域底质环境发生改变，海水水质质量下降。研究发现，每养殖 1 t 鱼，将向海洋中输入 9 104.57 kg 的悬浮固体、843.20 kg 的颗粒有机物、235.40 kg 生化需氧量、36.41 kg 氨氮、4.95 kg 亚硝态氮、6.73 kg 硝态氮、2.57 kg 正磷酸盐磷。这些悬浮颗粒物和营养盐的输入直接导致了网箱养殖区沉积物及水体中有机质和营养盐含量的快速升高。

海水网箱养殖过程产生的有机质输入不仅会改变养殖海域水体化学因子的垂直分布特征，其在降解过程中还将持续释放溶解性有机质、氮、磷等化合物，导致养殖海域周边水体有机负荷增加，加速养殖海域富营养化。有机质降解需要消耗大量的溶解氧，将使养殖底质环境长时间处于厌氧还原状态，滋生有害病原体，引起硫化物含量升高，对海洋生物生长、繁殖产生影响。由于有机质的降解是一个较为缓慢的过程，导致养殖活动对水环境的影响具有一定的累积性和滞后性，也使得当外源营养盐输入得到控制时，由于养殖海域沉积物中有机质的降解释放大量氮、磷等元素，使水质在较长时期内仍处于富营养化状态，出现渔场老化现象。此外，还有研究指出，高密度的海水养殖源有机质和营养盐输入为海洋赤潮发生提供了物质基础，是部分海域赤潮发生的诱因。

（2）重金属污染

我国海水养殖海域水体和沉积物中普遍存在着较为严重的重金属污染，海水养殖过程中随饲料添加、有机肥使用和药剂投放等输入的重金属元素是导致海水养殖环境重金属超标的重要原因之一。由于我国渔用配合饲料只对无机砷、铅、汞、镉及铬提出了安全限量要求，而未对铜、锌等动物机体所必需的微量元素作出限量要求，因此造成了这些重金属元素随饲料过量投放输入到海水养殖环境中。

过量的重金属输入对海洋生物具有毒害作用，会影响海洋生物的生长和发育，甚至引起死亡。由于重金属不可降解，海洋生物摄取的重金属将在食物链中传递，并层层富集，最终将对食用海产品的人群身体健康产生威胁。此外，输入养殖海域的重金属元素还会在生物地球化学的作用下与其他物质结合，形成毒性更大的污染物质，例如甲基汞等，对水产品食用安全造成更大的威胁。

（3）抗生素污染

海水养殖过程中产生的抗生素污染主要来源于饲料添加剂、鱼类粪便以及药物直接投放。抗生素在海水养殖中主要用于疾病防治和促进养殖动物生长。由于缺乏指导和相关法律法规的约束，我国海水养殖中普遍存在抗生素滥用的现象。按其作用机理、化学结构和活性普，常用抗生素可以分为磺胺类、喹诺酮类、大环内酯类、氯霉素类、四环素类、β 内酰胺类、氨基糖苷类和多肽类。

海水养殖中输入的抗生素仅有少部分进入生物体和食物链中，绝大部分在水体和沉积环境中累积。海水养殖已经成为海洋抗生素污染的重要来源。有研究表明，部分抗生素对藻类、鱼类等海洋生物具有较为强烈的毒性，长期暴露会使海洋生物慢性中毒，并导致畸形或死亡。抗生素还将诱导海洋环境中的细菌产生抗性基因，增强细菌的耐药性。这些耐药基因将随细菌或病原菌传递到海洋生物或人体内，产生健康风险。此外，残留在水产品体内的抗生素也将最终进入人体，影响人体免疫系统，对人体健康产生威胁。

6.3.2.3　养殖污染生态控制与治理

单纯的物理化学修复方法在海水养殖水体修复中制约较大，还容易产生二次污染问题，适宜采用生态修复的方法对养殖污染海域进行原位或异位修复。生态修复处理费用较低、净化效果较好，对生态环境影响相对较小，而且还有助于恢复受损的海洋生态环境。海水养殖污染常用生态修复方法有健康养殖模式、生态浮床修复、大型藻类修复和人工湿地修复。这类生态修复以植物和藻类净化、吸收为主，对水体中有机质、营养盐净化效果较好，对重金属和抗生素净化也具有一定的作用。

（1）科学编制养殖规划

粗放式养殖生产导致大量外源营养物质输入，超出水体自净能力，生态失衡和环境恶化等问题已日益显现，也使细菌、病毒等大量滋生和有害物质积累，给水产养殖业自身也带来极大的风险和困难，威胁着水产养殖业的生存和发展。因此，必须对水体不同的使用功能、养殖水面进行科学规划，在科学评价水域滩涂资源禀赋和环境承载力的基础上，科学划定各类养殖功能区，合理布局水产养殖生产，尤其要确定合理的围网、网箱面积、网箱密度等，实现养殖水体的可持续利用。

（2）生态养殖模式

生态养殖是人们为了提高养殖效率，通过不同物种之间的互利共生关系来达到生态平衡的一种健康养殖模式，这种养殖模式利用了养殖物种食性的不同、所占空间位的不同以及物质及能量在食物链中的循环流动等原理，并应用了相应的养殖技术及管理方式。依据生态养殖的原理，可以将这些生态养殖模式划分为三种主要的养殖模式，即食性互补的养殖模式、生态位互补的养殖模式和综合养殖模式。

食性互补的养殖模式就是根据养殖物种食性的不同，将那些食性可以互补的物种进行混养，从而提高养殖系统食物资源和空间资源的利用率，获得更高的经济效益和生态效益，如虾贝混养、草鱼和鳙混养等。此外，还可以将水生植物和水生动物进行混养，水生植物进行光合作用，释放氧气，增加水体中的溶解氧，同时可以迅速吸收水体中的营养盐，降低水体的污染，所以养殖水生植物可以为养殖动物提供一个良好的生存环境，而养殖动物的排泄物又可作为水生植物的营养盐来源。

生态位互补的养殖模式就是根据水生动植物生活所栖居的空间位置不同，将这些栖居在不同空间位置的生物进行混养，充分利用养殖空间。基于网箱的蓝鳃太阳鱼、鳙和水蕹菜的立体养殖模式，在网箱水面种植水蕹菜，水体中上层养殖鳙，水体中下层养殖蓝鳃太阳鱼，不仅可以充分利用水体空间，还有效提高了单位面积的产出率。

综合养殖模式就是综合考虑食物链理论、生态位理论和种间互利共生理论等而建立的一种生态养殖模式，如桑基鱼塘养殖模式实现了鱼塘–桑树–蚕的综合养殖，鱼塘的底泥作为桑树的肥料，桑叶作为蚕的食物来源，而蚕的粪便又可作为鱼的饵料，这样就可以实现物质的再循环利用。海水池塘综合养殖模式有：虾、贝类、鱼和（或）海藻的综合养殖；虾、蟹、贝类的综合养殖；虾、贝类和（或）海藻（或海参）的综合养殖等，如盐城市大丰区沿海围海养殖塘采用多营养层级立体养殖模式，脊尾白虾为主养品种，梭子蟹和锯缘青蟹为搭配混养品种，文蛤和杂色蛤作为养殖水环境原位修复或异位修复产物的消费者，既增加了高值水产品产量和效益，又起到净化养殖环境的作用。同时采用通过微生物来降解水体中氨氮、亚硝酸盐、有机物，将其转化吸收，降低水体营养物质浓度，从而达到了净化水质的目的。研究表明，利用微生物净化水质，对氨氮和亚硝酸盐的去除率分别达 89.16% 和 100%。

（3）生态浮床修复技术

生态浮床修复技术是利用无土栽培的原理，通过在需要修复的养殖水域构建植物生存空间，以达到利用植物吸附、吸收为主的净化污染物的目的。生态浮床主要由植物、栽培基质、浮床框架和固定设施构成。因其美观而且经济、高效，通常用于治理农村生活污水和城市河道，生态效益明显。近年来，也逐步开始应用到海水养殖污染治理中。

生态浮床主要用于净化水体中的营养物质，对重金属和抗生素净化也具有一定的效果。其作用机理主要为植物对污染物质的吸收以及植物根际微生物的生化作用。生态浮床的净化效果与植物的种类具有较大关系，某些植物对特定重金属还具有高效的富集作用。研究发现，海马齿、碱蓬、北美海蓬子等生态浮床对海水养殖污染具有较好的净化效果，可以明显降低水体中的有机质、营养盐及重金属含量，改善养殖水体和沉积环境，促进水生生物生长，恢复养殖海域生态系统结构。也有研究发现，海马齿生态浮床可以有效降低海水中悬浮颗粒物浓度。生态浮床修复技术主要用于原位修复养殖海域生态环境质量。

（4）大型藻类修复

大型藻类修复技术是指利用大型藻类的生长过程对污染物质进行吸收和转移，以削减水体中污染物含量。大型藻类修复技术操作简单，对营养盐具有较好的去除效果，对重金属元素也有一定的吸收能力。利用经济价值较高的大型藻类，例如生产琼胶的优良原料江蓠等进行生态修复，还可以带来较为可观的经济效益。

在海水养殖修复中，常用的大型藻类有海带、龙须菜、江蓠、紫菜、孔石莼、卡帕藻、红皮藻等。有研究表明，每养殖 1 t 的海带、江蓠和紫菜可分别去除水体中约 2.2 kg、2.5 kg、6.2 kg 的氮元素和 0.3 kg、0.03 kg、0.6 kg 的磷元素。大型藻类修复技术主要用于原位修复养殖海域环境质量。目前，较为广泛应用的还有鱼、虾、贝类与大型藻类共同养殖的综合生态养殖模式。在该模式中，鱼、虾、贝等养殖过程中过量输入的有机质、营养盐及重金属元素为藻类的快速生长提供了条件，提高了藻类的生长效率和产量，为养殖户提高了经济效益，而藻类大量生长繁殖的同时，降低了养殖污染的负面影响，使养殖生态系统维持在稳定状态，增加养殖的可持续性。

（5）"三池两坝一湿地"修复技术

目前，养殖废水处理主要采用"三池两坝一湿地"技术，通过对进排水体系、养殖池塘进行整体规划，运用沉淀、过滤、微生物分解、动物净化、植物转化、曝气等技术处理池塘养殖尾水，构建"沉淀池＋过滤坝＋曝气池＋过滤坝＋生物净化池＋人工湿地"系统，养殖尾水处理后达标排出或回到养殖池塘（见图 6-14）。

养殖池塘尾水排放至渠（管）道，通过尾水收集渠（管）道将养殖尾水汇集至沉淀池，养殖尾水在沉淀池中进行沉淀处理，使尾水中的悬浮物沉淀至池底。尾水经沉淀后，通过过滤坝过滤，以过滤尾水中的颗粒物。尾水经过滤后进入曝气池，曝气池通过曝气增加水体中的溶解氧，加速水体中有机质的分解。尾水经曝气处理后再经过一道过滤坝，进一步滤去水体中颗粒物，再进入生物净化池，通过添加芽孢杆菌等微生物制剂，进一步加速分解水体中有机质，最后进入湿地洁水池，通过水生植物吸收利用水体中的氮磷物质，并利用滤食性水生动物去除水体中的藻类。

人工湿地修复是指利用植物吸收、基质吸附及微生物生长代谢的综合作用，达

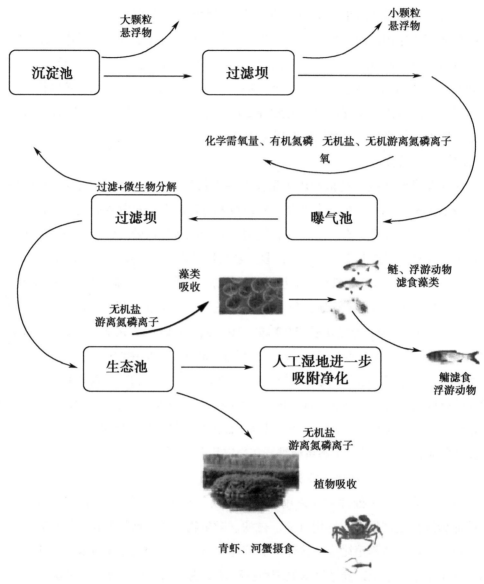

图 6-14 "三池两坝一湿地"修复模式

到去除水体中的有机质、营养盐、重金属、抗生素等污染物的目的。在海水养殖中通常用人工湿地处理养殖外排水。海水养殖人工湿地修复中常用的植物有碱蓬、芦苇、秋茄、互花米草等。人工湿地对水体中的污染物质具有较好的去除效果。研究表明，芦苇人工湿地可以去除海水养殖外排水中 50% 以上的总氮、抗生素恩诺沙星和磺胺甲噁唑，芦苇和互花米草人工湿地可以去除海水养殖外排水中 90% 以上的悬浮颗粒物、氨氮以及浑浊度。人工湿地技术也可用于原位修复滩涂海水养殖污染，但因植物对生境具有一定的需求，原位修复通常以红树林湿地修复为主。红树林湿地是众多海洋生物栖息与繁殖的场所，构建红树林综合养殖系统可以有效降低滩涂海水养殖水体污染，减少水产病害发生，并促进鱼类生长。红树林原位修复可显著降低养殖区营养盐和重金属含量，可有效改善修复湿地的环境质量，但也存在一定的问题，例如，红树林的长势和健康状况不如自然林。

综上所述，养殖污染的控制，应根据海洋环境容量，科学编制水域滩涂养殖规划，科学划定养殖区域，明确限养区和禁养区。大力推广健康生态养殖新技术新模式，合理控制养殖密度，并合理投饵、施肥，正确使用药物，调减近海过密的网箱养殖和紫菜养殖。对近岸养殖池塘进行标准化、规模化改造，在一个池塘内混养不同食性和生态功能的鱼、虾、贝、藻，利用养殖对象间的食物链关系，提高饵料利用率，提高养殖产品质量和产量，减少饵料污染物进入环境中。通过一系列生态修复措施，实现养殖尾水的达标处理与循环利用。

6.3.3　海洋船舶污染控制

随着海洋经济不断发展，海上石油开发力度加大，港口建设如火如荼，海上船舶交通流量大幅度增长，航行密度不断增加，航行船舶趋向大型化，海上重大污染源、重大污染风险不断增加。船舶对海洋污染主要指因船舶操作、各种海上事故及船舶在海上各种倾倒，使各类有害物质进入海洋，产生损害海洋生物资源、危害人体健康、妨碍渔业和其他海上经济活动、损害海水水质、破坏优美环境等有害影响和对海洋生态系统的破坏。

6.3.3.1　海上船舶污染类型

船舶对海洋环境造成的污染主要包括：运输石油和使用燃油造成的油污染、运输散装液体化学品造成的散装有毒液体物质污染、运输包装危险货物造成的包装有害物质污染、船舶生活污水以及船舶机械设备用水和压载水中的有害病原体污染、船舶垃圾污染和船舶废气造成的污染。

（1）油类的污染

油类是指石油及石油产品。由船舶引起的油污染主要有两类：航运操作性排油和海损性事故溢油。

1）航运操作性排油。航行的船舶为保障动力设备的正常运转，需要用水进行冷却，部分冷却水会漏泄到机舱，与舱底的污染物质结合形成舱底污水。油船、散装液体化学品船的洗舱水含有石油、化学品、有毒物质和去污剂，这些都是主要的污染源。一条船舶每年排放的机舱舱底水量约为其总吨位的10%，全世界每年随船舶舱底污水排入海洋中的石油有近几十万吨。压载水和洗舱水肆意排放造成的油污染更为突出，如一艘万吨级的油轮，压载水不经处理而排放，每个航次就有100~150 t的油排入海中，若全部油舱清洗一次，所用的洗舱水不经任何处理排出舷外，将有200 t石油一起排入海洋。目前世界上每年约有数百万吨油随船舶压载水、洗舱水等排入海洋。

2）海损性事故溢油。海损性溢油事故，一般是指突发性的泄漏事故，即溢油事故，如船舶触礁、搁浅、火灾、爆炸、碰撞等造成船体或设备破坏从燃油舱或油舱溢出石油，油船装卸作业过程中或加装燃油时连接管路破损或误操作满舱造成跑、冒、滴、漏。在船舶事故中，超级油船造成的海上污染影响更大、危害更深。

（2）运输有毒货物带来的污染

有毒货物，在运输过程中可能会发生包装破损、泄漏、溢流、散落在船上，清除这些物质的洗涤水及和这些毒物混合在一起的垃圾等，都是污染物。大部分的有毒液体物质都是水溶性的，如果直接排放入海，会对海洋环境和海洋生物造成重大的污染。

（3）船舶垃圾物的污染

船舶垃圾是指船舶正常营运期间各种食品、日常用品和工业用品的废弃物。船舶营运中产生的垃圾主要有垫舱物、包装材料、油污、铁锈、油棉纱等和船员、旅客生活中形成的垃圾食品残渣、日常消费品的废弃物等。如果直接排放入海，将严重影响鱼、贝等海洋生物的生长和繁殖，破坏海洋资源。运输大宗货物时，主要废弃物是包装材料，一般100~150 t货物中平均有1 t的垃圾，运输散装货物时，每100 t有20 kg的垃圾。这些垃圾中也含有耗氧有机物和氮营养元素，也能诱发赤潮。

（4）船舶生活用水的污染

船上需要满足船员、旅客日常生活用水，甚至有时也要满足运输动物用水的需要。船舶的生活污水是指各种废弃排出物，船舶生活污水中含有丰富的耗氧有机物和携带的各种致病微生物和寄生虫，当海水中溶解氧充分时，这些有机物被氧化生成二氧化碳、氮气等，使水体缺氧。当海水缺氧时，这些有机物发生厌氧反应，生成有机酸和还原性的气体如氢气、甲烷、硫化氢、氨气等，引起水体发臭，使水质恶化，造成鱼类及许多海洋生物死亡。生活污水中还含有较丰富的氮、磷等营养元素，也会使水体富营养化，造成赤潮。

（5）压载水携带的外来生物污染

船舶在空载航行时，需要压载以保持稳定，压载水装入货舱后，与舱内残留的货油或其他有害物质混合，以及从某个带有某种病原体的港口装入压载水，这些压载水不加处理，直接排放入海会造成装载货物港口的污染。由船舶排放压载水引发的外来生物入侵问题，已成为一个世界性难题。

（6）船舶防污底漆带来的污染

船舶在海洋上航行，其外壳金属结构材料会受到海洋和大气的腐蚀，且会有大量的海洋生物附着，这些都对船舶航行安全带来危害，为了降低海洋生物附着危害，人们在船体表面涂装防污涂料。船舶的防污漆也往往含有一些有毒物质如三丁基锡，防污漆在杀死附着生物的同时，也会对非目标生物造成影响，并且被认为是迄今为止人为引入海洋环境毒性最大的物质之一。

6.3.3.2　船舶污染防控措施

（1）法律法规

根据法规适用的范围，可以大致将船舶污染防治法规分为三个部分：已对中国生效的有关国际公约、海上船舶污染防治法规和内陆水域船舶污染防治法规。其中国际公约部分发展得最为完善，已基本覆盖了船舶污染防治的各个方面，并仍在不断发展完善中；中国海上船舶污染防治法规也初步形成了以《中华人民共和国海洋环境保护法》《中华人民共和国防止船舶污染海域管理条例》为基础的法规框架；内陆水域船舶污染防治方面，其规定见于《中华人民共和国水污染防治法》《中华人民共和国水污染防治法实施细则》等有关的法律法规中。

（2）提高船公司、船员等人员的海洋环保意识

目前，许多船员的海洋环保意识淡薄，经常违规向海洋排放油污水、洗舱水、生活污水、抛弃船舶垃圾等，造成海洋环境污染。因此，海事管理机构应加强对船公司、船员包括到港外轮船员等有关人员的海洋环保意识教育，把《联合国海洋法公约》《中华人民共和国海洋环境保护法》《船舶污染物排放标准》等法律、法规和标准以及其中对防止船舶污染的各项要求，利用各种形式宣传至船舶公司、船员等有关人员，同时加强国内船员海洋环保知识方面的培训与考试。

（3）加强港口环保等设施的建设

加强港口环保设施的建设，提高港口对到港船舶污染物接收处理能力，减少其对海洋环境的污染。新建港口、码头应在基建费用中列入，对老港口、码头已"欠账"的应通过以新带老的办法逐步解决。

（4）完善溢油应急计划

船舶溢油应急计划的制订是溢油风险管理的一部分。它是针对一个管辖水域的船舶溢油风险管理而制定的系统性文件。船舶溢油应急计划的主要目的是在发生溢油紧急情况时，采取适当的措施尽量减少对生命、财产和资源的损害。船舶污染应

急计划是船舶溢油应急反应行动指南，也是船舶溢油应急体系中的纲领性文件。目前，我国国内的船舶污染应急计划分为四级，即国家船舶溢油应急计划、海区省级溢油应急计划、港口码头溢油应急计划和船上油污应急计划。

（5）建立实施船舶污染损害赔偿机制

船舶油污损害赔偿机制是船舶溢油应急体系有效运作的重要保障，按照"船舶油污损害赔偿责任由船东和货主共同承担风险"的原则，建立实施包括船舶油污强制保险制度、船舶油污基金制度以及船舶污染损害索赔与赔偿机制在内的船舶油污赔偿机制。

6.3.4　海湾综合整治与修复

海湾作为三面环陆的海域，与陆地的联系尤为密切。海湾不仅具有高生物生产力，同时具有高的生态服务功能和经济服务功能，已成为人类突破资源和环境困惑的出路之一。人口不断地向沿海集聚，海洋资源开发强度不断增大，但由于开发的随意性、盲目性和无规划性，致使海湾的水动力环境和生态环境受到较为严重的破坏。人们在付出巨大的经济代价后开始逐步认识到保护人类赖以生存的海洋环境的重要性，开展海湾综合整治已成为沿海各国和各地区寻求经济发展的有效措施之一。

6.3.4.1　海湾生态环境问题

海湾是被陆地环绕且面积不小于以口门宽度为直径的半圆面积的海域。海湾是非常宝贵的资源，拥有独特的自然条件和资源环境优势，成为海陆交通枢纽、临海工业基地、重要城市中心和海洋生物摇篮，在国家经济建设和社会发展中具有极其重要的战略地位。然而，在人类开发海湾资源的过程中，由于对自然压力、社会压力、经济压力对海湾生态环境变化驱动的机制认识不清楚，过度开发破坏了海湾生态环境，造成海湾生态系统自我调节能力和生态服务能力下降。

海湾的快速淤积及一系列生态环境问题是对沿海人类活动影响急剧变化的响应，动力条件的减弱和泥沙来源的增加是导致海域产生淤积的直接因素。一般来说，大面积的围填海和海水养殖会导致海湾水域面积缩减，海湾纳潮量减少，进而水动力条件明显减弱；在某些海域，海堤等构筑物的建设会缩减甚至截断原有的潮流通道，导致水动力条件发生明显改变。水动力条件的减弱引起水流携带泥沙的能力下降，使得泥沙淤积可能性增大。若遇到外部环境变化导致的泥沙输入的增加，海湾淤积风险将明显上升。海湾明显淤积有可能改变原有的沉积环境，同时水动力的减弱不利于污染物的扩散，海湾水质和生态环境将受到影响，进而影响海域的生态和景观功能。

6.3.4.2　海湾综合治理措施

（1）海湾水质污染的管理

来自陆地的有机质和营养盐随着地表径流大量入海，是造成沿岸海域富营养化的主要原因。因此，强化对环海湾入海河流和其他陆源的污染治理，减少海湾入海污染物总量，是保护和提升海湾环境的重要基础保障和措施。根据海湾环境的容纳能力，加快海湾周边临港产业集中区污水处理设施建设，严格控制污染物的排放入海总量，实施入湾河口、排污口等重点区域的动态监测；加强海湾环境监测基础设施建设，建立多种监测技术集成的立体化体系，监控海湾资源的开发利用及其环境的变化情况。

（2）海湾清淤疏浚

海湾水环境整治措施、整治目标与海湾淤积成因存在明显的指向关系，如海域面积严重缩减的海湾主要考虑拓展、恢复水面，海堤阻挡原有潮流通道的海湾主要考虑恢复潮流通道和通航能力，排污累积的底泥和水体污染的海湾主要考虑底泥处理、排污治理和改善水体环境等（图 6-15）。

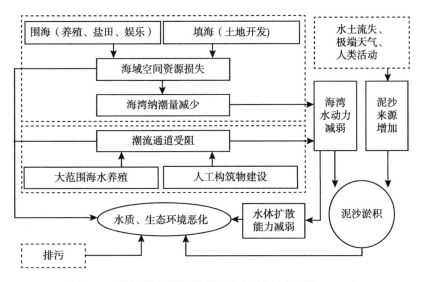

图 6-15　海湾淤积问题机理及影响（杨金艳 等，2020）

过多的入海泥沙供给量，使得海湾、河口出现严重淤积，不仅损害了海湾景观环境，也严重制约了海湾运输业的发展，因此需要采用清淤疏浚措施保证海湾良好的景观环境和通航条件。海湾的清淤疏浚主要涉及堆积型岸滩的清淤与疏浚、河口清淤与疏浚和港口航道的清淤与疏浚。堆积型岸滩是由于泥沙供给量较多引起，因此采取减少岸滩泥沙供给量的措施可以实现对堆积型岸滩的整治，主要的整治方法包括泥沙来源的控制和清淤疏浚，其中采用植树造林、生态保护等措施减少上游泥沙流失量，采用疏浚的方式将岸滩清淤至低潮不露滩或满足通航的水深。河口清淤多于浅滩及拦门沙地区开挖航道，一是借助清淤疏浚以求达到航道要求的水深；二是结合整治工程，调整与加强水流，维持浚深后的航道；三是航道浚深后出现泥沙淤积，需定期疏浚维护。港口航道清淤是在海湾划定一条疏浚航道，通过清淤以满足远海运输的需求。清淤与疏浚主要是利用挖泥船或其他疏浚机进行航道的开挖、吹填或抛泥作业，通常使用的疏浚机有普通吸场式挖泥船、绞吸式挖泥船和自航耙吸式挖泥船，此外还有链斗式、抓斗式、铲斗式等挖泥船用于较小规模的挖泥。

淤积型海湾整治修复属于海域空间整治工作中较为典型的整治形式，通常是综合性的整治工程，涉及通航、环境整治、生态修复、旅游资源提升等多个方面。广西钦州茅尾海内宽口窄，形似布袋状又如湖泊，是半封闭式的内海。近年来，茅尾海周边围海养殖面积不断扩大，海域纳潮面积逐渐减少，加之在海内吊养大蚝，严重影响了茅尾海的水动力环境。上游河流泥沙不断淤积向海，沿海工业、生活污水和养殖废水的影响导致海水污染日益严重。

2012 年，茅尾海综合整治工程启动。据实测资料显示，三期清淤工程结束后，茅尾海大潮纳潮量分别增加了 6.1%、13.0% 和 21.7%，而平均纳潮量分别增加了 3.1%、9.8% 和 18.1%。在茅尾海清淤的范围内，由于水深加深，大部分海区的流速均有明显减小；而在从龙门港到外湾的大部分海区，由于茅尾海清淤后纳潮量显著增大，流速明显增强。茅尾海综合整治工程，增加了纳潮量，改善了茅尾海的水动力现状和水质环境，整治效果良好。

（3）海堤开口改造

海堤的建设，最初目的主要是堤防安全、盐业、水产养殖和城镇建设，但也导致海堤两侧海水不能相互连通。尤其是在海湾地区，随着周边溪流携带的泥沙流入湾内，造成海湾淤积严重，再加上周边陆域排污和网箱养殖排污，导致湾内水质严重超标，底层水处于严重缺氧状态，底质发黑发臭，海洋生态环境被严重破坏。为了防止海洋生态进一步恶化，需要重新打开海堤，扩大水面面积，增加湾内水库容和纳潮量，利用潮流动力实现湾内水体的交换，改善湾内的水质。

厦门原为一个四面环水的海岛，为了改善交通，1995 年 10 月，高集海堤建成，厦门东西海域成为半封闭的海湾。在高集海堤建成初期，厦门西海域纳潮面积约为 108 km²，东海域纳潮面积约 130 km²。随着集杏海堤（1956 年）、马銮海堤（1957 年）、东坑围垦（1966 年）、筼筜海堤（1971 年）、石崎围垦（1972 年）和策槽围垦（1974 年）的建成，西海域纳潮面积减少约 44%，东海域水域面积减少约 30%。由于海域面积和纳潮量锐减，导致水流减缓，进而使水流动力和水质条件明显下降。为了加强东西海域海洋水动力强度，增加海水交换和自净能力，2011 年 9 月，厦门启动了高集海堤开口改造工程和东西海域清淤工程（图 6-16）。在高集海堤开口前，海堤两侧仅有一约 30 m 的通航口，东、西海域的潮波基本不发生交换，海域的水动力减弱，流速极小。高集海堤开口后，厦门岛东、西海域实现贯通，东海域涨潮流延伸进入西海域，大潮净潮量增加 3.93×10^7 m^3，加强了两部分水域的水体交换及流通，改善了高集海堤附近的水环境质量。

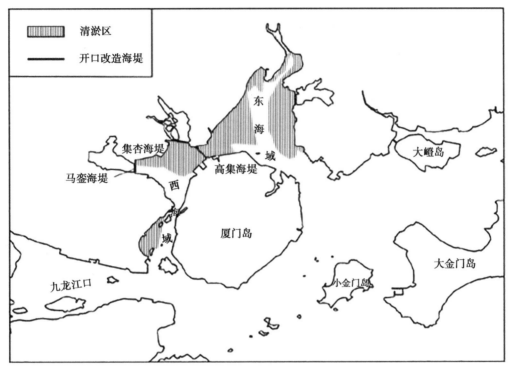

图 6-16 厦门海域清淤整治工程范围示意（杨金艳 等，2020）

（4）岸线整治修复

我国沿海的海湾数量众多、类型多样，有 109 个被收录至《中国海湾志》，海湾岸线占中国大陆海岸线的 2/3 以上。自 20 世纪 70 年代以来，自然岸线迅速消失而人工岸线急剧增长的发展态势，以及岸线开发利用程度持续增强的态势在沿海主要海湾层面表现得尤为突出，导致海湾自然岸线及潮滩空间被大幅压缩，甚至完全缺失，生态系统结构受损，潮滩湿地功能衰减。因此，应把生态保护放在优先位置，以恢复自然岸线功能为目标，以栖息地恢复与植被种植为手段，实现海湾受损岸段的岸线自然形态塑造和生态功能恢复，维护生态系统稳定。在海湾岸线整治方面，与海湾国土空间规划、海洋生态保护红线规划、相关产业规划等方案相衔接，因地制宜，综合运用生态保护、环境整治、生态建设等手段，协调推进岸线修复与综合整治，确保海湾生态环境质量稳步提升。

淤泥质海岸可能会面临岸线侵蚀问题，针对岸线侵蚀的工程措施一般可采用生态海堤防护；砂质海岸面临的问题一般为岸滩侵蚀，可以采用人工补砂修复岸线的措施。基岩质海岸面临的问题是在海侧的人为构筑物破坏海岸形态，岩面上人类活动造成污染，一般采用拆除构筑物和清理基岩的措施，将原始基岩暴露出来即可。

思考题

1. 陆源入海水污染物的类型包括哪些？
2. 什么是海洋环境容量？
3. 如何开展入海排污口选划？
4. 海上溢油来源及危害有哪些？
5. 海水养殖污染特征及生态恢复措施有哪些？
6. 如何开展海湾综合整治？
7. 如何实现海洋环境保护的陆海统筹？

第7章 海岸带固体污染物控制与治理

海岸带是人口密集的区域，也是沿海各城市建设和生活消费的重点区域。在城市化日益加快进程中，沿海城市生活垃圾、工业垃圾等固体废弃物的日产量大大超过现有的处理能力，已经开始出现垃圾围城的窘境。大量固体废弃物的形成、堆放不仅占据大量用地，同时易对周围的环境如土壤、水体造成难以逆转的污染，产生的有害气体扩散至大气，严重影响空气质量。固体废弃物特别是有害固体废物，若处置处理不当，将会通过各种途径危害人体健康。固体废弃物已成为当前社会的一大公害，其防治任务仍为重中之重。

7.1 固体废弃物的分类与特征

固体废弃物，简称固体废物或固废，俗称垃圾，是指"在生产、生活和其他活动中产生的丧失原有利用价值或者虽未丧失利用价值但被抛弃或者放弃的固态、半固态和置于容器中的气态的物品、物质以及法律、行政法规规定纳入固体废物管理的物品、物质"。固体废弃物的产生一方面是由于人们在索取和利用自然资源从事生产和生活时，限于实际需要和技术条件，总要将其中一部分作为废物丢弃；另一方面是由于各种产品本身有其使用寿命，超过了一定的期限，就会成为废物。

7.1.1 固体废弃物的分类

固体废弃物的分类方式多样，根据废弃物来源，固体废弃物可分为生活固体废弃物、工业固体废弃物、农业固体废弃物和危险废弃物（表7-1）。

表7-1 固体废弃物的分类、来源和主要组成物

分类	来源	主要组成物
生活固体废弃物	居民生活	食物垃圾、纸屑、布料、木料、金属、玻璃、塑料陶瓷、燃料灰渣、碎砖瓦、废器具、粪便、杂品
	商业机关	管道等碎物体，沥青及其他建筑材料，废汽车、废电器、废器具，含有易燃、易爆、腐蚀性、放射性的废物
	市政管理	碎砖瓦、树叶、死禽畜、金属、锅炉灰渣、污泥、脏土等

续表

分类	来源	主要组成物
工业固体废弃物	矿山、选冶	废矿石、煤矸石、尾矿、金属、废木砖瓦、石灰等
	冶金、交通、机械等	金属、矿渣、砂石、模型、陶瓷、边角料、涂料、管道绝热材料、黏接剂、废木、塑料、橡胶、烟尘等
	食品加工	肉类、谷类、果类、蔬菜、烟草
	橡胶、皮革、塑料等	橡胶皮革、塑料布、纤维、染料、金属等
	造纸、木材、印刷等	刨花、锯末、碎木、化学药剂、金属填料、塑料、木质素
	石油化工	化学药剂、塑料、橡胶、陶瓷、沥青、油毡、石棉、涂料
	仪器仪表等	金属、玻璃、木材、橡胶、塑料、化学药剂、研磨料等
	纺织服装业	布头、纤维、橡胶、塑料、金属
	建筑材料	金属、水泥、黏土、陶瓷、石膏、石棉、砂石、纸、纤维
	电力工业	炉渣、粉煤灰、烟尘
农业固体废弃物	农林	稻草、秸秆、蔬菜、水果、果树枝条、废塑料、粪便、农药
	水产	腐烂鱼、虾、贝壳，水产加工污水、污泥
危险废弃物	核工业及其他	废旧电池，含放射性废渣、粉尘、污泥、器具等

（1）生活固体废弃物

生活固体废弃物是指在日常生活中或者为日常生活提供服务的活动中产生的固体废物以及法律、行政法规规定视为生活垃圾的固体废物，由日常生活垃圾和保洁垃圾、商业垃圾、医疗服务垃圾、城镇污水处理厂污泥、文化娱乐业垃圾等为生活提供服务的商业或事业产生的垃圾组成，如厨房废物、丢弃食品、废纸、生活用具、废电池、废日用品、玻璃、陶瓷碎片、废塑料制品、煤灰渣、废交通工具等。快速增长的生活垃圾，不仅加重了城市的环境污染，也给城镇管理带来了巨大的压力。目前，生活垃圾的管理和处置方式，逐渐转变为源头减量、循环利用和末端处置模式。同时，生活垃圾源头分类收集正在各个城市推行，可以从源头上减少垃圾的产生量，最大限度地实现生活垃圾资源化，也使得垃圾处置工艺得到简化，运输和处理成本显著降低。

在生活垃圾处置方面，主要采取资源化利用、填埋和焚烧的方式，如经过垃圾分类后，废纸、废日用品料等可以回收再利用，厨余垃圾经过适当处理可以作为动物饲料，玻璃、煤灰渣、陶瓷碎片等垃圾可以采取建设填埋场的方式进行填埋，废塑料、建筑垃圾等可以采用焚烧等方式处置，产生的热量可以用于发电和供暖，焚烧灰渣可以用于制砖、沥青和混凝土骨料及填充材料。

（2）工业固体废弃物

工业固体废弃物是指工业生产活动中产生的固体废物，可分为一般工业废物（如高炉渣、钢渣、赤泥、有色金属渣、粉煤灰、煤渣、硫酸渣、废石膏、脱硫灰、电石渣、盐泥等）和工业有害固体废物。工业固体废弃物产生于不同行业的各种生产车间，种类组成复杂多样，物质组成、形状、结构、性质各不相同。若任意堆存或不合理处置，不仅会造成大量土地资源的浪费，而且会污染土地、河流、空气，威胁公众的身体健康。目前，用于工业固体废弃物处置处理的方法包括综合利用、填埋和焚烧等方法。资源化综合利用是指采取循环经济的产业模式，经过适当的工艺处理，可成为工业原料或能源，如制成水泥、混凝土骨料、砖瓦、纤维、铸石等建筑材料；提取铁、铝、铜、铅、锌等金属和钒、铀、锗、钼、钪、钛等稀有金属；制造肥料、土壤改良剂等。填埋处置是目前我国多数工业固体废弃物采取的处置方法，但应根据固体废弃物的种类以及对环境目标的影响，分类采取不同的填埋方式，如建筑垃圾、工厂日常垃圾等惰性废弃物可以在城市垃圾填埋场处置，而铬渣、汞渣以及易产生渗透液等有害固体废弃物，应对填埋场进行科学选址，并采取防渗保护处理、液体封存、渗透液收集与处置、填埋气的收集与处理、最终封场并采取植被修复等多项措施；对于易燃易爆和带有高、中水平放射性的固体废弃物，不能地面填埋，而应建设特殊废弃物深地质处置库。焚烧处置要选择有燃烧价值的工业固体废物，通过建设焚烧厂的方式进行处置，在焚烧过程中应关注投资收益、占地面积以及环境污染的影响。

（3）农业固体废弃物

农业固体废弃物是指农业生产活动中产生的固体废物，包括种植业、林业、畜牧业、渔业、副业五种农业产业产生的废弃物。按其来源分为：农田和果园残留物，如秸秆、残株、杂草、落叶、果实外壳、藤蔓、树枝和其他废物；农产品加工废弃物；牲畜和家禽粪便以及栏圈铺垫物；人粪尿以及生活废弃物。农业固体废弃物是一种特殊形态的可再生资源，可以根据其理化性质，采取一定的技术手段，有目的地对其进行资源化利用，如利用废弃物中的生物质能，可以将其作为沼气燃料、沼气发电、燃料油等能源开发利用；利用其中的营养成分，将其制作成土壤有机肥料和动物饲料；利用废弃物中的高纤维性植物废弃物，生产纸板、纤维板、建材板等功能材料；利用其化学性质，从中提取有机和无机化合物，生产化工原料和化学制品等。

（4）危险废弃物

危险废弃物是指被列入《国家危险废物名录》或者根据国家规定的危险废弃物鉴别标准和鉴别方法认定为具有危险特性的废物，如废旧电脑、通信设备、家用电器以及被淘汰的仪器仪表等电子废弃物、废旧电池、有毒污泥等。危险废弃物由于危险性比较大，应特别注重管理。《中华人民共和国固体废弃物污染环境防治法》中规定了对危险废弃物的管理要求：对于危险废弃物应遵循分类管理；强制处理；对危险废弃物的收集、贮存、转移和处置等重点环节重点控制；对于危险废弃物实行集中处置的原则进行管理。目前，针对电子废弃物，主要采取资源化循环再利用的方式进行处置，针对废旧电池，主要借助于冶金技术提取金属物质进行再生和资源化利用，同时加强废气、废液、废渣的处置处理。

7.1.2　固体废弃物的特征

（1）环境污染性

固体废弃物具有多方面的环境污染性。固体废弃物的污染性表现为固体废弃物自身的污染性和固体废弃物处理的二次污染性。固体废弃物可能含有毒性、燃烧性、爆炸性、放射性、腐蚀性、反应性、传染性与致病性的有害废弃物或污染物，甚至含有污染物富集的生物，有些物质难降解或难处理、固体废弃物排放数量与质量具有不确定性与隐蔽性，固体废弃物处理过程生成二次污染物，这些因素导致固体废弃物在其产生、排放和处理过程中对视觉和生态环境造成污染，甚至对身心健康造成危害，这说明固体废弃物具有污染性。固体废弃物呆滞性大、扩散性小，它对环境的影响主要通过水、气和土壤进行，其污染成分的迁移转化，例如对固体废弃物进行填埋处理，浸出液在土壤中的迁移，是一个比较缓慢的过程，其危害可能在几年甚至几十年后才能发现，因此，从某种意义上讲，固体废弃物特别是危险固体废物对环境造成的危害可能比水、气造成的危害严重得多。若对固体废弃物不合理地进行焚烧处理，极易产生有毒有害气体和灰尘，排放不当会污染大气环境以及会严重影响人们生活的空气质量。

（2）资源和废物的相对性

固体废弃物的资源性表现为固体废弃物是资源开发利用的产物和固体废弃物自身具有一定的资源价值。固体废弃物只是在一定条件下才成为固体废弃物，当条件改变后，固体废弃物有可能重新具有使用价值，成为生产的原材料、燃料或消费物品，因而具有一定的资源价值及经济价值。固体废弃物虽然是被人们当作无使用价值而被丢弃的物品，其实并不是绝对的没有任何使用价值的。兼有废物和资源的双重性的固体废弃物一般具有某些工业原材料所具有的物理化学特性，较废水、废气易收集、运输、加工处理，可回收利用。固体废弃物是在错误时间放在错误地点的资源，具有鲜明的时间和空间特征。从时间维度看，它仅仅是在目前的有限的科学技术经济条件下，无法对其加以利用，但随着时间的推移，科学技术的发展，以及人们的消费需求的转变，今天的固体废弃物可能明天会变成另一种可供循环使用的有用资源。从空间维度看，废物只是相对于某一个特定过程或某一特定方面来说是没有使用价值的，而并不是在一切过程或一切方面都没有使用价值。一种过程产生的废物，往往可能成为另一种生产过程的原料。

（3）种类繁多、数量巨大

固体废弃物大多是面源污染，从数量上分析，固体废弃物的种类繁多，成分复杂，数量巨大，是环境的主要污染源之一，其危害程度已不亚于工业废水污染和大气污染。究其原因，是由于目前的科学技术水平有限，不可能做到完全地利用和消耗从自然界所取得可供我们利用的资源。在我们日常生活中，固体废弃物的身影无处不在，从化工厂的工业下脚料，到开采矿产资源所产生的废石，再到每个家庭每天都会产生的生活垃圾等，固体废弃物的身影几乎会出现在我们日常生活的每一个角落。特别是近年来兴起的化工产业，生产出大量的成分复杂的合成材料，而这些合成材料在自然环境中并不存在，这些合成材料废弃后与其他固体废弃物一起，使得固体废弃物的成分愈趋复杂。

7.2　海洋垃圾的处置与防控

海洋垃圾是由生产生活垃圾收集、处理或者是人们故意或者无意丢弃或者抛弃或者遗弃进入海洋环境的固体物质，包括一些盛装液体或者气体的固体容器；污泥与航道疏通物则不属于海洋垃圾范畴，工业固废、有毒有害废弃物、放射性废弃物也不包括在内，海洋垃圾大多数由塑料垃圾构成。随着人们对海洋资源环境的开发利用的持续深入，海洋垃圾产生的数量不断增长，海洋垃圾污染形势也愈发严峻。海洋垃圾污染问题是一个国际性的难题，防治海洋垃圾污染，改善近岸海域环境质量，是海洋环境保护的一项长期任务。

7.2.1　海洋垃圾的来源和分类

（1）海洋垃圾的来源

海洋垃圾主要来源于两种途径。一是陆源污染。这种污染主要分为两种情况，一种是人类行为，包括主观意识上的丢弃和非主观意识上的遗失行为，主要为由于河流等地表径流带入海洋或通过排污口排放入海洋的固体废弃物，也包括游客在海边游玩遗留或丢弃的塑料瓶、塑料袋、包装袋、打火机等垃圾，沿岸住民生活、娱乐和消费行为排放的固体物质；另外一种属于不可抗力因素下的自然行为，即在台风、海啸、洪水等恶劣的气候条件下，大量固体废弃物被带入海洋环境中，也会将大量的漂浮垃圾冲上海滩成为海滩垃圾。二是海源污染。这类污染主要来源于海上生产活动产生的垃圾以及船舶作业和运输过程中产生的生活垃圾，既包括船员或游客丢弃的垃圾，也包括渔民、养殖户等在渔业生产活动中由于恶劣天气等不慎落入海洋或由于自身原因丢弃至海洋的废旧渔网渔具。据统计，陆源垃圾占据了全部海洋垃圾的80%，剩余20%主要来源于海运和海洋渔业活动。

（2）海洋垃圾的分类

当垃圾进入海洋环境中，或漂浮在海面，或沉积到海底，或滞留在海滩。因此，根据海洋垃圾空间尺度的划分，可将海洋垃圾划分为漂浮垃圾、海滩垃圾与海底垃圾三个大类。漂浮垃圾主要为漂浮在海面上的固体废弃物，包括塑料绳、塑料碎片、塑料袋和木片等；海滩垃圾主要为留在海滩上的固体废弃物，包括香烟过滤嘴、泡沫、塑料碎片、塑料绳、包装类塑料制品、纸片和木片等；海底垃圾主要为已经沉入海底的垃圾，包括塑料碎片、塑料袋、渔网、玻璃瓶、塑料绳、金属和木制品等。据统计，人类活动产生的海洋垃圾数量惊人，全球每年大约有 $1\,000 \times 10^4$ t 的垃圾进入海洋，而每天就有大约 800 万件垃圾进入海洋。海洋垃圾进入海洋大约 70% 沉降至海底，15% 左右长期漂浮于海上，还有 15% 左右滞留在海滩上。

根据《海洋垃圾监测与评价技术规程（试行）》，用淡水清洗垃圾内部的沙质泥泞沉积物，自然干燥后根据垃圾的材料和尺寸规格将其分类：按照垃圾材料类型分为塑料类、聚苯乙烯泡沫塑料类、玻璃类、金属类、橡胶类、织物（布）类、木制品类、纸类和其他人造物品及无法辨识的材料；按照切割物体形心的最大尺寸可分为小于 2.5 cm 的小块垃圾，2.5~10 cm 的中块垃圾，10~100 cm 的大块垃圾，大于 100 cm 的特大块垃圾。此外，按是否对生物有毒可分为有毒垃圾和无毒垃圾；按是否在海水里能自动溶解分为可溶解垃圾和不可溶解垃圾。结合垃圾的有毒性和可溶解性，又可以将近海岸垃圾划分为有毒可溶解垃圾、无毒可溶解垃圾、有毒不可溶解垃圾以及无毒不可溶解垃圾。

7.2.2 海洋垃圾的危害

海洋垃圾对人类、自然界生物和海洋生态环境的影响较为恶劣，对海洋生态系统的潜在生态风险巨大，如不及时进行清理，将会造成水质恶化、海洋生物大量死亡、海洋生态系统被打乱等严重后果，同时也不可避免地会严重影响到人类的生产生活，塑料垃圾已在海洋中形成了"第七大陆"。

（1）破坏景观，造成视觉污染

视觉污染是海洋垃圾所带来最直观的影响。大量由于游客不文明行为而产生的垃圾，散落在海滩等滨海旅游景区，对当地的滨海旅游业发展产生明显的不良影响。随着沿海地区经济的快速发展，人为因素对海岸带自然环境产生的影响越来越大，海洋垃圾数量也开始大幅度增加。海滩上的塑料垃圾包含了涨潮时从海洋中冲上岸的漂浮垃圾，还有人们随意丢弃在海滩上的塑料制品。散落在海滩上的大量塑料垃圾，会破坏海滩环境的美观，对海洋旅游业的发展产生影响，导致旅游业收入的下降。

（2）海洋生物生态受损

海洋垃圾引发的污染主要表现在对海洋生物、生态系统的影响，如被海洋生物误食，或缠绕海洋生物致其缺氧死亡等。海洋中大量微生物会吞噬微小的垃圾碎片，海鸟、海龟、鱼类等生物因吞噬塑料垃圾而使自身的进食和消化功能受损而死，鲸类等海洋哺乳动物被绳索和渔网缠绕而窒息，珊瑚等生物因海底垃圾覆盖而死亡。同时，持续性有机污染物质将通过食物链循环影响海洋生物。

1）海洋动物误食或被缠绕。

海洋垃圾中，废弃塑料因持久性，在海水中若干年后才会降解，加上其对生物体的毒性，摄食海洋垃圾会导致堵塞消化道、营养不良和中毒。体积大的塑料一般在风化等自然作用下变脆，并不断地破裂成塑料碎片。一些小型的塑料碎片和塑料微珠与一些海洋生物的食物相似度很高，因而很可能被海洋中的捕食者误食。

海洋塑料垃圾在一定条件下会缠绕海洋生物而导致其死亡。海洋生物在活动过程中可能被漂浮的塑料垃圾包围缠绕并无法摆脱。某些塑料废弃物的外观与海洋生物的食物相似度较高，会引诱海洋生物前来捕食并出现被缠绕的问题。也有一部分海洋生物喜欢聚集在垃圾富集区，在此区域活动的生物被塑料垃圾缠绕的可能性明显增加，导致它们可能被饿死，或者被其他捕食者直接吞噬，或是在逃脱过程中受伤而影响生物体机能，生存的概率明显降低。

2）破坏海洋生态系统。

海洋垃圾中占比较高的塑料类物质，往往不易腐蚀，降解难度高。当其进入海洋后，由于密度小，在浮力作用下长期漂浮在海面上，可能导致水质恶化。大量的塑料垃圾漂浮于海面，导致水面被遮挡，对水中的溶解氧会产生明显的影响，同时阳光也难以折射入水中，将给绿色水生植物的生长代谢带来不良影响，最终导致水体变黑、发臭，水质大幅度降低，易引发其他海洋生物因缺氧而死亡的问题。而其他比重较大的海洋垃圾则沉入水底，覆盖在海底动植物上，影响、破坏其生理特性与生境，甚至导致其死亡。

此外，海洋垃圾还扮演着生物群运输载体的角色，成为外来物种入侵的载体，进而打破本地的生态系统平衡。外来物种可附着在海洋垃圾表面，且受到波浪和洋流的带动而长距离迁移，若它们在新的生境中没有遇到任何天敌，将会导致其种群数量急剧增长。

（3）影响渔业生产

渔业资源是海洋提供的直接资源，渔业形成了以捕捞业和养殖业为主的多种产业，这些产业与海洋垃圾相互影响。一方面，渔业过程产生的垃圾弃置于海洋生态系统中，如海水网箱养殖生产过程中使用的泡沫塑料箱、丢弃的网片，以及在休闲垂钓时丢掉的钓鱼用具，如鱼线、鱼饵、鱼钩、铅坠，都会导致各种野生动物受伤，尤其是废弃渔网会在洋流作用下被绞在一起，成为海洋生物的"死亡陷阱"；另一方面这些海洋垃圾分解的化学物质直接对鱼体产生危害，影响渔业种群资源，同时一些垃圾对渔船船桨和网具的缠绕也影响到渔业生产作业流程。

（4）影响船舶航行安全

海洋垃圾多含有不易降解的物质，此类物质主要有石油及其产品、塑料、重金属物质和放射性核素等。在长期的污染排放过程中，海洋垃圾在海洋环境中逐渐积聚，产生了各方面的不良影响，如海洋垃圾通常会缠绕船舶螺旋桨并损坏船身和机器，引发事故和停驶；漂浮的大片海洋垃圾会与船舶碰撞、遮挡浮标，阻碍船舶的正常航行。沉在海底的海洋垃圾大量堆积后，可逐渐形成浅滩，从而进一步影响航行安全。

（5）影响人体健康

由于生物富集作用，漂浮垃圾带来的微塑料等污染物会随着食物链向上积累，人类作为食物链顶端的生物，难免遭受污染物危害。塑料中的有机单体和有毒添加剂会释放进入海洋引起污染，同时，微塑料在迁移过程中会从周围环境富集持久性有机污染物及重金属，对海洋生物产生复合污染毒性效应，在生物体内富集并进一步随着食物链传递，从而对海洋生物的生存以及人类健康造成严重威胁。如聚苯乙烯塑料降解之后产生的苯乙烯单体可能引发细胞癌变，苯乙烯三聚体的毒害作用也很强，严重威胁人体健康；部分塑料在降解过程中会释放双酚 A，会影响人类的身体健康，导致心脏病、生殖疾病等。海洋垃圾也会被海鸟和海洋中的动物误食，通过食物链传输给人类，影响人类健康。因此，出现在餐桌上的鱼虾很可能并不安全，海洋生物体内存在塑料污染物，通过食物链作用将不同程度地影响人类自身的健康。海洋垃圾还会影响到公众安全，例如，海滩垃圾存在的医疗卫生废弃物存在潜在危害，水体中废弃渔网等海洋垃圾可能伤及潜水者，或是缠绕船舶螺旋桨影响航海安全。

7.2.3　海洋垃圾的防控

（1）海洋垃圾管理制度

健全的海洋环境保护法律制度是海洋垃圾处理工作顺利进行的制度保证。制定和完善有关海洋垃圾治理的法律法规，可以指导和约束人们的海洋活动行为，为界定违反海洋垃圾治理相关规定的行为以及对其行为进行责任追究提供法律依据。

建立海洋环境有偿使用制度。海洋环境不能无偿消费，否则会造成过度消费和泛滥消费。只有对海洋倾废建立起合理的有偿使用制度，人们才会认真地对待海洋垃圾，在倾倒废物成本高于垃圾处理成本时，海洋环境保护才能得到真正的落实。因此，实施"谁利用谁付费""谁污染谁负责清理"的海洋环境有偿使用制度，能减少海洋环境污染，解决海洋污染资金缺口。

建立海洋垃圾监测—清理—上报制度，按照属地管理原则分级落实辖区海洋垃圾清理责任。海洋垃圾清理实行"第一责任人制"，垃圾所在海域的海域使用权人、港口（码头）作为第一责任人负责清理使用或经营管理海域范围内海洋垃圾，其他海洋垃圾由所在社区负责清理。各责任单位要建立巡管队伍，购置海洋垃圾清理装备，组织开展责任岸滩巡查，及时做好海洋垃圾分类收集、清理和数据上报工作，保护海洋环境。

（2）海洋垃圾源头控制

海洋垃圾的控制，应从废弃物的来源着手，制定具有针对性的预防和控制措施，解决海洋垃圾污染问题。实施"河长制""湾长制"，聘请保洁队伍，定期组织对河道、沟渠、海滩、港湾岸边堆放垃圾情况的排查，防止在暴雨季节洪水将垃圾冲刷入海，凡倾入沟渠、河道、海岸及周边的各类滞留垃圾物，都要迅速清理并送往处理场，实现水面无漂浮物、河（海）岸无垃圾的目标。在大型拦河闸坝前以及流域交界水面设置垃圾拦截设施，建立水上垃圾清运保洁队伍，配备打捞船只和垃圾转运车辆，建立层层拦截和日常巡查责任制，做到定时清理和集中处理。近岸围海及开放式养殖区要设立垃圾收集容器，建立并落实海上垃圾清运制度。按行政区划以及大坝权属实施水面垃圾分段拦截清运。

（3）海洋垃圾分类与回收

垃圾分类就是在源头将垃圾进行分类投放，并通过分类收集、分类运输和分类处理，实现垃圾减量化、资源化和无害化。海洋垃圾的构成不仅多样而且复杂，提高经济以及资源的价值，使资源得到最大化的利用是对其进行分类的最终目的。建立海洋垃圾分类制度，有毒垃圾、不可溶解垃圾一律不得倾入大海，只有无毒可溶解垃圾才能倾倒进海洋里。对于有毒垃圾，要在排入海洋前采取消毒措施；对于不可溶解垃圾，可使用化学反应等措施，对海洋垃圾作溶化处理，达到倾废要求后，才能排进海里。

海上垃圾大部分为塑料，而几乎所有的塑料都以石油为原料，其主要成分为碳氢化合物，燃烧后会释放出巨大能量，可将海洋垃圾进行打捞收集、分类处理后，用于焚烧发电。海洋垃圾中有大量的塑料瓶、玻璃瓶、饮料罐、渔网、木板等，通过收集、分类后，可以回收循环利用。

（4）规范海上垃圾处置与管理

《船舶水污染物排放控制标准》（GB 3552—2018）于2018年7月1日起实施。该标准将船舶垃圾分为十类，包括塑料废弃物、食品废弃物、生活废弃物、废弃食用油、废弃物焚烧炉灰渣、操作废弃物、货物残留物、动物尸体、废弃渔具和电子垃圾，并提出了不同类别的垃圾在不同水域的排放控制要求。该标准有关垃圾禁止排放的要求主要包括：内河水域禁止排放船舶垃圾；任何海域禁止排放塑料废弃物、废弃食用油、生活废弃物、焚烧炉灰渣、废弃渔具和电子垃圾；距最近陆地3海里及以内海域禁止排放食品废弃物；距最近陆地12海里及以内海域禁止排放货物残留物和动物尸体；不满足排放要求的废弃物禁止排放等。

船舶垃圾污染防治工作必须加强船岸双方的相互衔接和配合，并加强监管和机制建设。船舶要按要求严格落实船上垃圾分类和临时储存，配备齐全船舶垃圾防污染设施设备并保持运行正常。为做好船舶垃圾分类与接收设施所在地垃圾分类的衔接，要按照航行目的港提前做好安排。大型船舶可在船上进行垃圾减量化预处理，如采用切碎机、碎浆机、压实机和焚烧炉预处理以减少垃圾体积并提高搬运效率。相关部门要加强船舶垃圾排放监管，重点整治过往船舶、作业船只、近海养殖、滨海旅游等活动向近海抛弃各类垃圾。

（5）加快环境卫生基础设施建设

要加快海湾沿岸、流域两岸垃圾收集、中转、无害化处理设施的建设，如通过物联网、人工智能简化和便利船岸垃圾交付流程，减少船岸衔接过程的人工干预；在集中接收点增加垃圾压实减量设备以实施垃圾减量化；采用密封或冷藏设施防止可降解类垃圾临时储存产生的恶臭影响；干散货卸货港口增加货物残留物接收功能等。

7.3 海洋微塑料处置与防控

塑料在给人类生活带来便利的同时，也引起了严重的环境问题。目前，全球每年塑料产量已超过 3×10^8 t，大量塑料垃圾通过多种途径进入海洋，并最终以微塑料的形式存在于海洋中，使得海洋几乎成了一个塑料世界。微塑料已成为海洋乃至全球环境的新兴污染源。海洋微塑料是指粒径很小的塑料颗粒以及纺织纤维。目前学术界对微塑料的尺寸还没有共识，但通常认为粒径小于 5 mm 的塑料纤维、颗粒或者薄膜即为微塑料，实际上很多微塑料可达微米乃至纳米级，肉眼是不可见的，因此也被形象地比作海洋中的"PM 2.5"。

7.3.1　海洋微塑料特征

7.3.1.1　微塑料的组成

环境中微塑料的类型组成十分丰富，主要包括发泡类、碎片类、纤维类、颗粒类、小球类等。发泡类微塑料主要由白色泡沫破碎形成，质地软、易破碎，是众多海滩环境中十分常见的微塑料类型，在部分海滩中占比远远高于其他类型。碎片类微塑料颜色丰富，形状各异，在部分海滩中也可大量存在。纤维类微塑料是微塑料污染中的另一主要类型。很多研究在近海沉积物中发现了大量的纤维类微塑料。一方面，沿海地区人口密集，频繁的人类活动产生了大量的纤维类微塑料，如纺织品生产、衣物洗涤等；另一方面，在近海渔业养殖等活动中，渔网、鱼线的使用也可以产生大量的纤维类微塑料。颗粒类微塑料多为形状不规则的微塑料颗粒，由于分类标准不同，大多数研究将颗粒类与小球类归作一种微塑料类型。

微塑料的成分组成也存在差异。发泡类微塑料的成分主要为聚苯乙烯。碎片类微塑料成分主要为聚丙烯和聚乙烯。颗粒类微塑料成分有聚丙烯、聚乙烯、聚氯乙烯、聚四氟乙烯等。小球类微塑料成分多为聚乙烯、聚丙烯。

7.3.1.2　微塑料的来源

环境中的微塑料来源有很多，主要可以分为两大类：原生来源和次生来源。原生来源主要是生产制造时塑料颗粒粒径在微塑料尺寸范围内；次生来源主要是大塑料在环境中经过物理、化学和生物作用破碎后形成的微塑料（见图 7–1）。

（1）原生来源

原生微塑料主要分为化妆品微珠、工业清洁产品中的磨砂微珠以及工业生产中的原生树脂颗粒。

1）日化行业。随着塑料的兴起，大部分日化公司都使用微珠替代天然去角质成分。这些产品通常由聚乙烯、聚丙烯、聚对苯二甲酸乙二醇酯和尼龙制成。含有微塑料的主要日用化妆产品包括：洗面奶、沐浴露、牙膏、剃须泡沫、口红、防晒霜、睫毛膏等，仅一支磨砂洗面奶中所含的微珠就达 30 万颗以上。化妆品中的微珠大多会随污水进入城市生活污水管道中，由于其尺寸较小，流经污水处理厂时无法被拦截，最后随水流排放进入淡水或海洋环境中。

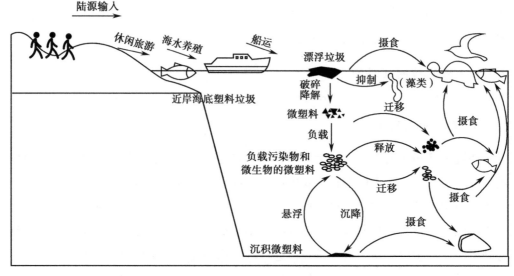

图 7-1　微塑料的来源、分布及生态影响示意（孙承君 等, 2016）

2）纺织与服装行业。纺织与服装行业是海洋生态系统中微塑料的来源之一。纺织与服装行业主要使用的是聚酯纤维、尼龙纤维和丙烯酸纤维（均是塑料），它们都可以从衣服上脱落并在环境中持久存在。平均每件衣物可以脱落 1 900 多根纤维，洗衣服的过程导致每升水平均损失 100 多根纤维。

3）塑料制造行业。塑料制品的制造需要使用颗粒和小树脂颗粒作为原料。原生树脂颗粒主要为制造塑料制品的原材料，多在生产、加工、港口运输的过程中泄漏进入海洋环境中。树脂颗粒尺寸为 1~5 mm，辨识度较高；颜色多为白色、蓝色、绿色和棕色；形状主要为球形、椭球形以及圆柱状；聚合物类型包括聚乙烯、聚丙烯等多种成分。

（2）次生来源

微塑料的次生来源相对较为复杂，涉及工业、生活、农业、交通、建筑等各个行业。

1）行业生产。工业生产过程中，汽车厂、造船厂的喷漆和维修等过程会产生漆片类微塑料粉尘，这些微塑料粉尘可直接进入或者通过污水管道等间接进入海洋环境中。在室内生活中，家居塑料品的磨损、纺织衣物的洗涤等过程会产生微塑料，这些微塑料可通过生活污水排放进入海洋环境中。在交通行业中，道路涂料和轮胎等磨损会产生涂料碎片和橡胶类微塑料，这些微塑料经过雨水的冲刷可进入雨水或污水排水系统。在室外商业建筑中，塑料制品的管道或其他公共设施经过无意间磨损也会产生微塑料。农业生产中会使用地膜或大棚塑料膜等，这些薄膜使用后被丢弃在环境中，经过环境作用会风化成碎片类微塑料并逐渐在土壤环境中积累。

2）渔具。在渔业或水产养殖活动中，人们会使用大量的养殖类塑料制品，如浮子、渔网、渔绳等，这些塑料制品在使用过程中也会磨损，如果没有得到妥善管理，会对海洋生物造成巨大的风险，并成为次生微塑料。

3）塑料容器。塑料容器是最常见的海洋垃圾，包括塑料袋、杯、瓶、吸管等塑料容器在内的塑料制品极大地方便了人们，但其往往在使用一两次之后就被丢弃，缺少后续管理会造成塑料垃圾和资源浪费。大量的废弃物通过各种途径进入海洋，经环境风化作用后发生破碎，形成微塑料。

7.3.2　海洋微塑料的危害

塑料结构稳定，不易被生物降解，降解一般需要数百年甚至数千年的时间，这增加了塑料碎片被摄入许多生物体内和组织中的可能性。微塑料进入水环境后造成的危害主要表现在被海洋生物误食后引起的不良影响。

（1）生物体内蓄积

主动摄食和鳃呼吸是微塑料进入水生生物体内的主要方式，微塑料会从基因、分子、器官等各个层面影响水生生物的行为方式、摄食习惯、生长发育、繁殖能力，更严重的甚至会引起个体死亡。由于微塑料的粒径、形状及密度等物理性质与浮游生物具有相似性，以浮游生物为食的生物容易误食。误食微塑料后会给生物造成饱腹感，而这会影响生物的正常摄食，从而导致其能量摄入不足，最终有可能会在虚假的饱腹感中饥饿而死亡。同时，在食入微塑料的过程中会对生物体的消化系统产生机械损伤，可能会阻塞甚至破坏其食道或排泄系统，造成微塑料在生物体内的长期存留。一个塑料袋的平均使用时间或许只有 25 min，但要实现降解至少需要 470 年，同时微塑料容易被海洋生物吞噬，在海洋生物体内蓄积，危害海洋生物安全。

（2）危及人体健康

塑料物品在制造过程中会加入部分有毒单体或者添加剂，从而增强其物理特性，如邻苯二甲酯酸、增强塑料抗氧化性的酚类、延缓塑料光降解的二苯甲酮类、增加塑料热稳定性的铅类、增加塑料阻燃性的六溴联苯等多种化学成分，而在被生物误食之后，这些有毒物质会释放出来对生物体造成化学毒性污染，甚至由于生物富集作用，这些污染物可能通过食物链传递，最终影响人类身体健康。有研究表明，人体吸入暴露在空气中的微塑料可能引发肺部炎症，而摄入体内的微塑料可能会通过人体细胞内吞作用进入细胞内而产生原发性和继发性基因毒性。

（3）富集污染物

微塑料体积小，这就意味着更高的比表面积（比表面积指多孔固体物质单位质量所具有的表面积），比表面积越大，吸附污染物的能力越强。环境中已经存在大量的多氯联苯、双酚 A 等持久性有机污染物（这些有机污染物往往是疏水的，就是说它们不太容易溶解在水中，所以它们往往不能随着水流随意流动），一旦微塑料和这些污染物相遇，会聚集形成一个有机污染球体。富集了持久性有机污染物、重金属或病原菌的微塑料比普通微塑料具有更强的生物毒性，进入生物体后对生物危害更大。

7.3.3 海洋微塑料的防控

海洋是全人类"共享"的公开环境，微塑料污染将对人类社会产生全球性的影响，其污染治理离不开各国的广泛合作。2016 年，联合国环境大会对全球海洋微塑料污染情况发布报告，呼吁全球沿海国家开展关于微塑料的研究工作及法律规制。但在当前最基础也是最重要的监测与分析领域，国际上尚无统一的标准，相关领域的研究人员采用的计量单位、采样手段和分析方法等各不相同，导致研究结果难以互相比较，治理政策缺乏高可信度的数据基础。

（1）源头控制

微塑料污染的控制应该从源头做起，一是通过科普及宣传教育来提高公众的积极性和重视程度，建立完善的塑料垃圾污染公共环境意识体系。防控微塑料污染的关键在于减少废弃塑料进入环境的总量，减少废弃垃圾的随意丢弃和泄漏，使废弃塑料进入回收利用的良性循环。完善垃圾分类制度，加快可降解塑料及塑料替代产品的开发和推广，设立相关的法律法规禁止塑料垃圾的非法倾倒，加强对塑料加工、处理产业的监督管理，严格把控其固体废物和污水的排放等。二是提高废旧塑料的回收利用技术，如采取循环型物流模式等。

2007 年 12 月 31 日，我国发布《国务院办公厅关于限制生产销售使用塑料购物袋的通知》，从 2008 年 6 月 1 日起，在全国范围内禁止生产、销售、使用厚度小于 0.025 mm 的塑料购物袋，商品零售场所有偿使用塑料袋。限制塑料袋的使用取得一定成效，但目前其影响也逐渐被弱化，电商、快递、外卖等新型行业逐渐成为塑料袋及塑料包装使用的重点领域。2020 年 1 月 19 日，《关于进一步加强塑料污染治理的意见》颁布出台，要求禁止生产和销售厚度小于 0.025 mm 的超薄塑料购物袋、厚度小于 0.01 mm 的聚乙烯农用地膜；禁止以医疗废物为原料制造塑料制品；全面禁止废塑料进口；到 2020 年年底，禁止生产和销售一次性发泡塑料餐具、一次性塑料棉签；禁止生产含塑料微珠的日化产品；到 2022 年年底，禁止销售含塑料微珠的日化产品。禁止（限制）使用不可降解塑料袋、一次性塑料餐具等塑料制品，积极推广替代产品，规范塑料废弃物回收利用，建立健全塑料制品生产、流通、使用、回收处置等环节的管理制度，有力有序有效治理塑料污染。

（2）微塑料污染防治

科技的进步是海洋微塑料污染防治的关键，如微塑料的采样、分析、回收再利用等环节，都亟待新的技术来解决。此外，寻找替代当前塑料制品的新型材料并促使其尽快实现规模化应用，也是一种通过技术手段控制海洋微塑料污染的方法，如生产生物可降解塑料、研发可降解塑料的细菌等。微塑料进入环境后，利用污水处理厂去除微塑料也是可行的处理方法。按照原理的不同，可将去除技术分为物理、化学和生物法。物理方法包括混凝、沉降、过滤等；化学方法包括高级氧化技术等；生物方法包括活性污泥、膜生物反应器等。目前，最有效的去除工艺是膜生物反应器技术，其可去除高达 99.9% 的微塑料，但是由于其滤膜和微滤膜成本高昂，能源需求难以实现，结垢控制和低通量要求高等因素，无法大范围推广使用。目前，污水厂多用物理法和化学法进行微塑料的去除，但去除效率较低，仍有污染残留。

7.4　海洋倾废控制

海洋倾废是人类利用海洋的自净能力和海洋的环境容量，选择适宜的海洋空间来处理废弃物质的行为，它是海洋空间资源环境效益的重要体现。海洋与人类息息相关，随着社会的进步和发展，人类的不合理活动也随之增多，这些不合理活动已经蔓延到了海洋，海洋污染日益严重，海洋倾废现象也开始增多。海洋倾废污染对海洋造成极大的影响，虽然海洋自身有一定的净化功能，但是一旦污染过重超过其自身净化能力，则会给海洋造成很大影响，海洋生物生命受到威胁，生态系统遭受损害。倾倒入海洋的废弃物中甚至包括有毒物质，有毒物质不仅仅是对海洋生物的生命造成影响，甚至会威胁人类的生命健康。海洋倾废作为人类的一个终端垃圾处置行为，悄然成为海洋污染的第二大污染源，是海洋环境污染的主要源头之一。国际社会在大力发展和完善国际环境法来应对环境污染问题，国际对海洋倾废越来越重视，为了减少海洋倾废造成的污染，开始对海洋倾废活动进行管理，根据具体情况对海洋倾废制定了严格的标准，并对没有达到倾废标准而倾倒废弃物的行为或者是没有倾倒许可证而私自将废弃物倾倒入大海的行为给予相应的惩罚，最终的目的是防控海洋倾废，保护海洋环境。

7.4.1 海洋倾倒物的特征

我国目前倾倒的海洋废弃物按照《伦敦倾废公约》等国际公约和《中华人民共和国海洋环境保护法》等国内法律法规，允许倾倒的废弃物包括疏浚物，城市阴沟淤泥，渔业加工废料，惰性无机地质材料，天然有机物，岛上建筑物料，船舶、平台七类，其中除清洁疏浚物来源于海洋外，其他废弃物都源自陆地。

（1）疏浚物

疏浚物是从水下挖掘出的沉积物，包括淤积的、河流冲刷形成的或自然沉积的沉淀物。根据疏浚物的特性、污染物含量及其对海洋环境的影响程度，疏浚物分为三类，分别是清洁疏浚物（Ⅰ类）、沾污疏浚物（Ⅱ类）和污染疏浚物（Ⅲ类）。沾污疏浚物和污染疏浚物必须通过生物学检验，并进行适当的处理后才能在海上倾倒。根据《中华人民共和国海洋倾废管理条例》和《海洋倾倒物质评价规范　疏浚物》（GB 30980—2014），对工程疏浚物进行类别评价。疏浚物海洋倾倒分类和评价工作流程见图 7-2。

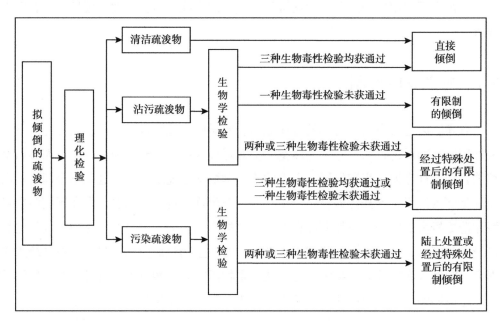

图 7-2　疏浚物海洋倾倒分类和评价工作流程

疏浚物海洋倾倒化学筛分浓度水平（上、下限）见表 7-2，类别评价规则见表 7-3。

表 7-2　疏浚物类别化学评价限值（ ×10⁻⁶ ）

污染物	下限	上限
砷（As）	20	100
镉（Cd）	0.8	5
铬（Cr）	80	300
铜（Cu）	50	300
铅（Pb）	75	250
汞（Hg）	0.3	1
锌（Zn）	200	600
有机碳（10^{-2}）	2	4
硫化物	300	800
石油类	500	1 500
六六六（666）	0.5	1.5
滴滴涕（DDT）	0.02	0.1
多氯联苯总量（PCBs）	0.02	0.6

表 7-3　疏浚物类别评价规则

疏浚物类别	评价规则
清洁疏浚物（Ⅰ类）	疏浚物中所有化学组分的含量都不超过化学评价限值的下限
	疏浚物中镉、汞、六六六、滴滴涕、多氯联苯总量不超过化学评价限值的下限，疏浚物中砷、铬、铜、铅、锌、有机碳、硫化物、油类，其中不多于两种的含量超过化学评价限值的下限，但不超过上限与下限的平均值，且其小于 4 μm 的粒度组分含量不大于 5%，小于 63 μm 的粒度组分含量不大于 20%
沾污疏浚物（Ⅱ类）	疏浚物中主要化学组分含量均不超过化学评价限制的上限
	疏浚物中镉、汞、六六六、滴滴涕、多氯联苯总量等一种或一种以上的含量超过化学评价限值的下限
	疏浚物中砷、铬、铜、铅、锌、有机碳、硫化物、油类的物理化学组分含量不满足清洁疏浚物规定的要求
污染疏浚物（Ⅲ类）	疏浚物中一种或一种以上化学组分含量超过化学评价限值的上限为污染疏浚物

（2）城市阴沟淤泥

城市阴沟淤泥指市政污水处理后残余的富含有机物的废物，主要由物理过程产生。

（3）渔业加工废料

渔业加工废料主要由远洋捕捞、水产养殖等渔业加工过程所产生的含有水产品肉、皮、骨、内脏、外壳或鱼粉残液等废物。

（4）惰性无机地质材料

惰性无机地质材料是指矿物开采或工程建设产生的来源于自然界的无机废弃物，主要成分为岩石、砂石和泥土等，不得含有海泥、塘泥、家居垃圾、塑胶、金属、沥青、工业和化工废料、木材和动植物残体。

（5）天然有机物

天然有机物主要源于农业产出的动植物。

（6）岛上建筑物料

岛上建筑物料是指远离大陆的岛屿产生的包括铁、钢、混凝土和只会产生物理影响的无害物质。

（7）船舶、平台

船舶是指任何形式的水上航行工具。平台是为生产、加工、储存或支持矿物资源开采设计并制造的装置。

7.4.2 海洋倾倒物的影响

（1）对水质的影响

疏浚物对水环境主要有两个方面的影响：一是倾倒过程中悬浮物质对水环境的影响；二是疏浚物中所含污染物对水质的影响。疏浚物倾倒后，在重力的作用下，大的团块状和粗粒径疏浚物绝大部分迅速沉降到海底，而对该水体水环境的影响，则为少量细粒径泥沙与海水混合形成高悬沙量的水体，在倾倒区的海水动力作用下，悬浮泥沙迁移、扩散和沉降，使浓度分布不均匀，海水中的悬沙量增加，浑浊度也随之加大，透明度则随之降低，影响到浮游植物的光合作用，由于浮游植物处于海洋生物食物链最底层，因此整个海洋生态系统都会受到影响。随着倾倒活动的结束，悬沙对水环境的影响也将逐步消失，由于疏浚物的海洋倾倒过程属于间歇性活动，因此悬浮泥沙对水环境的影响也是暂时的。疏浚物中有害物质的溶出对水环境也能产生一定的影响，如重金属、石油烃和其他一些难降解有机污染物等，这些物质一旦释放出来，在水体中停留的时间会很长，对海洋水质环境的影响是长期的。

（2）对海洋生物的影响

海洋倾倒活动会导致悬浮物浓度增加，对浮游生物、游泳生物和底栖生物均会产生不同影响，而疏浚物中有害物质的溶出对生物可能产生一定的有害毒性反应。疏浚物倾倒后，在局部形成高悬浮泥沙浓度的水体，造成海水局部浑浊，导致水体中溶解氧含量降低和透光率下降等现象，对绝大多数活动能力弱的浮游生物造成不同程度的影响，影响浮游植物的光合作用，进而阻碍浮游植物的繁殖和生长，降低单位水体内浮游植物的数量，导致倾倒区初级生产力的下降。浮游动物多为滤食性动物，只能分辨颗粒大小，容易摄入水体中悬浮的细微泥沙颗粒，这时有可能因饥饿而死亡；某些浮游动物，如桡足类，依据光线的强弱进行垂直迁移，浑浊水体会引起这些动物垂直迁移的混乱；浑浊水体中的溶解氧含量低，容易导致游泳生物和浮游动物缺氧，甚至引起死亡。倾倒物将直接掩埋倾倒地点的底栖生物，由于各种底栖生物的活动能力和生理适应能力以及疏浚物理化特性有所区别，活动能力较强的底栖动物能迅速离开覆盖区，活动能力较差的底栖生物将因缺氧窒息、机械压迫、机械损伤等导致死亡。疏浚物在海洋倾倒时所释放出的有毒有害物质在海洋生物体内积累，并沿食物链进行逐级传递，致使某些有毒物质在生物体内浓度逐步增加，产生生物富集或放大作用。

（3）对地形的影响

海洋倾倒物尤其是疏浚泥倾倒入海后，因重力作用下的泥沙沉降，会使海床底部不同程度地被泥沙覆盖，使原海床地形增高，水深将会发生一定程度的变化。若受台风期的波浪、潮流作用，倾倒区存在恢复到原有地形的可能性。

7.4.3　海洋倾倒区选划

海洋倾倒区的选划关系着海洋可倾倒废弃物的具体去向，在整个海洋倾废管理体系中占据着重要地位。海洋倾倒区是指国家相关部门为倾倒行为专门划定的用于倾倒废弃物的特定海域，其意味着在划定的海洋倾倒区以外区域均禁止进行海洋倾倒活动。因此，海洋倾倒区的选划直接关系着海洋环境污染损害的具体程度。我国《倾倒区管理暂行规定》第三条规定了倾倒区包含两种类别，分别为海洋倾倒区和临时性海洋倾倒区，其中海洋倾倒区可以长期使用，而临时性海洋倾倒区则是为满足海岸和海洋工程等建设项目的需要而划定的限期、限量倾倒废弃物的倾倒区。

我国海洋倾倒区选划分为两种情况：一种是由生态环境部来组织划定海洋倾倒区，具体负责的部门为生态环境部海洋生态环境司；另一种是由需要倾倒废弃物的企业单位，即废弃物所有者提出选划申请，经生态环境部初步审查，审查通过后再委托省级生态环境部门协调确定倾倒区位置，并最终确认选划的临时性海洋倾倒区。当前我国主要开展的倾倒区选划工作绝大多数为临时性海洋倾倒区的选划。

选划临时性海洋倾倒区首先要考虑海洋空间规划的符合性，倾倒区的设置应不影响海洋功能区主导功能的利用，不影响邻近海洋功能区的功能正常发挥；其次要考虑倾倒区与生态红线区、海洋保护区、种质资源保护区、风景名胜区、主要经济鱼种的"三场一通道"等生态敏感区的相对位置和影响，拟选倾倒区的位置应与生态敏感区保持一定的距离；最后考虑拟选倾倒区水深地形及水动力条件。在综合考虑多方面因素的基础上，确定拟选倾倒区的位置，确保海洋倾倒活动对海洋生态环境的损害是暂时的、可接受的和可以恢复的，不影响邻近海洋功能区的功能正常发挥，减少海洋倾倒活动对海洋生态环境的影响。

从功能区符合性的角度考虑，设置拟选倾倒区，一是海洋空间规划功能区定位符合海域使用管理要求的区域；二是不影响功能区功能发挥且符合海域使用管理的区域。此外，还需具体考虑的因素包括以下几点。

（1）生态敏感点位置

选划位置附近是否分布有海洋保护区、种质资源保护区、风景名胜区、主要经济鱼种的"三场一通道"等重要的生态敏感区，拟选倾倒区的位置应与生态敏感区保持一定的距离，尽可能地减轻倾倒区产生的生态环境影响。

（2）周边航道锚地位置

考虑周边水域航道、锚地的现状及规划情况，拟选倾倒区的位置与航道、锚地需保持一定距离，一方面保证船舶航行的安全，另一方面尽可能减轻倾倒区使用对航道、锚地的冲淤影响。

（3）水深地形及水动力条件

倾倒活动应考虑疏浚船舶的施工安全，根据倾倒区水深分布条件进行倾倒区分区抛泥，在水深条件及水动力条件较好的区域可以适当增加抛泥量。

（4）技术路线

依据《海洋倾倒区选划技术导则》以及其他相关规范，在对附近海域历史资料分析研究的基础上，坚持"科学、合理、安全、经济"的基本原则进行现场调查等工作，包括以下主要技术路线。

1）拟选倾倒区现状调查。进行较全面和必要的现场调查和社会调查等工作，主要对倾倒区周边海域的海域范围、地理坐标、气象状况、水文状况、污染源及水环境状况、海底地形地貌及沉积物状况、渔业资源及开发利用现状、港口航运状况、主要海洋灾害、周边海域海洋功能区划及开发利用现状、倾倒区周边海域海洋保护规划及其他相关规划等基础信息进行资料收集。

2）理化性质及分类评价。在疏浚区域采集疏浚物表层样和柱状样，对疏浚物进行理化性质分析，根据《海洋倾倒物质评价规范 疏浚物》中疏浚物分类标准进行评价，评估采集的样品是否符合清洁疏浚物的要求，必要时进行疏浚物生物学检验，确定疏浚物的类别性质。

3）海洋环境现状调查与评价。对疏浚物临时倾倒区进行水深测量、水文测验、漂流试验、水质监测、沉积物监测、海洋生物生态调查以及渔业资源调查，摸清倾倒区及附近区域的环境状况、资源分布状况，为倾倒区的可行性研究和环境评估提供本底资料。

4）倾倒模拟预测。进行流场、疏浚物（固体悬浮物）扩散场数学模拟，水质点漂流、床面冲淤变化数值模拟，预测疏浚物运动规律及其可能造成的环境影响。开展潮流场数值模拟，确定潮流场数值模拟公式和方案，通过数值模拟对潮位、大小潮期间潮流场流速和流向进行验证，确定流场的变化规律。开展水质点漂移跟踪试验，对比实际漂流轨迹与数值模拟预测轨迹的符合性。开展泥沙扩散模拟，根据疏浚量、施工强度等进行综合考虑，确定疏浚物源强及每日的最大倾倒量。

5）海洋环境与生态影响预测。对海水水质、沉积物、生物生态、渔业资源、航道淤积、航运安全、生态敏感区及其他海洋功能区进行影响预测。预测悬沙浓度增量的影响范围、影响面积，评估对海水水质、浮游植物、浮游动物和底栖生物的影响范围，评估渔业资源的损失量。对比拟疏浚物与沉积物本底数据的差异，对沉积物的影响进行评估；根据悬浮物扩散范围判断是否对航道、锚地产生淤积，运载船舶的增加是否对通航安全造成影响，以及对海洋保护区、水产养殖等生态敏感区的影响；此外还应对距离预选倾倒区较近的其他海洋功能区进行评估。

6）倾倒区技术经济评估及比选分析。根据疏浚物倾倒对环境影响的预测，对海洋处置与其他处置方法的经济对比分析，结合倾倒区水动力条件，提出疏浚物倾倒的作业方式和管理措施，给出客观的倾倒方式、倾倒频率、倾倒强度控制（包括日最大倾倒量、月最大倾倒量、年控制总量等）、倾倒总量控制、倾倒分区控制等指标和管理建议。

7.4.4 倾倒管理对策措施

海洋倾倒管理工作是海洋环境保护工作的重要组成部分，是确保海洋生态环境健康发展的重要举措。为有效保护海洋环境，控制海洋倾废对海洋环境的影响，维护海洋生态环境的健康，协调海洋的其他合法利用，根据《中华人民共和国海洋倾废管理条例》《倾倒区管理暂行规定》等法律法规的要求，主管部门应依法对海洋倾倒区倾倒活动实施全面监督管理，使倾废活动依照法定程序和科学步骤进行，从而达到保护海洋环境、资源，促进经济发展的目标。

（1）倾废许可证管理

我国海洋倾废实行许可证制度，这是海洋倾废管理的核心内容。海洋倾废许可证是申请倾倒废弃物和其他物质的单位以及实施海上倾倒作业活动的单位获准向海洋倾倒废弃物和其他物质的法规性文件，凡向海洋倾倒废弃物的所有者及疏浚工程单位，应事先向主管部门提出倾倒申请，办理倾倒许可证，倾倒许可证载明了倾倒单位，有效期限和废弃物的数量、种类、倾倒方法等。海洋倾废许可证根据废弃物的分类标准，禁止倾倒《中华人民共和国海洋倾废管理条例》附件Ⅰ所列的废弃物，除非在陆地上处置这些废弃物将严重损害环境时，由生态环境部批准紧急许可证，紧急许可证有效期限是一次性使用，需要专项审批，不得重复使用；向海洋倾倒附件Ⅱ所列的废弃物，需要向生态环境部和省级生态环境主管部门提出申请，有效期限不超过六个月；向海洋倾倒除上述附件Ⅰ和附件Ⅱ以外的其他无害废弃物和附件Ⅲ所列的废弃物，向省级生态环境主管部门提出申请，许可证有效期不超过一年。

（2）倾倒费征收管理

我国海洋倾倒管理对海洋倾废者实行收费管理，在倾倒费征收管理方面实行收支两条线管理。收取海洋倾倒费是促进企业改进生产技术、减少废弃物污染海洋的经济手段，同时收取的费用依据国家的有关规定用于海洋环境污染的防治，从减少污染源和对污染的治理两个方面，保护海洋环境不受各种污染物的影响。我国的海洋倾倒费征收标准因倾倒区与倾废方式及倾倒的废弃物种类的不同而不同，具体划分为三类：第一类是近岸倾废，指倾倒区距离海岸 12 n mile 以内；第二类是远海倾废，指倾倒区距离海岸 12 n mile 以外；第三类是有益处置，指废弃物作为海滩及养殖海底培育、营造生物栖息地、岸线维护或加固、美化景观、海上建坝等海洋工程原材料而进行的海洋处置方式。这三类海洋倾废活动，均应按照《废弃物海洋倾倒费收费标准》的规定缴纳废弃物海洋倾倒费。

（3）倾倒区的监测与管理

海洋倾倒区经科学选划并经批准启用后，为了及时掌握和发现倾废活动对海洋环境的影响情况，管理部门将定期或不定期地对海洋倾倒区进行监测。当发现倾倒区不宜继续倾废或不宜继续倾废某种物质时，管理部门可决定予以封闭，或停止某种物质的海洋倾废，或及时采取有效措施对倾倒区进行污染治理。海洋倾倒区的监测主要有三种：常规监测、重点倾倒活动的跟踪监测和专项监测。常规监测主要包括水深、地形、水文、水质、生物、生物残毒和污染物生物效应监测；重点倾倒活动的跟踪监测，主要监测倾倒物在倾倒区的扩散范围、对生态环境的扰动范围和影响程度；专项监测是在倾倒活动进行或常规监测中发现异常情况所进行的监测，如倾倒区环境发生异常、附近渔业捕捞产量和品质发生急剧下降等。

（4）生态保护管理

根据倾倒区跟踪监测结果，掌握倾倒区周边海域的环境状况，针对存在的生态环境问题，采取相应的管理措施，保护和修复海洋生态环境。

做好与在建或拟建工程建设业主的协调，对于可利用的疏浚物中的砂、炸礁碎石要优先考虑作为陆域填积物使用，以节约资源和节省工程费用。

倾倒作业尽可能安排在冬季，避开鱼虾产卵期或在鱼虾产卵期减少倾倒量，以减少渔业损失。倾倒作业尽可能选择在落潮期进行，以利于悬浮物向外海扩散，减少倾倒对近岸海域的影响。

鉴于倾倒活动会对渔业资源和局部海域底栖生物造成一定影响，为保护海洋生态，维持渔业生产的可持续发展，渔业科研部门应根据自然资源与环境的特点，对一些重要渔业种类的人工增殖放流和生态修复开展有针对性的研究工作。

管理部门应加强环保宣传，倾倒作业单位提高环保意识，所有的倾倒船舶排污应符合国家《船舶污染物排放标准》，倾倒作业期间不得将生活污水、生活垃圾及超标含油废水排入海中。

采取严格的环保措施，避免疏浚物运输过程中泄露对水体造成二次污染。施工船舶要控制装驳量，当驳船装载的疏浚物达到最小干舷 30 cm 时，停止继续装载，以保证在航行过程中不将舱内泥水溢到海中。在起运前应将船舷两侧的淤泥铲入舱内，防止对海洋环境造成污染。

（5）执法监督检查

对海洋倾废活动的执法监督检查是防止海洋倾倒废弃物污染海洋环境的重要环节之一。防止倾倒废弃物对海洋环境的污染损害的执法监督检查，目的是对海洋倾废管理有关法律、法规的实施情况进行监督检查，阻止违法违规向海洋倾倒废弃物，防止对海洋环境造成污染损害。执法监督检查的内容主要包括对废弃物的装载数量、性质等进行核实以及对倾废作业进行监视。倾倒单位在实施倾倒作业时，应自觉接受主管部门的监视检查和监督管理，必要时海洋监察人员、监管人员也可登船或随倾废船舶或其他载运工具进行监督检查。

思考题

1. 什么是海洋垃圾？其危害有哪些？
2. 什么是海洋微塑料？其危害有哪些？
3. 如何开展海洋倾倒区选划？

第8章　生态海堤建设

中华人民共和国成立以来，经过多年持续建设，已建成海堤约 1.45×10^4 km，在防御台风风暴潮灾害中发挥了重要作用。海堤属于海岸工程的重要组成部分，海堤既要防御波浪的冲击，又要减弱海潮引发的海平面上升的影响。现有的已建海堤大多数为硬质海堤，其结构为刚性结构，主要应对海浪冲刷，更加注重防洪能力，一般选择浆灌砌块石、现浇混凝土、预制混凝土块、板桩等结构形式。这种由人工材料修建的硬质海堤将海岸表面封闭起来，阻隔了海陆水土的连接通道，隔绝了生物和微生物与陆地的接触，破坏了海域、陆地生态系统的整体平衡，也破坏了沿岸海洋生物赖以生存的自然环境，对附近海域的水质和水环境产生了负面影响。但拆除现有硬质海堤重建，经济上不可行，还会对周边生态造成不良影响，因此传统海堤生态化是未来海堤工程的发展趋势之一。2018 年 10 月，习近平总书记在中央财经委员会第三次会议上提出要"实施海岸带保护修复工程，建设生态海堤，提升抵御台风、风暴潮等海洋灾害能力"，对提升海洋灾害防治能力提出了具体要求。对海堤进行生态化建设是贯彻落实党中央、国务院关于加快推进生态文明建设战略决策部署、落实生态用海理念、加强海洋自然生态保护、筑牢生态安全屏障的必要举措。

8.1　海堤的结构形式

海堤是平行海岸布置、阻止岸线进一步后退以保护陆域免遭侵蚀的一种防护形式，是沿海地区防御台风风暴潮灾害，保障经济社会发展和人民群众生命财产安全的重要基础设施，是海岸防护体系中最后一道防线。在海堤设计中不仅要考虑满足一定的高程和坚固程度，还要兼顾一定的消浪功能，可以将外侧堤面设计为阶梯、缓坡、透空等形式。海堤堤身包括物理结构、堤顶、迎水面和坡脚。迎水面通常由石块或混凝土铺砌，也有设置混凝土砌块。按堤身断面划分，海堤一般可以分为陡墙式海堤、斜坡式海堤和混合式海堤。

（1）陡墙式海堤

陡墙式（含直立式）海堤是一种传统形式的海堤，要求在波浪冲击作用下墙体能够保持稳定。陡墙式海堤的迎水面用块石、条石、混凝土等砌筑成坡度一般大于

45° 的陡墙（防护墙），墙后用土料填筑，在防护墙与土方间设置碎石反滤层或土工布反滤层，也可采用抛石碴代替（图 8-1）。

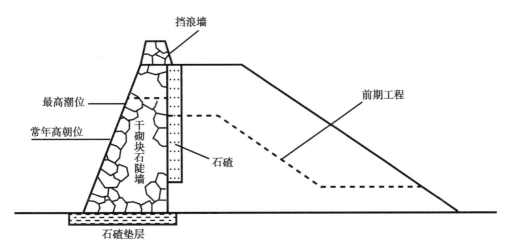

图 8-1　陡墙式海堤

　　陡墙式海堤一般宜用于波浪不大、地基较好的堤段。陡墙式海堤的主要优点是：断面小，占地少，工程量较小，特别是在水深大于 10~12 m 时，与斜坡式海堤的建筑材料用量差别很明显；波浪爬高较斜坡式海堤小。陡墙式海堤的缺点是：波浪遇到直立墙面几乎全部反射，使海堤附近的波高增大，影响港内水面的平静；当堤前水深或基肩上的水深比波浪的破碎水深小时，波浪将发生破碎，对海堤产生很大的动水压力，需要加大堤身宽度，并且需要采取护堤措施，增加海堤的造价；通常采用重力式结构，堤身载荷较为集中，堤基应力分布也较集中，沉降较大，对地基要求较高，当用于软基时，往往需要采取地基加固措施；堤前波浪底流速较大，以立波为主，易引起堤脚冲刷，需要采取护脚防冲措施；波浪破碎时对防护墙的动力作用强烈，波浪拍击墙身，浪花随风飞越，溅落堤顶及内坡，对海堤产生较大的破坏作用，因此对砌石结构的要求较高，堤顶及内坡也要采取适当的防护措施；防护墙损坏后维修比较困难。

　　（2）斜坡式海堤

　　斜坡式海堤是最常用的断面形式，一般把迎水坡比大于 1 的海堤称为斜坡式海堤，断面为梯形，断面结构可分为护坡海堤和土石混合海堤，一般以土堤为主，在迎水面采用干砌石、浆砌块石、抛石、混凝土预制板、现浇整体混凝土、沥青混凝土、人工块体、水泥土、草皮等材料进行护坡。为节省工程量，减轻堤身对地基的荷载，防止或减小越浪，在堤顶外侧与边坡顶部相接处设置防浪墙，防浪墙的砌筑结构一般为干砌石勾缝、浆砌石或混凝土（见图 8-2）。

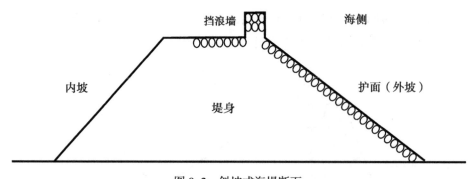

图 8-2 斜坡式海堤断面

根据坡面形式一般又将斜坡式海堤分为单坡、折坡和复坡三种形式（图 8-3）。单坡是指坡度自上而下只有一种；折坡指坡面有一折点，折点的上、下为两种不同的坡度；复坡是指在坡面的某一高程上设置平台，构成复式斜坡。

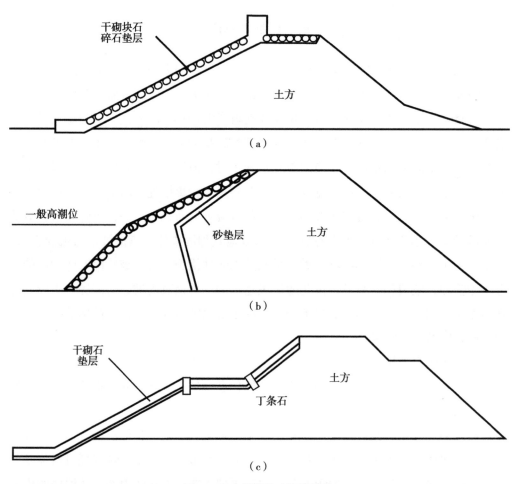

图 8-3 三种斜坡式海堤结构

（a）单坡；（b）折坡；（c）复坡

斜坡式海堤可用于风浪较大的堤段。其主要优点是：迎水坡较平缓，稳定性好，堤前反射波小，大部分波能可以在斜坡上消耗，防浪效果较好；地基应力分布较均匀，对地基不均匀沉降不敏感，对地基承载力的要求较低；施工比较简易，不需要大型起重设备，便于机械化施工；在施工过程中或建成以后，如有损坏，便于修复。其主要缺点是：土方量大，断面大，占地面积大，不适用于土料来源比较困难的地区；波浪爬高较大，需要较高的堤顶高程；需要经常维修，并且维修费用高。

（3）混合式海堤

混合式海堤的迎水面由斜坡和陡墙两部分组成，可以分为迎水面上部为斜坡、下部为陡墙和上部为陡墙、下部为斜坡两种类型。另外可以在两者之间设置一定宽度的平台（图 8-4）。混合式海堤一般适用于涂面较低、水深较大、地基承载能力

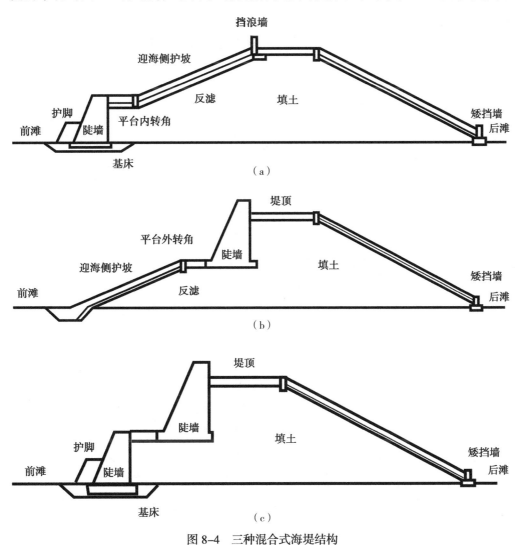

图 8-4 三种混合式海堤结构

（a）上部斜坡、下部陡墙；（b）上部陡墙、下部斜坡；（c）上部陡墙、下部陡墙

有限的堤段。混合式海堤具有斜坡式海堤和陡墙式海堤两者的特点，如果两种形式组合恰当，合理应用，可以发挥两者的优点。但海堤抛石量较大，挡墙的体积也较大，变坡转折处波流紊乱，结构容易遭到破坏，需要采取加固措施。

8.2　海堤生态化建设

传统海堤工程仅采用单一的防御功能，在设计之初的目标就是对风暴潮进行防御，因而较少考虑增加生态功能。此外，大多海堤工程结构除了在风暴潮发生期间能起到防护作用外，在平常时期不能发挥较明显的实际作用，造成了一种资源闲置。随着人们对美好环境的追求以及国家生态战略的实施，传统海岸结构已无法满足人们的需要。为实现海洋经济与生态的可持续发展，在海堤工程建设中不仅要满足传统的使用要求和工程安全，更应尽可能地追求海堤生态环境与工程建设的平衡（图 8–5）。

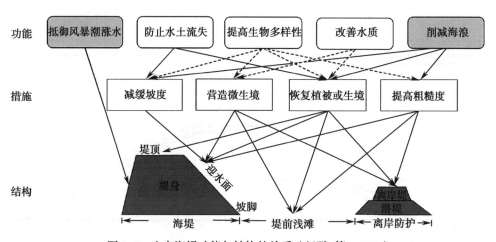

图 8–5　生态海堤功能与结构的关系（赵鹏 等，2019）

生态海堤概念的提出是一个对人与海洋关系不断思考，对海堤和滨海生态系统功能认识不断深化的过程，既借鉴了生态护坡的理念与方法，又面向沿海防灾减灾和生态系统保护与恢复的目标。2017 年，《全国海堤建设方案》提出，"注重沿海地区生态环境保护，既要充分考虑防台风风暴潮的需要，也要充分考虑海岸资源综合开发和海岸环境保护的要求，使海堤工程与沿海生态环境保护相协调"。同年，《围填海工程生态建设技术指标（试行）》提出"生态化海堤建设"，并从堤型设计、建筑材料和海堤生态带构建三个方面提出技术要求。

8.2.1　结构形式生态化

结构形式的生态化应主要考虑两方面的因素，即断面形式和护面结构。海堤根据断面形式可分为斜坡式、陡墙式和混合式三种基本形式。一般来说，地质条件较差、堤身相对较高的堤段，海堤断面宜采用斜坡式；地基条件较好、滩面较高的堤段，或虽有软弱土层存在，但经地基加固处理后在经济上合理的堤段，海堤断面可选择陡墙式；地质条件较差、水深大、受风浪影响较大的堤段，海堤断面宜选择混合式。海堤堤线长，同一堤线中根据各堤段具体情况，可采用不同的断面形式。由于陡坡堤前波浪反射强，不利于原有地形地貌的维持；缓坡入海可减缓堤前的水动力强度，有利于堤前地貌的维持，在增加固着型生物栖息基质的同时会占用较多海域，减少原有的底栖生境，因此，迎海面需要有一个合适的入海坡度，堤型宜采用斜坡式或混合式。

（1）透水式结构

海岸结构物的建设容易阻碍海水的流通性，形成半闭锁性水域，堆积各种物质，从而影响附近海域水质环境，不利于水生生物的多样性和景观性、亲水性。为改善水质状况，在工程上常采用物理方法，利用潮汐或波浪能量促进海岸结构物内外海水的交换。日本针对防波堤、护岸等海岸结构物所开发或研发的海水交换型结构物，即透水式结构（见图 8-6），作为一种保持堤内海水交换能力、不会影响沿岸水质和海洋生态的海堤，已逐步得到推广应用。

海岸生态除受底质地形影响外，水质环境（如水温、盐分、酸碱度、溶解氧等）的优劣也会影响生物多样性，因此洁净的海水是营造生态环境最主要的条件，水质改善可以说是生态恢复的基础。近年来，海岸保护逐渐趋向不同保护方法搭配使用的整合性海岸保护方法，形成完善的海岸防护方式。但由于在海岸保护结构物交错配置遮蔽下，后侧水域与外海海水的交换较低且流动较小，易形成半闭锁性水域，从而影响附近海域水质环境，间接污染海岸生物的生存环境，对海域的生态产生不利影响。而采用透水式海岸保护结构物，即为海岸保护结构物附加海水交换机能，可利用潮汐或波浪能量促进海水交换，也可改善因海岸结构物的建造所导致的水质劣化问题，从而达到生态效果。

透水式结构适用于小型的水域或是闭锁性的水域（例如港内），利用海水透过防波堤的构想，达到水域稳定及水质改善的功效。对于港区水域较静稳且不影响港内作业的水域，通常被用来做箱网养殖的场所。利用海水导水的方法让水流循环达到溶解氧与二氧化碳的平衡，使得鱼类获得较适生存的环境。

日本山口县中关港位于内海，波浪不大但水质容易恶化，故需要筑造透水性防

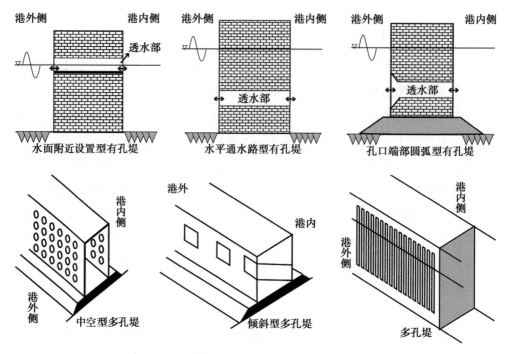

图 8-6　几种典型透水式结构（徐茹娟 等，1995）

波堤，防波堤断面形状如图 8-7 所示。在沉箱主体下方留有孔洞，因波浪能量大部分集中于水面，故入射波浪的波能被上面的直立壁反射回去不会透过防波堤，但水流可从下面的孔洞透过防波堤达到海水内外交换的目的。沉箱前设计一面具有纵向裂缝的直立墙取代消波块的作用以吸收部分波能。而直立墙与沉箱中间的空间成为鱼类栖息的良好场所。另外，在直立墙外面做保护基础的混凝土块上繁殖海藻使之具有藻礁的功能。

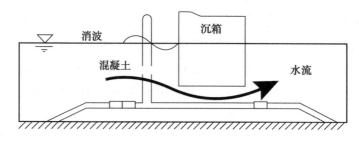

图 8-7　日本山口县中关港防波堤断面形状示意（詹旭奇，2019）

（2）分级斜坡（阶梯）式结构

分级斜坡（阶梯）式海堤作为斜坡堤的一种特殊结构形式，由土堤和现浇或浆砌阶梯式外坡坡面等组成，具有斜坡式海堤的特点，在海岸防护中因其平缓的迎水坡可以有效减小波浪的冲击，使波浪能量在堤面上得到削减，保证了海堤结构的安全（图 8-8）。

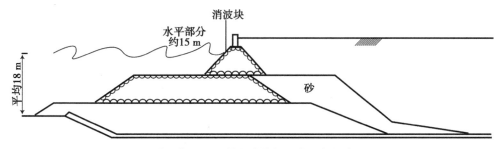

图 8-8　分级斜坡（阶梯）式结构示意（詹旭奇，2019）

　　分级斜坡（阶梯）式结构中有较宽阔的平台部分，易于设置藻场或是生物床结构，有利于藻类、贝类、鱼类、附着生物等多种生物的栖息。分级斜坡（阶梯）式结构所要求的海域海堤的护面结构有干砌块石、条石、灌砌块石、混凝土面板和人工块体等。当护面层具有较高空隙率时，会在护面层内形成弱流区和掩蔽区，营造了一定的生物栖息环境，有利于生物的附着，提高海堤生态化程度。这种结构空间较大，有较好的消浪效果，适用于水深较浅、底坡较缓的海岸。日本关西机场缓倾斜护岸便是采用分级斜坡（阶梯）式结构。工程在防护设施建设的基础上应用生态工程理念，在水面下放置石块以形成藻礁，并且在设计时考虑到水深对藻礁生长的影响，其水平部分刚好位于水下 6~8 m。这种水深既保证了阳光充足，可以促进海藻的光合作用，有利于其生长，又可以防止海藻遭到波浪的侵袭。一开始采用种子法，先在实验室内通过网箱植入海藻孢子，人工培育 1~2 个月待其发芽后，再将网箱固定到混凝土块或石块表面，最后将其定点放在海中。海洋环境在工程完成后一年至数年内会不太稳定，此时海藻的种类也会随之变化，几年之后海洋环境逐渐稳定，此时固定种类的海藻会取得优势从而持续生长。同时，因为人工岛附近人口众多，市内河流排出的河水含氮、磷成分比较高，正好可为海藻提供生长所必需的养分。海藻的不断生长，面积不断扩大也可以消耗营养盐，起到净化海水的作用。此后，随着海洋生态环境不断改善，逐渐形成了海藻与岩礁性鱼类生态系统，范围可扩及距离 1 km 左右的海域。

　　分级斜坡（阶梯）式结构所要求的海域空间较小，水深较浅，并且多级阶梯平台可设置不同水深条件的藻场和生物床，满足各种生物的附着、生长、栖息（见图8-9）。多级阶梯平台的设置一般位于潮间带之间，设计时需考虑各级平台内的保水性。相对于基质为淤泥质的平台，采用砂质作为基质的平台较难维持保水性，退潮时水位下降，表面易干燥，不利于其中生物的栖息，因此可在底部铺设不透水的隔离层以维持平台内的保水性。

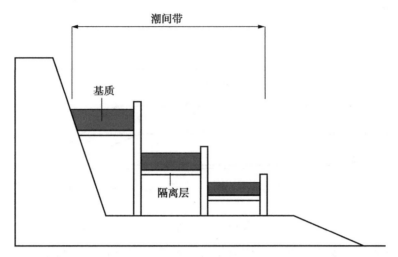

图 8-9　多级斜坡（阶梯）式结构示意（詹旭奇，2019）

（3）混合式结构

海堤是沿海地区防潮御浪的重要基础设施，其中混合式断面是最为常见的断面形式，一般为下坡陡、上坡缓、中间为平台的海堤混合式结构。混合式结构可作为鱼贝类生物的产卵及保育场所，海藻群落的生成与创造，使海洋环境达到一种协调与平衡，而且同时具有减少越浪量的功能。混合式断面结构物设置的主要目的除要使构造物周围的环境不受破坏外，更要创造新的环境，促进藻类的生长、改良底生动物的生存环境。这种抛石护岸具有鱼礁藻场效果，相当于在一片砂质海岸中的一块人工岩礁，有点类似沙漠中的绿洲。日本北海道样似渔港便是采用混合式结构。

北海道样似渔港在防波堤的设计上另辟蹊径，一改在海岸前面置放大量消波块的传统消波方式，将消波功能从主体分离，设计出一种如图 8-10 所示的二重堤混合式断面形式，即在主堤前面另设置一个复断面倾斜堤以取代主堤前的大量消波块。此混合断面堤既可以利用水平部分适当的水深和平台宽度为海藻、海草等海洋生物提供良好的生存环境，又可以通过前面的消波块阻挡波能。不仅如此，中间的水域波浪已被削弱，可以为海洋生物提供良好的栖息环境。

（4）附加生态结构

生态海岸工程结构中的附加生态结构主要有人工鱼礁、生态型消波块体、结构物附属植被种植等几大类。附加生态结构可以有效地提高海岸工程的生态效果。很多海岸结构物为维护结构稳定、减少越浪量以及防止基础冲刷等，常使用消波块、方块等混凝土型块体，以发挥抗浪、抗流作用，达到保护结构物的功能。由于消波

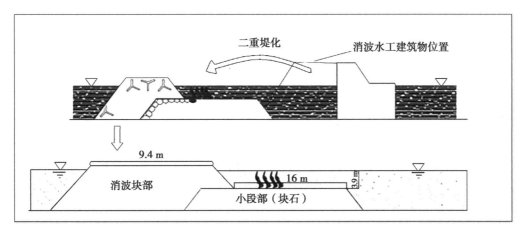

图 8-10　混合式海堤示意（詹旭奇，2019）

块、方块具有类似岩礁的功能，又适合作为海洋生物附着生长的基质，常见的海藻、贝类等海洋生物附着在其表面，成为鱼类、贝类栖息、育成、隐蔽及产卵场所，形成丰富的生态系统。消波块、方块表面经特殊设计与改良，如凹凸处理、铺设纤维网、涂抹药剂或使用轻量多孔质混凝土等，可以使之更符合对象生物的生态特性，比天然岩礁具有更佳的生态效果。

8.2.2　材料生态化

从生态角度考虑，海堤护面硬化不利于微生物和水生动植物的生长，也不利于海岸水质自净。因此，应首选自然的护面材料。生态海堤建设用材应符合以下基本条件：满足防护要求和耐久性强度及结构等力学性能；原料和植物来自当地，尽量避免使用人工合成物质；有一定的孔隙率，有利于形成微生境。

（1）海堤基底材料

海堤基底材料主要用于防止海浪对堤身底部冲刷侵蚀，提高海堤稳定性，包括天然石块、带有缝隙和孔洞的水泥块、填充有碎石的格宾网箱以及置于海堤前部的人工鱼礁。基底材料也可为潮间带生物、藻类及滨海沼泽植物提供生境。

1）抛石护岸。抛石护岸由不同粒径大小且尚未被固定的石头抛投在坡面上，堆积到一个足够的高度，抛石间隙允许海水通过，堤前波浪反射较弱，并且对防御海浪冲击的效果较显著。抛石护岸由天然石块堆砌而成，本身就是良好的海洋附着生物的生长基质。不同大小和形状的块石放置在一起，块石之间的孔隙能够为动植物提供栖息和避敌场所，形成与自然共融的小型生态系统。由于不同体型的动物利用空间的方式不同，孔隙的空间异质性有利于不同尺度大小的物种栖息，尤其对于较大的潮间带生物来说，它们的身体需要足够的空间。

2）四角空心块体护岸。四角空心块体护岸由预制混凝土四角空心块体规则地铺设在坡面上，块体上部的凸起棱台与波浪相互作用，使波浪破碎，消耗波浪能量。四角含有大量的空腔，属于下凹式加糙，波浪遇到空腔形成漩涡，使波浪破碎、撞击，达到消耗波浪能量的目的。空腔内部可以为生物提供栖息和避敌的场所。

（2）生态混凝土材料

生态混凝土是将生态理念用于混凝土的制造，使用粒径更大的粗骨料并添加化学添加剂增强性能，使用特殊工艺制备，成品具有多孔结构和大的比表面积。生态混凝土浇筑成型后具有高孔隙率的特点，能促进水和空气流通，为微生物和植物根系提供适宜环境，同时还能防止水土流失。生态混凝土主要用于海堤迎水面防护及潜堤、人工鱼礁等砌筑。生态混凝土制备材料主要由胶结材料（高标号水泥）、粗骨料（天然碎石、粉煤灰、矿灰）及加筋材料组成，也可添加植物生长调节剂（有机肥、硫酸亚铁、保水剂）及混凝土添加剂（速凝剂、减水剂）。

根据使用的环境条件与具体用途，生态混凝土分为植被相容型、净化水质型和水生生物适应型三类。

植被相容型生态混凝土，是以多孔混凝土为骨架，向空隙内填充土壤、保水剂和植物生长所需营养，使植物能得以生长，在生长过程中，根系在混凝土内部延伸，最终形成具有良好透水性和透气性的护坡材料。这种混凝土既能起到加固工程的效果，又能保证边坡绿化，保护环境，常用于边坡护岸。

净化水质型生态混凝土，利用多孔混凝土外表面对各种微生物的吸附，在混凝土空隙表面形成生物膜，生物膜利用其微孔结构对污染物具有很强的吸附作用，对于净化海水水质具备良好的效果。

水生生物适应型生态混凝土，以其粗糙表面与连续空隙制造出适合生物居住的空间，藻类生物可附着在表面，微小生物则生存在空隙中，通过相互作用或共生作用，构筑完整的生物链，保护生物多样性。

（3）混凝土生态砌块

在无法设置护坡的陡峭岸段，可使用留有孔洞的混凝土预制块组成的生态挡墙，砌块之间留下缝隙。丰富的孔洞和缝隙透水透气，水下部分可供生物寄居，水上部分填充土壤利于草本和藤本植物生长。

8.2.3 动植物覆盖

堤脚采用笼装块石或天然块石护脚，设计高水位以上区域采用三维植生垫植被护岸。受海水影响，要种植具有耐盐碱性能高的植被，如星星草、碱蓬、芦苇等，石笼前应种植碱蓬、芦苇等湿地植被。

坡面铺设六角环混凝土块，环内填充种植土，再种植防风抗浪、耐盐碱植物，包括白三叶、苜蓿草、地锦等，并在坡脚水平安放栅栏板块体。

植被和生物礁等可抵抗海浪侵蚀、保持水土，在海堤顶部可种植乔灌木防风林固定海堤，在迎水面和海堤前部可构建红树林、滨海沼泽植被、海草床，设置牡蛎礁、珊瑚礁等生物礁。选择动植物群落时应重点考虑其生态功能，避免在有鸟类栖息的滩涂种植植被，禁止引入外来物种。

种植植物以乡土性植物为主，引种外来物种应进行充分的论证。河口、海湾内受波浪冲击小的海堤迎海坡局部区域可进行适当的植被覆盖，开敞海区的海堤迎海坡一般不宜进行植被覆盖。

背海坡坡面的设计理念应强调生态设计，不允许越浪设计的海堤，优先采用植物措施防护；对部分允许越浪设计的堤段，在满足对越浪水体的抗冲要求前提下，对防护植物进行加筋处理或与其他生态块体组合，增加其防护性。

生态海堤建设引种的动植物不可避免地存在一定的死亡率，在生态海堤物理结构建成后，应定期开展补种工作，对于成活率长期较低的区域应调整方案，重新设计适宜生境。

8.3　海堤堤前防护

近岸生态带为海堤迎海坡堤脚线向海一定宽度范围的区域，以海堤的最大保护范围作为堤前带生态建设的下限，堤前带生态建设的宽度设置为：1 级海堤为迎海坡堤脚线向海侧宽度不低于 300 m 的区域；2、3 级海堤为宽度不低于 200 m 的区域；4、5 级海堤为宽度不低于 100 m 的区域。堤前生态防护应重点关注生态系统的重建，主要建设内容为堤前地貌恢复、生境修复和生物群落恢复，以促进岸滩结构的稳定性和增加护滩植被的多样性和覆盖度为目标，因地制宜地采用自然恢复、植被防护、沙丘修复和海滩养护等生态措施，尽量恢复堤前带的生态功能。各类防护工程需要不同的适应环境条件，对维护海岸带生态功能有不同的效果。生态防护工程的建设要以让生态系统能够自我维持为目标，这种情况下可以减少人工的干预，这样既节省了成本又能对生态防护起到很好的效果。海岸生态修复并不是单独对某一具体的海洋生物进行恢复，而是基于生态工程的理念，根据海岸防护需求，综合各海洋生物特点进行统一恢复。对于一些沿海大城市，由于人口多、经济发达，需要建设离岸堤以抵御台风、海啸等自然灾害。

8.3.1 粉砂淤泥质海岸

对于我国南方的粉砂淤泥质和生物海岸，由于其气候条件和海洋生态环境特别适合珊瑚礁和红树林生存，可以采用"珊瑚礁—红树林"生态恢复体系以保护海岸设施；对于距城市市区较远的海岸，可以在离岸建立人工鱼礁，在海底迎浪侧泥质海岸上建设植物护坡等具有生物恢复功能的工程结构，在滩涂较广的区域积极恢复滨海湿地，最终形成"人工鱼礁—盐沼湿地"的立体生态防护体系。

（1）堤前地貌恢复

堤前带地貌应以保护和自然恢复为主，必要时应采取人工修复措施；应尽可能恢复工程前的近岸海域地形地貌；应根据海岸自然环境条件，采用生态结构措施，促进泥沙落淤，岸滩不稳定的岸段可采用潜堤、突堤、丁坝等工程措施进行地貌恢复；已建海堤外侧存在养殖塘、废弃堤坝等不具备安全和生态功能的近岸构筑物设施可根据实际情况，采取平整、拆除等措施，恢复海岸原有形态，扩大潮间带湿地面积，改善水动力环境条件，恢复与提升岸滩生态功能。

（2）生境修复

有污染的岸段应查清污染的主要原因，进行污染治理；可采用堤前增设多孔隙生态材料等方式为水生生物提供良好的栖息、繁殖环境；针对生境受损的区域，可根据区域自然条件特性，采取外来物种清除、基质改良等措施，提高其生态功能。

（3）生物群落恢复

应恢复原有的潮间带底栖生物群落；应以种植乡土性和耐盐碱性植物为主要原则；动物群落恢复以自然恢复为主，必要时辅以增殖放流等措施，放流物种以本地种为主。珊瑚礁、红树林和海草床等自然生态系统都具有海岸防护功能，只是防护的效果不尽相同（表8-1）。

表8-1 生态防护工程适用条件及特征

生物防护工程	适用海岸及条件	特征
珊瑚礁	浅海水下	消波能力强
红树林	热带、亚热带，淤泥质海岸；造林需要有合适的气候、底质和水文条件	有效抵御海岸带灾害、抵抗强台风，大幅消除波浪带来的不利影响，有利于促淤造地
海草床	温带、亚热带浅海，河口水域；需要具备水动力、立地条件，生长条件	消波、促淤能力较弱，成本较高
复合体系	淤泥质海岸：人工渔礁—盐沼湿地立体生态防护体系；珊瑚礁—红树林生态体系	不同的生态型结构以及传统型结构的有效组合

1）红树林种植。红树林是生长在热带、亚热带海岸潮间带的木本植物群落。作为海岸防护林的第一道屏障，红树林被誉为沿海地区人民赖以生存的"生命林"，在防灾减灾中具有不可替代的作用。红树林因其枝叶繁茂，根系极其发达，纵横交错的支柱根、呼吸根、板状根、气生根、表面根等形成一个稳固的支架，使植物体牢牢地扎根于滩涂上，并且盘根错节形成严密的栅栏，从而起到了防浪促淤的作用。红树林内水流的速度可降至光滩的 1/6~1/5，水体中的大量泥沙可在红树林中落淤，不但起到了促淤保滩的效果，而且可以降低航道的淤积速度。

2）翅碱蓬修复与种植。翅碱蓬修复与种植一般分为播种和栽植两种方法，播种的方式适宜于退化的翅碱蓬区域以及在原非翅碱蓬区域上进行的植被重构。栽植的方式适宜于改善翅碱蓬较少的裸露高地进行种群构建，能够起到在小范围内快速构建翅碱蓬种群的效果。

翅碱蓬宜种植、栽植于河口潮滩湿地潮间带沙土或壤土中，以壤土最佳。潮间带平整或坡度不大于 30° 的坡体上，大潮期淹没 2~3 cm，退潮后以无长时间滞水为宜。土壤条件符合要求，但地形不符合条件的潮间带，播种前应平整土地，并进行 2~3 cm 表面松土。

播种期一般为每年 3—4 月，播种量以 300~500 粒 /m² 为宜。栽植时间一般选择在每年 4—5 月上旬退潮期。将于蜂窝育苗纸筒中生长的碱蓬，连同下垫木板或塑料板一同运至栽植地点置于土地上，取出下垫木板或塑料板即可。

3）柽柳修复与种植。适应我国北方（天津、辽宁、河北、山东、江苏等）海岸带生境的柽柳属植物有"甘蒙柽柳"和"中国柽柳"，以及从"中国柽柳"中选育出的柽柳新品种，如"鲁柽 1 号"等。

柽柳初植密度执行《造林技术规程》（GB/T 15776—2006）的规定，根据立地条件调整，一般应达到 3 600 株 /hm²。

按照林种、立地条件和确定的造林密度进行种植点配置，一般包括长方形配置、品字形配置、群状配置和自然配置。

应根据林种、树种、造林方式和地形地势条件选择整地方式和整地规格。沙地在造林前可以不整地。

在整地前要进行林地清理，改善造林地的卫生条件和造林条件。除适宜于全面整地的造林地，整地时应尽可能保留造林地上的原有植被。

柽柳修复与种植应对种苗进行处理，种植方式一般分为播种、苗种栽植和扦插造林。对新造林地、未成林地要加强管护，除了有计划地割草、未成林抚育和林农间作外，可以采取工程措施，建设封禁设施，避免人畜随意进入。对死亡或冲失的幼苗，要适时进行补充。做好森林防火和病虫害防治工作。

8.3.2 砂质海岸

为了应对海平面上升，需要在沿海岸填造沙堤和沙丘以保护滩面，同时基于生态工程建设的理念，可以在潮上带种植防护林，保护城市和工农业设施，共同形成"离岸堤—沙滩—人工林"防护体系。

（1）堤前地貌恢复

砂质海岸地貌的完整性是发挥海岸功能的基础，由于海堤建设造成的沙滩规模减小，可采用人工补沙等"软措施"与修建突堤等"硬措施"相结合的方式进行岸滩修复。具有景观功能的海堤沙滩应慎用潜堤，否则可能会造成沙滩被淤泥覆盖，影响景观效果。

（2）生境修复

砂质海岸由于其特殊的地质，生态系统较为脆弱，植物群落结构简单，稳定性差，人工干预的效果也较差，因此，其生境修复以自然恢复为主，条件适宜区域可补植乡土性沙生植物。

8.3.3 基岩海岸

基岩海岸土壤结构是下层以丘陵山地直插入海，结构主体主要由花岗岩、玄武岩、石英岩、石灰岩等不同山岩组成，山基表面多为风化残积物形成的土壤。基岩海岸的土壤具有坡陡流短、水土流失严重、水源涵养较差、土壤肥力低等特点。由于地形地貌的特殊性及常年风速远高于内陆，在综合因素的常年作用下，基岩海岸迎风面植被呈低矮、匍匐的生态特点，多以草本及匍匐茎状灌木为主，再加上迎风面处于陡坡，土壤贫薄，植被种类单一，生长较为稀疏。背风面生境条件相对要好于迎风面，通过迎风面植被的遮挡，背风面的风速远低于迎风面，再加之土壤层的增厚，水分及肥力的增加，背风面植被不再仅以草本为主，逐渐出现了灌木及乔木植被。基岩海岸生态退化的主要原因是岸线侵蚀和人为干扰。因此，基岩海岸的生态修复应以植被的天然更新恢复为主，尽量降低人为干扰，以人工为辅助，促成植物自身的自然演替。基岩海岸的植被修复要重点解决海岸高差大、水土流失严重的问题。

（1）地形整理

基岩海岸普遍高差较大，应在充分利用现状高差的基础上进行整地。对于坡度较缓的基岩海岸，可采用平整地法，将局部的土地进行平整，防止雨季积水。而对坡度较陡的海岸，宜采用水平阶整地法防止水土流失，保障植物的成活和正常生长。

（2）土壤改良

在基岩海岸上部土壤条件相对良好的区域，应积极开展治沙改土，轮种豆科绿肥，如多增加适宜该海岸带生长的田菁、草木樨、柽柳等可改良土壤的绿肥作物，借以逐步促进沙土熟化，增加土壤有机质，改良土壤结构和肥力。同时，应加强苗木的后期养护，管护工作应连续进行 3~5 年，确保植被的成活率和密度。

（3）植被种植

鉴于基岩海岸现状土壤沙化、盐碱化严重，肥力低，为了最大程度保障植物的成活，应多种植抗逆性强的乡土经济树种。乡土树种对当地的自然条件适应性最强，具有较强的抗逆性，种植比较容易成功。迎风面应采用抗倒伏草本植物、"低矮灌木 + 草本植物"的种植模式。由于迎风面生态环境恶劣，高大的树种在此区域无法生长，宜采用抗风固土性强的植被种植于迎风面，以起到防风护坡的作用。背风面生境条件相对优良，有利于部分抗逆性较强的植物生长，但对于观赏性植被仍存在土壤肥力较低、干旱等情况，因此，植物的配置模式应采用混交林种植模式。

（4）近岸防护

在近海区域，在生态恢复前期应适度采用人工辅助的方式，遏制和扭转岸线侵蚀和生态退化的趋势。生态修复措施可考虑模仿岩礁生态系统，设置不规则石块或人工鱼礁；潮下带可考虑设置人工鱼礁、海藻场、牡蛎礁；热带海岛应恢复珊瑚礁。

8.4　海堤堤后生态建设

海堤堤后带是背海坡堤脚线向陆侧一定宽度的区域（一般应不小于 50 m），区域内有水系和绿地的，应将其全部纳入堤后带。堤后带生态建设主要是生态空间营造，即水系、绿地、湿地等具有绿色潜能的空间，其中水系主要是指河流（护塘河）、养殖塘、沟渠等，绿地主要由防护林带、滨水绿化带、农田林网等组成。目前，堤后带的生态建设主要结合沿海防护林的建设开展。海岸带防护林作为一项生态工程，也是正在建设的十大生态屏障和重大生态修复工程之一，具有改善气候、改良土壤、抵御自然灾害、提高作物产量等功能，同时可以起到生物多样性保护等作用。

（1）沿海防护林体系

沿海防护林体系由沿海基干林带和纵深防护林组成。

沿海基干林带分为一级、二级、三级三个建设梯级。一级基干林带是指海岸线以下的浅海水域、潮间带、近海滩涂及河口区域营造的以红树林、柽柳等为主的防浪消浪林带。二级基干林带是指位于最高潮位以上、适宜树木生长的海岸内侧陆地、由乔灌木树种组成的、具有一定宽度的防护林带。其中，泥质岸段，从海岸能植树的地方起，向陆地延伸，林带宽度达到 200 m 以上；砂质岸段，从海岸能植树的地方开始，向陆地延伸，林带宽度不小于 300 m，具备条件的地段可加宽到 500 m 以上；岩质岸段，为自临海第一座山山脊开始，面向大海坡面的宜林地段所营造的全部防护林。三级基干林带是指从海岸能植树的地方开始，砂质、泥质海岸向陆地延伸 1 km 范围内，除一、二级基干林带外的全部防护林；岩质海岸，从第一座山山脊延伸至第一重山山脊间的全部防护林。

纵深防护林是指从沿海基干林带后侧延伸到工程区范围内广大区域的全部防护林。纵深防护林建设以保护现有森林资源为基础；以加强宜林荒山荒地造林绿化、城乡绿化美化、道路河流通道绿化、农田林网建设为主线；以推进低效防护林改造为重点；以控制水土流失、涵养水源、防风固沙、保护农田、减少水旱灾害等为主要目的。因此，需要调整结构，完善体系，提升功能，逐步建立起片、带、网、点相结合，多树种、多林种、多功能、多效益、稳定的森林生态系统，切实改善沿海地区生态环境。

（2）堤后带生态建设

堤后带生态建设主要涉及二级基干林带和三级基干林带。

对于二级基干林带，一是对达不到上述标准宽度的林带、断带缺口地段以及新围垦区范围进行加宽、填空补缺或重新造林，对规划建设范围内的农地、鱼塘，要通过政府引导，采取征地或租地造林方式优先安排实施退塘（耕）造林，逐步建成多树种混交、林分结构稳定的海岸防护林带；二是对因各种自然、人为原因而遭破坏的残破、稀疏、灾损林带，要通过清除灾损木、补植补造等措施进行修复；三是对生长停滞、防护功能严重下降的老化基干林带进行更新改造，基干林带的更新改造应严格执行审批制度，更新方式采取林冠下更新、分行更新、隔带更新等。

对于三级基干林带，一是结合规划范围内沟、渠、河堤、道路绿化和农田林网建设，因地制宜地开展宜林地段人工造林，对原有未达标准宽度林带进行加宽造林，以达到规划宽度；二是通过清除灾损木、补植补造等措施对灾损林带进行修复，提高沿海基干林带抵御台风、风暴潮的整体功能。

（3）造林方式

在海堤内侧进行植被种植等防护林带建设时，应分析其对海堤堤身和堤基的安全影响，避免地面高程抬高改变海堤运行条件，导致海堤局部垮塌，危及海堤内侧人员生命财产安全。植物措施以固岸护坡、保持水土、拦截过滤等生态服务功能为主，合理布局，满足功能，兼顾景观，美化环境。植物选择应坚持生态功能优先、适地适树、乡土植物为主的原则，选择抗逆性强、成本低、易管护的植物种类。植物群落构建应乔灌草结合，常绿树种与落叶树种、深根系植物与浅根系植物、阴性树种与阳性树种及不同季相的植物种类混交。引进外来物种时，应经过充分论证，防止外来物种入侵。

基岩海岸主要受大风、土壤普遍浅薄等特殊条件制约，为了保证树苗和其他植物的成活率，一般而言，首先在薄土上种植草，以此为基础培养灌木，进而维护乔木，可以通过林地植被清理、合理整地、施用基肥、适当密植等技术措施，提高植被的成活率。

泥质海岸由于土壤质地黏重、含盐量较高等特点，造林的关键在于整地、土壤改良等方面，可以通过土地平整、筑堤围涂、苗种培育、幼林抚育以及盐碱土改良等措施提高造林成活率。

砂质海岸由于风沙大、土壤保水性能差等特殊的立地条件，造林成功的关键在于防风固沙和提高土壤的保水性能，一般通过设置挡风阻沙屏障、覆膜、覆草等方法提高造林的成活率和保存率。

思考题

1. 生态海堤的定义是什么？
2. 海堤生态化建设的内涵是什么？
3. 如何实现海堤生态化改造与集约节约用海相统一？

第9章 典型海岸带生态系统修复

海岸带地域广阔，地理条件多样，由此孕育了典型独特的滨海湿地、红树林、珊瑚礁、河口、海湾、潟湖、岛礁、上升流、海草床等海洋生态系统，养育了2万余种海洋生物，分布有古海岸、古森林等具有独特价值的海洋自然遗迹。虽然也有把红树林、珊瑚礁、海草床、海藻场、海岛等划分在滨海湿地范畴内的情况，但由于其具有特殊的地理因素、生物组成和生态循环过程，因此本章将其作为典型生态系统的类型单独阐述。

9.1 滨海湿地生态修复

湿地与森林、海洋并称为全球三大生态系统，被誉为"地球之肾""天然水库"和"天然物种库"。湿地与人类的生存、繁衍、发展息息相关，是自然界最富生物多样性的生态系统和人类最重要的生存环境之一，它为人类的生产、生活提供多种丰富的资源，且具有巨大的环境调节功能和生态效益。1971年，在伊朗的拉姆萨尔（Ramsar）由18个国家共同签署的《关于特别是作为水禽栖息地的国际重要湿地公约》，1982年3月12日议定书经修正，将湿地定义为：湿地系指不问其为天然或人工、长久或暂时之沼泽地、湿原、泥炭地或水域地带，带有或静止或流动、或为淡水、半咸水或咸水水体者，包括低潮时水深不超过6m的水域。公约中又补充规定，湿地的边界为"并可包括邻近湿地的河流、湖泊沿岸、沿海地区以及湿地范围内的岛屿或低潮时水深不超过6m的海水水域，特别是当其具有水禽栖息地意义时"。此外，养殖池塘、盐田、水库等也可称为人工滨海湿地。《中华人民共和国海洋环境保护法》规定，滨海湿地是指低潮时水深浅于6m的水域及其沿岸浸湿地带，包括水深不超过6m的永久性水域、潮间带（或洪泛地带）和沿海低地等。

滨海湿地作为陆地与海洋两个生态系统间的过渡地带，在维护生物多样性、调节改善气候、泄洪蓄水、防止及治理水土流失、保持地域可持续发展及供给生境等方面起到不可替代的独特作用。同时，由于滨海湿地较高的生态服务功能，致使人类活动频繁、经济发展迅速，在全球气候变暖的大环境下，由于海平面逐渐上升、湿地围垦加剧、城市和港口等海岸工程建设增多、海岸水环境污染严重、外来生物入侵、过度采砂等自然和人为因素的影响，湿地面积不断减少、湿地结构发生重大变化，造成滨海湿地功能、结构等出现一系列生态退化问题，使得保护滨海湿地的呼声日益升高。因此，亟须采取有效的管理对策措施，加强海岸带综合管理，实行湿地恢复计划，以实现滨海湿地资源的可持续发展。

9.1.1　滨海湿地生态系统概况

9.1.1.1　滨海湿地生态系统结构

滨海湿地生态系统由土壤圈、水圈、大气圈和生物圈组成，系统包括生物组分和非生物组分两大部分。生物组分即通常所说的生态系统的生产者、消费者和分解者；非生物组分主要涉及基质（岩石、土壤）、介质（水、空气等）、气候（温度、降水、风等）、能源（太阳能及其他能源）、物质代谢原料等要素。总体上来看，滨海湿地生态系统组分特征主要包括以下几个方面（图 9-1）。

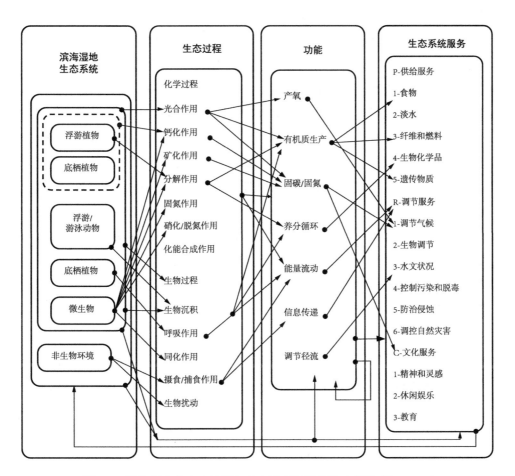

图 9-1　滨海湿地生态系统服务产生机理及其分类（程敏 等，2016）

（1）生物组分

滨海湿地是在海洋与陆地之间形成的宽阔的生态交错带，拥有丰富的生物多样性。除了常见于滨海湿地的生物外，还有各种洄游/迁徙物种，它们可能来自内陆、入海河流、大洋的海沟甚至是地球的任一角落。一些陆生动物和海洋动物也会偶尔光临滨海湿地，如繁殖期的海龟会在夜里潜入海滨沙滩上产卵，而迁徙的水鸟也会在滨海湿地捕食。因此，除了常年生活在深海的物种外，绝大多数海洋生物在生境上都会依赖滨海湿地。

1）浮游植物和底栖藻类。浮游植物特指在海水或淡水水体中能进行光合自养的营浮游生活的植物群落，具有个体小、种类多、形态多样、细胞结构简单、繁殖能力强、生活史短、运动能力弱等特征。浮游植物通常指浮游藻类，主要分布于各类水体中的真光带区域，以确保有足够光照来进行光合作用。浮游植物是滨海湿地食物链的初始环节，间接或直接地为河口水域和沉积物中的浮游动物、经济虾类及其幼体提供主要的食物来源。通常硅藻和甲藻是河口浮游植物的优势种，其中硅藻是我国大多数滨海湿地的优势类群，其丰富度甚至可达浮游植物总数的 80% 以上。

底栖藻类分为大型藻类和微型藻类两种。大型藻类一般生长在浅海区域海水与陆地交接的地方，作为海洋中的初级生产者，可以利用日光进行光合作用，制造食物和氧气，供海洋生物生存繁殖以及其他生命活动。大型海藻常见的种类主要有褐藻门、红藻门和绿藻门等。常见的褐藻包括裙带菜、海带、马尾藻、巨藻、鼠尾藻等；常见的红藻包括掌状红皮藻、紫菜、石花菜属、角叉菜属等；常见的绿藻包括浒苔、刚毛藻和石莼等。微型藻类作为单细胞生物广泛存在于自然界各种类型水体中。由于生活环境复杂多样，能够对藻类造成生长胁迫的环境因素较多，不仅包括温度、pH、光照、氧含量、盐度等常见物理因素，还包括水环境中有毒物质、重金属、营养盐浓度等化学因素，而在湿地复杂的生态环境下，藻类还会与水生植物、湿地微生物之间产生复杂的竞争关系。常见的微型藻类为蓝藻、绿藻和硅藻，盐沼和泥滩上的微型底栖藻类数量很多，但砂质海滩则很少，在温带地区，潮间带微型底栖藻类中，丰度最高的是硅藻；基岩质滨海湿地的优势种类是鼠尾藻、孔石莼、蜈蚣藻等。

2）高等植物。海洋高等植物是指生长在海域的被子植物，主要是生长在海洋大陆架浅水（6 m 以上，少数可达 30 m 深的）和潮间带的沼泽植物，或称海岸湿地植物。海洋高等植物主要包括三大群落，即红树植物群落、盐沼植物群落和海草植物群落。海洋高等植物不仅具有高生产力，而且在防止基质流失、过滤水体、净化环境及作为动物、微生物的栖息地和营养源中起重要作用。高等植物是组成滨海湿地景观的要素之一，并且植被类型本身就是滨海湿地的分类依据之一。

3）底栖动物。底栖动物是指那些生活于水体沉积物底内、底表及以水中物体（包括生物体和非生物体）为依托而栖息的生物生态类群，其生活史的全部或大部分时间生活于水体底部。底栖动物具有丰富的生活型，因此在各种不同的滨海湿地都有底栖动物生活在其中。基岩海岸的底栖动物以贝类为主，如贻贝、藤壶、蛤、海鞘等；砂质海岸底栖动物以甲壳类、端足类、多毛类和等足类为主，如蟹类、沙蚕、海参、海胆等；盐沼湿地底栖动物以甲壳类、腹足类和双壳类为主，如筑穴的沉积物食者招潮蟹、摄食底栖硅藻的腹足类软体动物、生活于泥内或泥上的双壳类软体动物。

4）鱼类。海洋鱼类种类繁多，终生生活在湿地的鱼类种类较少，但很多鱼类至少在其生活史的部分时期生活在滨海湿地。目前认为，除了典型的深海鱼类外，几乎所有的海洋鱼类都可能在滨海湿地出现。而一些淡水鱼类也会在河口地区完成其生活史的一部分，如长江口的中华鲟。按照鱼类生活方式或生态学特性进行分类，可以将滨海湿地鱼类划分为中上层鱼类、底层或近底层鱼类和潮间带鱼类。中上层鱼类指那些在水体中能自由游泳的种类，一般具有较强的迁徙行为，常常既是浮游生物的取食者，又是肉食者，如凤尾鱼、沙丁鱼等；底层或近底层鱼类是指一生中大部分时间栖息于水域底层或近底层的鱼类，通常寿命较长，营养等级高，是滨海湿地最多样化的鱼类类群，如海鲶、石首鱼等；潮间带鱼类通常生活在滨海湿地的边缘、盐沼、海草床和退潮后形成的潮滩水洼中，这些鱼类个体通常很小，大多数无迁徙行为，主要取食底栖硅藻、桡足类、端足类和其他小型动物，如弹涂鱼。

5）湿地鸟类。滨海湿地被誉为"鸟类天堂"，因为它能提供植被、滩涂、水面、礁石等各种栖息生境，并且提供各种饵料，让不同生态位的鸟类在同一区域共同生活。湿地鸟类，是指在水域活动或其生活环境与水体有紧密关系的鸟类。水鸟可以分为两大类：涉禽和游禽。涉禽泛指水边活动，涉水而食的鸟类，如鹤形目的鹤科、鹳形目的鹭科、丘鹬科等鸟类；游禽统称会游泳的鸟类，包括雁形目的雁鸭类、鹤形目的骨顶鸡等鸟类。我国滨海湿地的水鸟代表物种是行鹬类，滨海湿地淤泥质或砂质的基底、周期性的潮汐变化、丰富的底栖动物等特点，适合行鹬类栖息、觅食、繁殖等生态学特征的需要。我国滨海湿地几乎全部被纳入亚洲受胁鸟类的重要湿地地区。

（2）非生物组分

按照物质组成等因素划分，滨海湿地分为岩石性海岸、潮间砂石、潮间淤泥、盐沼及河口三角洲等类型。不同的湿地类型，其非生物组分也不尽相同。

1）基质。岩石性海岸、潮间砂石、潮间淤泥湿地底质为岩石、砾石、砂、粉砂、淤泥。其中，岩石性海岸湿地底质 75% 以上为岩石；潮间砂石湿地底质 75% 以上为砂、砾石等粗砾物质；潮间淤泥湿地底质 75% 以上为粉砂、淤泥等细粒物质，植被盖度小于 30%。

土壤作为滨海湿地生态系统的重要组成部分，是滨海湿地生物的基质和载体，也是滨海湿地生物地球化学循环的中介。滨海湿地常年处于滞水或周期性淹水环境下，土壤比较黏重，通气透水性差，氧化还原电位低，表现出强烈的还原环境。同时，滨海湿地土壤微生物在厌氧环境下以嫌气性细菌为主，对动、植物残体分解缓慢，表现出有机物质的累积。

2）介质。湿地是地球上水陆相互作用形成的具有独特生态功能的景观类型，被誉为"地球之肾""天然水库""天然物种库""淡水之源"，在蓄水、调节河川径流、补给地下水、改善水质和维持区域水循环中发挥着重大作用。可以说，如果没有湿地，就没有丰富的水资源。同时，水也是湿地的生存之本，离开了水，湿地也将不复存在。对于滨海湿地而言，水源补给主要涉及大气降水、地表及河道径流、地下水、潮汐、海浪、风暴潮等多个方面。

潮汐不仅改变滨海湿地内水位的高低，而且还不断地改变着滨海湿地的海洋动力场的特质和作用范围，影响滨海湿地生态系统和物种的分布。周期性的潮汐淹水是滨海湿地重要的水文特质。潮汐不仅可以作为胁迫因子造成湿地淹没、土壤盐碱化和土壤厌氧环境，还可以带走多余盐分、重建有氧环境和提供营养物质等。潮流是滨海湿地沉积物转运、迁移和沉积的重要动力。强大的潮流可以侵蚀松散的沉积物，形成潮滩，塑造潮沟和巨大的潮流通道。它同波浪相似，是我国滨海湿地的主要动力因素，塑造了一系列的滨海湿地地貌。受潮汐影响的滨海湿地，通常具有明显的地下水输入，它不仅可以降低相应湿地的土壤盐度，而且可以保持低潮时湿地土壤的湿润。

3）气候。湿地是隐域性生态系统，不像森林和草地生态系统具有明显的气候地带性（纬度地带性和垂直地带性）分布规律。滨海湿地位于海陆交互地带，受海洋和陆地共同作用，是脆弱的生态敏感区，对气候变化特别敏感，在全球气候变化过程中发挥着重要的作用。由于自然地理条件、植物区系不同，各气候带滨海湿地类型和分布均有明显的变化。如，暖温带气候区植被类型较为简单，以草丛和灌木湿地为主，主要有碱蓬、芦苇和柽柳；亚热带气候区植被有碱蓬、芦苇、红树林等；热带气候区湿地类型为红树林、珊瑚礁和海草床等。

4）波浪。波浪是塑造湿地的动力，同时也影响滨海湿地生物群落的结构和组成。波浪在湿地破碎时，能量作用于湿地，会造成湿地地貌的改变。波浪还可以使滨海的沙和砾石迁移，改变整个基质。长时间的波浪运动可以搬运沉积物，引起侵蚀和堆积，进而重塑区域地貌。波浪还可以把大气的气体混入水体，增加水中的溶解氧。

9.1.1.2　滨海湿地生态功能特征

滨海湿地生态功能是指滨海湿地实际支持或潜在支持和保护自然生态系统与生态过程、支持和保护人类生活与生命财产的能力。滨海湿地是湿地的重要类型之一，地处陆地生态系统和海洋生态系统的交错过渡地带，是陆地－海洋－大气相互作用最活跃的地带，同时也是全球气候变化的缓冲区，具有调节气候、净化环境、维持生物多样性、促淤造陆、消浪护岸、防灾减灾、涵养水源等重要生态功能。

（1）提高生产力功能

湿地系统中孕育着丰富的动、植物资源，可为人类的生产、生活提供大量必需的物质产品。滨海湿地水质肥沃，饵料充足，条件优越，适宜鱼、虾、贝、蟹的生存和繁衍，是水产养殖的重要场所。滨海湿地植物产品也比较多，主要用于造纸原料的芦苇分布面积广、产量巨大。盐蒿可以作为蔬菜食用，提高当地的经济效益。

（2）气候调节功能

湿地是温室气体二氧化碳的汇，也是温室气体的源。植物通过光合作用吸收二氧化碳、释放氧气等气体调节大气组分，根据植物光合作用方程式，生态系统每生产 100 g 植物干物质能固定 163 g 二氧化碳和释放 120 g 氧气。滨海湿地是海洋生态系统中重要的碳库，在我国滨海湿地中红树林湿地固碳速率最高，以碳计可达到 444.27 $g/(m^2 \cdot a)$，滨海盐沼湿地达到 235.62 $g/(m^2 \cdot a)$，远远高于内陆湿地。同时，湿地特殊的生境条件，尤其是潜育化的土壤环境及淤积的动植物残体，也会排放出甲烷、氨气等温室气体。因此，湿地既是温室气体的吸收体，又是排放源。

（3）污染物净化功能

滨海湿地具有很强的降解和转化污染物的能力，被喻为"地球之肾"。一个健康的湿地可以对流经此地的水流及其所携带的物质有截流和过滤的作用，这种功能可用来消减入海河流对近海的污染，起到防止近海水体富营养化的作用。进入滨海湿地生态系统的生活污水、农用肥和工业排放物等陆源污染物，通常与沉积物结合在一起，通过湿地植被吸收，经化学和生物学过程转换而被降解、储存与转化。湿地中较慢的水流速度有助于沉积物的下沉，也有助于与沉积物结合在一起的污染物的储存和转化。滨海湿地中的许多水生植物，能够在其组织中富集重金属，其浓度比周围水中浓度高出 10 万倍以上，许多植物还含有能与重金属链接的物质，从而参与金属的解毒过程。

（4）海岸防护功能

我国的海藻场、海草床、互花米草、芦苇、碱蓬、海岸林带等滨海湿地植被构成了抵御风暴潮、海岸侵蚀、海水入侵等自然灾害和应对海平面上升等气候变化的天然绿色屏障，在保障沿海地区生命财产安全中发挥了重大作用。1959 年 8 月，厦门地区遭受 12 级台风袭击，当时唯有陇海线寮东村 8 m 高的红树林保护下的堤岸安然无损。这说明潮滩盐沼植物覆被层对动力沉积作用的影响通过植物的缓流消浪作用达到使海水中泥沙沉积固定的作用。研究表明，互花米草平均可使波高降低 71%，波能降低 92%。很多地方通过在堤外种植互花米草防浪侵蚀，保护海堤工程的安全。由此可见，滨海湿地生态系统在海岸防护中能发挥至关重要的作用。

（5）物种多样性保护

滨海湿地具有大量陆源悬浮物和营养盐，拥有植被、滩涂和水域，给生物物种的栖息和繁衍提供了良好的自然生态环境，很多地方成为动物栖息地和鸟类迁徙中转地。据《中国海岸带湿地保护行动计划》（2003 年）统计，中国滨海湿地生物种类共有 8 252 种，有许多种类是我国特有的、古老的或者全球性珍稀濒危物种，已有 34 种具有生物多样性意义且需要保护的海洋野生动物列入《国家重点保护野生动物名录》，且有数十种鸟类已列入国际重点保护名录和有关国际候鸟保护协定中。此外，湿地是重要的遗传基因库，对维持野生物种种群的延续、筛选和改良均具有重要意义。

9.1.2 滨海湿地生态退化因素

湿地退化主要是指由于自然环境的变化，或是人类对湿地自然资源过度以及不合理利用而造成湿地生态系统结构破坏、功能衰退、生物多样性减少、生物生产力下降以及湿地生产潜力衰退、湿地资源逐渐丧失等一系列生态环境恶化的现象。湿地退化涵盖了湿地生物群落的退化、土壤的退化、水域的退化以及滨海湿地各个要素在内的整个生境的退化。湿地退化是一种普遍存在的现象，它是环境变化的一种反映，同时也对环境造成威胁，是危及整个生态环境的重大问题。

（1）气候变化对湿地的影响

全球气候变化主要表现为变暖，气候变暖影响滨海湿地的生态过程，从而改变滨海湿地的结构和功能。从长远来看，全球变暖将显著影响各种湿地的分布与演化，气候变暖导致的降水量区域变化，会引起河流水量及其挟沙量的变化，对滨海湿地的稳定和生态功能的发挥产生重大影响。黄河断流是一个典型实例。20 世纪 70年代之后，黄河入海水量减少以至断流对黄河三角洲滨海湿地的影响非常深远。全球变暖引起的海平面上升，会导致滨海湿地向陆域方向退缩，虽然沿岸堤坝等海防设施会限制这种趋势，但部分滨海湿地仍将因此而消失。海平面上升也会增加其他海洋灾害发生的概率和强度，而直接威胁滨海湿地的生境和演化。全球变暖可能改变整个海洋生态结构，使海岸带物质和能量重新分配，滨海湿地的生态结构和生物体系的变化将不可避免，特别是作为鸟类栖息地的重要区域也必将受到影响，或减少以至消失。

（2）海洋灾害对湿地的影响

海洋灾害主要包括海岸侵蚀、风暴潮、海水入侵等，它们是导致滨海湿地退化的重要原因。海岸侵蚀一方面使岸线后退，滩面下蚀，陆域环境向海域转变，直接导致湿地面积减少，同时，其植被出现逆向演替或死亡消失；另一方面，海岸侵蚀破坏沉积基础，改变环境营养状况，使滨海湿地生态结构和功能受到损害。风暴潮巨大的破坏力能迅速改变海岸带地貌形态，不仅导致岸线迅速后退，也使滩面遭受冲刷，造成滩面形态破碎化。海水入侵能恶化滨海湿地水环境，造成滨海湿地生态环境整体恶化；风暴潮灾往往会扩大海水入侵的范围，加剧海水入侵的危害。

（3）海岸带围垦对湿地的影响

海岸带区域的围垦是造成滨海湿地损失、退化的重要人为因素。我国滨海湿地围垦比较严重的地区主要为辽河三角洲、黄河三角洲、胶州湾、莱州湾、苏北沿海、长江口和珠江口等，天然湿地逐渐被人工湿地和永久性建筑所代替。一方面，全海岸带的各种大规模围垦，会直接导致天然滨海湿地大量丧失；另一方面，未被围垦的滨海湿地区域也会因围垦区的生产活动而受到影响。随着沿海经济的持续增长，用地矛盾似乎只能通过围垦或填海来解决，特别是沿海一些大型经济区域的建设，这种发展更多考虑了经济的需要，往往忽视环境的保护，其对滨海湿地的影响是巨大的。

（4）海岸工程建筑对湿地的影响

海岸工程建筑包括港口设施、堤防建筑、跨海通道等，海岸工程的实施会显著影响滨海湿地的沉积特征、地貌形态、水文动态、生态结构等方面，导致滨海湿地面积减少、生境破碎、环境恶化、资源过载、物种入侵等一系列问题，增加了滨海湿地生态环境的脆弱性。如建造防波堤会破坏潮间带湿地的陆地营养物质输入过程，中断湿地生物陆地食物来源；改变潮间带水动力状况，使高潮期潮间带水深增大，冲刷下蚀加剧，半咸水环境也渐变为咸水环境，原有生物会因不适应而死亡，滨海湿地生物多样性下降，湿地功能受到损害。

（5）资源过度利用对湿地的影响

在我国重要经济海域，酷渔滥捕现象严重，生物资源衰竭现象明显，这与认识水平和管理制度有关，主要表现为：缺乏对资源合理利用数量的认识，捕捞强度远超资源最大可持续利用量；渔业资源产权模糊，"公有地悲剧"现象突出；作业方式不合理，捕捞过程赶尽杀绝；管理不善，打击不力，非法捕捞猖獗。为此，国家不得不采取"休渔"制度，但已形成的资源现状令人担忧。沿海及周边地区经济的高速发展，刺激了海沙等基建材料的需求，浅海挖沙现象普遍。浅海挖沙破坏海床，破坏底栖生物栖息环境，也使该海域生态环境受到严重破坏。滨海矿产资源，包括海上油气资源的开采，对滨海湿地环境的破坏和潜在威胁也始终存在。

（6）环境污染对湿地的影响

污染是当前环境损害和生境丧失的主要原因之一。滨海湿地是陆源污染最直接的承泄区和转移区，污染源主要是工农业生产、生活和沿岸养殖业所产生的污水，污染破坏原有生境，摧毁生物栖息地，使湿地系统生产力下降。污染物也能直接毒害湿地生物，而生物通过富集效应会最终以食物形式将毒素传递到人类。大量污染物的聚集，也可能诱发环境灾难，如营养盐类污染物的输入会导致富营养化的发生，在沿岸可能诱发赤潮等灾害。

9.1.3 滨海湿地生态修复措施

9.1.3.1 管理措施

（1）完善湿地管理和保护的法律和制度

滨海湿地是脆弱的生态敏感区，又处于人类高强度经济活动区，最容易受到各种湿地资源开发利用活动的破坏。我国现有的相关法律、法规中有关滨海湿地保护的条款比较分散、无法可依或法律条文相互交叉、重复的情况并存。林业、水利、自然资源、生态环境、农业农村等多部门的管理范围都涉及湿地管理。如红树林属于海洋生态系统，与海洋生态系统开发、利用和保护密切相关，应置于自然资源部门管理，而目前却将红树林作为森林的一种类型纳入林业部门管理。因此，需要建立健全专门针对我国湿地资源的法律法规，明确管理目标，明晰产权关系，调整现行湿地管理体制，强化管理力度，使我国湿地保护和管理工作系统化、规范化和科学化。

同时，建立滨海湿地保护与管理的配套法律制度，明确滨海湿地保护与开发利用的原则和行为规范，建立健全滨海湿地用途管制制度、生态红线制度、生态补偿制度、监测评估和信息发布制度等。

（2）加强滨海湿地保护区的建设与管理

海洋保护区是保护海洋生态系统和生物多样性的有效途径，在海洋生态保护和建设的关键时期，必须进一步加强海洋保护区的建设工作。自然保护区的建立能有效遏制因经济发展而损害滨海湿地的现象。上海市就是很好的例证，上海市在经济发展中土地资源紧缺矛盾尖锐，滩涂围垦强度大，但崇明东滩等自然保护区的建立，很大程度上使长江三角洲典型滨海湿地得以保留，为丰富的动植物资源的繁育留下了空间，为迁徙鸟类留下了栖息场所，也为人类亲近大自然、进行科学研究留下了宝贵的机会。因此，在加强现有自然保护区管理的基础上，根据自然资源特征，严格科学论证，规划和建设一批多层次的自然保护区、海洋特别保护区、海洋公园，建立健全我国海洋湿地保护区管理体系，实现滨海湿地的有效保护。在当前滨海湿地资源普遍受到威胁和破坏，湿地管理体制、湿地法规尚待完善的情况下，对一些具有特殊生物多样性和珍稀濒危物种的典型滨海湿地生态系统、典型滨海自然景观和自然历史遗迹区设立湿地保护区，是目前对其实施保护的有效措施和手段。

（3）建立滨海湿地补偿制度

早在 1987 年，美国便在湿地保护和管理中实施了"零净损失"政策，其理念和做法迅速被应用于几乎所有与环境保护有关的领域。到目前为止，虽然我国各省出台了一些地方法规，对资源开发活动导致的环境损害征收生态环境补偿费，但在国家层面上对资源开采还没有实行生态补偿制度。对于湿地，还未见此类政策措施的实施。在滨海湿地开发利用中，如果必须要开发，而且其开发会完全改变其结构和功能，在条件可能的情况下应该建造具有相同功能的等量滨海湿地以作为补偿；如果不能如此，要正确评估该湿地的生态价值，以其作为依据，征收生态补偿费。如果并不完全改变该滨海湿地的结构和功能，应该评估其被破坏的程度和代价，以及开发后可能产生的环境及生态破坏等，根据这些数据征收相应的生态补偿费。同时，应建立起包括民众参与的有效监督机制，监督其规划和承诺的实施和兑现情况，以期获得滨海湿地资源的有效保护和管理。

9.1.3.2　技术措施

（1）水文条件恢复

水是滨海湿地存在、发展、演替、消亡与再生的关键，我国 1/3 的湿地面临消失的危险，主要原因是缺水。滨海湿地水文条件中的水分和盐分状况，是决定湿地植物群落分布和演替进程的直接原因。恢复湿地的水文条件，包括湿地水文条件的恢复和湿地水环境质量的改善。湿地水文条件的恢复通常是通过筑坝（抬高水位）、修建引水渠等水利工程措施来实现，以提高水体连通性；湿地水环境质量的改善技术包括污水处理技术和水体富营养化控制技术等。

1）水文连通技术。

水文连通主要通过拆除纵横向挡水建构筑物，建设引水沟渠、桥涵、水闸、泵站以及疏浚底泥等技术实现。

拆除纵横向挡水建构筑物。以拆除纵横向挡水建构筑物，来贯通修复区内部水系，并使其与周边水系相连，形成沟通完善的水体网络。在相邻接的水体间通过拆除纵向挡水建构筑物，实现水文连通。如拆除河流水坝，实现河流纵向水文连通。在河流、湖泊、水库沿岸，通过拆除堤坝，合理利用洪水脉冲，实现河流侧向的水文连通和生态联系。在滨海盐沼恢复中，运用堤坝开口方式向被围垦土地中重新引入潮汐，并在盐沼潮上带挖掘露出已被填埋的潮沟，以增强潮汐与沼泽的水文联系。

修建桥涵、水闸、泵站。桥涵是泄水建筑物，其规模决定着通过水量的大小。水闸对水流起着控制作用，水闸建设保证了水体水文连通。泵站则是修建在河流、湖泊或平原水库岸边的泵站建筑物，通过与输水河道、输水管渠相连，实现水体水文连通。选择站址要考虑水源（或承泄区）水流、泥沙等条件。

修建引水沟渠。以人工挖掘方式修筑以排水和灌溉为主要目的的水道，即沟渠系统，以此连接水源地（如河流、湖泊、水库）与湿地，增强湿地生态系统内外水体的连通与交换，并发挥多样化的生态水文功能。沟渠系统建设应尽可能生态化。

疏浚底泥。在滨海湿地，常常由于底泥的大量淤积，造成暂时性或永久性的水文联系中断。因此对淤积严重的湿地中的水道，需进行合理疏浚（生态疏浚）。生态疏浚必须在保证具有重要生态功能的底栖系统不受破坏的前提下，精确标定底泥疏浚深度，采用生态疏浚设备，施工期必须避开动植物的繁殖期。

恢复潮沟。淤泥质河口潮滩湿地和滨海潮坪湿地常被许多分支的沟道——潮沟所切割。潮沟系统在维持潮滩湿地水文连通性、生物多样性及生态系统过程方面具有重要作用。对于潮沟受到破坏的潮滩湿地和红树林湿地，恢复潮沟系统是恢复潮滩湿地水文连通性的重要措施。潮沟恢复包括重建呈树枝状的潮沟系统，通常分2~3级；恢复河曲发育良好的潮沟；恢复具有潮沟底—潮沟边滩—植被覆盖潮滩的横断面格局，提高潮滩湿地生境异质性，利于底栖动物和鸟类的生存。

2）基质恢复。

基质是湿地生态系统发育和存在的载体，稳定的基质是保证湿地生态系统正常演替与发展的基础，以土壤为主的基质在湿地恢复过程中具有尤为重要的作用。

湿地基质改良

湿地基质改良是通过物理、化学和生物的方法对退化基质的结构、功能进行恢复，对基质团粒结构、pH等理化性质进行改良及对基质养分、有机质等营养状况进行改善，促使退化基质基本恢复到原有状态甚至超过原有状态。

基质物理改良是指通过物理方法提高基质的孔隙度、降低基质的容重、改善基质的结构及增加基质保水保肥能力。其中，有机改良物种类很多，包括人畜粪便、污水污泥、有机堆肥、泥炭等。有机改良物的分解能缓慢释放出氮、磷等营养物质，可满足湿地植物对营养物质持续吸收的需要，可作为阴阳离子的有效吸附剂，提高基质的缓冲能力，降低基质中盐分的浓度。通过施用有机改良物可减缓降雨淋浸基质中的盐分。此外，有机改良物还是良好的胶结剂，能使基质快速黏合形成牢固的物理结构，也能够螯合或者络合部分重金属离子，增加基质持水保肥能力。由于部分有机改良物中存在重金属和毒性有机物，需要防止二次污染的发生。

基质化学改良是在基质原位上进行的，包括肥力恢复、pH 改良、污染治理等方式。

肥力恢复：基质肥力是基质物理、化学和生物特性的综合表现，基质肥力恢复促使基质的颗粒、物理、化学、生物等性状逐渐趋于正常化，供给湿地植物正常生长所需要的水、营养、气和热。对于基质结构不良及缺乏氮、磷等营养物质的湿地退化区，可通过施肥补充植物所需的营养物质。基质肥力恢复过程中要控制化学品的投放量，大量施用化肥极易导致养分比例失调、植物中毒及地下水的污染，甚至会导致生物链的断裂。

pH 改良：湿地退化区基质酸性过高或过低都会影响植物的正常生长、繁殖和结实等生理过程，因此，对于酸化或者碱化的基质都需要改善其 pH。对于 pH 较低的基质可施用碳酸氢盐、硅酸钙、碳酸钙或熟石灰来调节中和基质的酸性，既降低基质酸碱度，又能促进微生物活性，增加基质中的钙含量，改善基质结构，并减少磷被活性铁、铝等离子固定的比例。当湿地退化区的酸性较高时，应少量多次施用碳酸氢盐与石灰，防止局部石灰过多而使基质呈碱性。对于 pH 较高的基质，可利用适当的腐殖质酸物质进行改良，如施用低热值的腐殖质酸物质。

污染治理：①投放化学改良剂。通过向污染基质投放化学改良剂，使其与污染基质发生沉淀、吸附、络合、抑制、拮抗、氧化及还原等物理化学作用，降低基质中污染物的水溶性、扩散性和生物有效性，从而抑制它们进入湿地生物体内和水体的能力，降低污染基质对湿地生物的危害。该技术对污染较轻的基质适用，处理效果较好，但要防止基质中污染物的再度活化和二次污染。②化学淋洗。化学淋洗是指用清水或能提高水溶性的化学溶液来淋洗污染基质，吸附固定在基质颗粒上的溶解性离子，或生成络合物沉淀，然后将淋洗液回收。该技术的关键是淋洗试剂的选择，表面活性剂适合于沙土、沙壤土、轻壤土等轻质基质，但易造成地下水污染、基质养分流失及基质变性，在使用过程中需做好防渗措施。

基质生物改良是利用对极端生境条件具有抗逆能力的植物、金属富集植物、固氮微生物、菌根生物等改善湿地基质的理化性质，达到恢复湿地基质的目的，主要有植物改良、微生物改良和土壤动物改良等技术。①植物改良：植物改良的方法有植物提取、植物过滤、植物钝化以及植物固氮等技术。植物提取是利用某些植物能忍耐和超量积累的特性，实现固定或修复重金属污染基质；植物过滤是利用植物根际过滤作用稳定污染基质；植物钝化是利用植物清除基质里的有机污染物等；植物固氮是利用豆科植物的固氮能力来提高基质营养物质的利用率和改善基质的理化性状。②微生物改良：微生物改良技术是利用微生物的生命代谢活动降低基质中污染物质的浓度，从而使受污染的基质能够部分或完全地恢复到原始状态。微生物在增加植物的营养吸收、刺激植物根系发育、提高植物的抗逆性、改进基质结构等方面具有重要作用。此外，微生物对于污染物的降解和矿化也起着重要的作用，且微生物也可以通过多种机制对重金属产生抗性，对重金属进行吸附、络合、沉淀和转化等。进行微生物改良首先要确定基质污染物类型，然后筛选噬污微生物种类或者功能群，通过人工投放方式实现基质的改良。③土壤动物改良：土壤动物在改良基质结构、增加基质肥力、分解枯枝落叶层以及促进营养物质的循环等方面有着重要的作用。作为湿地生态系统不可缺少的成分，土壤动物扮演着消费者和分解者的重要角色，在湿地基质恢复中若能引进一些有益的土壤动物，将能使重建的系统功能更加完善，加快生态恢复的进程。例如，蚯蚓在改良基质结构和理化性质方面具有重要作用，将蚯蚓引入湿地基质中，不仅能改良基质理化性质，增加其通气和保水能力，还能富集其中的重金属，同时，对退化较为严重的土壤团聚体的稳定性具有较强的改善作用。

湿地污染基质清除

当基质中污染积累过多时，人工清除的方式对湿地恢复具有积极的作用。进行基质清除的主要目的是清除基质中的污染物，改善湿地水体底层氧化还原条件，为各类湿地水生生物，尤其是底栖动物、沉水植物等提供良好的基质。基质清除过程应满足环保需求，防止扰动引起淤泥的扩散而引发二次污染。

常用的清除技术包括以下三种。①机械清除法：一是用泵抽吸并清除污染基质，其特点是可直接抽吸底泥，速度快、影响小；二是利用专业清除机，适合进行大规模作业且面积较大的污染分布区；三是利用专业的清除船，其优点是清除速度快、效果彻底。②基质固化法：即在水体中施用对污染物具有固化作用的人工或自然试剂，将基质中的污染物固化或惰性化，使之相对稳定于基质中，可减少基质中的污染物释放到水体中。③基质覆盖法：即将清洁物质铺在污染基质之上，将基质中的污染物与上覆水分隔开，防止基质污染物向水体迁移。

湿地基质再造

湿地基质再造是在地形恢复的基础上，再造一层人工的基质，使基质的理化性质发生改变，达到湿地生物繁殖、生长和栖息的要求。基质再造能够为湿地生物的繁殖和生长提供良好的生存环境，也为恢复湿地生物多样性提供良好的基础。基质再造的重点在于恢复基质的地质条件、理化性质和生物性状，通过人为工程措施重新构建基质的形态以改良基质，达到恢复湿地基质结构和功能的目的。

（2）地形修复和改造

在湿地修复工程中，适当的地形处理有利于控制水流和营造生物适宜栖息的生境，达到改善湿地环境的目的。

1）营造修复区地形基本骨架。通过微地形营造和恢复，确立湿地修复区地形基本骨架，营造湿地岸带、浅滩、深水区、浅水区和促进水体流动的地形、开敞水域分布区等地形，疏通水力连通性，促进水体中物质迁移转换速率，恢复湿地植被及生物多样性。

2）典型湿地地形恢复。通过挖深与填高方法营造出凹凸不平、错落有致的湿地地形。必须以恢复目标为前提，在修复区域内创造丰富的湿地地貌类型或高低起伏的地形形态。通过地形恢复，使地形不规则化和具有起伏。具有不规则形状和边缘的湿地更加接近于自然形态，拥有更大的表面来吸收地表径流中的营养物质，并且包含更多形态多样的空间和孔穴来为水生生物提供栖息和庇护场所。典型地形恢复主要包括营造缓坡岸带、浅滩、深水区、生境岛、急流带、滞水带、洼地和水塘8 种类型。

营造缓坡岸带。对库塘、湖泊、河流等湿地类型，通过对水岸地形的适度改造，营造部分缓坡岸带，可为湿地植物着生提供基底，形成水陆间的生态缓冲带，发挥净化、拦截、过滤等生态服务功能。根据岸线发育系数恢复岸带，确定地形修复工程的空间位置，对较陡的坡岸进行削平处理，削低高地，平整岸坡，去直取弯，进行缓坡岸带地形恢复（见图 9-2）。

营造浅滩。对于石驳岸、陡坡等类型湿地岸带，需进行地形修复，营造浅滩基底。通过对临近水面起伏不平的开阔地段进行局部微地形调整（即局部土地平整），削平过高地势，减小坡度，以减缓水流冲击和侵蚀。对周围地势过高区域，通过削低过高地形、填土降低水深等方式塑造浅滩地形，营造适宜湿地植被生长和水鸟栖息的开阔环境，使其成为涉禽、两栖动物的栖息地以及鱼类的产卵场所。在坡度较陡和粗颗粒泥沙的岸带，应把浅滩作为恢复湿地地形的方法之一（见图 9-3）。

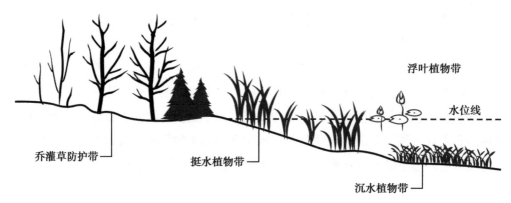

图 9-2　湿地地形恢复——营造缓坡岸带

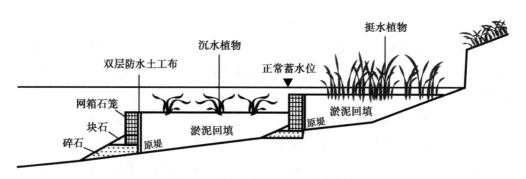

图 9-3　湿地地形恢复——营造浅滩

营造深水区。湿地中需要保留或营造一定面积的深水区，保证其底层水体在冬季不会结冰，为鱼类休息、幼鱼成长及隐匿提供庇护场所以及为湿地水生动物提供越冬场所。深水区地形的恢复，可满足游禽栖息和觅食需求。营造深水区以凹形地形恢复为主，深挖基底形成深水区，深度应保证湿地修复区所在地最冷月份底层水体不结冰，并预留 0.5 m 深的流动水体（图 9-4）。

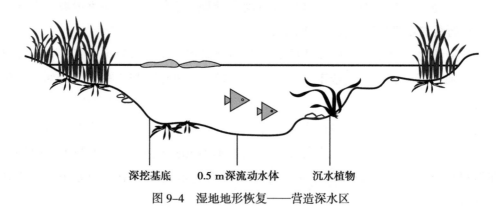

图 9-4　湿地地形恢复——营造深水区

营造生境岛。岛屿地形营造对于拟恢复的退化湿地来说是重要的地形恢复工程。结合不同种类湿地生物（如水鸟、爬行类等）的栖息和繁殖环境要求，通过堆土（石）进行生境岛地形恢复（图 9-5）。

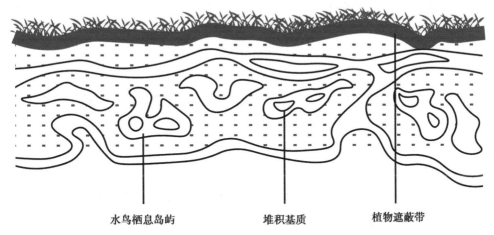

水鸟栖息岛屿　　　　堆积基质　　　　植物遮蔽带

图 9-5　湿地地形恢复——营造生境岛

营造洼地。在平坦地面上塑造不均匀分布的洼地，提高地表环境异质性。在降雨时蓄滞水，在非降雨期由于水分饱和、土壤湿润，起到释放水分、调节微气候的作用（图 9-6）。

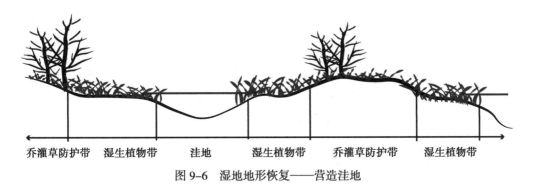

乔灌草防护带　湿生植物带　　洼地　　湿生植物带　乔灌草防护带　湿生植物带

图 9-6　湿地地形恢复——营造洼地

营造水塘。在水岸上挖掘大小、深浅不一的塘，这种地形重塑的方法通过洪水脉冲和季节性水位变动使岸边水塘与水体发生联系，形成湿地多塘系统，是旱涝调节、提高生物多样性的有效模式，为水生植物和涉禽等鸟类提供更多的生存空间。

营造急流带。急流带地形恢复采用地形抬高和地形削平相结合的方法营造，在来水方向抬高地形，与出水方向形成倾斜状地形，加快水体流动速度。急流带地形恢复可为那些喜流水的水生昆虫、鱼类提供适宜的流水环境。

营造滞水带。在出水方向抬高地形形成类似堤坝形态的基底结构，或者在出水方向基底堆积石块，恢复滞水带地形，以减缓水体流动速度的方式实现滞水效果，为着生藻类、适应静水的沉水植物，各种水生昆虫、鱼类、穴居或底埋动物提供适宜生境。以削低湿地修复区局部地势较高的区域，间接实现增加水深，以适应一些湿地植被对水位的要求，特别是对水深有要求的挺水植被、沉水植被和浮叶植被。

（3）植被修复

滨海湿地生态系统的修复，以植被的修复为主要前提，而水生植被的修复重建是滨海退化湿地生态修复的重要内容之一。鉴于沿海滩涂区域土壤盐度高、土壤瘠薄以及缺乏淡水的现状，耐盐、生长快且有较好景观或经济价值的植物种类与品种的选育是湿地植被修复的关键所在。

1）乡土植物选择。乡土植物是指能适合本地自然环境和气候的本地植物品种。乡土植物种植简单，适应性强，成活率高，获取容易。特别是强耐盐乡土植物，有比较好的生物移盐能力和改良盐化土壤的效果。

2）耐盐植物选育。我国各盐碱区生长着丰富的野生盐生及耐盐植物，如碱蓬、盐地碱蓬、柽柳、罗布麻、白刺、星星草、中亚滨藜等数百种植物。引进的植物品种，大部分需要在更换客土后或改良原有土壤后才能正常生长，因此应根据立地条件和植物自身特性做好选育工作。

3）植物的栽植。盐碱地更换客土后的苗木栽植，需要先用大水漫灌种植区域，使其发生自然沉降后再进行栽植，防止因栽植后土壤沉降，苗木发生歪斜。在地下水位高的滨海盐碱地栽植苗木，不建议深栽。对于部分大规格苗木所需客土土层厚度达不到要求的情况，可以采取局部起垄 0.5~1 m 或建设微地形的措施实现栽植深度要求。回填客土时，应在基坑内施入少量腐熟有机肥。

4）后期绿化养护。耐盐植被种植后，易受土盐返盐影响，若疏于管理，植被将在 2~3 年后发生严重的退化，主要体现在地面斑秃、树木生长衰弱、易感病虫害等现象。因此，植被栽植后，一定要加强土、肥、水的管理，做好抗旱和防返盐技术措施。

（4）土壤恢复与改良

土壤污染修复技术包括物理修复、化学修复和生物修复等技术。对已受到污染的湿地，控制土壤污染源，通过其自然净化作用消除土壤污染；对于污染范围不大、污染程度较轻的湿地土壤，采用异位土壤修复技术，移走受污染土壤；采用生物修复技术，通过植物和微生物代谢活动来吸收、分解和转化土壤中的污染物质，如利用细菌降解红树林土壤中的多环芳烃污染物、利用超积累植物修复重金属污染土壤、利用湿地植物（如芦苇）与微生物的共生体系治理土壤污染。

滨海湿地区域多为滩涂和填海区，土壤均为原滩涂和海里的淤泥，地下水位高且含盐度高，不适合大部分植物生长，原生植物少，植被种植需要的大量种植土来源极少。因此，针对滨海湿地土壤进行理化性质、土壤结构、水盐运动规律等特性的分析，进一步通过综合改良技术改善土壤物理结构，降低土壤的盐度，并提高土壤的营养成分，利于耐盐植物的生长。

物理改良就是采用一些物理的方法改造盐碱土，如采用灌溉排水系统，冲洗脱盐、松耕、压沙等方法，达到改良利用的目的。其中，以淋洗排盐为主的工程措施是国外盐碱地治理的主要手段，即建立完善的排灌系统，结合深翻改土、换土、淋洗、淤积等措施达到降低耕作层含盐的目标。

化学改良就是应用一些酸性盐类物质来改良盐碱地的性质，降低土壤的酸碱度，增加土壤的阳离子代换能力，降低土壤的含盐量，增强土壤中微生物和酶的活性，促进植物根系生长。通过使用生物有机肥和微生物菌剂提升土壤有机质和腐殖质水平，促进土壤胶体凝集。有机质的增加，有助于改良土壤的物理性质，促进土壤团粒结构的形成，从而增加土壤的疏松性，改善土壤的透气性和透水性。腐殖质是土壤团聚体的主要胶结剂，土壤中的腐殖质很少以游离态存在，多数和矿物土粒相互结合，以胶膜形式包被在矿质土粒外表，形成有机无机复合体，该团聚体具有较强的水稳性，是衡量土壤抗蚀性的重要标志。此外，丰富的有机质和腐殖质能提高基质的固氮能力和磷的可溶性。

生物改良即用植物改良盐碱地，方法易行，经济效益显著。生物措施可以逐渐改变土壤的物理特性，使土壤结构发生变化，质地变得疏松，透气和贮水能力增强。

（5）控制土壤侵蚀

土壤侵蚀是世界范围内土壤退化的主要原因，它严重威胁社会环境的可持续发展。作为一个复杂的过程，土壤侵蚀由多个因素交互作用决定。土地利用变化是影响区域土壤侵蚀最重要也是最敏感的因素之一，缺乏合适的土地利用规划会加速土壤侵蚀并产生一系列环境问题。海岸带地区的城市化、围填海、海水养殖等人类活动都是导致土地利用变化的关键因素。在一定时期内，沿海林地、滨海湿地、水体和滩涂的面积持续下降，建设用地（海）的面积不断增加，是导致土壤侵蚀和水土流失的重要原因。因此，应结合沿海各地区实际情况，建立海岸生态隔离带或生态保护区，保护及恢复海岸带湿地生态系统，形成以林为主，林、灌、草有机结合的海岸绿色生态屏障。对海水养殖业进行合理布局，设立海岸建筑后退线。

9.2 红树林生态修复

红树林为自然分布于热带和亚热带海岸潮间带（能够受到潮水周期性浸淹的海岸地带）的木本植物群落，被誉为"海上森林"，是淤泥质海滩上特有的植被类型，也是重要的海岸湿地资源。之所以叫作红树林是因为其种类组成以红树科植物为主。红树林是具有多种生态功能的海岸潮间带植被，对潮间带滩涂环境具有高度适应能力，其形态结构和生理生态特征十分独特，具有避免海平面上升、促淤造陆、净化环境以及保护海洋生物多样性等多种生态功能。另外，红树林还作为木材、食物、药物等工业原料给人类带来巨大的经济价值。在我国东南沿海，红树林是海岸湿地资源与环境系统的重要组成部分。然而，随着我国人口数量的不断增长，社会经济不断提高，城市扩张异常迅速，尤其沿海城市的急速发展，多种人为活动和外来物种入侵等现象导致红树林面积萎缩、环境恶化、结构简单。

9.2.1 红树林生态系统概况

9.2.1.1 红树林生态系统结构

红树林生态系统是指由生产者（包括红树植物、半红树植物、红树林伴生植物及水体浮游植物）、消费者（鱼类、底栖动物、浮游动物、鸟类、昆虫）、分解者（微生物）和无机环境构成的有机集成系统。它既不同于陆地生态系统，也不同于海洋生态系统，而是由它们共同作用形成的具有独特的水文和生物特性的生态系统。

（1）生物组分

红树林生态系统是具有复杂完整结构和功能的生态系统，生产者主要包括藻类和红树植物，消费者主要包括浮游动物、底栖动物、昆虫、两栖、爬行类、兽类和鸟类，分解还原者最主要是微生物。生活在红树林生态系统各级众多的物种构成了红树林生态系统的物种多样性。

1）生产者。红树林生态系统中的初级生产者主要为红树植物，同时也有一些非红树植物，如互花米草、芦苇、海草和藻类等。

红树植物是生长于海岸潮间带的海洋高等植物，通常分为真红树植物和半红树植物。真红树植物是指生长和繁殖在潮水经常性淹没的潮间带的木本植物，具有专一性，且具有独特的泌盐组织、支柱根和呼吸根，如白骨壤、桐花树、秋茄、木榄、海桑等。半红树植物是两栖性的木本植物，即可生长和繁殖在潮间带和陆地的植物，如露兜、水黄皮、杨叶肖槿、黄槿、海杧果。非红树植物有附生、寄生和藤本植物，包括同生和伴生植物。同生植物为非木本的草本，比如卤蕨属、红树石斛等；伴生植物则为非优势科的偶尔出现于红树林中的木本植物，包括生长在红树林中的藤本植物、草本植物和附生植物。我国现有红树林植物 21 科 36 种，其中真红树 11 科 14 属 24 种。我国红树林大致分为 8 个群系，即红树群系、木榄群系、海莲群系、红海榄群系、角果木群系、秋茄群系、海桑群系和水椰群系。在地理空间分布上，红树植物的种类和分布面积随纬度的增加而逐渐减少，林相由乔木向灌木变化。

在我国的一些红树林湿地还有入侵物种互花米草。它们原产于美国东海岸，并于 1979 年作为护滩植物引种到我国东南沿海，并广泛种植。目前，互花米草是我国红树林湿地的入侵物种，与红树植物竞争空间和养分。

海草是生活在热带、温带海岸的低潮带和潮下带（红树林的前缘滩涂）的一类单子叶植物群落，常在潮下带海水中形成海草床。

藻类分为微型和大型藻类，微型藻类主要包括浮游植物和底栖硅藻。微型藻类是红树林湿地生态系统主要初级生产者之一，主要有硅藻门、甲藻门、裸藻门、绿藻门和蓝藻门。大型藻类有时也是红树林湿地生态系统中的初级生产者之一，常见类群如红藻门的卷枝藻属、鹧鸪菜属和节附链藻属；绿藻门的浒苔属、无隔藻属、根枝藻属和绿球藻属。

2）消费者。红树林生态系统的消费者有大量来自海洋和陆地森林的动物。来自陆地的动物类群主要包括鸟类、兽类、两栖类、爬行类和昆虫等，红树林中种类多样性最多的脊椎动物是鸟类，包括水禽和摄食昆虫的陆生鸟类，它们在红树林中筑巢、栖息和觅食，有很多红树林湿地被誉为"鸟类的天堂"。来自海洋的动物根据生态习性可分为底栖动物、游泳动物和浮游动物。底栖动物在红树林底部生活，具有爬行、附着、穴居等生活习性，这些动物一般固定地生活在红树林区，是红树林区重要的动物类群，常见的生活在红树林的底栖动物类群主要有蟹类、鱼类、双壳类、腹足类、多毛类等。游泳动物在红树林水体营游泳生活，主要包括虾类、蟹类和鱼类等生物类群，一般在涨潮时随潮水进入红树林区游动，退潮时回到潮下带或留在红树林底泥。浮游动物在红树林区水体营浮游生活，一般随潮水涨落而进出红树林区，如桡足类、水母类、枝角类等。如果根据动物食性，红树林区动物可分为肉食性、草食性、沉积物（颗粒物）食性和杂食性，它们作为食物链环节，在红树林生态系统中的物质循环和能量流动中起着重要的作用（见图 9-7）。

3）分解者。红树林生态系统中的分解者主要是真菌、细菌和放线菌等微生物，它们是红树林区红树植物凋落物的主要分解者，也是土壤和水体中有机质的主要分

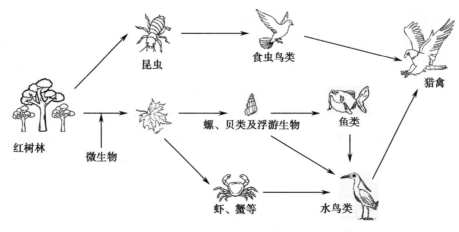

图 9-7　红树林区食物链

解者，如纤维分解菌、硝化细菌、氨化细菌、反硝化细菌等在有机碳和有机氮转化为无机碳和无机氮的过程中发挥重要作用。通过它们的分解作用把红树林湿地生态系统中的有机物转化为无机物，重新回到系统中，为红树植物、藻类等初级生产者所利用。因此，红树林沉积物中的有机质与微生物的种类、数量和分解活动密切相关。

（2）非生物组分

红树林生态系统非生物环境的特征是高温、潮湿、日照长、光照强、风浪区和盐土等。

1）温度。红树林植物为喜热性植物群落，世界红树林主要分布于热带和亚热带，仅一些耐寒树种能够延伸到暖温带。红树林最适合的生长气温是最低月均温不低于20℃，但由于不同种的耐寒性不同，这一下限可低至10℃。随着纬度的增高，温度逐渐降低，因此决定了红树林随纬度升高而呈现出的分布特征，即红树植物种类减少，高度下降，由乔木、小乔木变为灌木等。在世界范围内，红树林几乎都出现在北纬32°（日本鹿儿岛的秋茄）到南纬40°（新西兰的白骨壤）之间的海岸带，集中分布区为北纬25°到南纬25°。

2）波浪与潮汐。波浪与潮汐构成红树林地理分布的第二大限制因子。红树林大多分布于潮间带，常与岸线平行呈带状分布，形成由半红树至真红树的向海生态序列，红树林主要分布在平均海面稍上与回归潮平均高的高潮位之间的滩地，潮汐浸淹频率为47.5%~2.9%（见图9-8）。

3）海水盐度。红树植物的生长需要具备一定的盐度条件，盐度决定着生长的红树林的种类。如秋茄适应于7.5~21.2的盐度，高于或低于该盐度范围都会抑制秋茄的生长。通常来讲，红树植物可分布的海水盐度幅度较大，而真正影响红树林生

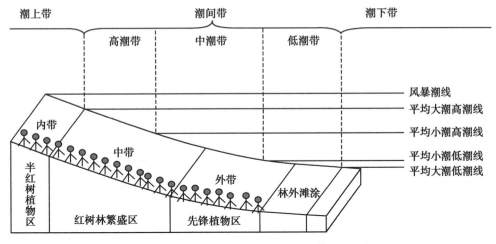

图 9-8　红树林生长位置（王文卿 等，2007）

长的主要因素是盐度上线。

4）沉积物和土壤。红树植物可以生长在各种底质的海岸上，不同质地的滩涂影响红树林分布的种类。红树植物在淤泥质潮滩上生长最好，但也能生长在砂质、玄武岩铁盘层甚至巨砾潮滩上。

9.2.1.2　红树林生态系统特性

红树林生态系统具有较高的物种多样性，同时是高生产力、高分解率和高归还率的特殊生态系统。

（1）高开放性

红树林是开放程度最高的生态系统，这种开放性取决于它所处的特殊地理位置，而潮汐是红树林生态系统高开放性的主要载体，由于液相物质和固相物质的相互作用，出现了一个既不同于水域也不同于陆地的生态交错带。因此，红树林不仅可以感受来自陆地的变化，也可以感受来自海洋的变化。红树林湿地可通过水体、空气、土壤界面与浅海、入海河流及陆地生态系统建立起交流通道，形成开放性的系统。

（2）高敏感性

从整个地球生态系统看，红树林地处海陆交界处，是一个非常脆弱而敏感的生态系统。人类活动、海平面变化和全球气候变暖等因素都可能对红树林生态系统产生影响，其不稳定性和脆弱性极为突出。红树林生态系统的主体是红树植物群落，但是，组成红树林的植物种类很少，结构非常简单。仅有的少数几种植物，由于单一的生境模式影响着其种群的遗传分化，导致种群遗传多样性水平普遍不高，对环境变化的适应能力往往有限。红树林生态系统比其他森林生态系统更加脆弱。

（3）高生产力、高分解率和高归还率的"三高"特点

红树林是海湾河口生态系统中唯一的木本植物群落，具有非常高的净初级生产力。调查发现，河口海湾初级生产力是外海的 20 倍，普通海岸的 10 倍，上升流区的 3.3 倍，而红树林的初级生产力又是河口海湾中最高的，红树林的初级生产力远高于同纬度的陆地森林，也高于热带雨林。与陆地森林不同，红树群落把净初级生产力的很大一部分（约 40%）通过枯枝落叶等掉落物的方式返回林地，而一般陆地森林掉落物占净生产力的比例不超过 25%。红树林区的高温、高湿、干湿交替的环境条件及潮水的反复冲击，创造了掉落物分解的最佳条件，枯枝落叶迅速分解成有机碎屑及可溶性的有机物，为浮游生物、底栖生物提供了大量的饵料。由于涨潮流速小于退潮流速，红树林的掉落物大部分随水离开红树林区进入水体，其结果是红树林内缺乏枯枝落叶层。

（4）高生物多样性

红树林内的植物种类较为贫乏，大多数红树林外貌整齐，内部结构单一，缺乏草本类、藓类等植物。但红树林湿地中的生物种类较为丰富，水生生物的多样性远高于其他海岸带水域生态系统。红树林属典型的生态交错区，含有海洋生态体系、淡水生态体系和陆地生态体系，形成既不同于典型陆地生态，又不同于典型海洋生态的红树林潮间带生态区域，故能整合各种各样的生物，养育着特殊的动植物群落，是生物多样性的源头。红树林湿地在维护海岸带生物多样性方面具有举足轻重的作用。

9.2.2 红树林生态退化因素

（1）海平面上升的影响

红树林是海岸带重要植被类型之一，是生长在热带、亚热带沿海潮间带滩涂上的木本植物群落，是陆地向海洋过渡的特殊生态系统，对海平面上升尤为敏感。海岸带潮间带红树林的生长与生存需要潮水周期性浸淹和周期性暴露相互交替作用，不同种类的红树植物根据其最适宜的浸淹时间，在潮间带分布形成高程梯度，使红树林呈现出与海岸带平行的块状或带状分布现象，体现了红树林对潮水浸淹程度的适应。海平面上升导致潮滩淹水时间延长，红树林栖息地生境改变，红树植物被淹没，生长受到抑制，生态系统结构改变，甚至导致红树林生境丧失。

（2）人类活动影响

沿海地区经济高速发展的同时，部分地区的生态环境受到不同程度的破坏和影响，如过度砍伐、围填海、建设占用、水污染、垃圾侵害等，使红树林遭到了严重

的毁坏。

红树林有"天然养殖场"的美称，经济海产品有可口革囊星虫、弹涂鱼、螃蟹和文蛤等，不仅种类丰富，而且品质高。海鲜价格的节节攀高，导致了红树林内遭受地毯式搜刮，小网目拦网围捕，电、炸和毒等毁灭式乱挖滥捕，破坏了红树林生境的完整性和稳定性，极大地妨碍了海洋动物的正常生长发育，使产量明显下降。渔民进入林区的挖掘活动伤及红树植物的根系，踩踏幼苗和繁殖体，影响红树植物生长和群落更新，使红树林稀疏化和矮化，红树林生态价值降低。

随着沿海经济的发展，城市建设、海岸工程建设、海产养殖等需求使红树林被大规模围垦，红树林种植面积不仅减少，修建的海堤还会限制陆地生态系统与海洋生态系统的物质、能量和信息的交流，导致红树林生境破碎化、退化和完全丧失，给生物多样性带来毁灭性的威胁，不仅物种个体丧失，而且生态系统多样性遭到破坏，生物资源补充群体减少甚至失去生存空间。

沿海工业及生活污水排放、生活垃圾的倾倒、港口或船只泄油事故等，对红树植物生长产生了严重的阻碍。若红树林幼苗上缠绕了大量的塑料袋、泡沫塑料、轮胎及废旧衣服等垃圾，幼苗会造成直接的机械伤害，同时这些不易降解的垃圾形成一层不透气的表层，覆盖在红树林的滩涂上，造成幼苗无法生长，从而大面积死亡，也影响到红树林林内底栖动物的生存。

（3）生物入侵

生物入侵是困扰红树林生态保护与恢复的主要因素之一，常见的入侵生物有互花米草、薇甘菊、五爪金龙、马樱丹等植物，鱼藤等藤本植物，牡蛎和藤壶等污损生物。

入侵植物中影响较大的是互花米草和薇甘菊，两者均是世界性恶草，生长迅速、繁殖力强，竞争作用明显。互花米草原产于美洲大西洋沿岸和墨西哥湾，经不同的入侵途径入侵我国，现在我国大陆岸线均有分布，尤其是福建和广东危害较重。互花米草生长速度快，会与红树林竞争生存空间和营养物质，导致红树林生境土壤退化，土壤有机碳、微生物生物量、碳氮含量以及土壤蔗糖酶和磷酸酶活性明显下降，进而改变原生境生物生存和栖息的环境，破坏引入地生态系统平衡，对红树幼林造成毁灭性的危害。薇甘菊是多年生草质藤本，原产于热带南美洲与中美洲，生长迅速且适应能力强，通过攀爬树冠、形成幕盖作用，抑制或杀死红树植物，对红树群落危害很大。此外，近年来从国外大量引种的无瓣海桑、拉关木等红树植物由于生长旺盛，繁殖力强，已经自然扩散侵入乡土红树植物群落，具有潜在的生物入侵风险。

红树林污损生物主要有藤壶、团聚牡蛎、黑荞麦蛤等，其中藤壶是红树林最常见和危害程度较高的污损生物。藤壶是红树林人工造林最常见的危害生物，对红树林幼苗的成活有着决定性的作用，在某些地方成为红树幼苗正常生长发育的关键胁迫因子之一。藤壶附着在红树植物的茎、枝和叶上，不仅吸收植物的养分影响光合作用，更增加了红树植物的负重，最后使其倒在滩涂上甚至死亡。藤壶是危害红树林面积最大、程度最高的污损生物，单一植株茎叶上的附着藤壶一般为数个至数百个不等。

9.2.3 红树林生态恢复措施

9.2.3.1 管理措施

（1）法律法规

沿海红树林湿地管理法规是实施管理的依据，其重要性在于为红树林湿地生态环境保护与合理利用行政管理、资源开发利用、生态环境保护与科学研究等各种活动提供法律依据。近年来，我国相继制定了一些法规，如《中华人民共和国海洋环境保护法》《中国湿地保护行动计划》《中国生物多样性保护行动计划》和沿海省市出台的红树林资源保护管理规定等。这些法规的实施对保护红树林湿地生态环境及其资源，促进海洋产业的发展确实起到了积极作用。

（2）建立红树林保护区

国际上公认的保护和维持红树林湿地生态系统最有效的方法是建立自然保护区。通过建立红树林特别保护区域，构建有效的管理体系，制定特别的管理规定，采取特别的管理措施，对保护区内的开发利用和环境保护进行综合管理，可消除生态系统退化的部分干扰或降低干扰的频率和强度，从而减缓对红树林生态系统的不良影响，以利于红树林的自我维持和自然恢复。

（3）红树林管护措施

1）保育管理。针对漂浮垃圾、畜禽和养殖塘清污水以及生活排放严重区域，加强陆源污染控制，限制沿岸居民、养殖和工业活动向红树林排放污染物，清理影响红树林的漂浮垃圾。

禁止任何人员和船只进入红树林地，禁止在红树林周边区域开展开发活动，禁止在红树林进行围网、挖掘、捕鸟等任何形式的捕捞活动和砍伐、踩踏红树林的行为。

针对存在外来红树物种区域，加强对无瓣海桑、拉关木等外来红树植物的跟踪监测，规范引种和管理。

开展封滩管护：速生树种建立的林地，封滩保育期为1~2年；慢生树种为主体的林地，封滩保育期为3~5年或更长。

2）清理造林地。在实际的造林过程中，常用的林地清理方式主要有全面清理、带状清理及团块状清理三种，要根据造林地的实际情况选择合适的清理方式。全面清理是全面清除造林地块杂物的方式，清理比较彻底，比较环保，适宜在病虫害严重或者集约化经营的商品林中应用。带状清理是将种植行两侧的植被进行带状清理，该方式清理效果好，主要适用于水土流失较为严重的地块，避免全面清理引起水土流失。团块状清理是将种植点作为中心，利用割除法或者是药物处理法将周围的植被呈块状地进行清理。这种清理方式适用于局部造林，清理成本比较低，但是清理效果不佳。红树林造林地为互花米草生长地，造林前需对互花米草进行清理，同时要定期清理造林地内及缠绕在幼苗幼树上的垃圾杂物、海藻等，防止其对幼苗的损伤。

3）幼林恢复。定期对倒伏、根部暴露等受损的幼苗幼树进行必要的修补。对缺损的红树幼苗或成活率低于 85% 的林地进行适当补植。红树林生态恢复的技术措施是针对红树林的人工种植展开的，主要包括红树林宜林地选择、树种选择、红树林栽培技术和生境改造等。

4）生物入侵防治。针对互花米草，可以采取刈割互花米草地上部分，配合一定水位持续的咸淡水轮换浇灌，使互花米草的生物量积累、无性与有性繁殖能力受到抑制，达到治理互花米草的效果。清除互花米草后要及时清理刈割处的地上部分残体，减少海洋垃圾污染，避免残留种子、根茎扩散入侵。

对在红树植物上附生并引起大量死亡的有害藤本，应开展清理和防治。常见的包括鱼藤、薇甘菊和五爪金龙等，主要进行人工拔除或挖除；对于具有萌蘖现象的植物，应在清理地上组织后拔出或挖除其木质化基部，并从红树林中清除，避免其重新生根萌蘖。如薇甘菊，通常采用人工清除的方式，先割除地上部分，再挖出地下根与茎，放在烈日下暴晒，同时人工种植乔灌草群落，在一定程度上可以控制薇甘菊的危害。

5）病害防治。红树林虫害采取的防治方法包括化学、生物和物理防治等。

目前，对有害生物灾害最有效的控制手段就是化学防治，一般采用低毒药剂，见效快、杀伤力强，但也易产生环境污染，对红树林和海洋生态系统产生一定的威胁，因此通常在红树林有害生物防治上不建议使用，但对于远离海岸滩涂、海产养殖场的区域可以使用对人、畜低毒的化学药剂进行间接防治。例如，苦楝对星天牛具有引诱作用，可种植在红树林边缘地带作为诱木，在诱木上喷洒化学药剂进行星天牛防治。

红树林周围常常分布的是大面积的人工养殖场和滩涂，为了避免化学药剂对附近的养殖业及生态环境造成破坏，生物防治技术已成为红树林有害生物防控的重要手段。生物防治主要包括鸟类防治、寄生虫防治、蜘蛛防治和昆虫病原真菌防治。

鸟类防治是利用生物链的作用,通过营造栖息地吸引鸟类栖息,以鸟治虫,不仅使红树林和鸟类得到保护和繁衍,并为其他天敌创造了良好的生存条件,如黑卷尾可以捕食红树林中的柚木驼蛾成虫。寄生虫防治是应用不同寄生性天敌控制不同主要害虫,对害虫数量的控制有很大作用,如膜翅目的寄生蜂是鳞翅目害虫的主要天敌,可寄生广大腿小蜂、周氏啮小蜂等害虫的卵和幼虫。蜘蛛是防治林区害虫的重要天敌,可利用蜘蛛在农林业生产上开辟"以蛛治虫"的生物防治途径,如广州小斑螟、柑橘长卷蛾、白缘蛀果斑螟和荔枝异形小卷蛾共同的天敌有斜纹猫蛛、茶色新圆蛛、三突花蛛。昆虫病原真菌防治主要应用白僵菌、多毛菌、绿僵菌等昆虫病原真菌杀虫,以苏云金杆菌及其制剂的应用最广泛。

物理防治主要采用水冲、灯光诱捕、粘虫板等措施。在虫害发生初期,可以使用高压水枪对规模有限的受害红树喷洒海水,可以很大程度上消灭害虫幼虫及蛹期的个体,有效缓解虫害危机。由于大部分害虫具有趋光性,灯光诱杀是比较常用的防治手段,如在红树林沿岸放置诱虫灯对害虫进行诱杀。此外,不同颜色的粘虫板也是一种有效的防治手段,其中黄色和蓝色板具有较好的应用效果。

6)红树林管护。红树林恢复造林中幼林的管护是造林成败的最重要环节。实践证明,红树林人工造林当年的成活率在70%以上还不能算成功,必须加强新植幼林的管理。幼林管护的时间是从植苗造林开始到幼林郁闭成林,对幼林进行施肥、补苗、防病虫害以及抚育间伐等一系列管理。造林一个月后,苗木已定根,就开始施肥和补苗,以促进苗木生长和提高造林成活率。

9.2.3.2 技术措施

生长于海陆交界处的红树植物经过常年适应性进化形成了独特的形态结构和生理特征,具有胎生繁殖方式、泌盐(拒盐)能力、高渗透压和地表呼吸根等生理特征。红树林生态修复的技术措施是针对红树林人工种植展开的,主要包括红树林宜林地选择、树种选择、红树林栽培技术和生境改造等内容。

(1)红树林宜林地选择

选取适当的宜林地是红树林恢复的重要基础环节。红树林生长必须具有一定的温度范围、沉积物粒径较小、隐蔽的海岸线、潮水可以到达、具有一定潮差、有洋流影响和具有一定的潮间带等,这些都是红树林造林成败的关键因素。通常,现有或历史上分布有红树林的滩涂或其周边滩涂种植红树林的地区是理想区域。

1)气候。温度是调节生物生长繁殖最重要的环境因子,也是控制红树林天然分布的决定因素。红树植物为热带或亚热带海岸树种,对低温较为敏感。天然红树林主要分布在最冷月平均温度高于20℃的区域,但是,通过人工驯化,某些红树植物的种植范围可超过天然分布的界限。人工引种驯化可以增加红树植物对温度的适应能力，有助于适度扩大红树林的种植范围。例如，在华南沿海推广的无瓣海桑，原产于孟加拉国（1 月均温 13.8℃），经过 20 余年的驯化已在汕头市（1 月均温 13.5℃）大面积造林成功，并在福建龙海市（1 月均温 13.4℃）引种成功。复旦大学钟扬课题组 2010 年先后自珠海等地先后引进包括秋茄、桐花树、白骨壤、无瓣海桑、老鼠簕、木榄、拉关木、黄槿、海杧果、银叶树共 10 种红树植物 12 000株，采用地栽方式种植于上海临港新城南汇嘴公园，至 2016 年年底共成活 5 000 余株，成活率达到 40%。目前通过长时间的引种选育结果表明，除白骨壤外，其余 9种红树植物都能较好地适应临港地区的盐碱土质与海水盐度；10 种红树植物在上海地区都能正常度夏。在给予大棚保温措施的情况下，除拉关木在 2 月时出现叶片脱落外，其余红树植物都能够正常越冬。但是，如果冬天在自然条件下，只有桐花树和秋茄能平稳度过上海的寒冬。目前已经获得了第 3 代种苗的桐花树在自然环境中正常生长。综合考虑，桐花树和秋茄基本上能适应上海的气候和环境，无瓣海桑在冬天进行人工干预（大棚中）能正常生长。

2）盐度。红树植物对盐度有一定的适应范围，红树林在盐度为 2.17~34.5 的河口海岸生长较好，但在淡水和盐分较高的海水中生长不良。不同种类的红树植物对盐度的耐受性不同。秋茄、无瓣海桑、木榄、红海榄、白骨壤和桐花树的最适宜生长盐度范围分别为 15、0~25、小于 10、20、25、25。

3）底质。底质类型是控制红树林分布的重要因子。尽管红树林也可以生长在砂质、基岩和珊瑚海岸，但红树林大范围分布仍与泥质密不可分。不同底质类型对红树林的生长状况影响也很大。砂质地、排水不畅的烂淤地、干涸地均不利于红树林的生长。例如，桐花树在平整、松软、透气的半淤泥地生长最好；海桑属通常在淤泥沉积上形成先锋植物；木榄属通常生长在高滩缺氧和高有机质含量的砂质淤泥、咸淡水过渡带等。若修复区域滩涂高程不能满足红树林分布的要求，可通过适当的覆土或者移除表土改善滩涂的高程条件。

4）水文条件。在设计红树林修复项目时，最重要的因素是确定现有自然红树林群落所在区域的常规水文条件，包括潮汐淹浸的水深、持续时间、频率。红树林一般分布于平均海面与大潮平均高潮位之间的滩面，这是红树林总体受潮淹控制的表现，过长时间的淹浸或滩面积水将会干扰某些红树植物的正常生长及生理活动。如果水文条件发生改变，不能满足红树林生长的要求，即使林地在得到较好保护的情况下，也会逐渐衰退消亡。因此，水文条件是红树林生态恢复成败与否的关键因素之一。在养殖池塘、围填海等水体交换条件受阻的区域，可以采用破堤开口、沟引流等方式，修（恢）复红树林自然生长需要的潮汐环境。在风浪较大导致岸滩侵蚀的区域,可通过沿岸抛石,修建消波栅栏、简易沙包防波堤坝等方式消波和减少林地泥沙流失。应采用环保型和透水材料,减少对自然生态系统的影响。

(2)树种选择

1)耐寒性选择。红树林为喜温树种,随着纬度的升高,红树林分布品种越来越少。根据红树植物的耐寒程度进行等级区分,共分为7个等级:一级为秋茄;二级为桐花树、白骨壤、老鼠簕、黄瑾;三级为木榄、海漆;四级为红海榄、红茄苳、角果木等;五级为海莲、尖瓣海莲、小花老鼠簕等;六级为海桑、大叶海桑、海南海桑等;七级为红榄李、水芫花。等级越高耐寒程度越低,因此,地理位置的自南向北,耐寒等级选择范围逐渐减小。因此,在生态修复时,应根据修复地所在地区的气候条件进行树种选择。

2)生态安全选择。盲目引进外来物种,有可能引起生态入侵,破坏生态平衡,导致本地物种消亡。因此,红树林引种应以优良乡土树种为主,必要时可采用引进树种,在保证树种的保存率和生长率的基础上,注重提高植被的生物多样性。

3)向海性选择。不同的红树林树种具有不同的向海性,表现在对海浪冲击力、海水淹浸、盐度、缺氧的适应能力不同,这也是划分真红树林、半红树林的依据。红树林向海性程度决定了红树植物在潮间带纵向的分布状况。根据对红树林植物的划分,秋茄、桐花树、白骨壤为一型向海植物,适宜低潮滩上部生长;红海榄、海莲、尖瓣海莲为二型向海植物,适宜中潮滩中下部生长;木榄为三型向海植物,适宜中潮滩上部至高潮滩下部生长;老鼠簕为四型向海植物,适宜高潮滩中上部生长;黄槿、海杧果和肖叶杨槿等为半红树,属五型向海植物、两栖植物,适宜陆地、特高潮位的地方生长。

(3)红树林栽培技术

红树林种植需要在封滩条件下进行,造林区域保留适当的裸露泥滩,形成红树林、泥滩与水道潮沟交错分布的生态格局。

1)造林季节。一般红树林的种植季节为春季、夏季,最适宜的时间为5—7月,这时阳光充足,天气暖和,适宜红树林幼苗的生长。同时要注意避开台风影响。不同树种造林时间不同,常见红树物种的种植时间见表9-1。

表9-1 常见红树物种的种植时间

物种	宜林时间(月)	物种	宜林时间(月)
秋茄	2—10	黄槿	4—10
桐花树	3—10	海杧果	4—10
白骨壤	3—10	水黄皮	4—10

续表

物种	宜林时间（月）	物种	宜林时间（月）
木榄	3—10	杨叶肖槿	4—10
海莲	3—10	银叶树	4—10
红海榄	3—10		

2）种植密度。造林初植密度应以红树林能适时郁闭，利于幼树生长良好为标准，其合理密度因立地和树种不同而不同。根据潮滩立地条件和树种生物生态学特征确定种植密度，在淤泥深厚、风浪较小的潮滩或选用速生的树种适当降低造林密度，在土壤贫瘠、风浪较大的潮滩或选用慢生的树种适当提高造林密度。如秋茄、红海榄和木榄幼苗生长比较缓慢，又属小乔木或大灌木，必须合理密植，初植密度每亩 667~1 334 株为宜，株行距可选择 0.5 m×1 m 或 1 m×1 m；无瓣海桑属乔木型，幼苗生长迅速，初植密度每亩 111~167 株为宜，株行距可选择 2 m×2 m 或 2 m×3 m。

3）栽培方式。栽培方式有胚轴插植法、人工育苗法、直接移植法和无性繁殖法。胚轴插植法是从野外直接采集繁殖体种植，该方法成本较低，易于操作，是目前红树林造林的主要方法，但受繁殖体成熟的时间限制。人工育苗法是在种植前使用容器育苗，待苗木培养一定时间后，连带容器出圃用于造林种植，该方法成本较高，但提高了造林的成活率，正逐步成为另一种主流造林方法。直接移植法是从红树林中挖取自然生苗来造林，该方法容易导致幼苗根系裸露，在挖苗和植苗时容易受伤，成活率较低。秋茄、木榄、红海榄等树种的胚轴采收后一般无须播种育苗，可直接用胚轴插植造林。无瓣海桑育苗采用苗床 – 营养杯法，于当年 9—11 月或寒潮过后的次年 2—3 月，先将种子播于苗床上，培育小苗，待苗高 1 cm 时移上营养杯，培育至苗高 40~60 cm 即可出圃。

（4）生境改造

并不是所有恢复地的水文条件都适宜红树林的生长，滩涂高程、水动力条件和底质类型等是判断某一地块是否适宜红树林生长的主要生境因素。如生境条件不能维持红树林生长，需通过滩涂地形地貌的修复、海岸冲刷的防护和沉积物环境修复等，使修复区域的生境改善，达到满足红树林生长的要求。

1）滩涂地形地貌的修复。滩涂地形地貌的修复包括滩涂高程和潮汐通道的恢复和改造，如滩涂高程条件不适宜红树林生长，采用连片填土或者局部堆高的方式恢复滩涂的高程条件（见图 9-9）。

对于因红树林地不能正常潮汐交换导致长期淹水或盐渍化而造成生态退化的区域，可通过开挖潮沟以促进水动力条件的恢复。如在废弃养殖塘开展红树林种植，

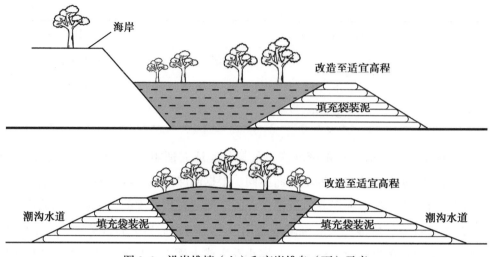

图 9-9　沿岸堆填（上）和离岸堆岛（下）示意

需要根据养殖塘所处的高程，采用填土或者通过拆除养殖围堰的形式进行水文条件的恢复，使修复地的水体和潮汐顺畅交换（图 9-10）。

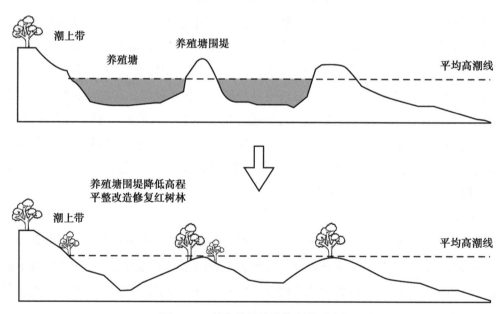

图 9-10　低位养殖塘退塘还林示意

2）海岸冲刷的防护。风浪较大导致岸滩侵蚀，或者因海岸工程导致水文动力条件改变和岸滩侵蚀的区域，可通过工程措施减弱海浪对修复区域的冲刷，保证修复区域的滩面稳固，或者形成淤积的环境。常用的方式包括沿岸抛石，修建消波栅栏、简易水泥管防波堤坝或简易沙包防波堤坝进行有效消波和减少林地泥沙流失。

对堤前滩涂有侵蚀性的海岸，抛石或堤坝不能防止前滩的冲刷，应在海滩的侵蚀深处修建保滩护岸工程。工程措施可采用丁坝群以及丁坝群与浅堤相结合的布置，使泥沙在堤坝格内淤积。

9.3　珊瑚礁生态修复

珊瑚礁生态系统是地球上最复杂、生物种类最丰富多样的生态系统之一，它由生物作用产生的碳酸钙沉积而成，各个门类的生物均有它的代表，共同组成生物多样性极高的群落，素有"海洋中的热带雨林""蓝色沙漠中的绿洲"之称。珊瑚礁作为一种生态资源，不仅为海洋生物提供了良好的栖息场所，而且为人类社会提供了丰富的海洋水产品、海洋旅游产品、海洋药材、工业原料等，并对保护海洋生物资源和生态环境、防止海岸侵蚀起着极大的作用。近几十年来，沿岸社会经济的迅速发展以及人类不断地向海索地和资源的过度开发，导致全球变暖、海洋酸化、海平面上升以及过度捕捞、破坏性捕鱼、污染物排放等一系列全球性环境问题。这些持续、缓慢的低水平扰动使珊瑚礁生态系统面临着严重威胁，导致珊瑚礁面积不断缩小，部分区域甚至已经消失。因此，珊瑚礁生态系统的修复势在必行。

9.3.1　珊瑚礁生态系统概况

9.3.1.1　珊瑚礁生态系统结构

珊瑚礁是生长在热带海洋中的石珊瑚以及生活于其间的其他造礁生物、附礁生物等经历了长期生活、死亡后的骨骼堆积建造而成的。珊瑚礁中的非生物组分和生活于其中的动植物（蠕虫、软体动物、海绵、棘皮动物、甲壳动物、藻类等）以及微生物共同组成了珊瑚礁生态系统。

（1）生物组分

珊瑚礁生物群落是由造礁珊瑚和造礁藻类形成的珊瑚礁以及丰富多样的礁栖动物和植物共同组成的集合体。珊瑚礁生物群落的种类组成非常丰富多彩，从低等的单细胞藻类到种子植物的红树，从原生动物到鱼类、爬行类都有，主要成员是造礁生物、礁栖植物、礁栖无脊椎动物和礁栖脊椎动物。

1）生产者。珊瑚按其形态特征可分为造礁珊瑚和非造礁珊瑚。除了石珊瑚目的珊瑚虫外，参与造礁的还有水螅虫纲中的多孔螅、八放珊瑚亚纲中的某些柳珊瑚和软珊瑚等；含钙的红藻特别是孔石藻属和绿藻的仙掌藻属对造礁也起重要作用。

根据珊瑚骨骼的生长速度，造礁石珊瑚可大致分为两类：生长快速的枝状珊瑚，包括鹿角珊瑚科和杯形珊瑚科，年生长率高于 100 mm；生长相对慢速的块状和片状珊瑚，年生长率低于 50 mm。造礁珊瑚的成长率也因珊瑚种属和环境不同而有差异。一般情况下，块状珊瑚为 2.5~100 mm/a，枝状珊瑚为 10~50 mm/a，甚至 50~500 mm/a。赤道海洋鹿角珊瑚的某些种可达 244~12 530 mm/a。海南岛南岸的蜂巢珊瑚在一次高潮期可生长 1 cm。非造礁珊瑚一般多是单体，少数为小型的块状或枝状复体，适应性强，特别是单体在低温和各种深度的环境中均能生存。珊瑚虫的内外胚层之间没有虫黄藻共生，不同的种属都有一定的分布范围（图 9-11）。

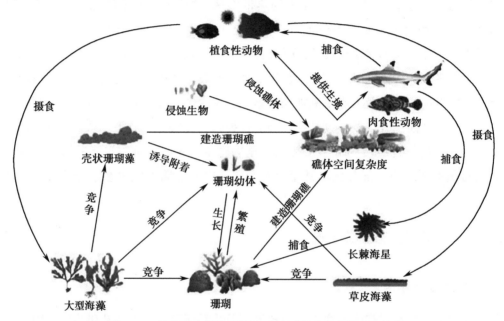

图 9-11　珊瑚礁内部主要生态反馈过程（王永智，2020）

藻类是珊瑚礁生态系统重要的初级生产者和组成成分。珊瑚礁中的海藻种类繁多，根据海藻的生活习性，海藻主要分为浮游藻和底栖藻两大类型。

浮游藻的藻体仅由一个细胞所组成，所以也称为海洋单细胞藻，这类生物是一群具有叶绿素、能够进行光合作用并生产有机物的自养型生物。虫黄藻作为浮游藻的重要类型，是珊瑚礁的"框架生物"，它寄居在造礁石珊瑚体内，通过光合作用向珊瑚提供光合作用产物等营养物质和高能源需求，珊瑚为之提供营养盐和光合作用所需的二氧化碳等无机养分和庇护所，两者形成紧密的共生关系。虫黄藻能够促进珊瑚从周围的环境中吸收碳酸钙形成骨骼钙化，从而加快珊瑚虫造礁的过程。虫黄藻生活在珊瑚虫消化道的衬层细胞内，数量可达每立方毫米珊瑚组织 3 000 个细胞。虫黄藻的初级生产力以碳计可以达到 1~6 g /(m² · d)，其中 87% ~95%

的光合产物传递给珊瑚虫，为珊瑚的钙化生长、繁殖等生理活动提供了约 90% 的能量。

底栖藻主要包括草皮海藻、壳状珊瑚藻和大型海藻三大功能类群。草皮海藻是短丝状海藻、大型海藻幼体和蓝藻的异质集合体，在形态学上表现为短的横卧的毯状藻体，快速生长占据珊瑚生存空间，抑制珊瑚生长和影响邻近珊瑚组织完整性，抑制珊瑚附着和补充、生理机能和繁殖力等，但也可捕获沉积物和防止再悬浮，改善珊瑚礁区水质的清洁度和能见度，促进珊瑚的生长。壳状珊瑚藻是一类大型海产钙化藻类，其藻体钙化程度较高，在分类地位上属于海洋红藻，为珊瑚礁体的稳固起到黏合作用，也是许多软体动物重要的食物来源。大型海藻生长速度快，能够快速覆盖珊瑚礁，挤占珊瑚的生存空间，导致珊瑚退化，但其遮光性会对珊瑚起到一定的保护作用，有利于珊瑚幼体的存活与生长，为珊瑚礁区提供了如稳定珊瑚礁的结构、营养盐循环、初级生产力和摄食来源等关键的生态学功能。

浮游植物是珊瑚礁生态系统中重要初级生产者和驱动食物网的重要碳源，珊瑚礁区的浮游植物以硅藻类为主，其次是甲藻类和蓝藻类。浮游植物的空间分布具有珊瑚生长茂盛的近岸高、远岸低的特点，突出体现了近岸珊瑚礁生态系统的较高生产力。

2）消费者。珊瑚礁区的鱼类是珊瑚礁生物群落的重要组成部分，珊瑚礁复杂的空间结构为鱼类群体提供避难空间和特定的生态位，使得珊瑚礁中鱼类有着高的生物量和多样性。大型藻和草皮海藻与珊瑚竞争阳光和生存空间，植食性鱼类可以控制珊瑚与大型藻的生长，促进珊瑚礁生态系统的恢复。

浮游生物是海洋生态系统物质循环和能量流动的最主要环节，是食物链和食物网中基础的一环，而且会影响到珊瑚礁海区物种组成、生产力、生物固氮等相关生态过程和功能。浮游动物是珊瑚礁生物群落中珊瑚、鱼类等生物的重要食物和营养来源之一。

底栖动物在珊瑚群落中也有着重要的生态功能，例如滤食性或碎屑食性甲壳动物主要生活在活珊瑚礁石缝隙中，对珊瑚礁周围的水体环境可以起到净化的作用，棘皮动物海胆是珊瑚礁上的重要食草动物，有助于控制藻类生长。但长棘海星等珊瑚捕食者会啃食珊瑚造成珊瑚的死亡，肉食性动物通过摄食控制珊瑚捕食者的数量。

3）分解者。造礁石珊瑚体内含有大量多样化的微生物类群与生命实体，包括虫黄藻、原生生物、丝状绿藻、细菌、古菌、真菌、病毒等，它们生存于珊瑚的组织、黏液、腔肠体以及骨骼中。由于珊瑚水螅体细胞内外差异的环境梯度，其为微生物群体营造了多样化的栖息地。微生物是珊瑚礁生态系统重要的生产者和分解者，在维持珊瑚生态系统生产和分解的平衡与稳定中发挥关键作用，并为碎屑食物链提供食物来源，积极参与生态系统的物质循环、能量流动。如蓝细菌是一类比较重要的分解者，它有两方面的作用，一是分解生物遗体，二是自身分泌黏液，捕捉灰泥等细小颗粒填充在礁的体部，往往形成内部孔隙不发育的蓝细菌黏结岩。

（2）非生物组分

造礁珊瑚的生长主要与水温、光照、水深、盐度、风和风浪、二氧化碳浓度、其他生物影响等有关。造礁珊瑚对水温、盐度、水深和光照等条件都有比较严格的要求。

1）物理因子。海水水温对珊瑚生长的限制作用决定了珊瑚礁的地理分布，一般珊瑚礁分布在南、北纬30°之间，表层海水年平均气温在23~25℃间的水域，在低于18℃的水域只能生活，而不能成礁，水温超过32℃时，珊瑚的光合作用和生长都会受到显著影响，并出现白化现象。因此，珊瑚礁通常只分布在低纬度的热带及邻近海域。此外，在有强大暖流经过的海域，例如中国台湾东北的钓鱼岛和日本的琉球群岛，虽纬度较高，但也有珊瑚礁存在。与此相反，在属于热带的非洲和南美洲西岸海域，由于低温上升流的存在，则没有珊瑚礁。异常的海水升温会导致珊瑚共生体虫黄藻的光合速率下降，会引发珊瑚白化，长时间的白化会导致珊瑚虫缺乏营养物质而死亡。

光照是影响珊瑚生长的重要环境因素。光线的强弱、海水透明度和盐度的大小，也会影响珊瑚礁的分布。在造礁珊瑚的体内，共生有大量的虫黄藻。虫黄藻需要充足的光线进行光合作用合成腺嘌呤核苷三磷酸及其他物质。它一面制造养料，一面为造礁珊瑚清除代谢废物并提供氧气。高透明度和清澈的高盐度海水，能加速上述的光合过程。因此，造礁珊瑚一般在水深10~20 m处生长最为旺盛，水深超过50~60 m则停止造礁。与造礁珊瑚及附礁生物共生的虫黄藻需足够的辐照度以进行光合作用，使得光照亦成为珊瑚生态系统的一个限制因子，海水透光率制约了现代珊瑚礁分布的水深。因造礁珊瑚与虫黄藻共生，虫黄藻需光合作用产生主要的营养物质，故造礁珊瑚生长需有充足的阳光。光照的强弱和时间长短是造礁珊瑚生长发育的重要影响因子，光照是珊瑚共生藻光合作用所必需的，虫黄藻依靠日光进行光合作用，以维持其生命，而造礁珊瑚的生存和钙化主要依赖于虫黄藻光合作用。同时，光照能够加强氧的产生，促进珊瑚的代谢与骨骼钙化速率，从而促进珊瑚礁的生长。近岸陆源污染输入引起水体浑浊度增加，沉积物和悬浮颗粒物等阻碍海域上方太阳光辐射，光照强度降低，珊瑚的光自养条件就会受限。

一般波浪和海流有利于造礁珊瑚的生长，海水波浪、海流和潮流驱动水体加速运动，促进水中氧和二氧化碳的交换，给珊瑚带来丰富的悬浮食物，起到更新水体、输送营养和水中溶解氧的作用，给珊瑚繁殖生长创造了良好条件。大浪会折断珊瑚的躯干和肢体，或将生长珊瑚的砾石翻动，使珊瑚体被碾碎或反扣砾下，或被碎屑物覆盖而死亡。潮汐限制了其生长空间的上限，而具有特殊温盐结构的上升流经常出现的地方对珊瑚的生长一般也有良好的影响。

2）化学因子。通常海水的 pH 值在 8.1 左右，过低的海水 pH 值会降低碳酸根的浓度，碳酸根离子是碳酸钙的组成离子之一，通过"钙化作用"形成珊瑚和其他海洋生物骨骼需要利用的碳酸钙。海水 pH 值减小会降低碳酸根离子的量，从而增加生物体构建这些结构的难度。较适宜造礁珊瑚生长的 pH 值为 8.1~8.25。因此，大气中二氧化碳浓度增加导致海水酸化，海水碳酸盐平衡体系随之变化，从而使得造礁石珊瑚和壳状珊瑚藻钙化率下降，礁体溶解速率增加。

海水盐度是影响造礁珊瑚生长的重要因素之一。造礁珊瑚正常生长的海水盐度为 27~40，最佳盐度为 34~37，最低限度在 26 左右，所以在河口区和陆地径流较大输入的海区，由于盐度的降低，并无珊瑚礁生态系统的存在。强台风和强降雨使洪水侵入珊瑚礁，导致礁区水域的盐度显著降低，会造成近岸珊瑚礁底栖生物群落结构变化和珊瑚大量死亡。

珊瑚礁海域属于贫营养海域，营养盐水平较低。海藻因营养盐受限，在珊瑚礁区不能大量生长。营养盐浓度升高，导致生物量的增加，特别是大型海藻疯长，使溶解氧被大量消耗而降低，珊瑚因缺氧导致繁殖、生长受损，并同海藻类竞争生态位失势死亡，使得礁区群落结构改变，珊瑚礁生态系统退化。

经验表明，在珊瑚生长过程中，主要微量元素如碘与锶是比较容易缺乏的元素。铜、锌等重金属离子的过量，容易造成珊瑚的死亡。

3）水下基底。造礁珊瑚是一种营固着生活的腔肠动物，其幼体易在坚硬的基底固着发育，如基岩、礁块、砾石等均是珊瑚生长的良好条件，而在松散的基底如沙泥或泥中，珊瑚则难以生长。因此，在选择珊瑚修复位点时，应注意选择较硬的基底。1976 年，日本开始对那霸港扩建外海防波堤，采用重型结构，在抛石基床上置沉箱，并将 40 t 重的消波块侧覆于外海。在工程完成两三年之后，珊瑚虫已经开始在外海防波堤附着生长，经过十余年的生长繁殖已形成一片完整的珊瑚礁。外海处深水水质干净且海水适度流动，为珊瑚虫的生长提供了良好的生态环境，调查结果也证实了防波堤上附着的珊瑚是从附近天然珊瑚礁迁移而来。

9.3.1.2　珊瑚礁生态系统特性

珊瑚礁多样的生物和环境构成复杂的生态系统，具有重要的生态功能。珊瑚礁生态系统具有资源和物理结构功能、生物功能、生物地球化学功能、信息功能和社会文化功能，是重要的地球生命支撑系统之一。

（1）造礁和消波护岸

造礁生物参与形成礁体，珊瑚礁不断堆积成岛屿和陆地，为人类提供了新的生存空间。珊瑚礁为其他礁栖生物提供复杂的三维立体生活环境，可抵御外部严酷的物理因素，如破坏性风浪的作用和海平面的变化，为栖息其内的生物群落保持较稳定的生存环境。珊瑚礁对波浪具有消能作用，形成护岸的天然屏障，具有防浪护岸效应，为海草床、红树林以及人类提供安全的生境。珊瑚礁充当水力栅栏，可降低波浪能和水流能，从而为背风一侧提供了一个低能环境。红树林虽是海岸卫士，但如果在红树林的前面有珊瑚礁分布，也会使红树林区保持一个低能环境而更好发挥防浪护岸效益。因此，我国一般把珊瑚礁、红树林、海防林称作海岸线的三道防线，在有条件的地方，它们的完整性对于防止海岸侵蚀是必不可少的。

（2）维持珊瑚礁生态系统和生物多样性

珊瑚礁生物群落是海洋环境中种类最丰富、多样性程度最高的生物群落，几乎所有的海洋生物门类都有代表性种类生活在珊瑚礁中各种复杂的栖息空间，珊瑚礁构造中的众多孔洞和裂隙为习性相异的生物提供了各种生境，为之创造了栖居、藏身、繁育、索饵的有利条件。所有这些，对海洋生物多样性和生物生产力都有重大作用，如超过 1/4 的海洋鱼类栖息在珊瑚礁区。

（3）提供生物资源和材料

珊瑚礁在维持海洋渔业资源方面起着至关重要的作用。珊瑚礁区渔业产量约占全球总产量的 10%，为 5 亿居民提供了经济收入和蛋白质来源。一些具有重要经济价值的动植物，如石斑鱼、麒麟菜、鲍、珍珠母贝、海参、龙虾以及其他无脊椎动物都来自珊瑚礁区。珊瑚礁生物还是海洋药物的重要原材料，如珊瑚骨骼在医学上可用于骨骼移植、牙齿和面部改造等；许多海藻、海绵、珊瑚、海葵、软体动物等体内含有高效抗癌、抗菌的化学物质，有广阔的药物开发潜力。珊瑚礁生物还可用于工农业和建筑材料，以及用作装饰、观赏等。

（4）促进碳循环

珊瑚礁生态系统的物质循环主要有碳、氮、磷、硅四种元素的生物地球化学循环，包括固氮、二氧化碳和钙的储存与控制、废物清洁等过程，由珊瑚礁生物参与的生物化学过程和营养物质循环对于维持和促进全球碳循环有重要作用。在全球的碳循环中，珊瑚礁区的初级生产过程能够吸收海水中的二氧化碳并将其转化为有机碳，珊瑚礁碳酸盐的生产也可以固定碳源。珊瑚礁生物群落钙化生产的碳酸盐约占浅水环境中碳酸盐总产量的一半，其总量约占全球海洋沉积物中碳酸盐总量的25%。这些碳酸盐产量中大部分被保存和埋藏，珊瑚礁在全球碳循环和控制大气中的二氧化碳方面发挥着重要作用。

9.3.2　珊瑚礁生态退化因素

近几十年来，气候变化和人为活动的多重压力导致珊瑚礁衰退，其中海洋水温异常升高、海水酸化、海水水质下降、海洋渔业活动、沿岸开发等是珊瑚礁面临的主要威胁。

（1）海水升温和珊瑚白化

在气候变暖的大背景下，高温热胁迫是全球珊瑚礁受到威胁的主要因素。随着化石燃料的大量使用和森林的大面积破坏，大气中二氧化碳和其他温室气体含量的增多，导致全球气候变暖。珊瑚对温度非常敏感，海水升温对珊瑚虫来说是非常危险的。海水升温会使珊瑚虫释放掉其体内的虫黄藻。虫黄藻是珊瑚的共生藻，其光合产物的 80% 以上提供给珊瑚，同时还给珊瑚带来了丰富的色彩，因此虫黄藻被释放后珊瑚就会出现不同程度的"白化"。造礁石珊瑚的白化死亡是珊瑚礁退化的直接表现，珊瑚的白化会改变珊瑚礁生物群落结构，降低生物多样性和初级生产力，导致礁区退化为海藻床甚至于荒漠化，对海洋生态系统造成重大破坏。

（2）自然灾害

剧烈的热带气旋会对生长在浅水区域的珊瑚礁生态系统造成极大的破坏性，首先强劲的水流冲击可以直接折断枝状珊瑚，甚至搬运块状礁体，而且伴随台风而来的强降雨扰动海水中的泥沙沉积物，增加海水浑浊度，减少水中溶解氧，破坏珊瑚的生长环境，影响珊瑚正常生长发育，更加不利于珊瑚的健康恢复。

修复区域有一些藻类和捕食者（如长棘海星）存在时，会影响珊瑚的存活、生长与修复。同时，藻类病毒、纤毛虫、致病弧菌的存在也会对珊瑚的存活造成影响。例如，南海珊瑚的死亡主要由弧菌引起，珊瑚体内的动物性病毒会导致珊瑚组织细胞的坏死。而在涠洲岛珊瑚礁海区，春季褐藻快速繁殖、生长，大面积覆盖造礁珊瑚。由于礁区的褐藻快速繁殖，占领了水体空间，阻碍了珊瑚群体吸收日光和营养而大量白化。

（3）二氧化碳

在过去的几十年里，大气中的二氧化碳含量增加了近 1/3，这也增加了海水中溶解的二氧化碳，降低了海水的 pH 值。海水中大量的二氧化碳会降低碳酸根的浓度，降低碳酸钙、各种矿物（文石、方解石等）的饱和度，这些矿物都是珊瑚和其他海洋生物生长骨骼的材料。工业革命以前，海洋中的碳酸盐含量是现在的 3.5 倍，珊瑚很容易吸收和制造骨骼。随着海水中二氧化碳的增多，碳酸盐浓度越来越低，使得珊瑚等海洋生物富集碳酸盐的能力降低，珊瑚骨骼的钙化速率也降低。当海水中二氧化碳含量达到 550 μmol/mol 时，珊瑚等海洋生物将不能从海水中富集碳酸盐，珊瑚将不复存在。

（4）臭氧

当太阳辐射过强时会抑制共生藻的光合作用，当太阳辐射过强及持续时间很长时，会损伤共生藻的光合系统，导致珊瑚选择性地排出部分体内的共生藻，进而可能发生珊瑚的白化死亡。

由于氟利昂等化学物质大量泄漏，臭氧层变得越来越薄，臭氧层的变薄会使到达海面的紫外线的强度和种类增加。由于珊瑚是固着群居的生物，与其他海洋动物不同，不可以通过游动和迁移来躲避紫外线的伤害。虽然珊瑚有天生对抗热带日光的保护层，但是紫外线的增强还是会对浅水区域的珊瑚礁造成破坏。

（5）渔业活动

鱼类对珊瑚礁生态系统的反馈调节具有重要的作用，过度捕捞将影响珊瑚礁生态系统内部的生态平衡。鱼类过度捕捞会导致植食性鱼类大量减少，对藻类的摄食能力下降，导致珊瑚礁优势类群从珊瑚向大型藻转移，造成珊瑚礁生态的退化。此外，捕鱼活动中的拖网会造成珊瑚礁的破坏。

（6）开采珊瑚礁

礁石开采或工程建设活动不仅会直接破坏珊瑚，还使珊瑚虫失去附着生长的硬质岩石基底，引发珊瑚礁生态系统的衰退。在很多地区珊瑚礁被用作建筑材料，建房或者铺路，也有被用来烧制石灰。此外，珊瑚还被用来制作纪念品，尤其是在一些发展中国家珊瑚被制作成装饰品、珠宝向游客兜售。

（7）海水污染

沿岸陆源污染物的排放以及航运业的发展，导致珊瑚礁区水质下降。水体富营养是全球珊瑚礁健康的主要威胁之一。虽然营养物质的增加会促进珊瑚的钙化和体内共生虫黄藻密度的增加，但异常高密度的虫黄藻会产生更多的活性氧，并超出珊瑚的"解毒能力"，引发白化，尤其是在光抑制时珊瑚的白化率会更高。营养盐的升高有利于浮游植物的生长，水体中浮游生物的总量也随之增加，这为珊瑚虫的天敌长棘海星幼虫提供更多的食物来源，使其存活率增加，导致珊瑚虫的生存面临更大的威胁。

9.3.3 珊瑚礁生态恢复措施

9.3.3.1 管理措施

（1）法律法规

目前，与珊瑚礁保护相关的法律分散在有关的法律规定中。例如在《中华人民共和国环境保护法》中有关于自然保护区的相关规定；《中华人民共和国海洋环境保护法》第二十条明确规定要保护珊瑚礁等具有典型性、代表性的海洋生态系统，另外，第九章的第七十六条也明确规定了破坏珊瑚礁等海洋生态系统所应承担的法律责任；《中华人民共和国防治海岸工程建设项目污染损害海洋环境管理条例》第二十三条明确规定，禁止在珊瑚礁生长的地区，建设毁坏珊瑚礁生态系统的海岸工程建设项目；《近岸海域环境功能区管理办法》第十一条明确规定禁止破坏珊瑚礁；《海洋自然保护区管理办法》第六条关于建立海洋自然保护区的规定，也有利于珊瑚礁的保护。这些法律条文给珊瑚礁保护提供了相关的法律依据，但没有配套的办法和实施细则，严重制约了珊瑚礁保护工作的开展。

（2）水质治理

我国沿海地区的迅猛发展给邻近珊瑚礁生态环境带来了大量的污染物，导致许多历史上有珊瑚礁分布的地区现今已无法适合造礁石珊瑚生长。应通过流域管理、海岸带管理、污染治理等，加强对人类活动引起的污染物排放管理。加强对沿海工程引起的悬浮泥沙等管理，消除或尽量降低恶化珊瑚礁区水质的一切非自然因素的影响。

（3）有害生物防控

鱼类过度捕捞导致生态失衡，原有的珊瑚礁生境被大型海藻占据以及一些以造礁石珊瑚为食的敌害生物（如长棘海星、小核果螺等）大量繁殖和生长，可通过人工清除，结合水质管理、增殖放流等措施进行防控。常见的长棘海星防治措施主要包括人工清理、水下注射和投放天敌（法螺、釉彩蜡膜虾、鱼类和海葵）等。

（4）海洋保护区

设立海洋保护区被认为是保护珊瑚礁生境和生物多样性、提高渔业产量、提供工作机会、增加旅游收入的最佳途径。全球约有 1 000 个珊瑚礁海洋保护区，海洋保护区不但可以保护区内生物多样性，还可通过幼虫的输出、成年的迁出以及保护繁殖群体而对邻近地区生物多样性的提高产生很大作用。

9.3.3.2　技术措施

目前，国内外对珊瑚礁生态恢复的技术研究主要集中在珊瑚移植、园艺式养殖、养殖箱培养、投放人工礁、珊瑚驯化与繁育等方面。珊瑚移植是把珊瑚整体或是部分移植到退化区域，快速增加珊瑚数量，改善退化珊瑚礁区的生态环境，增加珊瑚礁区的生物多样性。园艺式养殖指在特定海区构建珊瑚培育苗圃对珊瑚断枝或者幼虫进行培育，待珊瑚长大后再移植到退化珊瑚礁区。养殖箱培养指在人工调控的条件下进行珊瑚修复机制或者相关科学研究，为珊瑚礁修复技术提供理论依据。投放人工礁指在珊瑚礁退化海域投放人工制作的水泥岩体结构，通过改良海底面貌，增加适宜珊瑚附着生长繁殖的基底面积，从而恢复珊瑚种群数量。珊瑚驯化与繁育则是指在特殊环境压力下培育驯化珊瑚幼虫，选择性繁殖对恶劣环境抗逆性较好的珊瑚品种，或者通过杂交选择繁育特定基因型的珊瑚，这主要是在实验室中进行的技术研究手段。

（1）珊瑚移植

造礁石珊瑚是珊瑚礁生态系统生物的主要框架，也是实现珊瑚礁生态系统修复状态的关键对象。珊瑚移植的实质是移植珊瑚幼虫、珊瑚断片到相应受损区域，成本投入较低，而且可以实现受损区域珊瑚数量的快速增长，得到了广泛推广，在实践中取得了良好效果。珊瑚的移植技术主要包括有性移植和无性移植。在繁殖季节，雌雄同体的珊瑚会同时释放出大量的雌性和雄性生殖细胞。当这些细胞漂浮到海面时，就会结合成受精卵。这些受精卵数量多且来源广泛，采集方便，对其采集之后经过孵化、育苗后会发育成珊瑚虫。通过野外投放或者室内栽培来进行珊瑚移植。此方法既保持了珊瑚的遗传多样性，又不会对珊瑚供体产生伤害。珊瑚亦可以通过出芽或断枝的方式生殖，新芽或断枝不断形成并生长，最终繁衍成群体。所以珊瑚的无性繁殖可以利用这些特性，具体可分为成体移植、截枝移植、微型芽植和单体移植几类。珊瑚移植方法有人工鱼礁、稳固底质、幼体附着和化学法等。

1）人工鱼礁。设置人工鱼礁是直接建设适于珊瑚礁附着和生长的环境，彻底改善水下地形结构，提供适于珊瑚生存的稳固基质，有效提高珊瑚存活率；可以吸引大量鱼类，为其提供庇护所，以提高修复地的生物多样性，凹凸不平的水下人工鱼礁可以有效防止渔民渔网对珊瑚的破坏。此方法主要适于珊瑚礁破坏程度非常严重的区域。

2）化学法。珊瑚幼虫对海洋中的化学物质和化学电位比较敏感，除了简单地固定底质，可以在底质中增加一些化学物质（碳酸钙和氢氧化镁）和化学电位（< 24 V），增加珊瑚对钙的富集和附近海水中钙盐的含量，同时影响珊瑚体内三磷酸腺苷电子链的传递，用以吸引珊瑚幼虫的附着和促进珊瑚生长。

3）幼体附着。对于珊瑚还没有遭到大幅破坏的区域，可以增加幼虫附着以改善受损珊瑚的生长条件，只要给幼虫提供合适的基质，幼虫就可以附着并大量繁殖，能够在短时间内恢复珊瑚受损区域。此方法避免了对珊瑚礁的破坏，恢复时间短并且效率较高。

珊瑚移植的时间、供体和移植体都会受到外界压力的不利影响。选择修复地的温度、盐度、光照等都要尽可能与原生地的环境趋于一致。在移植过程中，移植体暴露在空气、阳光中的时间和移植的时间要尽可能短，避免在正午高温烈日下进行移植；如果用密闭的容器运输，则需要定时更换新鲜的海水。在珊瑚的白化等疾病暴发期或者即将暴发时不要进行移植，否则会导致新移植的珊瑚大量死亡。珊瑚在产卵季节也非常敏感脆弱，易于受到外界的压力，应避免在产卵季节进行移植。

（2）珊瑚园艺养殖

园艺式养殖指在特定的海区对珊瑚断片或幼虫进行培养，待珊瑚生长到一定大小时，再将其移植到退化的珊瑚礁区。珊瑚礁区之间的移植，即将健康珊瑚礁区的珊瑚移植到已退化珊瑚礁区的方案往往得不偿失。因为相对存活的珊瑚而言，在移植的过程中损失的珊瑚可能更多。园艺式养殖可培养出大量移植个体，并可在移植过程中最大限度地减少对珊瑚的组织损伤，有助于被移植的珊瑚适应新的环境和繁殖，提高修复的成功率。悬浮培养场的珊瑚培养后，移植存活率超过 80%，移植珊瑚与原位珊瑚产生的杂交后代拥有更强的环境耐受力。使用袜状的装置诱导珊瑚幼虫附着，并置于培养场中，其幼虫存活率达到 89%，相比于幼虫直接播种于珊瑚礁区的低存活率（<10%）有了显著提高。

苗种是珊瑚移植与园艺养殖的基础性工作，因此在珊瑚礁生物修复工作中，应对珊瑚对环境的耐受与恢复能力引起足够重视。相关研究资料显示，驯化和选择性繁育珊瑚，可以实现珊瑚耐受能力的提升。有学者将珊瑚虫从高温区移植至低温区进行杂交，可以看到珊瑚在温度方面的耐受力有明显提升。

（3）养殖箱培养技术

养殖箱培养是指将珊瑚放置于人工建造的养殖箱中，在可控的条件下研究珊瑚礁生态系统修复的方法，或将珊瑚作为移植供体。目前，利用养殖箱培养的珊瑚主要应用于修复机理和其他理论的研究，还极少用于移植，主要是因为珊瑚的繁殖速度慢、培养成本高。

（4）珊瑚礁局部修补技术

珊瑚礁修补是当船只搁浅、炸鱼和自然灾害等物理作用破坏珊瑚礁时，通过工程手段恢复珊瑚礁结构的完整性，是一种应急措施。如可用水泥和石膏黏结开裂的珊瑚礁体，再借助移植技术修复珊瑚礁体，恢复珊瑚的数量。珊瑚礁修补的案例很少，主要是针对被特殊破坏了的珊瑚体。

9.4 海草床生态修复

海草是能够在海洋中进行沉水生活的单子叶高等植物，多生长于潮下带浅海区域至潮间带，形成一个独特的生态系统——海草床生态系统，与红树林、珊瑚礁生态系统并称为三大典型的近海生态系统。海草床是全球生产力最高的水生生态系统之一，虽然仅覆盖了 0.2% 的海底面积，却存储了全球每年 10% 的海洋有机碳，是极其重要的"蓝色碳汇"。海草床不仅是海洋生物重要的栖息地，而且为海洋生物提供丰富的食物来源，具有较高的生产力和丰富的生物多样性，其生态服务价值远高于红树林和珊瑚礁。然而，由于人类活动的过度干扰和全球气候变化，全球海草床呈现退化趋势，亟须采取措施遏制海草床生态系统受损进程。

9.4.1 海草床生态系统概况

9.4.1.1 海草床生态系统结构

影响海草生长的因素包括生物因素和非生物因素。生物因素包括附生藻类和动物摄食，非生物因素包括光照强度、温度、盐度、营养盐和水动力条件等。

（1）生物因素

1）生产者。海草床生态系统的生产者主要包括海草、附生藻类和大型藻类等（图9–12）。

海草是一类生长于海洋中的开花高等植物，也是唯一生长在海里的被子植物，广泛分布在世界温带和热带的海岸线上，具有明显的根茎叶的分化。海草的水下

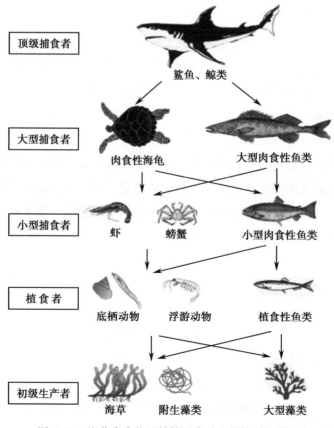

图 9–12　海草床食物网结构示意（王新艳 等，2020）

部分是网状的根，根茎水平伸展连接各个植株，而根垂直向下生长；地上部分是根茎处长出的分散枝条，从枝条的基部（叶鞘）长出薄的带状叶片。目前，海洋中发现的海草种类有 70 余种，隶属于 6 科 13 属；其中中国拥有 22 种海草，隶属 4 科 10 属。海草是一些植食性动物（如儒艮和绿海龟）的主要食物，棘皮动物、多毛类、甲壳类和大部分的鱼类也都以海草为主要有机碳食源。

附生藻类是海洋生态系统中最常见的附生生物，是依附于海草叶片表面生长的生物群落，过多的附生藻类会降低海草的光合作用能力，并且会和海草形成营养盐利用的竞争。但是附生藻类的存在也对海草的生长起到了一些积极作用，例如死亡腐化的藻类碎屑在被分解后可以为海草提供营养物质；附生藻类在深水区能减缓水流速度，在潮间带防止叶片露出水面后很快被晒干，阻挡紫外线，死亡后腐化分解可为海草提供部分营养来源。

大型藻类种类较多，按色素种类及含量不同可分为红藻、绿藻、褐藻三大门类，广泛分布于温带和热带潮间带及潮间带下的透光层，固着生长在浅海海底的岩礁上或漂浮生长。部分大型海藻与部分海草在生态位上有重叠，两者在空间和资源方面存在一定程度的竞争关系。

2）消费者。海草床中的水生动物通过直接摄食海草、海草上的附生藻类及浮游植物等初级生产者，或摄食海草等植物碎屑的方式来获取物质和能量。海草床生态系统中的消费者大致可以分为浮游动物、游泳动物和底栖动物。以游泳动物为例，向下又可以分为鱼类、头足类等。底栖动物又可以分为大型底栖动物和小型底栖动物。海草和藻类是海草床主要的生产者，摄食海草叶片和地下茎的动物有哺乳类、水鸟、鱼、海龟、海胆和腹足类，适度的摄食可以促进海草生长，过度摄食则往往造成海草生产力和生物量的下降。动物的选择性摄食会影响群落的结构，从而影响群落生产力和生物量。动物的摄食是海草种子丧失的重要原因。

3）分解者。分解者可以分解已经死亡或正在腐烂的有机体，与植食性动物和肉食性动物等消费者一样，分解者也是异养的，这意味着它们使用其他来源的有机物来获取能量和营养促进生长发育。海洋中的许多微生物都是分解者，例如大部分的细菌和真菌。微生物是海草床生态系统中重要的组成部分，在生态系统的物质、元素循环和能量流动中发挥重要作用。微生物附着在海草叶片上，或者生活于海草根际，参与海草床生物地球化学循环。

（2）非生物因素

1）光照强度。海草有利用光能制造有机物质和释放氧气维持自身生长的功能，光照强度是影响海草光合作用的最主要因素。海草的极限生长水深取决于到达海底的光线强度是否能满足海草的生长所需，水色和光周期也影响着海草的极限生长水深。光照强度会随着水深迅速降低，大洋区光线也只能分布在海水表层范围以内。沿岸水体通常富含颗粒和溶解有机质，光线穿透力远远低于大洋区，有效光合辐射只能达到海水表面几十米甚至几米的范围。因此，海草通常只能分布在海水表面较浅的范围内。据报道，海草可以生长的最大水深约为 90 m。一般情况下绝大多数海草都生长在海水深度 20 m 左右，海南岛沿岸海草分布的海域最深约为 4 m。

2）温度。温度影响海草的耐热性以及海草光合作用和呼吸作用等生理生态过程。海草对温度的适应范围很广，除了北冰洋沿岸，全世界几乎所有的海岸都有海草分布。海草种类按照地域分布的不同可以分为温带类型海草和热带类型海草两种，温带类型海草能耐受较低的水温，而热带类型海草能耐受较高的水温。不同种类的海草对于海水温度的适应范围也不相同，大多数海草在 25~30℃ 范围内表现出饱和光强的光合作用，海草所能忍受的极端高温在 35℃ 左右。比较来说，热带类型的海草最适海水温度较高。当海水温度低于 25℃ 时，大部分种类海草的光合作用速率开始下降。

3）盐度。海草由于长期生长在海水中，导致其可以耐受一定范围内的海水盐度。多数海草种类能忍受较大范围的盐度，一般认为海草生长的最适盐度在 30 左右，生长的盐度范围在 10~45。盐度的变化最直接的影响是改变了海草细胞的渗透压，降低海草的光合效率，进而影响海草的生长和生活。

4）营养盐。营养盐是大型海藻和海草生长必需的营养物质，贫营养和富营养条件对海洋植物生长影响不同，且同一营养盐条件对栖息在同一海域的两种植物影响也不相同。大型海藻具有较大的生物量，能吸收水体中大量多余的营养盐，而营养盐则是限制海草生长的主要因素之一，水体中铵盐过多导致铵盐毒性影响海草生长，为吸收同化氮盐消耗大量碳骨架导致内部碳失衡等。此外，富营养化会导致大型海藻、浮游植物和附生生物等其他海洋生物大量增殖，引发光衰减影响海草光合作用；生物生长和残体分解消耗氧气，导致水体中溶解氧不足，影响海草呼吸作用；有毒物质对海草生长有毒害作用。

5）水动力条件。海草表面存在一个不流动的扩散边界层，二氧化碳只能以分子扩散的方式通过该层到达吸收部位，因此其扩散速率很慢，往往成为水生植物吸收二氧化碳的屏障。通常海草在流动水体中的生产力高于静水，这是由于水流消减了扩散边界层厚度，促进海草对营养盐、无机碳和氧的吸收。但是，水流速度超过一定阈值又会对光合作用和生长产生影响，当水流速度过大时，海草密度降低、叶片变短，会减少海草的受力面积。

9.4.1.2 海草床生态系统特性

海草床生态系统是海洋生态系统中具有极高生产力的生态系统之一，海草床的生态功能包括：净化海水水质、固定海底底质、降低海浪和潮流对海岸的冲击作用，为多种海洋生物提供繁殖、生长和栖息的场所，对于海洋生态系统的无机循环极其重要。

（1）改善水质环境

在海草床生态系统中，海草群落是第一生产者，具有高生产力，它是许多动物的一种直接食物来源，同时也是许多动植物的重要栖息地和隐蔽场。海草是唯一完全沉没生长在海水中且具有地下根和地下茎的海洋植物，从海水和表层沉积物中吸收养分的效率很高，是控制浅水水质的关键植物。海草的地上部分对水流的稳定作用也不可忽视，使底质稳定，阻止沉积物再次进入水体而导致水体浑浊，对保持近海水质洁净起到关键作用。海草通过促进水体中杂质沉降及自身和其附着生物对水体中营养盐的吸收，从而快速从水体中除掉大量的营养盐和重金属等污染物，降低水体富营养化和水体污染。

（2）护堤减灾功能

海草的地上部分可以影响水的流动，抑制水流和波浪，降低流速，减少海底沉积物的再悬浮。海草的根在垂直和水平方向上伸展，发达的地下结构能稳定沉积物，加固海底地质，防止植物连根拔起，有助于抵抗波浪、潮汐和风暴，缓解海浪对海滩和海岸的侵蚀，从而保护海岸，起到护堤减灾的作用。研究表明，海草能使近岸波浪和海水剪应力降低 60% 以上。

（3）栖息地功能

海草床是全球重要的海洋栖息地，为许多海洋生物提供了生存环境和保育场所。海草床结构的复杂性决定了其重要的栖息地功能，主要包括决定深海群落的组成，增加海草床区域物种丰度和生物多样性等。大面积的海草群落能为鱼群、贝类、甲壳类等海洋生物提供良好的栖息地、育幼场，同时也为一些捕食性鱼类、水鸟和哺乳动物如海龟、儒艮等提供觅食场所。海草的叶片可以被直接摄食，海草腐烂后的碎屑也为一些食碎屑者（如沉积食性的刺参）提供了食物来源。

（4）生态系统营养循环

海草床是全球重要的浅海生态系统之一，具有很高的初级生产力，也是海洋碳沉积的重要来源，是全球碳循环的重要组成部分。海草床生态系统碳循环主要包括光合作用、呼吸作用、动物摄食、降解和沉积等化学、物理以及生物过程。繁茂的海草床有如陆地上的森林，是健康海洋环境的显著标志，是珍贵的海洋高生产力区域，碳的固定量几乎和热带雨林相似。海草床上依附生长多种藻类和微生物，可以进一步提高初级生产力，因此虽然海草床的面积占海洋总面积的比例很小，但却是重要的蓝色碳汇（见图 9-13）。

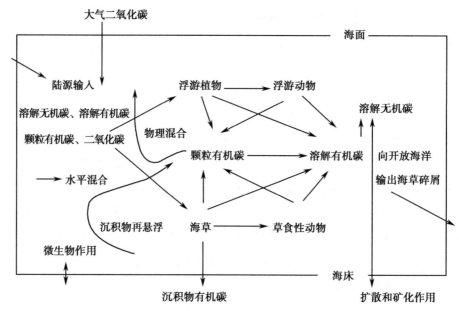

图 9-13　海草床生态系统碳循环（李勇，2014）

海草主要通过光合作用从大气中捕获二氧化碳，释放氧气，从而不断氧化无机营养素，促进营养循环，增加水体中的氧气含量。研究表明，海草每天产生氧气多达 10 L/m²，净初级生产量高达 1 012 g/（m²·a）（干重），海草贡献了全球海洋中有机碳的 12%。海草生长所必需的营养盐主要来源于水体和沉积物中有机物质的分解。海草碎屑是海草床中可以再利用的营养物质的主要有机来源，分解后可释放氮、磷等营养物，被海草和浮游植物重新吸收。海草床中的有机物质循环可以通过有机物质的快速降解来完成。

（5）经济价值

海草具有一定的经济价值。海草场附近的人们经常会采集海草，编制成工艺品、搭盖草房，制作养殖饲料。干海草具有抗腐蚀和保温耐用的特点，常被加工为编织、隔音及保温材料。在我国北方地区，夏季多雨潮湿，冬季多雪寒冷，沿海的渔民将海草晒干后作为材料苫盖屋顶，建造出海草房，能起到极佳的保温和防雨功效。海草中含有大量食用海藻酸、淀粉、甘露醇等营养物质以及钾、钠、氯、镁、锰、铁、钴及大量碘等生物体所需的常量、微量元素，所以，在海胆和海参养殖中以鳗草为主要成分的复合肥料已经成为无法替代的饵料。

9.4.2　海草床生态退化因素

（1）自然原因

自然界环境变化无时无刻不在发生，许多自然灾害不仅对人类社会造成影响，也会对海草床造成破坏。全球气候的变化加剧了自然灾害的频率，台风就是一种常见因素，台风对浅水区海草床的破坏通常是毁灭性的，台风引起的风暴潮、大风、海浪会将海草连根拔起，或者将滩涂中的泥沙冲刷起来覆盖在海草上从而使海草逐渐缺氧死亡；海浪引起水体浑浊，导致海草能获得的可见光降低，影响海草床的恢复。草食性动物对海草的大量啃食，也会导致海草叶片大量减少，光合作用能力下降，不利于海草床的恢复。疾病的蔓延、寄生作用都会导致海草床的退化。

（2）其他物种竞争

在海草床生态系统中，当水体中氮、磷等营养盐增加时，浮游藻类、附生藻类的增长速度比海草快，与海草争夺阳光和营养盐类。由于海草的补偿光照强度比其他藻类高，因此当其他藻类生长繁殖导致水下光照强度下降时，海草首先受到影响。同时，海草床中的奥莱彩螺和小锥螺繁殖十分迅速，常在海滩上成片堆积，侵占海草生长的区域，妨碍了海草的繁殖、扩张。

（3）人为原因

海草床在全球范围内严重退化，既有自然因素，也受人类活动的影响，其中人类活动的干扰对海草床的破坏越来越成为主导因素。人类干扰活动主要包括过度捕捞、海洋污染和生境破坏等。

1）生物资源过度利用。海草床内底栖生物丰富，人类在海草床内挖掘、拖网、养殖等行为对海草具有直接性的破坏，会挖断海草的根茎，将海草连根翻起或破坏海草的生长环境，直接和间接损害了底栖生物，降低了海草床生产力。

2）海洋运输活动的影响。海洋运输活动包括船舶航行、停靠，航道疏通，建造海堤等，这些都会影响海草的生长。研究发现，在一些海湾航道两侧的海草床往往十分密集，而在有船只往来的航道内却没有海草生长，这些人类活动都对海草床造成机械性损伤，过度损伤直接破坏了海草的地下茎和根系，导致海草床破碎化，影响了海草的生长、繁殖和自我恢复。

3）水质污染的影响。海草床周边居民的生活污水和垃圾排入海中，增加了水中的有机物、悬浮物含量，改变了海草的生长环境。海草通常生活在营养盐含量相对较少的水域，因此，生活和工业污水这些富含氮、磷等营养元素的污染源被大量倾倒到近岸生态系统中，不但不会被海草吸收、利用，反而会导致浮游植物、附生植物和大型藻类暴发式生长，与海草形成竞争，影响海草对光照强度和氧气的利用，从而影响其生长，导致海草床的退化。

4）海水养殖活动。近年来，海水养殖迅速发展，潮间带大面积的海草床都被开发成了养殖塘，极大破坏了养殖塘范围内的海草床生境；大量的养殖废水使得海水营养盐过高，高营养盐负荷导致大型藻类和附生植物的增加，这些都会限制海草对光照、营养盐和氧气的利用，导致海草床的衰退；养殖活动中的设施建设、渔业拖网、船锚的大量使用都会对海草进行持续的机械性损害，如麒麟菜大多采用"打桩吊养"的模式，高密度的打桩破坏了海洋底土，直接威胁到海草的生存环境。此外，在贝类增养殖区，多数贝类在收获过程中都会把海草连根翻起，挖松的滩涂泥沙又容易覆盖在海草上，进一步降低了海草对光的吸收利用效率，导致了海草床的退化。

9.4.3 海草床生态恢复措施

海草床生态系统修复的目的是提高海草的覆盖度、增加海草床面积以及恢复栖息于海草床物种的多样性等，通常采用两种方式：一是改造受损的海草床生态系统，使其恢复到原有的结构和功能状态；二是建造新的海草床。

9.4.3.1 管理措施

因受自然或人为干扰的影响，生境遭到破坏是海草床衰退的重要原因。因此，在受到干扰破坏的海草床内去除原有干扰，加强海草床的保护与管理，采取封区保护、海草床地清理、病虫害防治等措施，是实现海草床的自然恢复和健康发展的有效途径。

（1）封区保护

在移植或播种后一段时期内进行封滩保护，避免人类活动对海草修复的干扰，禁止任何人员和船只等进入该区域，禁止围海养殖、围网捕鱼、挖掘等海上生产作业。对破坏海草床的行为依据相关法律进行严格处理。

（2）控制污水排放

污染的海水会降低海草的光合作用，引起水中浮游生物和藻类的疯狂生长，与海草形成竞争关系。保护和恢复海草的最直接方法就是改善水质，控制和减少周边社区氮、磷污水的排放，防止藻类暴发式生长，占据海草生存空间。

（3）清理海草床地

定期清理海草床区内的大型海藻、垃圾杂物、油污、过量的沉积物等，减轻对海草床生态系统的不良影响。大型藻类常与海草竞争营养盐和生长空间，应对胁迫海草床的大型藻类定期进行打捞清除，促进海草床的自然恢复。此外，还需对影响光照率的建筑物及其他物体进行迁移或拆除。

（4）危害防治

加强对海草分布周边区域有害生物的监测，对胁迫海草床的有害生物进行打捞清除。如奥莱彩螺和小锥螺摄食海草，常常危害海草的生长，因此在奥莱彩螺和小锥螺密集的地方，要采用适当的药剂或人工清除的方法，防止对海草生长产生阻碍作用。

（5）恢复受损海草

对根部暴露或连根翻起的海草要及时进行恢复，对被掩埋的海草更要及时清理，对缺损的海草床要适当移植、重新播种，并且需要根据不同的环境选取适当的品种或者混合几个品种一起种植。

9.4.3.2　技术措施

海草床人工恢复的方法主要有移植和播种，以及两种方法的结合。海草的生长受到众多非生物因素的影响，如光照、温度、盐度、营养盐和水动力等，同时也受到附生藻类和动物摄食等生物因素的影响。因此，海草的移植需要采取因地制宜的移植技术，才能提高海草移植的存活率。播种法成本低，潜在冲击少，限制因素也较少，但恢复时间较长，结果很难预料。

（1）海草床修复区选择

海草床生态修复位置要满足四个条件：该区域历史上是否有海草床；该地的水深是否和附近自然海草床水深相似；是否受人类影响而退化；该区域人类影响是否能够去除。通常，适宜区域的自然条件是浅水，地势有缓坡和庇护区。

（2）海草床生境修复

由于海草床受污染造成的损害所占比例较大，因此减少富营养化和改变水文状况是修复海草生境的关键。另外，水质、流速、浪、暴露在空气中、沉积物特性以及铵盐负载量等因素是海草床修复成功必须关注的因子，同时还要注意海草光需求的空间变化。

海草床的生态环境具有自我修复的功能，但是首先必须要将破碎化或者丧失的生境恢复。生境恢复是间接修复方法，主要依靠的是海草床的自然恢复，通过改善海草床的生存环境，通过海草自然繁衍达到修复目的。自然修复周期虽然比较长，但是省去了大量的人力物力，是一种比较经济的做法，也是最早尝试的修复方法。

（3）海草种植

海草种植即直接利用海草繁殖的种子或将种子培育成种苗来恢复海草床的方法，这里关键是海草种子的采集、保存和种植。海草种子体积小、易运输，利用种子法修复海草床对原海草床危害较小，还可以提高海草床的遗传多样性，因此，种子法正逐步发展成为海草床生态修复的新手段。但如何有效地收集和保存种子，找到有效的播种方式以及适宜的播种时间，是利用种子法修复海草床的难点。

1）种子的收集和保存。不同海区及不同海草种类种子成熟的时间不同，因此生殖枝的收集时机尤为重要。一般来说，应该收集授粉后带有将要成熟种子的生殖枝，然后将这些生殖枝储存于带有水循环装置的水族箱内或以一定的方式置于自然海域，直到种子成熟，再进行种子的提取。水族箱储存方法是将生殖枝置于带有水循环装置的水族箱，直到生殖枝降解及种子成熟脱落，储存过程中应保证海水的充分供应，去除有机质，并设定适宜的盐度和水温。自然海域储存方法是将生殖枝放入一定规格的网袋，网袋的网目需小于种子短径，然后将其置于自然海域、固定，直到生殖枝降解及种子成熟脱落。种子的提取就是待生殖枝降解及种子成熟后，将成熟的海草种子从已降解的生殖枝中筛选出来。

2）种子播种方法。海草种子收集后，采用某种方法对其进行播种就显得尤为重要。目前的海草种子播种方法主要有以下五种。①人工撒播播种法。人工撒播播种法就是通过人力进行播种，主要方式有两种：直接撒播法和人工掩埋法。直接撒播法操作简单，但撒播后的种子散布在底质表面，容易流失，很大程度上造成种子的浪费，导致种子萌发率低；而人工掩埋法降低了种子流失的概率，从而提高了种子萌发率，但需要潜水员进行水下作业，劳动强度大，不适宜进行大范围的海草床修复。②种子保护播种法。播种种子的流失是导致萌发率低的直接原因，因此有必要对种子进行保护。麻袋法是将种子放入麻袋中（麻袋的孔径应小于种子直径），然后将麻袋平铺埋入海底的一种保护播种方法。播种机法是用机械代替人力作业的播种方法，先将种子与明胶按一定的比例混匀（明胶旨在保护种子），然后用机器将其均匀地播种至底质。播种机的使用在很大程度上节省了人力物力，提高了工作效率，但没有解决种子成苗率低的问题。③漂浮箱法。漂浮箱法是将从自然海域收集的生殖枝放在网箱中，然后将网箱（下连沉子）置于修复海区，直至生殖枝降解及种子成熟，在水流的冲击下种子自然沉降到海底的播种方法。这种方法节省了种子的运输、储存、撒播等，显著降低了人力、物力，但同人工撒播播种法一样，种子萌发率和成苗率均不高。④生物辅助播种法。生物辅助播种法是新型的播种技术，借助生物体的生态习性，将海草种子播种到修复海区的底质中，以突破种子萌发率低这一瓶颈。如利用菲律宾蛤仔的潜沙生态习性，以糯米为黏附剂，将大叶藻种子粘在菲律宾蛤仔贝壳上，放入海区指定位置，菲律宾蛤仔潜沙后，种子随其进入底质，一段时间后糯米自然降解，种子则埋入底质中。菲律宾蛤仔潜沙深度不超过 2 cm，与大叶藻种子的萌发深度相当，因此保证了种子的萌芽环境，但播种效率低，也没有解决成苗率低的难题。⑤人工种子萌发法。人工种子萌发法是先在实验室条件下培养种子至幼苗，然后再将幼苗移植到修复海区的一种方法。这种方法需要人工培养幼苗的设备，同时需要控制环境因子，例如温度、盐度、光照、溶解氧等，因此成本和技术要求高；其次，幼苗移植技术尚未突破，移植过程中不可避免地会对幼苗造成一定程度的机械性损伤，直接导致幼苗成活率低。

（4）海草移植

移植法是目前修复海草床常用的方法，是将幼苗或者根状茎通过有效途径移植到海草床。移植单元包括草皮、草块以及根状茎。草皮法需要较大的海草资源量，同时对原来海草床的影响较大；移植根状茎法所需海草资源量较少，而移植成功率较高，是一种有效且合理的海草床修复方法，可分为枚订法、直插法和框架法等。

1）草皮法。草皮法是最早报道的较为成功的移植方法，是指采集一定单位面积的扁平状草皮作为聚氨酯（PU）皮，然后将其平铺于移植区域海底的一种植株移植方法。该方法操作简单，易形成新草床，但对 PU 采集草床的破坏较大，且若未将 PU 埋于底质中，易受海流的影响，尤其在遭遇暴风雨等恶劣天气时，新移植 PU 的留存率非常低。

2）草块法。草块法是继草皮法之后，用于改良 PU 固定不足而提出的一种更为成功的移植方法，是指通过聚氯乙烯管等空心工具，采集一定单位体积的圆柱体、长方体或其他不规则体的草块作为 PU，并在移植区域海底挖掘与 PU 同样规格的"坑"，将 PU 放入后压实四周底泥，从而实现海草植株移植的一种方法。与草皮法相比，草块法加强了对 PU 的固定，因此，移植植株的留存率和成活率均明显提高，但该方法对 PU 采集草床的破坏仍很大，劳动强度也大幅增加。

3）根状茎法。草皮法和草块法的 PU 具有完整的底质和根状茎，运输不便，且对 PU 采集草床的破坏较大。随后，根状茎法被提出，注重了对 PU 的固定，趋于易操作、无污染、破坏性小等特点，并衍生出许多分支方法，概括起来主要有以下五种。①直插法，也称为手工移栽法，是指利用铁铲等工具将 PU 的根状茎掩埋于移植海区底质中的一种植株移植方法。该方法未添加任何锚定装置，操作简单，但对 PU 的固定不足，尤其是海流较急或风浪较频繁的海域，移植植株的存活率一般较低。②沉子法，是指将 PU 绑缚或系扎于木棒、竹竿等物体上，然后将其掩埋或投掷于移植海区中的一种植株移植方法。该方法加强了对 PU 的固定，但在底质较硬的海区其固定力仍不足。③枚订法，是参照订书针的原理，使用 U 形、V 形或 I 形金属或木制、竹制枚订，将 PU 固定于移植海域底质中的一种植株移植方法。该方法对 PU 固定较好，移植植株成活率高，但劳动强度相对较大。④框架法，是一种用于移植大叶藻植株的方法和装置，其框架由钢筋焊接而成，且框架内部放置砖头等重物作为沉子，将 PU 绑缚于框架之上，然后直接抛掷于移植海域的一种大叶藻植株移植方法。PU 与框架之间的绑缚材料采用可降解材料，能够对框架进行回收再利用。该方法对 PU 固定较好，且 PU 受框架的保护，减少了其他生物的扰动，因此移植植株成活率较高，但框架的制作与回收增加了移植成本和劳动强度。⑤夹系法，也称网格法或挂网法，是指将 PU 的叶鞘部分夹系于网格或绳索等物体的间隙，然后将网格或绳索固定于移植海域海底的一种植株移植方法。该方法操作较简单，成本低廉，但网格或绳索等物质不易回收，遗留在移植海域可能对海洋环境造成污染。

9.5　海藻场生态修复

海藻是生活于海洋中的低等植物，没有根、茎、叶等器官的分化，是海洋生态系统中重要的组成部分。海藻场也称为海藻床，是一种由大型海藻群落支撑的典型近岸栖息地，是维持岩相海岸和岛礁生态系统稳定和生物多样性的关键生境。自 20世纪 80 年代以来，随着沿海地区经济的快速发展，各种废水大量排放引起的陆源污染剧增，海岸带的天然藻场面临严重退化、枯竭和不易恢复的危险，已经对近岸海洋生态系统造成严重威胁，影响了沿海社会和生态的可持续发展。因此，针对大型海藻生态系统存在的问题，亟须采取措施，修复或重建正在衰退或已经消失的原天然藻场，或营造新的海藻场，从而在相对短的时期内形成具有一定规模、较为完善且能独立发挥生态功能的海藻场生态系统。

9.5.1　海藻场生态系统概况

9.5.1.1　海藻场生态系统结构

海藻场是由在冷温带大陆架区的硬质底上生长的大型褐藻类及依靠大型海藻生存的其他海洋生物共同构建的一种近岸海洋生态系统，是潮间带生态系统的重要组成部分，是海洋生物重要的食物来源及栖息场所，其分布范围与底质、光照和温度等密切相关（见图 9-14）。

（1）生物因素

1）生产者。海藻场是大型藻类或海草群落密集分布的场所，多分布于温带和亚热带地区，也叫海洋藻类栖息地。大型藻类是海藻场的重要组成部分，也是主要支撑生物。大多数藻类生长在水深 20 m 以内的硬质底和礁石上，形成海藻场的大型藻类主要有马尾藻属、巨藻属、昆布属、裙带菜属、海带属和鹿角藻属。海藻场主要的支撑部分由不同种类的海藻群落构成，例如红藻群落构成了红藻森林的支撑系统，黑紫菜、黑菜群落构成了"海中林"的支撑系统，海带群落构成了海带场的支撑系统，巨藻群落构成了巨藻场的支撑系统，马尾藻群落构成了马尾藻场或花纹藻类森林的支撑系统等。

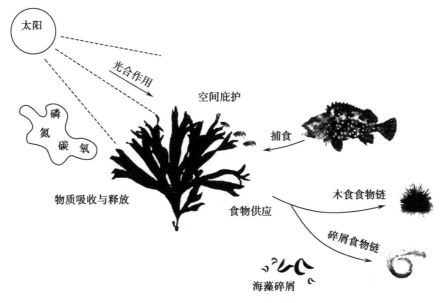

图 9-14　大型海藻生态功能

　　2）消费者。海藻场中存在大量以藻类为食的生物，如海胆、鲍、钩虾等，这些生物可对海藻进行直接啃食和消费，属于海洋生态系统中的初级消费者，但直接被初级消费者利用的藻类资源只占极小部分，大部分海藻由于季节变更或其他原因，在死亡或脱落后，会被海洋中的微生物以及腐食性生物所利用，包括甲壳动物、棘皮动物等；初级消费者以藻类为食，生长繁殖的同时，会吸引其他捕食者的到来，像这样捕食与被捕食、直接和间接的营养关系，形成复杂的食物网，而食物网形成的基础便是海藻场的存在。

　　3）分解者。大型海藻等水生植物凋落物或残体是海洋生态系统中的重要组成部分，凋落物或残体的分解作用为生态系统的物质循环和能量流动提供重要的物质基础，水生植物未被摄食的部分则通过自溶或微生物作用回归生态系统，使海洋中物质恢复和增加，更好地改善水体营养条件和生态环境，对海洋生态系统平衡的维持起到重要作用。微生物在生态系统中发挥着将沉积物或凋落物中有机物质分解为易于其他生物可利用的无机物质的重要角色，是物质与能量进行转换的关键桥梁。细菌能够分解木质纤维素，真菌通过产生果胶酶和纤维素酶等对水生维管植物分解起重要作用。

　　（2）非生物因素

　　影响大型海藻生长与分布的非生物因素主要包括光照、温度、营养盐、附着基、波浪和潮流运动等。

　　1）光照。光是植物进行光合作用的能源，因而它直接影响着海洋中有机物质的生产以及大型海藻的生长、繁殖、种群分布规律以及因环境改变而不断变化的时空分布。形成海藻场的大型海藻都属于潮下带海藻,与潮间带的海藻有所不同,对强光较为敏感。但是,充足的光照又是海藻正常生长所必需的,海藻场恢复区的海水浊度越小越好。例如,生长在潮下带的海带、铜藻和裙带菜若在表层培育会受到光的伤害,出现白烂和溃烂、生长部卷曲、生长停滞等问题,而在海水透明度适宜范围内培育,水层越浅越好。

2)温度。海区海水的温度可以直接影响大型海藻的光合作用和呼吸作用的效率,从而间接作用于藻体的生长、分布以及繁殖过程。形成海藻场的大型海藻对于温度的要求比较严格,一般都在较低温的环境中。例如,铜藻生长和繁殖适温为 $11 \sim 16 ℃$,耐受的温度上限为 $28 ℃$。羊栖菜可以耐受 $40 ℃$ 以上的高温长达 6 h。因此,海藻场一般形成于我国的黄渤海及东海北部水域。比较特殊的是马尾藻,广泛分布于暖水和温水海域,特别是广东、广西沿海。

3)营养盐。营养盐是贯穿大型海藻整个生活史的影响因素。大型海藻不仅可以选择性地吸收营养盐,同时通过吸收和利用营养物质可以延缓水体富营养化,对水质起到改善作用。营养盐随季节变化而变化的浓度也被认为是影响海藻种群季节性变化的重要因素之一。

4)附着基。附着基为大型海藻提供稳定的栖息空间,不同的材质、大小、形状及附着基的坡度、坡向乃至附着基的表面粗糙度、沉积物等因素都会影响大型海藻的生长与时空分布。在大型海藻生活史中,孢子的放散以及萌发是海藻生长和繁殖的开始,能否提供幼孢子体适宜的附着基,是人工藻场建设的关键一步。附着基作为修复水域生态环境的基础载体,有利于短期高效地富集藻类优势群体,形成大面积的人工海藻场。通过投放混凝土、废旧轮船和轮胎等人工材料作为藻场建设的附着基,可为海藻幼孢子体附着提供适宜的环境,使海藻种群的生长和繁殖有了可利用的空间。

5)波浪和潮流运动。大型海藻是生活在一定程度的波浪与潮流中的生物类群,波浪强度和水流运动都会对大型海藻的生长与分布产生直接或间接的影响,过大或过小的波浪和水流条件都不利于大型海藻的生长与分布。海藻场生态系统内部水体流速较慢,使生物能够有效吸收外界水流带来的营养物质,同时通过海藻体型、形状对水流的阻碍作用,维持海藻场生态系统内部较稳定。

9.5.1.2 海藻场生态系统特性

海藻场的主导植物适应温度较低,故多分布在冷水区,在南、北太平洋沿岸有冷水涌生的海域也有分布,在暖温带和热带海区则不会出现大型海藻场。在海水清澈的海区，海藻场可以延伸至 20~30 m 深处；如果海底坡度小，海藻场可延伸至离岸几千米。海藻场要求有硬质底为藻体提供固着基。形成海藻场的褐藻类通常个体和生物量都很大，没有真正的根，叶片直接吸收海水中的营养盐类。

（1）海洋生物的栖息场所

海藻场因其独特的功能结构和繁茂的生物群落，一定程度上可以改变海域局部生态环境。海藻场中致密的蓬状结构、某些分枝状或细丝状海藻体之间纠结缠绕构成的高度异质化的空间结构为生物提供了一个理想的栖息场所，支撑着密集和多样的动植物群落，包括硅藻、微型生物和群体生活的苔藓和水螅，不少海绵动物、腔肠动物、甲壳动物和鱼类也在海藻场生活或阶段性生活。

大型海藻独特的体型和形状影响海流动力，巨大的叶片可以改变水体的流速和流向，对波浪和潮流运动具有消减作用，可以改变海流动力学，在海藻场内形成相对稳定的栖息场所。海藻场内的水温较周围海域变化幅度小，为海洋生物的休养生息提供适宜的环境，有利于海洋生物的养息，并成为它们遇灾害天气时的避难场所。海藻场内藻类大量繁殖，生长繁茂，形成"海底森林"，浓密巨大的藻体能够提供遮蔽，形成日荫、隐蔽场及狭窄迷宫，使其成为海洋动物躲避敌害的优良场所。此外，海藻场内的大型海藻及其附生生物可作为鱼类等多种海洋生物的饵料，藻体的死亡与分解导致海水的富营养化，有利于饵料生物的繁殖，使海藻场成为海洋生物的索饵场。同时，海藻场内具有丰富的鱼卵附着基和稚鱼孵化的饵料，是多种鱼类的产卵场。

（2）提供食物来源

除了栖息地和庇护所外，海藻本身就代表一种食物资源。目前已开发上市的海藻产品有藻胶（褐藻胶、琼胶、卡拉胶），以海藻为原料制成的食品、保健品和药品，还有海藻饲料添加剂、海藻肥料等。许多鱼类、海胆和中型啃食者直接以大型海藻为食。不仅如此，附着在海藻表面的附生生物群落，比如细菌、真菌、原生动物和附生藻类，它们也为栖息在海藻表面的动物提供了大量的食物。

（3）改善海域环境

由于海藻场内的褐藻类个体通常较大，并以叶片直接吸收海水中的营养盐类，由于吸收面积大，对一些无机盐类、重金属等的吸收作用效果明显。在近岸排污口附近海域，一些大型褐藻类仍然能够很好地生长，对海域环境具有显著的改良作用。研究表明，1 km² 马尾藻场的氮处理能力大约相当于一个 5 万人的生活污水处理厂。

（4）缓冲作用

海藻场对藻场内的水流、pH、溶解氧以及水温的分布和变化具有缓冲作用。在海湾中，海藻场对湾内水域 pH 分布的影响起主导作用，这主要是通过藻类在日间的光合作用和夜间的呼吸作用来实现的。海藻场尤其是茂盛期的藻场，使藻场内部水温的上升或下降延迟，如藻场下方的水温分布模式受茂盛期藻场的高度和密度的影响，其原因包括藻场对经过海表面的短波辐射的吸收作用和海藻对对流的抑制作用。

9.5.2　海藻场生态退化因素

（1）海洋水体的富营养化

工农业及生活污水的大量排放，致使海洋水体，特别是近岸海水水体的河口、海湾以及较封闭的海域出现氮、磷等主要营养物质严重超标。海藻虽对富营养水体具有较强耐受性，但并不是说海水营养盐浓度越高海藻生长越快，如果氮、磷等营养盐浓度过高，海藻不但不能吸收营养盐去净化水质，反而会因浓度过高而造成藻体伤害，长时间的高浓度氮、磷则会使海藻消亡。

（2）近岸渔业捕捞活动

由于近岸海域是人类与海洋的连接纽带，因此，近岸海域也是人类活动最直接的承受者。在众多人类海洋活动中持续时间最长且最为普遍的当属近岸渔业活动。近岸渔业一般离岸较近，水深范围一般在 40 m 以内，使用的交通工具主要是渔船、木筏、竹筏等小型水上交通工具，使用的方法一般为钓鱼、放刺网、放笼子等。此外，近岸渔业还包括在此范围内的鱼类养殖、加工活动、渔业捕捞活动，无疑会对海藻场造成或多或少的破坏。

（3）石油污染

石油污染通常会对海洋环境造成严重破坏，由于石油会在水面形成油层，油层容易随水流（海浪）漂移，当水流接触岩礁时，石油则会覆盖于岩礁之上，使得栖于岩礁之上的海藻受石油包裹。同时，油层在漂移过程中还会影响水体中光照强度和二氧化碳交换，进而影响海藻的光合作用。石油中含有轻芳香烃物质，当其达到一定浓度时会对海洋生物的幼体造成毒害，这些芳香烃的衍生物质也会对部分海洋生物造成毒害。有报道表明，墨西哥坦皮科港口附近海藻资源因为日本商船的石油漏油而迅速减少，虽然一定时间内这里的大型海藻有所恢复，但是有些繁殖能力差的藻种因很难繁殖而灭绝。

（4）海岸带自然灾害

自然灾害的发生会加速海岸生态系统的退化，是海洋对自身承受力的一种调节。自 2008 年以来，我国自江苏到山东沿海一带频发绿潮灾害，绿潮藻（浒苔）虽未对近岸大型海藻的生存造成直接影响，但目前还没有很有效的办法遏制其迅速繁殖。此外，大型海藻和部分微藻之间很可能存在竞争而产生相互遏制的作用，因此，绿潮藻等的大量繁衍对海水中其他藻类的生长有相当大的抑制作用。

9.5.3 海藻场生态恢复措施

9.5.3.1 管理措施

（1）封区保育

在海藻场恢复区域，禁止渔业活动及影响水体透明度的任何活动，具体的期限应根据海藻场恢复的时间来决定。

（2）生物敌害防治

硅藻、刚毛藻、石莼、浒苔等附生藻类对大型海藻生长影响较大，鱼虾等动物的摄食是大型海藻幼苗培育的主要危害。附生硅藻常常附着于藻苗和苗绳基质上，大量繁殖时覆盖藻苗，影响藻幼孢子苗的生长，甚至造成藻苗死亡。附生动物会摄食藻苗枝叶，影响幼苗生长发育；隐鳃虫等动物常常在附着基上营造许多栖管，使浮泥沉积，栖管和浮泥常覆盖藻苗，影响藻苗生长乃至造成藻苗死亡；固着性动物会抢占藻苗生长基质，增加附着基负荷，使附苗器重量增加而下沉，覆盖幼苗使其死亡。因此，应加强大型藻类分布区域水质环境监测预警，对威胁海藻场的附生性硅藻类、附生性杂藻类可通过改善水体交换、手工摘除或化学药杀等方法，促进海藻场自然恢复。可在恢复区建立篱笆来防止过多的海胆等进入海藻生长区域，发现食藻动物数量过多，需及时清理。

（3）水体污染治理

来自陆地工业废水、生活污水以及海上排放的污染物，造成了海水水体污染，影响大型藻类光合作用和正常生长，导致附生微藻的大量增殖，刺激有害生物暴发。因此，应限制含无机营养盐氮、磷的污水排放，以防止赤潮的发生，避免大量的微藻生长与大型海藻的竞争，以及避免对大型海藻的光合作用造成影响。控制会引起海水沉积物含量过高的污水排放，以免海水透明度下降，从而影响海藻的光合作用及正常生长。

（4）建立自然保护区

建立自然保护区是保护海藻场最直接最有效的方法。建立海藻场保护区，可消除生态退化的部分干扰，降低干扰频率和强度，减缓对海藻场生态系统的不良影响，以利于海藻场的自然恢复。目前，我国还没有专门的海藻场自然保护区，南麂列岛、渔山列岛、马鞍列岛等保护区相继将海藻作为保护对象建设了海藻场，宁波象山港也建设海洋牧场以增殖江蓠、紫菜和海带。

9.5.3.2 技术措施

海藻场建设是向适宜海域内投放人工材料构成的框架等结构体，然后采用移栽培植大型海藻、喷洒海藻孢子水等方法，促使海藻附着、生长，大量繁殖形成藻场。马尾藻属、巨藻属、昆布属、裙带菜属、海带属和鹿角藻属是形成海藻场的主要大型藻类。

（1）修复区选择

海藻场生态恢复区域的选取一般应考虑以下几个因素：潮下带水深较浅的岩石区最佳；历史上有海藻生长的地点为佳；自然环境条件中应考虑适宜海藻生长，包括光照、水温、盐度、浊度、海水流速、海藻捕食者的种类与数量等生物因子和非生物因子。通常在不同季节进行野外采样调查，了解目标海域的基本水文状况、生物多样性与丰富度等，对于重建或修复型海藻场生态工程，还要彻底查阅有关原海藻场的文献资料，结合实地采样勘察，明确海藻的种类、生物量、栖息密度、分布范围和生命周期等生物学特性。

（2）恢复种类选择

大型海藻是海藻场生态系统的物质基础，也是维持海藻场生态系统多样性和稳定性的关键组成部分。作为支撑物种的大型藻类，通常物种相对较少，在海藻场生物量上占有绝对优势。对于重建或修复型海藻场，尽量以原生种类的海藻作为藻场的支持藻类。海藻场恢复种类的选取主要遵循环境适应性的原则。选取时可根据现有海藻资源的分布情况，一般优选本地原生藻种，在南海近岸水域主要选取马尾藻，而在东海北部以及黄渤海的温带水域则选取海带、裙带菜、铜藻等。

（3）基底整备

一般来说，多数海藻都需要坡度较缓、水深较浅的硬质底，以满足其生存的空间、能量和营养需求。因此，要恢复海藻场生态，还要进行基底整备，即包括沙泥岩比例的调整、底质酸碱度的调节、基底坡度的整备等。

若要构建人工藻场，则需要在目标海域构架相应的固定装置。海藻孢子的放散以及萌发是海藻生长和繁殖的开始，能否提供幼孢子体适宜的附着基，是人工藻场建设的关键一步。一般选择浮球、浮绠、锚、绑绳等材料作为苗种固定装置，选择混凝土、废旧轮船和轮胎等人工材料作为藻场建设的附着基。这些固定装置可为海藻幼孢子体附着提供适宜的环境，使海藻种群的生长和繁殖拥有可利用的空间。

（4）移植与播种

海藻移植技术是人工海藻场建设的重要部分，在移植之前首先应该考虑拟建海域的地理特点、海藻生物习性、生境中对应的栖息条件，筛选出技术可行、品种优良、种群稳定的主打海藻品种，并确定几种优良牧化品种。海藻移植包括藻苗移植和成藻移植。

1）藻苗移植，即通过采集成熟藻体，收集孢子进行室内培育，将人工培育的幼苗移植到退化的海藻场或人工藻礁上。一般采用渔船将已经夹苗的养殖绳运输至投放区域，先将苗绳固定于浮绠之上，最后选择用坠石将浮绠下降至适宜各类海藻苗种生长的水深。

2）成藻移植，即将大型海藻移植到新的海域环境，通过养殖成熟自然放散孢子，实现大型海藻自然繁殖的目的。我国很早就开始了对大型海藻的栽培养殖实验研究。20 世纪 50 年代，致力于海藻研究的专家先后在辽宁、山东、江苏、浙江、广东和福建等海域通过调查评估选取优良藻种，并于后期开展了大型海藻规模化繁育和养殖试验，取得了巨大成功，为我国海藻产业做出了贡献，为后期海藻场修复和重建奠定了坚实的基础。养殖方法主要包括筏式养殖和池塘养殖，目前已建立了海带、紫菜、裙带菜、石花菜、江蓠等多种大型海藻的规模化养殖技术体系。

（5）海藻场养护

养护工作包括对未成熟的海藻场生态系统进行定期监测，及时补充营养盐，修整生态系统的各级生产力，人工、半人工生态系统的生物病害防治工作，生物种质的改良工作等；同时包括在近岸底播所形成的生态系统的完善工作，借助生态系统本身或人工方式逐步增加该生态系统的生物多样性。海洋动物的底播增殖工作是近岸底播生态工程措施之一，同时也是海藻场生态工程的有机补充，其养护工作包括在系统内进行贝、藻、参、胆等多种组合方式的混养，这样不仅可促进系统的良性循环，而且可获取可观的经济效益。

9.6　海洋生物资源生境修复

海洋生物资源是海洋资源中具有生命且能不断进行自行增殖及更新的一类资源。海洋是由作为主体的海水水体、生活于其中的海洋生物、邻近海面上空的大气和围绕海洋周缘的海岸及海底等组成的统一体。海水本身的流动性和海洋的三维整体性是海洋区别于大陆自然系统的根本特点，同时也构成了海洋自然属性的基本特征。从生物学角度看，海洋生物资源可以分为鱼类资源、无脊椎动物资源、脊椎动物资源和藻类植物。鱼类资源是海洋生物资源中最重要的一类，是人类摄取动物蛋白质的重要来源，占世界海洋渔获量的 88%，目前海产鱼类超过 1.6 万种，但真正成为海洋捕捞种类的约为 200 种。海洋无脊椎动物资源中，经济价值较大、目前可为人类利用的有 130 多种，如乌贼、章鱼、牡蛎、扇贝、对虾、龙虾、海蚕、蟹、海参等。海洋脊椎动物资源包括海龟、海鸟和海洋哺乳动物（例如鲸、海豹、海象）等。海洋植物是海洋中利用叶绿素进行光合作用以及生产有机物的自养型生物，是海洋生物的重要组成部分，主要由海藻和海洋种子植物两大类组成，其中以各类海藻为主，主要有硅藻、红藻、蓝藻、褐藻、甲藻和绿藻等 11 门，其中近百种可食用，还可从中提取藻胶等多种化合物。

人类利用和开发海洋已有几千年的历史。从早期的沿海渔业、盐业等逐步向外海、远洋发展，到 20 世纪开始开发深海资源。可以说人类在利用海洋生物资源、发展海洋经济方面取得了长足的进步，提高了人类的生活质量。但是，人类在开发海洋的进程中也导致了严重的生态问题，从世界范围看，资源的过度捕捞、捕捞能力的大量过剩、兼捕物的抛弃、毁灭性捕捞渔具和方法的使用、栖息地的退化、养殖渔业的无序发展、渔业水域环境污染、养殖渔业自身污染及对环境的冲击等问题，以及在人口过快增长等问题的共同作用下，已经严重制约着海洋生物资源的可持续利用。保护海洋生态系统，维持海洋生态系统良性循环，保障海洋生物资源可持续利用和海洋经济可持续发展，是人类需要认真对待和迫切需要解决的问题。

9.6.1 海洋生物资源特征

海洋生物资源来源于海洋环境，存在于海洋生态系统中，独特的海洋环境和海洋生态系统赋予了海洋生物资源的各种特性。海洋生物资源具有再生性、局限性、流动性和共享性，影响了对海洋生物资源的管理，也影响到有关海洋环境争议的解决。

（1）再生性

海洋生物资源是一种具有生命的资源，具有自行繁殖的能力。海洋生物资源的主要特点是通过生物个体和种群的繁殖、发育、生长和新老替代，使资源不断更新，种群不断获得补充，并通过一定的自我调节能力达到数量上的相对稳定。在有利的条件下，种群数量能迅速扩大；在不利条件下，包括不合理的捕捞，种群数量会急剧下降，资源趋于衰落。

（2）局限性

虽然海洋生物资源属于可再生资源，但其再生能力也是有限的。海洋生物资源通过活的动植物体来繁殖发育，使资源得以更新和补充，具有一定的自发调节能力，是一个动态的平衡过程，一旦其生态系统平衡遭到破坏，就意味着海洋生物资源的破坏。海洋生物生存离不开海洋生态环境，受到气象、水文环境、人为捕捞、环境污染等因素的影响，海洋生物资源量波动性较大。在适宜的环境条件下，且人类开发利用合理，注意保护海洋生态环境，则海洋生物资源可世代繁衍，持续为人类提供高质量的海洋食品、生物制品及工农业原料。但如果海洋生物生长的环境条件遭到自然的或人为的破坏，或者遭到人类的酷渔滥捕，不合理的开发超越其再生能力，海洋生物资源自我更新能力就会降低，这将导致生物资源的衰退和枯竭。海洋生态系统遭到破坏后，其修复需要较长时间，甚至不可恢复。

（3）流动性（洄游性）

洄游特性是鱼类群体获得有利的生存条件和繁衍环境的重要习性，大多数海洋鱼类在每年或其一生中，会进行主动的、集群的定向和周期性的长距离迁徙活动。海洋生物资源除少数底栖生物固着生活外，绝大多数都有在水中漂动、洄游移动等习性，这是海洋生物资源的重要特性，也是生物的重要特性，是其为保证种群繁衍、觅食和寻找优良生存环境而采取的主动性选择行为。一般来说，甲壳类动物移动范围较小，鱼类和哺乳动物的移动范围较大，像鲑鱼、鲟等大部分鱼类在生长的不同阶段会生活在不同的海域海区。在一定时期和一定水域内，鱼类会聚集成群。鱼群密集出现的水域称为"渔场"，鱼群密集出现的时间称为"渔汛"。根据洄游的不同目的，鱼类洄游可分为生殖洄游、索饵洄游和越冬洄游三类。生殖洄游又称产卵洄游，是从越冬场或鱼苗场向产卵场迁徙；索饵洄游又称育肥洄游，是从产卵场或越冬场向索饵场迁移；越冬洄游又称适温洄游，是成鱼和幼鱼从育肥场向越冬场进行的迁移，通常向水温逐步上升的方向迁移。

（4）共享性

海洋生物资源的流动性决定了资源分布的广泛性，也决定了小到一个区域、大到一个国家，甚至几个国家，乃至世界范围的共享性。共享性是由海洋生物资源的流动性决定的，也是其最重要的特征，即具备物品的公共属性。由于海洋生物资源具有洄游性和流动性，经常在多个管辖区或在管辖区之间迁徙、洄游。这是一种典型的共享性资源，在国家或国际未加管辖之前，某一海域中蕴藏的海洋生物资源不属于任何个人或集团所有，不仅人人都可以自由利用它，而且还无权排斥他人利用，渔业资源的产权往往是在被渔民捕获时才确定。

9.6.2　海洋生物资源退化因素

在长期海洋生物资源开发利用的进程中，沿海渔民不顾长远利益，在早期使用了大量破坏性渔具，如底拖网、多重刺网等进行捕捞作业，导致大面积海洋游泳动物的产卵场、索饵场及洄游通道被破坏，在捕捞时对鱼类的质量、种类、大小也不进行筛选，许多尚未成熟的鱼苗被一网打尽，致使种群数量和生长能力大幅降低，大部分海洋生物资源进入衰退状态，一些珍贵的物种如大黄鱼、小黄鱼、鲌鱼、梭鱼已接近灭绝。现在我国沿海近岸海域所剩海洋生物大多是处在食物链下游、生命周期较短的种类，低质化、小型化严重。同时，尽管天然海洋生物资源正在被人工资源供给所替代，但由于受到养殖人员技术、素质、经济条件等制约，加之缺乏政府科学规划与恰当管理，适宜进行海洋生物养殖的海域大多超载严重，养殖密度过大且施用药品过多，不仅没有提高生产效率，反而引发了更为严重的面源污染和海洋生境损害，加剧了海洋生物资源的持续、健康、高质量供给的困境。

（1）过度捕捞

海洋生物种群的生息繁衍遵循着固定的生命周期，只有在不超过种群承载阈值，确定恰当的渔获数量和时间，形成生物繁殖与利用的良性循环情况下，才可实现海洋生物资源源源不断地供应。在一定时间内对某一海洋鱼类的捕捞量超过了该鱼类种群自然繁殖的能力，会导致该种群自然增长量的急剧下滑，进而会使该鱼类种群数量的下降，引起资源衰退。例如被称为我国四大渔场的渤海渔场、吕四渔场、舟山渔场、北海渔场，多年来以盛产黄鱼、墨鱼、带鱼而著称，但现在除了墨鱼外，其他品种已经面临绝迹。

过度捕捞不仅使我国海洋渔业资源急剧下降，也导致海洋生物多样性日益减少。大规模、有针对性、先进的捕捞方式，对目标鱼类的生活习性有确切的了解，在这些目标鱼类的分布区域和洄游路线上实施集中捕捞，渔获量极大，但也会使目标鱼类数量急剧减少，久而久之该目标鱼类资源将会逐渐枯竭。这些海洋生物系统中价值高、个体大的种类被过度捕捞后，渔民的捕捞目标就会转向一些价值较低物种，依此规律，逐渐循环，最终会导致整个海洋生态系统呈现出系列性退化。生物多样性的降低直接影响海岸生态系统的稳定，对海洋渔业资源的过度捕捞必然会导致海洋环境的恶化、海洋渔业资源的衰退，也会加快物种的灭亡速度，最终导致海洋生态系统的崩塌。

尽管经过了数次转产转业，中国依靠捕捞渔业生存的渔民仍不在少数，海洋捕捞船只尚留有 30 万艘之多，依然是世界上渔船数量最多的国家，且其中近岸渔船多、远洋渔船少，旧渔船多、新渔船少，基本渔业装备十分落后，捕捞加工方式破坏性严重。持续增加的渔船数量，完全抵消了休渔期和人工增放鱼苗的保护措施。中国部分渔场在三个月的休渔期后，往往出现一天就把鱼捞绝捞净的现象。自然资源部第三海洋研究所曾在广东做过调研：全国著名的广东渔场在实施了三个月的休渔期后，虽然已经看到渔场的鱼群数量得到一定恢复，但休渔期一过，三天之内鱼群就被捕捞一空。

与此同时，炸鱼、毒鱼、电鱼、底层拖网、深海刺钓等捕捞方式不仅损伤生物幼苗，而且也极大地破坏了海洋生物繁衍栖息的物质环境，经过几十年的过度、破坏性捕捞，我国近海海洋生物资源急剧衰退，多数经济和营养价值较高的鱼类已无法形成大规模鱼汛，曾经盛产的野生大黄鱼、小黄鱼、带鱼、墨鱼等近乎绝迹。虽然渔业部门规定，渔民出海捕鱼应用直径超过 39 mm 的渔网，但渔民捕鱼时普遍使用的都是直径不足 10 mm 的渔网。这种渔网被称为"扫地穷""绝户网"，它不仅网孔极小，入水后还会越沉越深，形成一条直线，像扫帚一般随着渔船的移动而"扫荡"所经过的海域，可将 2~3 cm 长的小鱼全都捞上来。同时，由于捕捞技术低下，浪费性捕捞行为以及大量渔获副产品也使得诸多濒危海洋物种因误捕而更加稀少。据专家估算，中国近海渔场渔业资源每年可捕捞量大约仅为 8×10^6 t。长期巨大的捕捞量是通过捕捞幼鱼资源和营养层级低的劣质鱼种实现的，这种捕捞已导致渔业生态系统出现难以逆转的严重退化，即不但将具有较大经济价值的鱼种捕捞一空，甚至将经济价值不高的鱼种也过量捕捞。而这些经济价值较低的鱼种只能作为饲料使用，但获得这些廉价饲料的代价却是整个近海海洋食物链的彻底破坏和瓦解。

（2）生境丧失

不断加剧的近岸围填海工程、海岸带交通等建设工程、港口航道疏浚活动、陆源污染物排放、海上石油泄漏事件等，轻则使近岸海洋生物的栖息规律受到干扰，重则使海洋生物栖息环境完全丧失。

1）生活垃圾和工业污染。生活垃圾中的生活污水被排放到海水中，其中含有大量的氮、磷，会导致海水富营养化，使得海洋中的浮游生物数量增加。生活垃圾的排放改变了海洋生态环境中的生物结构，直接导致其他鱼类的生息和繁衍场所的消失，破坏海洋生态环境。工业污染给海洋带来的危害则更为严重，工业污染中的重金属以及石油类的污染物及其他有毒物质排放到海洋中，将直接破坏海洋环境，导致鱼类的异变甚至死亡。工业污染不仅给海洋鱼类带来影响，人们食用了带有化学物质的鱼类，也会对人体健康产生极大的危害。

2）海水养殖业。海水养殖的污染物包括未食用的饵料、排泄物、化学药品、悬浮颗粒物及有机物，其中最重要的影响是氮元素的输出。氮、磷元素以及其他元素会使海水富营养化严重，最终导致"赤潮"现象的发生，导致海洋渔业资源严重退化。

3）海洋、海岸工程。随着现代高新技术的发展，海上人工岛、海上工厂、海上城市、海上道路、海上桥梁、海上机场、海上油库、海底隧道、海底通信和电力电缆、海底输油气管道、围海造地、海洋公园以及海洋倾废区等建设活动纷纷开展，各种污染物进入海洋环境，对海洋环境的完整性和状态造成了破坏，给海洋生物的生存和繁衍带来了巨大影响。由于人类各种活动导致的生态系统破坏，海洋生境丧失和破碎化已经到了无以复加的程度，海洋生物资源遭到毁灭性破坏。例如，围垦会使一些海区固有的海洋生物失去生存空间，失去产卵场和索饵场，导致海洋生物多样性下降，海洋生物食物链环节缺失；围垦会改变海域的海流等水文特征，导致底质结构的变化，会改变水流的方向，阻塞鱼类的洄游通道，对鱼、虾、贝类的产卵场造成严重的破坏，进而影响这些种群的数量。

（3）物种入侵

伴随着海洋运输业、海洋旅游业等对外交流活动的迅速发展，海水养殖物种的引入与传播也愈加频繁，越来越多的外来物种开始在我国海域养殖、繁育。通常而言，具有强生命力、高繁殖率、高传播力、高竞争力且生态位较宽的海洋生物容易形成入侵。而如果原有海洋生态系统自然控制机制缺乏、生态位空缺、物种多样性较低、生境相对简单，气候温暖，特别是人为干扰严重，就更容易遭受外来物种的入侵。事实上，任何海洋物种入侵事件的发生，都是外来海洋生物与当地海洋生态系统共同作用的结果。外来海洋物种通过竞争或占据原有物种生态位，排挤当地物种；或与当地物种竞争食物；或分泌化学物质，抑制其他物种生长；或直接扼杀当地物种。由此使当地物种类型和数量大批减少，甚至导致物种濒危、灭绝。由于当地物种结构发生变化，外来海洋物种可形成单优群落，海洋生物群落的改变会相应地引起海洋生态过程的改变，包括物质、能量循环周期被更改，某些资源被加速消耗，海洋贫瘠化过程加快等。最后，导致海洋生态系统的简化或退化，破坏原有的自然景观和资源形态。外来海洋物种一旦形成入侵，所引发的生态乃至经济损害是多方面的，如地区及国家收入的减少，控制费用的上升，以及由于海洋生态系统被破坏，人类经济活动受到妨碍而导致的资源经济价值降低等。例如，我国引进的互花米草等海洋生物，引发了大面积的蔓延，导致当地渔业遭受了严重损失；我国21世纪初期，浙江附近海域出现了新物种"绿子虾"，而后呈现出全国蔓延的趋势，导致养殖白虾的大规模下降，对海洋生态系统造成了严重的破坏。外来物种的入侵对我国海洋环境及生态系统的破坏不容忽视，是导致我国海洋渔业资源退化的重要原因之一。

9.6.3 海洋生物资源恢复措施

9.6.3.1 渔业捕捞管理

渔业资源是海洋生物资源中人类从海洋中索取，发展海洋经济的主要部分。保护海洋生物资源和海洋环境，要从海洋渔业资源的保护做起。我国目前渔业捕捞强度居高不下，渔业资源严重衰退，捕捞生产效益下降。为了保护渔业资源，促进渔业生态环境恢复，捕捞准入制度应运而生，后期又出现了禁渔、休渔制度，总量控制制度，个体捕捞限额管理制度，个体可转让配额制度等。通过这些制度的实施，渔业资源获得一定程度的恢复。

（1）捕捞许可证制度

过度捕捞导致了渔获物小型化、低龄化、低质化等一系列渔业资源衰退问题，因此要严格限制捕捞量，使捕捞量降低到可维持渔业生产的良好水平。首先，建立捕捞许可证制度是保护和恢复海洋渔业资源最重要的措施。《中华人民共和国渔业法》《渔业捕捞许可管理规定》明确规定对捕捞业实行捕捞许可制度。《渔业捕捞许可管理规定》对获得捕捞许可证的条件以及对许可证的管理做出了细致的规定，详细规定了捕捞许可证必须明确核定许可的作业类型、场所、时限、渔具数量及规格、捕捞品种等，并明确提出了渔船的数量及其主机功率数值、网具或其他渔具的数量的最高限额。其次，我国实行的是"一船一证"制度，捕捞许可证与渔船直接对应，渔船所有人作为捕捞许可证申请人，当其申请获批后成为持证人，并且持证人不得买卖、出租和转让捕捞许可证，不得涂改、伪造、变造。同时，对捕捞许可证的审批部门做了相应规定：与中国协定的共同渔区或者公海从事捕捞作业的捕捞许可证，由国务院渔业行政主管部门批准发放；海洋大型拖网、围网作业的捕捞许可证，由省（自治区、直辖市）人民政府渔业行政主管部门批准发放；其他作业的捕捞许可证，由县级以上地方人民政府渔业行政主管部门批准发放。

建立捕捞许可证制度的前提，是建立健全渔业资源调查和评估体系、捕捞限额分配体系和监督管理体系，通过系统全面的科学调查数据，计算、评估海区、渔业种群或鱼种的渔业资源总量，评估最大可持续捕捞量。根据可捕捞量确定可捕捞鱼类，进一步确定一定时期内海区及单船渔获量的限额。根据渔获量限额，制定捕捞配额制度，把捕捞配额分配给渔业单位、公司、团体、渔民，并发放捕捞许可证。

由于捕捞许可证仅限制海洋捕捞业的渔船数量、主机功率、作业类型等少数要素，没有限制捕捞数量，因此无法控制已经入渔的渔民的过度投资和过度捕捞。同时由于监管成本较高，逃避监管的"三无"或"三证不齐"的渔船大量存在，导致捕捞许可证制度并未取得理想的效果。

（2）"双控""双转"制度

为解决渔业资源和捕捞强度之间的矛盾，1981 年国务院批转农牧渔业部《关于近海捕捞机动渔船控制指标的意见》，要求对近海捕捞机动渔船实行有效控制，对沿海省、市的捕捞渔船数和功率指标数进行核定，由此出台了控制捕捞渔船数和渔船功率数的行政措施，简称"双控"制度。捕捞渔船的"双控"制度是对海洋捕捞渔船数量和功率总量进行控制管理。我国从 1987 年开始加强了捕捞渔船总数和主机总功率数控制，实施了海洋捕捞渔船"零增长""负增长"政策。总体来看，"双控"制度实施后，我国渔船数量增长趋缓和渔船总数保持总体稳定，初步遏制了海洋捕捞渔船快速增长的态势，缓解了海洋资源压力。同时，随着科学技术水平的不断提高，渔船自动化、机械化水平不断提高，呈现大型化、大功率化趋势，渔船功率随着捕捞技术与能力的不断提高而增加，渔船的总功率仍在不断上涨，这与"双控"目标仍有距离。

海洋捕捞渔民转产转业政策主要是通过渔船报废拆解和渔民弃捕上岸来减少捕捞从业人数和降低捕捞强度，实现对海洋渔业资源的可持续利用。具体来说，这一政策是包括渔船报废拆解补助政策、渔民培训补助政策、渔民税费减免政策和渔民转产转业项目补助政策等在内的一系列政策集合。"双转"政策在实施之初取得了阶段性成果，淘汰了大量木质渔船和老化的钢质渔船。但随着政策的深入开展，逐渐遭到渔民的反对，主要争议在于渔船报废拆解补助资金低、难以转产和渔民缺乏就业技能与社会保障难以转业，最后甚至又回流到海洋捕捞业的"怪现象"。

（3）禁渔制度

禁渔制度是渔业资源保护的重要途径，它是根据渔业资源的休养生息规律和开发利用状况，划定一定范围的禁渔区、保护区、休渔区，规定禁渔期、休渔期，确定禁止使用的渔具渔法的一系列措施和规章制度的总称。禁渔期和禁渔区制度直接对捕捞单元的作业时间和空间予以限定，此类措施往往用于保护种群或群落的一部分，例如产卵成鱼和幼鱼。休渔期一般是在伏季，而禁渔区则常年不允许捕捞，主要是指繁殖场或越冬场等。2020年1月，农业农村部发布《长江十年禁渔计划》，长江干流和重要支流除水生生物自然保护区和水产种质资源保护区以外的天然水域，最迟自2021年1月1日0时起实行暂定为期10年的常年禁捕，期间禁止天然渔业资源的生产性捕捞。我国自1995年开始在东海、黄海、渤海海域实行全面伏季休渔制度，至1999年推广至我国全部管辖海域。几大海域具体休渔时间长短各不相同，但主要集中在5—9月。2021年2月，《农业农村部关于调整海洋伏季休渔制度的通告》下发，将休渔海域限定为渤海、黄海、东海及北纬12°以北的南海（含北部湾）海域；休渔作业类型限定为除钓具外的所有作业类型，以及为捕捞渔船配套服务的捕捞辅助船；海洋伏季休渔开始时间统一为5月1日12时，休渔结束时间各海区有所差异。伏季休渔制度的实行，为我国近海鱼类生长繁育提供了时间和空间条件，有效地保护和改善了海洋生态环境，使海洋渔业资源得到休养生息，对渔业资源养护和渔获量增加的作用明显，是目前实施效果较好的一项政策。在资源养护、海域生态保护、降低成本、提高保护意识等方面取得一定的生态、经济和社会效益。首先，有效缓解了渔业资源衰退。伏季正是多数经济鱼类的孵化期，在休渔期内产卵场和幼鱼得到保护，幼鱼有足够的生长时间，幼鱼的数量和质量都有明显提高。其次，休渔禁止拖网作业，减少了人为因素对海域生态环境的破坏。海底水域在休渔期内得到一定程度的缓解。最后，渔民在休渔期内停止入海捕捞，缩短生产时间从而减少了渔需物资的消耗，降低了捕捞成本。但是，伏季休渔仍是治标不治本的政策，不可能从根本上解决海洋渔业的所有问题。休渔结束后经过休整后的渔船形成新一轮更强大的捕捞高峰，为获得最大的经济效益，又开始了竞争性捕捞，伏季休渔的成果很快又消耗殆尽。

（4）最小网目尺寸制度

为了控制海洋捕捞强度，保护和合理利用渔业资源，农业部决定自 2004 年 7 月 1 日起全面实施海洋捕捞网具最小网目尺寸制度，禁止使用低于最小网目尺寸标准的网具从事渔业生产（表 9-2）。

表 9-2 拖网、流刺网、有翼张网最小网目尺寸国家标准或行业标准

网具名称	最小网目尺寸（mm）	适用范围		备 注
		海 域	主捕品种	
拖网网囊	54	东海、黄海	全部	国家标准
	39	南海（含北部湾）	全部	
流刺网	137	东海、黄海、渤海	银鲳	行业标准
	90	东海、黄海	鳓鱼	
	90	东海、黄海、渤海	蓝点马鲛	
有翼张网网囊	50	东海	带鱼	行业标准

9.6.3.2 增殖放流

增殖放流是指天然苗种在人工条件下培育后，释放到渔业资源出现衰退的天然水域中，使其自然种群得到恢复，再进行合理捕捞的渔业方式。海洋中的增殖放流是指通过水生生物增殖放流，补偿工程建设或捕捞活动对潮间带贝类、鱼卵仔鱼、底栖生物的损害，增加海域海洋渔业资源数量，改善生物种群结构，稳定渔业生产，服务于渔业资源保护和渔民增收。增殖放流分为苗种繁育、放流前的调查分析和实施放流三个阶段。苗种繁育过程中，所用的亲本或者种苗必须经过检验检疫，确保健康无病害，无禁用药物残留。在增殖放流以前，需做好本底调查，摸清放流海域水环境、渔业资源和生物环境现状。在实施放流的过程中应注意不同种类的合理搭配，同时要考虑苗种密度和大小的确定，苗种的规格直接影响增殖成效。增殖放流是世界上公认的行之有效的恢复渔业资源的措施。我国传统上重要经济鱼

类的补充基本上依赖于增殖放流。为贯彻实施《中国水生生物资源养护行动纲要》（国发〔2006〕9号），我国各地纷纷开展增殖放流工作，主要的放流品种有大黄鱼、刺参、牙鲆、梭子蟹、中国对虾、海蜇、牙鲆、半滑舌鳎、黑鲷、黄姑鱼、鲍、魁蚶等。

（1）增殖放流类型

第一种类型为生态修复型放流，其主要功能是修复和补偿由于人类活动造成环境变化所带来的资源损失，其修复性主要体现在生态方面，如丰富水域生态系统、净化水质、优化水域环境、增加水生生物种群数量等。实施生态修复型增殖放流的前提是栖息地可选择，环境适应性和承载力适合，自然增殖受到限制，一般选择土著种和近缘种作为增殖放流对象。

第二种类型为资源增殖型放流，是水域中有一定鱼类数量存在，但所在水体的生产潜力并未得到完全开放或者该种群规模不足以维持种群的可持续发展。一般在非人工水域内有计划地投放经济价值较高的水生生物幼体或受精卵，使其在天然水域中自然成长，扩充相关水生生物的种群数量，长到成年体长后有效满足人民群众不断增长的优质、丰富水产品的需求。资源增殖型放流的主要目的是补充由于过度捕捞带来的资源损失，前提条件是自然增殖受限，栖息地资源数量小于承载力，野生和增殖种群能共存，不产生负影响，一般以土著种作为增殖放流对象。

第三种类型为改变生态结构型放流，是将某种鱼类引入新的水域或是在已进行渔业生产的水域中放养新品种，使其达到一定的种群数量规模。其主要目的是完善水域生态系统结构，提高水域开发利用率，前提是物种能够适应新的环境，已存在的资源量小于环境的生态容量，一般选择外来种作为增殖放流对象。

（2）增殖放流原则

根据国务院发布的《中国水生生物资源养护行动纲要》，人工增殖放流品种的选择坚持以下原则。

"生物多样性"原则：保护生物多样性的最基本途径是就地保护自然生境，在物种的自然环境中维持一个可生存种群。选择本地的鱼、虾、蟹、贝等多品种实施放流。

"生物安全"原则：放流品种必须是在本海域自然生长，或者该品种是本海域的优势种或常见种，不会对其他种类带来伤害，且是子一代或子二代苗种。

"技术可行"原则：放流品种在人工增殖放流技术上是可行的，单品种放流数量应具有一定的规模，利于形成群体优势，提高放流效果。

"注重修复生态、兼顾效益"原则：人工增殖放流重在修复海洋的生态功能，兼顾经济和社会效益，应优先选择生态系统中资源严重衰退和生态群落结构中的关键品种。

（3）增殖放流计划

渔业资源增殖放流计划主要是根据历年放流情况、海区渔业资源现状、社会需求等确定放流目标种和放流数量，并从生态效益、社会效益和经济效益三个角度对增殖放流进行评价，对后续放流工作提出计划和发展目标。放流前后的现场管理主要由渔政管理部门承担。一是时间的选择，放流工作将安排在定置张网禁渔和伏季休渔期间，即 5 月中旬至 7 月上旬。二是放流前清理放流区域，并划出一定范围的临时保护区。保护区内除了国家规定禁止的作业类型及伏季休渔禁止的拖网、帆张网等作业之外，同时禁止包括沿岸、滩涂、潮间带等在内的定置作业、迷魂阵、插网、流网、笼捕作业等小型作业。三是在渔区广为宣传。通过发布公报、张贴宣传海报、发放宣传单等途径，使放流工作在渔区家喻户晓，便于放流品种的回捕、保护、管理等工作的顺利开展。

（4）增殖放流品种的选择

合理选择增殖放流种类是实施增殖放流的首要环节，是确保增殖放流效果的前提条件。放流物种应优先选择当地资源量明显减少、适宜生长、有助于生态安全的传统品种，宜采购天然水域本土苗种或省级以上原种场保育的原种，禁止向天然水域放流杂交种、转基因种、外来物种及其他种质不纯的物种。其次，应选择种苗培育技术成熟、能够进行大批量培育，而且培育成本低、生长快、经济价值高的种类。确定放流种、规格、数量后进行室内苗种的繁育，苗种供应单位必须具备良好的信誉，生产设施优良，质量管理规范，技术力量雄厚，持有《水产苗种生产许可证》。供应珍稀濒危物种的还须具有《水生野生动物驯养繁殖许可证》《水生野生动物经营利用许可证》。

（5）放流规格及数量

苗种的放流规格是影响增殖放流效果的一个重要因素，种苗的放流规格不仅与放流后的成活率及回归率有直接关系，并且与放流成本有关。放流较大规格的种苗有较高的成活率，但需要较多的放流成本。最佳的放流规格就是苗种放流到天然水体后存活率较高的最小体长，其自然死亡率（系数）接近天然水域的自然死亡率。

（6）放流种运输环境

幼鱼从育苗场运输到放流场地的过程是一个对其影响最大的过程，通常造成放流品种死亡的原因有运输时间、运输过程是否充气以及运输过程的苗种密度。在鱼苗活体运输中，为了获得更高的收益，通过提高运输密度降低运输成本。过高的密度会使鱼体产生机械性损伤，水体溶解氧不足以及过多的代谢产物会造成水质下降，虽不会造成鱼体的死亡但会对鱼体产生许多不可逆的影响。

因此，在运输保活的同时，需要保障幼鱼的各项生理机能不受影响，保证养殖的成活率，装载密度应减小。在鱼体适宜水温范围内，水温越低，对气的需求越低。机体代谢速率降低，可减少二氧化碳、氨、乳酸等物质的产生，因此一般在较低温度下进行鱼类的活体运输。

（7）增殖苗的投放

放流环境是影响放流效果的主要因素之一，尤其是影响苗种早期存活率的主要因素。增殖放流应选择野生种群的栖息地、理化和潮流条件稳定、饵料生物丰富并且敌害生物少的环境。不同的海洋生物喜好的栖息地环境有差异，放流前期要对放流目标海域开展本底调查，了解放流目标种生活习性等，投放苗种要选择适应地理环境、水文环境、生物环境和水质环境的海洋生物，投放时要检查苗种的质量、苗种的大小和苗种的数量规模。此外，放流时间的选择一般是根据放流水域饵料生物、敌害生物，生态环境和其他理化因子的综合影响来确定，不同苗种投放的季节要适应投放物种的生活习性。在一般情况下，鱼苗的投放季节选择在被投放的鱼苗与野生种群的个体大小结构相吻合时，最适于鱼苗的生长与存活。

（8）监测与评估

1）生态恢复监测。为科学评价增殖放流效果，对部分经济苗种实施标志放流。标志方法因种而异，主要分为外部标志法和内部标志法。外部标志法有挂牌法、荧光标志法、切鳍标志法、贴签标志法等，如黑鲷标志采用挂牌法，标志鱼个体规格为均重 100 g 左右的一龄鱼。内部标志法有金属线码标志法、可视化植入标志法、信号遥测标志法等。①海上调查。以放流海域定刺网、延绳钓定点监测和拖网定点调查为主。其中监测点不少于 10 个，春、夏、秋季各进行一次调查，对渔获物随机取样进行生物学测定，以分析放流种的渔获比例和生长状况。放流贝类调查采用阿氏拖网，每年春、夏、秋季各进行一次调查。②社会调查。一方面对沿海市场渔获物进行调查；另一方面在渔区进行宣传并收购标志鱼。如在当地渔政管理部门设标志鱼收集点，代为收购，并对收购的标志鱼进行详细的生物学测定和捕获时间、地点、船舶、网具、标志牌号等信息记录。

2）增殖成效评估。根据标志放流的重捕资料，计算群体生物统计量，并利用渔业资源相关的计算法推导估算标志放流回捕资料、放流前本底调查和放流后跟踪调查资料、捕捞日志登记及与渔业生产统计资源等各种调查资料对应的捕捞死亡系数，定量估算出时间序列的放流群体的残存量、回捕量、回捕率和回捕效益等，从而评估放流后不同时期的增殖放流效果。

9.6.3.3　人工鱼礁

人工鱼礁是指为保护和改善海洋生态环境、增殖渔业资源，人为地在海中设置的集鱼设施。人工鱼礁建设之初仅通过投放简单的木料和石料进而达到渔获型建礁目标，面对渔业资源量逐年下降与生态环境过度消耗的现象，人工鱼礁材料已逐渐向钢筋混凝土和钢结构发展，建设类型也向资源增殖与生态修复型延伸。为突出人工鱼礁建设的资源–生态效果，促进对人工鱼礁建设的深入理解与开展，联合国环境规划署指出人工鱼礁为具有目的性的人工建造或放置于海床上的水下结构，用于效仿天然礁石达到保护、再生、聚集和增殖海洋生物资源及促进人工鱼礁区水生栖息地生成、恢复与保护等功能。截至目前，人工鱼礁在日本、美国、韩国等国家均有投放，其作用主要体现在改善海域生态环境（生物多样性、水质等）、调整海洋生物资源（诱集、增殖、产卵和幼鱼保护等）、促进旅游和休闲活动（钓鱼、潜水、冲浪、划船等）等方面。通常将钢筋混凝土、玻璃钢、钢铁、煤渣及废旧的船体、车辆做成礁体，投放在鱼类洄游通道、鲍和海参等海珍品的增殖区以及禁渔区内。

（1）人工鱼礁类型

目前在国内，按照人工鱼礁区的主导功能，一般可分为三种建设模式，即公益型、增殖型和游钓型。

公益型单纯以修复环境为目的，利用其对大部分海洋生物的庇护功能以及溢出效应，客观上产生对生物资源的增殖效果，并不以特定的生物资源增殖为目的，如自 2002 年开始构建的连云港前三岛海域人工鱼礁区。

增殖型则是以增殖某一种或几种海洋生物为目的而构建的人工鱼礁区，例如在我国北方海域，常以海参、鲍、海胆等底栖海珍品为增殖对象的海洋牧场建设即为此种模式。

游钓型是近年来渔业与休闲旅游业结合的产物，即一些海洋牧场、近海养殖场将以生物产出为目的的渔业形态与滨海休闲旅游等第三产业结合起来共同经营，其中以山东省为代表的游钓型海洋牧场模式的构建规模最大（姜昭阳 等，2019）。

（2）人工鱼礁的设计

人工鱼礁是通过流场效应、生物效应和遮蔽效应而发挥作用的。人工鱼礁投放后，首先在其周边及内部形成上升流、加速流、滞缓流等流态，一方面可扰动底层、近底层水体，提高各水层间的垂直交换效率，形成理想的营养盐转运环境，为礁体表面附着的藻类和海洋表层水体中的浮游生物提供丰富的营养物质；另一方面还可以提供缓变的流速条件供海洋生物选择栖息，这即是流场效应。其次，礁体裸露的表面会逐渐吸附生物和沉积物，并开始生物群落的演替过程，根据条件的不同，几个月至数年后，礁体会附着大量的藻类、贝类、棘皮动物等固着和半固着生物。由于藻类的生长可以吸收大量的二氧化碳和营养盐类并释放出氧气，起到净化水质环境的作用，同时藻类又是许多草食性动物的饵料，这便是生物效应。同时，人工鱼礁的设置为鱼类建造了良好的"居室"。许多鱼类选择礁体及其附近作为暂时停留或长久栖息的地点，礁区就成了这些种类的鱼群密集区。由于有礁体作为隐蔽庇护场所，幼鱼可大大减少被凶猛鱼类捕食的厄运，从而提高了幼鱼的存活率，这就是遮蔽效应。人工鱼礁结构设计原理的这三种效应相互联系、相辅相成，是人工鱼礁发挥其诸多作用的一般过程。

1）流场效应。人工鱼礁投放后，最先改变的是鱼礁周边的流场结构。早期的水槽试验方法仅能提供定性的测量结果，研究人员对不同礁体结构所产生的流场效应仅是整体上的认识，因此在以流场效应为主要因素来设计鱼礁时，更注重某类鱼礁扰动流场，产生一定程度的流场效应，且认为复杂的结构会有更优异的效果。由此，设计、应用了很多复杂的、异体型的礁体结构。但结构的复杂性往往伴随着较高的制作成本。因此，在绝大多数实际应用场景中，优先考虑的还是制作方便和降低成本，故而鱼礁结构多采用简单化设计（图 9-15）。

框架型礁　　　　米字型礁　　　　导流板礁　　　　乱流礁　　　　上升流礁

图 9-15　框架型鱼礁（姜昭阳 等，2019）

此外，在鱼礁表面开孔，是礁体结构设计中的常规选择，但对于开孔形状和大小却一直无据可循。因此，通过计算流体力学方法，对礁体的开孔率和开孔大小进行结构优化，亦可显著提升人工鱼礁的流场效应（姜昭阳 等，2019）。

2）生物效应。人工鱼礁投放后，作为一种附着基，会逐渐附着大量生物，而附着的生物又是礁区栖息鱼类和其他大型生物的主要饵料来源。礁体表面附着生物的丰富度和多样性越高，诱集生物数量越多，种类也更加丰富。礁体上附着生物种类和数量的多寡是人工鱼礁生物效应的重要体现。因此，在礁体材料用量和质量相同的基础上，如何获得更多的可附着表面积，是人们设计鱼礁结构时重点考虑的因素之一。

伴随着底播刺参行业的发展，"造礁养参"的模式已在中国北方（辽宁、河北、山东、江苏北部）发展多年，形成的产业颇具规模。以石块礁为例，其材料本身近似天然礁石，表面积丰富，具有天然优势，堆叠投放在一起形成礁区后，生物效应非常显著，除对底播刺参有良好的增殖效果外，对该海域其他海洋生物也具有显著的聚集作用，例如岩礁性鱼类（许氏平鲉、大泷六线鱼等）、虾蟹类等，其资源量均远高于非礁区。但生物量过大也会造成生态环境的脆弱，特别是在诸如溶解氧、温度、盐度等环境因子出现极端变化形成跃层时，极易导致礁区附近生物大量死亡。2013 年、2016 年山东省烟台、威海地区礁区刺参死亡灾害过程的演变则说明了这一点。因此，在进行鱼礁结构设计时，应以岩礁性鱼类和附着生物在不同水层的行为习性为依据，从增加礁体纵向空间结构表面积的角度出发，以提升礁体的主体高度，充分利用礁体所占据空间为主旨，综合设计与优化人工鱼礁结构，使鱼礁能够吸引各水层不同种类的附着和栖息生物，从而增加礁区栖息生物的丰富度和多样性（图 9-16）。例如，采用增加鱼礁尺度、在框架型礁体内悬挂附着基等方法，可提高鱼礁内部空间的有效附着面积，在不同水层附着和聚集相应的生物种类，避免底层生物量过度集中，从而降低在礁区突发缺氧层、温跃层等环境灾害时出现大规模死亡的风险（姜昭阳 等，2019）。

图 9-16　混合功能型人工鱼礁（姜昭阳 等，2019）

3）遮蔽效应。人工鱼礁投放后，可为海洋生物提供繁衍的居所。通过研究自然海域生长鱼类对人工鱼礁的行为反应，可以找出它们之间的内在联系，从而选择更适宜鱼类聚集与栖息的鱼礁类型。目前，开展较多的是通过水槽模型试验方法来研究人工鱼礁对主要岩礁性鱼类的行为影响和诱集效果。一般来说，礁体结构形成的光影效果，是决定鱼礁聚集效果的主要因素。例如，刺参、短蛸、鲍、海胆等对礁体形状的选择主要取决于礁体空隙大小、数量及光照度；相对于藻类，岩礁性鱼类更趋向于停留在鱼礁模型中，特别是表面积大且无孔的礁体对鱼类的诱集效果较好。将实验结果中礁体结构的遮蔽效应，转化到实际鱼礁结构设计中，即可转化为阴影礁和具有藻类移植模块功能的生态型人工鱼礁（图9-17）。此类结构可通过在礁体顶面设置开孔的方式为礁体内部栖息的鱼类提供遮蔽效应，或者结合可移植藻类模块为岩礁性鱼类提供庇护场所（姜昭阳 等，2019）。

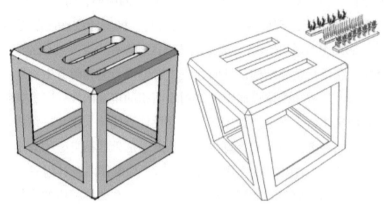

图9-17　阴影礁及藻类可移植模块（姜昭阳 等，2019）

（3）人工鱼礁选材

人工鱼礁礁体材料选择首先要符合"安全、经济、耐用、环保"的原则，制作材料要选取符合制作施工和投放要求的钢质、花岗岩石、水泥等材质。礁体的选型需考虑拟投礁海域生物种类的习性，以适应不同生物的需要。礁体的高度必须考虑投礁区的水深、底质及船舶的航行安全。不同材料制作的人工鱼礁，附着生物的种类和数量会有一定差别。因此，礁体上附着生物的种类和数量的变化也是体现人工鱼礁的饵料效应、影响人工鱼礁礁体集鱼效果的重要因素之一。

1）天然岩石。天然岩石的附着性能好，稳定性高且制作成本低，与海水环境兼容度较高，天然岩石主要采用花岗岩石材，花岗岩具有强度大、耐腐蚀、寿命长以及造价低廉等优点，但是由于可塑性差、投放工作较复杂，以及运输工程庞大，所以使用范围有一定局限性，但在北方依山较近的海域还有使用，如胶州湾和唐山祥云湾。

2）混凝土材料。混凝土材料可塑性能较好，搭配钢筋制作的钢筋混凝土构件礁为单体礁，有着强度大、构造牢固的特点，可以塑造各种形状，可根据生产需要筑造成不同的规格，对大部分海域的底质及海水环境也比较适宜，制作成本相对于钢质等材料也要低很多，对投放的技术要求也低一些，有研究表明，钢筋混凝土诱集海洋生物的效果明显高于舰船类、油气平台类等人工鱼礁。目前，混凝土材料是我国人工鱼礁工程中重要的组成部分，使用量和使用范围都比较广泛。

钢筋混凝土人工鱼礁在海水这种高含氯及波流的复杂环境中有一定的耐久性，

但仍易被破坏，这并不是因为钢筋混凝土的强度不够，而是钢筋被腐蚀了，腐蚀的主要原因是由海水中氯离子渗透并扩散到混凝土中引起的。在混凝土人工鱼礁的制作过程中，有时会掺杂一些煤灰、工业废渣、贝壳粉和其他凝胶等材料，但有研究指出，一些废弃物在海水中会有有害物质渗出，危害海水环境，所以在筑造钢筋混凝土构件礁时一般均不掺杂废弃物。在混凝土中常加入以扇贝或牡蛎壳为主的贝壳粉，由于贝壳粉的特殊构造会影响混凝土的流动性和水泥砂浆的和易性，研究表明掺入 20% 的贝壳粉的坍落度最小。

3）钢材。日本建造的人工鱼礁主要由混凝土和钢铁两种材料构成，其中钢铁材质人工鱼礁占总量的 20%。现阶段我国钢制的人工鱼礁投放量比较少，制作材料主要还是以钢筋混凝土、天然岩石块、废旧船只等为主。钢制礁体在海中的腐蚀速率以 50 m 海水深度为界限，50 m 水深内腐蚀速率是 30 年（单面）1.80 mm，水深大于 50 m 的腐蚀速率是 1.35 mm。但是钢制人工鱼礁的造价成本要比混凝土材质人工鱼礁高出很多，这可能也是我国投放量少的一个原因，而且生物附着效果不及混凝土材质的人工鱼礁。

4）废弃物材料。利用废弃的石油平台、军用设备、民用船只等废弃材料作为人工鱼礁礁体，可以使废品得到利用，且成本低。

（4）礁体的安装与投放

人工鱼礁在特定的布局和一定规模等条件下可以改变水流状态，营造出一定的流场环境，以达到诱集鱼类的效果，一般多个单礁体组成单位礁群来达到一定空方，这些单位礁群组成人工鱼礁群。单位礁群指的是由一定数量的人工鱼礁单体随机堆放或设计成某种规则堆放成具有一定效应的最小鱼礁单位，每个单位鱼礁都能够形成这一海域局部相对独立的人工生态系统。大量投放船型礁需要对海区水文条件和海底情况有透彻的了解，然后根据水流情况等进行独特投放布局设计，以避免船礁产生上升流和背涡流"冲淤"该海区海底地形带来的不利影响。

人工鱼礁在抛投时，人们往往利用全球定位系统定位和施工人员目测的方法来实施，这样一来，就会受到海况、全球定位系统精准度和施工人员的投礁技术等因素的影响，使礁体投放位置与最初设计产生误差。在这些因素当中，人工鱼礁抛投技术所带来的误差是最重要的影响因素。人工鱼礁投放过于分散对鱼类刺激作用就会减弱，投放过于密集又会使单位礁群有效面积相对减小，影响单位礁群的海水通透性以及达不到预期的规模效应，不同的组合配置模式产生的效应也会有所不同。人工鱼礁的构建是一个系统的复杂的过程，包括礁体材料的选择与制作、抛投海域的选择以及人工鱼礁的管理和维护等几个方面，每个方面都与实现人工鱼礁的功能相关。迄今为止，还没有研究表明哪些人工鱼礁抛投是非常精确的，这个技术障碍不仅在我国存在，在发达国家亦是如此，而且也没有统一的人工鱼礁抛投技术评价标准来衡量人工鱼礁抛投的精确度和合理性。

就目前而言，我国对人工鱼礁抛投的要求是固定投礁工程团队、固定施工船只，最大程度减小人为因素导致的抛投误差。

9.6.3.4 海洋牧场

海洋牧场是指在一个特定的海域内，建设适应水产资源生态的人工栖息场所，采用增殖放流、移植放流的方法将生物苗种经过中间育成或人工驯化后放入海洋，利用海洋自然生产力进行育成，并建立一整套系统化的渔业设施及管理手段，通过鱼群控制技术和环境检测技术进行科学管理以增大资源量，改善渔业结构的一种系统工程和未来型渔业模式，即建立有计划、有目的的海上放养鱼虾贝类的大型人工渔场。随着科技的进步和发展方式的改变，又提出了"智慧海洋牧场"概念，是指在海洋牧场建设中引入物联网、传感、云计算等新技术，在运行中高度智能化、数字化、网络化和可视化，从而具有更高生产效率、环境亲和度和抗风险能力的新型海洋牧场。这是世界各国寻求解决海洋困境的新途径，受到了各渔业大国的重视。

（1）海洋牧场的目的

海洋牧场的建设是为了改善日益枯竭的海洋渔业资源现状，其目的大致分为三种：生态目的、社会目的和经济目的。

1）生态目的。海洋牧场通过人工鱼礁的投放，为海洋生物提供了适宜的生存环境和较为安全的繁衍居所，可以有效地增加海洋生物的多样性，促进海洋渔业增殖，改善渔业资源趋向枯竭的劣势；通过人工增殖海草和藻类等海洋植物，可以起到净化水质、提高海水溶氧量、防止污染、养护和改善海洋生态环境、修复海域生境系统的作用。

2）社会目的。在耕地面积不断减少，人类面临粮食供需失衡和价格波动影响的今天，海洋牧场可以为人类提供优质的动物蛋白。据估算，到 2030 年全世界50% 以上的食物供给将来自动物蛋白，所以发展海洋牧场改善居民膳食结构，提供优质的海水产品成为今天的迫切需求。海洋牧场建设可以带动"失海"居民再就业，提供就业岗位，稳定社会发展。海洋牧场的建设可以带动一系列相关产业的发展，延伸产业链条，从海洋牧场一点出发，形成一条线、一张网，提供大量就业岗位，带动社会就业。

3）经济目的。海洋牧场的建设可以转变渔业发展方式，促进渔业转型升级。在近海渔业资源逐渐枯竭的背景下，海洋牧场可以实现渔业的增产增殖，促进渔业的可持续发展，同时还可以拉动水产加工业、休闲渔业的发展，延伸产业链条，转变渔业发展方式，注重质量和效益，促进我国海洋渔业转型升级和持续健康发展。海洋牧场建设还可以发展海洋经济，推动海洋强国建设。海洋牧场在海洋渔业领域极具优势，并拥有广阔的发展前景，当代海洋牧场集生态养护、渔业增殖、观光旅游、休闲海钓、餐饮娱乐于一体，各种功能有机结合，充分带动区域内产业经济发展，增加就业，成为海洋经济新的有力的增长极，海洋牧场以其带来的巨大经济效益和生态效益推动了国家海洋经济的发展，助力海洋强国建设。

（2）海洋牧场分类

我国海洋牧场经过多年的建设和发展，根据规模、用途、建设区域及投资主体的不同划分为各种类型的海洋牧场。

按建设规模划分。海洋牧场按照建设规模划分，可分为大型海洋牧场、中型海洋牧场和小型海洋牧场。小型海洋牧场一般面积不超过 50 hm^2，初次投资金额小于 1 000 万元，一般由中小型海洋牧场经营公司运营；中型海洋牧场投资和面积介于大型海洋牧场和小型海洋牧场之间，面积一般为 50~100 hm^2，投资在 2 000 万元左右；大型海洋牧场面积一般超过 100 hm^2，投资金额大于 4 000 万元。

按投资主体划分。海洋牧场按照投资主体划分，可分为公益型海洋牧场和经营型海洋牧场。①公益型海洋牧场一般由政府出资建设，出于公益角度以修复海洋生态、净化水质、养护海洋生物多样性。②经营型海洋牧场一般由社会企业出资建设，以盈利为目的，主要靠增殖放流、人工鱼礁建设来实现海水养殖增产，创造经济收益。

按功能用途划分。海洋牧场按照功能用途划分，可分为养殖型海洋牧场、生态型海洋牧场、旅游型海洋牧场和综合型海洋牧场。

1）养殖型海洋牧场主要以渔业增殖、恢复渔业资源为主要目标，通过搭建人工鱼礁、增殖放流实现在近海"养鱼"的目的，牧场主要养殖海参、海螺、牡蛎、鲍、扇贝等各类海产品。养殖型海洋牧场大多出现在北方，通常规划在近海海域，一方面，北方沿岸近海海域拥有适宜海参等海珍品的生存环境；另一方面，各类产出的海珍品可及时供应给陆上各大城市。20 世纪 80 年代，我国从日本引进了虾夷扇贝的繁育、增殖、养殖技术，并取得了成功，随后开始在獐子岛进行海洋牧场建设。2010 年，獐子岛南部投放了 0.8 m×0.8 m×0.8 m 和 1.4 m×1.4 m×1.4 m 混凝土框架式立体人工鱼礁约 9 000 个，2012 年投放 2.7 t 礁体 4 万个，建成了小型人工鱼礁群，藻类、鱼类得以增加和恢复，同时带动了休闲渔业的发展。为了取得更大的经济效益，獐子岛海洋牧场设计了底层养殖珍品、中层养贝、上层培育海藻的三层生态养殖方式。这种立体循环的生态养殖方式，使海域内的废弃物循环再利用，最大程度地减少废弃物的产生，利于水体的净化和海域环境水平的提高。獐子岛海洋牧场建设通过绘制牧场电子地图，建立"智能管理"系统，对生产管理状况实行数据化、信息化管理。科学规划海底养殖区，把海底养殖区划分成藻类养殖、人工鱼礁、苗种暂养、底播增殖等区域。獐子岛海洋牧场的发展选择了"集约化＋股份制"管理模式，形成了独特的"耕海万顷、养海万年"的海洋文化，实现了从"靠海养人"到"靠人养海"的转变。

2）生态型海洋牧场以修复和保护海洋生态环境为主要目的。通常建在经济发展过快、海洋环境恶化、海底荒漠化较为严重的南方海域，以鱼类养殖为主，减少了人为因素对海洋牧场的影响，有利于海底植被的恢复，达到净化水质，养护和修复海洋生态的作用。大亚湾是我国紫海胆的重要分布区，为了保护紫海胆资源，大亚湾海洋牧场对优质亲体进行催产、促熟、培育和孵化等相关研究，培育出 8.6 万粒平均壳径 5 mm 的幼海胆，保护了紫海胆的资源，促进了大亚湾海洋牧场生态的平衡发展。黑鲷是大亚湾海洋牧场养殖的优良品种。黑鲷标志放流技术，就是对选取的天然黑鲷苗进行中间培育后挂标志牌，然后进行放流，这样可以增加和恢复逐渐衰退的黑鲷资源。

3）旅游型海洋牧场以海洋旅游、休闲观光等第三产业为主要经营模式，即利用海洋牧场优越的海洋景观，发展集海钓、捕鱼、餐饮、休闲观光于一体的休闲渔业，实现旅游资源的再开发。如舟山白沙岛海洋牧场，依托优越的海洋环境和丰富的渔业资源发展海洋旅游业，成立海钓俱乐部，举办国际海钓大赛，吸引国内外无数海钓爱好者，为当地旅游服务业带来巨大增收，也实现了海洋牧场收益的增长。

4）综合型海洋牧场一般集两种或多种功能于一体，拥有渔业资源养护、海洋生态环境修复、海上观光旅游等多种综合性功能，是我国未来海洋牧场建设的主要选择类型。

（3）海洋牧场建设

我国海洋牧场建设起步于 20 世纪 70 年代，先后经历了渔业资源增殖放流、人工鱼礁投放和海洋牧场系统化建设等发展阶段，并不断融入良种繁育、海藻场生境构建、设施与工程装备、高端水产品生产等关键技术，综合水平不断提高。

1）生物生境的建设。海洋牧场生物生境的建设是指通过对海洋生态环境的建设、改造以及调控，通过人工鱼礁建设以及海藻移植建设等方式进行环境改造，做好生境的修复与改善工作，最终实现改善生境的目的。目前，承载海洋牧场的装备主要包括海洋牧场平台、深海养殖工船、深海养殖网箱等。

海洋牧场平台

海洋牧场平台是指在海洋牧场区域内设置的，用于开展海洋牧场生态环境监测、海上管护、牧渔体验、生态观光、安全救助等工作的设施，主体甲板面积在

200 m² 以上。平台分类按其停泊方式划分为固定式海上平台和浮动式海上平台；按主体结构材质分为钢制材料平台、玻璃钢材料平台、复合材料平台等；按布设区域分为近海平台和沿海平台两类，近海平台航行、作业区域距岸或庇护地不超过 30 n mile，沿海平台航行、作业区域距岸或庇护地不超过 12 n mile；其中，海洋牧场牧渔体验、生态观光平台距岸不得超过 3 000 m。

海洋牧场平台是国内发展较早的海洋牧场装备。2017 年，山东省颁布了《海洋牧场建设规范》地方标准，为海洋牧场建设提供相关技术保障。此后，在总结海洋牧场平台发展经验的基础上，山东省还出台了《玻璃钢驳船式海洋牧场平台建造技术规范》和《钢质可移动式海洋牧场平台建造技术规范》两项海洋牧场平台地方标准，助力海洋牧场平台的设计、建设实现标准化、规范化。

深海养殖工船

深海养殖工船就是将大舱容散装固体运输船改装成游弋式养殖工船，它的主要功能是构成活鱼暂养和运输主体，结合移动式软网箱，围网鱼苗、鱼种船，饵料船等附属作业船，形成捕—养—运相结合"游弋式"远海渔场。2017 年，我国第一艘冷水团养殖科研示范工船"鲁岚渔养 61699"号在日照正式交付。该船总吨位为 3 000 t，船长 86 m、型宽 18 m，具有深层测温智能取水与交换、饲料仓储与自动投喂、舱养水质环境监控以及养殖鱼类行为监测等功能。

深海养殖网箱

目前，国家相关管理部门制定了限制近海网箱养殖，扶持鼓励深海养殖的政策，该政策的实施，对拓展养殖海域、减轻环境压力、保护调节海洋养殖品种结构、促进科学深海养殖有着重要的意义。

深远海网箱平台是利用框架、网衣和锚固等相关设备，设计并建造出能够抵抗强大风浪且具备各种形状的箱体，是现阶段唯一能够在开放式离岸海域进行养殖的一种新式的、先进的设备。深远海网箱养殖相对于传统的网箱养殖方式而言，具备在水域较深、流速较大海域作业的能力，还具备水体交换便捷、箱体容积大以及抗风浪能力强等优点。深海网箱是以金属框架为主体，由框架系统、网衣系统、锚泊系统三大主要部分组成。

框架系统作为深海网箱重要的组成部分有两大主要作用：一是保持整个网箱的结构形状，确保维持一定养殖海产品的体积；二是抵抗波浪的冲击，使网箱保持完整的结构形状，确保网箱具有合格的强度。

网衣系统也是深海网箱一个很重要的系统，网衣的作用是保持养殖水体的质量，提供养殖鱼类和其他海洋生物的生存空间，保护它们不被其他海洋生物捕食，同样也为了防止其外逃。网衣的制作一般使用聚乙烯或者尼龙材料。

锚泊系统的作用是为了抵抗风浪，实现网箱在目标海域的稳固，不漂走。

近20年来，以挪威为代表的大型深海网箱养殖在世界各地得到迅速而持续的发展，并取得了显著的成效，被认为是目前海水养殖最成功的典范。挪威比较具备代表性的网箱有钢材料构成的板架式网箱、聚乙烯圆形重力式的网箱以及张力腿网箱等。挪威的"Ocean Farm 1"网箱由武昌船舶重工集团有限公司建造，它的外部轮廓为圆形、直径达到110 m、高度为69 m；整个网箱重量是7 700 t、水体容量为$2.5 \times 10^5 \, m^3$；整个网箱配备了大约2万个传感器、100多个监控设施和养殖物所需光源；还拥有最智能的三文鱼养殖系统，一次性可养殖三文鱼多达150万尾；整个网箱利用8根缆索连接到海底进行固定，能够抵抗12级台风。"深蓝1号"深远海三文鱼养殖网箱是位于日照市以东130 n mile黄海冷水团的八角网箱，网箱周长180 m，高38 m，重约1 400 t，有效养殖水深30 m，直径60.44 m。整个养殖水体约$5 \times 10^4 \, m^3$，相当于40个标准游泳池；网衣面积接近2个足球场大小，设计年养鱼产量1 500 t，可以同时养殖30万尾三文鱼。

2）苗种的培育和种苗的驯化。种苗的培育是通过天然培育和人工培育两种方式结合进行的，这样的培育方式能够有效提升种苗的质量，同时也能够使种苗进行规模化生产。种苗在放流之前需要经过驯化处理，同时需要选择适合其生长的海产品进行繁殖。在种类的选择上，一般会选择具有较高价值的海产品，例如海参、鲍以及真鲷等。

3）生物和环境监测能力。生物和环境监测主要是对生物资源多样性以及生态环境适宜程度的检测。因为在海洋牧场选址时对环境质量有很高的要求，开展海域环境监测工作能够有效保障海洋资源的可持续发展。从目前的发展现状来看，对海洋生物资源进行监测难度相对较大，还缺乏成熟的监测技术。

4）运营管理能力。海洋牧场的建设工程量非常大，并且在建设完成之后的管理运营方面也有较大的工作量，同时运作过程非常复杂。在运营当中，有专门的项目建设和组织运营管理，也有负责海洋牧场的管理，这两类管理都会涉及多个部门之间的协调运行，并且在整个运营的过程中，需要有效管理好海洋牧场和周围利益相关者的利益分配。

5）相关配套技术。海洋牧场在建设的过程中，会涉及多个方面的技术研究与技术应用，这其中就包括海洋工程技术、种苗培育技术、环境监测以及修复技术等，每项技术都必须重视。目前，各国都在整合各种高新技术，构建海上牧场远程监控信息服务平台，利用物联网、大数据、移动互联网等新一代信息技术，通过物联网感知设备实现对养殖场周边环境及工作状态的全方位数据采集，对海量感知数据进行传输、存储和处理，并基于统一融合和互联互通的公共管控服务平台，对监测数据进行智能分析，以更加精细、动态的方式服务于科学养殖、管理、运维等各个环节，从而达到"智慧化运管"的目标。海上牧场远程监控信息服务平台功能模块如下。

一张图系统。系统提供基于一张图的综合信息查询服务功能，包括提供查询海洋牧场分布、水质监测站、视频监视站、气象、雷达回波图、卫星云图、台风等实时信息，并提供相应的系统管理功能。

在线监控系统。通过个人计算机或者手机远程查看实时环境数据，包括水质数据、环境数据、用电安全数据等。用户可以直观查看环境数据的实时曲线图，及时掌握水产品生长环境。

视频监视系统。可对海洋牧场进行 24 h 全天候远程实时视频监控，记录日常摄食、网箱浮沉监测、网箱附着物监测等管理工作信息，保障海洋牧场的安全生产，提高管理人员工作效率以及养殖生产科学管理水平。

自动控制系统。系统通过先进的远程工业自动化控制技术，让用户足不出户远程控制设备。可以自定义规则，让整个设备随环境参数变化自动控制。提供手机客户端，客户可以通过手机在任意地点远程控制所有设备。

养殖环境风险预警报警系统。系统集成多种养殖模式和养殖品种的养殖环境适宜性评估模型，对养殖环境进行动态评估与预警。系统可以灵活地设置各个不同环境参数的上下阈值。一旦超出阈值，系统可以根据配置，通过个人计算机管理平台或手机应用程序、短信方式提醒相应监管者。可以根据报警记录查看关联的设备，更加及时、快速远程控制设备，高效处理环境问题，保证系统稳定运行。

养殖产品质量跟踪服务。建立养殖产品溯源数据库，系统记录每个养殖区、养殖品种的养殖环境时序数据，跟踪养殖产品来源、过程、去向，追溯产品质量安全。

大屏展示系统。以大屏展示的形式，通过各种常见的图表形象标示实时监测、预警信息及视频的关键指标，可对异常关键指标预警和挖掘分析。信息展示系统以图表的方式直观地显示各项工程运行监测指标，并支持"钻取式"查询，实现对指标的逐层细化、深化分析。通过详尽的指标体系，实时反映工程运维的进展状态，将采集的数据形象化、直观化、具体化，从管理者的决策环境出发进行运维管理综合指标的定义以及信息的表述，有助于决策者思维连贯和有效的思维判断，将智慧运维管理决策提升到一个新的高度。

移动应用程序系统。在移动平台上实现风速、流速、水质环境等监测指标实时查询功能，提供设备运行状态、视频等查询与控制，并提供实现预警信息的接收、反馈查询以及信息上报与查询功能。

9.7 海岛生态修复

海岛是海洋生态系统的重要组成部分，海岛及其周围海域资源丰富，具有特殊的经济地位和重要的战略地位，是我国经济社会发展的重要依托。同时，海岛由于其承接海陆的特殊区位，在国防事业中承担着哨岗和堡垒的作用，战略地位至关重要。因此，海岛具有显著的生态、资源和权益价值。然而，海岛生态系统十分脆弱，一旦遭受破坏，则很难恢复，因此，亟须加强对海岛生态系统的保护。

9.7.1 海岛生态系统概况

9.7.1.1 海岛的概念及分类

（1）海岛的概念

国际上关于海岛的最早定义可追溯到19世纪30年代的海牙国际法编撰会议，会议上将海岛定义为"每个岛屿拥有其领海。岛屿是一块永久高于高潮水位的陆地区域"。1956年，国际法委员会报告提出：岛屿是四面环水并在通常情况下永久高于高潮水位的陆地区域。该报告特别强调，岛屿应该是四周环水、永久高于高潮水位的陆地区域，除非异常条件，也不应有领海。如：仅在低潮时高于水面的陆地即使该陆地上建有永久高于水面的设施，如灯塔、用于大陆架开发的设施等，均不应有领海。1958年，《领海及毗连区公约》中第10条第1款规定：称岛屿者指四面围水、潮涨时仍露出水面之天然形成之陆地。该定义删除了原来定义中的"永久"和"在正常情况下"的条件，为了区别人工岛屿，在定义中增加了"天然形成"的限定条件。1982年，《联合国海洋法公约》在第121条第1款中规定："岛屿是四面环水并在高潮时高于水面的自然形成的陆地区域。"这一定义与《领海及毗连区公约》中的定义基本上是一致的，只不过是增加了"区域"二字。上述定义的内涵主要包括三点，①地理位置：在海洋中，四周有海水围绕；②高潮时出露于海面之上；③不是人造的，是自然形成的陆地。

（2）海岛的分类

海岛的面积相差悬殊，面积超过几万乃至几十万平方千米的大岛世界上不足百个，更多的是面积较小，尤其是不足1 km²的小岛，星罗棋布、成千上万、不计其数。我国海岛分类标准众多，可以根据海岛的形成原因、分布形状与构成状态、物质组成、离岸距离、面积大小、所处位置、有无人居住、有无淡水等条件进行分类（见表9-3）。这些分类对于开发利用海岛资源，制定规划和发展海洋经济都起着一定的作用。

表 9-3　海岛分类

序号	分类标准	海岛类型
1	按形成原因分类	大陆岛、海洋岛、冲积岛
2	按分布形状与构成状态分类	群岛、列岛、岛
3	按离岸距离分类	陆连岛、沿岸岛、近岸岛、远岸岛
4	按物质组成分类	基岩岛、沙泥岛、珊瑚岛
5	按面积大小分类	特大岛、大岛、中岛、小岛
6	按所处位置分类	河口岛、湾内岛、海内岛、海外岛
7	按有无人居住分类	有居民海岛、无居民海岛
8	按有无淡水分类	有淡水海岛、无淡水海岛

1）按形成原因分类。海岛按形成原因可分为大陆岛、海洋岛和冲积岛三大类。

大陆岛是指大陆地块延伸到海底并露出海面而形成的岛屿。大陆岛在历史上是大陆的一部分，由于地壳运动引起陆地下沉或海面上升，部分陆地与大陆分离而形成的岛屿，地质构造和大陆相同。中国绝大多数海岛都属于大陆岛，约占海岛总数的 93%。国外的格陵兰岛、新几内亚岛和马达加斯加岛等也属于大陆岛。大陆岛一般靠近大陆，地势较高，面积较大。

海洋岛又称大洋岛，是海底火山喷发或珊瑚礁堆积体露出海面而形成的岛屿。它在地质构造上与大陆没有直接联系，按其成因又可进一步分为火山岛和珊瑚岛。火山岛是由海底火山爆发出来的熔岩物质堆积形成的，一般面积不大，海拔较高，山岭高峻，地势险要。火山岛主要分布在太平洋中部和西部、印度洋西部和大西洋东部，如太平洋的夏威夷群岛。我国火山岛主要分布在台湾地区，如赤尾屿、黄尾屿、钓鱼岛等。珊瑚岛是由珊瑚虫遗体堆积而形成的岛屿，一般面积较小，地势低平，结构较复杂。珊瑚礁有三种类型：岸礁、堡礁和环礁。世界上最大的堡礁是澳大利亚东海岸的大堡礁，长达 2 000 km 以上，宽 50~60 km，十分壮观。

冲积岛又称堆积岛，主要分布在江河入海口，是由河流径流挟带泥沙长年累月堆积而成的岛屿。冲积岛地势低平，一般由沙和黏土等碎屑物质组成。中国的第三大岛——崇明岛就是典型的冲积岛，所处区域曾经是长江口外的浅海，由长江挟带泥沙日积月累逐渐在此堆积形成，现仍在不断向北扩大。

2）按分布形状与构成状态分类。海岛按分布形状与构成状态可分为群岛、列岛和岛三大类。

群岛是指岛屿彼此相距较近，成群地分布在一起。中国主要的群岛有长山群岛、庙岛群岛、舟山群岛、南日群岛、万山群岛、川山群岛、东沙群岛、西沙群岛、中沙群岛和南沙群岛等。群岛既是岛屿构成的核心，也是岛屿组成的最高级别，往往包括若干列岛，例如，万山群岛由万山列岛、担杆列岛、佳蓬列岛、三门列岛和隘洲列岛等组成。舟山群岛是我国最大的群岛，它由崎岖列岛、中街山列岛、马鞍列岛、嵊泗列岛、川湖列岛、浪岗山列岛、火山列岛和梅散列岛等组成。群岛的本岛往往形成岛屿开发的中心，也成为该区政治、经济、文化和行政建制的中心。

列岛是指成线（链）形或弧形排列分布的岛群。我国共有 47 个列岛，包括石城列岛、外长山列岛、里长山列岛、嵊泗列岛等。就列岛数量来说，辽宁有 3 个，浙江有 18 个，福建有 9 个，广东有 15 个，海南有 1 个，台湾有 1 个。

岛是海岛最基本的组成单元，既可以组成群岛或列岛，也可以单个或几个形成相对独立的孤岛。

3）按离岸距离分类。海岛按离大陆海岸距离的不同，可分为陆连岛、沿岸岛、近岸岛和远岸岛四大类。

陆连岛是一种特殊的海岛类型，它原来是一个独立的海岛，由于距离大陆较近，为了开发利用和交通的方便，修建了堤坝或桥梁等与大陆相连。它实质上是一种特殊的沿岸岛。陆连岛由于一部分与大陆相连，物资运输和人员来往都很方便，使海岛一些不利因素转化为有利因素，对发展海岛经济有利。中国陆连岛的数量约占全国海岛总数的 1%，其中广东省陆连岛数量最多，山东次之，其余依次为福建、广西、浙江、江苏等。如山东的养马岛、浙江的玉环岛、广东的东海岛、广西的龙门岛等。

沿岸岛是指海岛的分布位置距离大陆小于 10 km 的海岛，我国沿岸岛的数量占海岛总数的 66% 以上。浙江和福建的沿岸岛最多。由于沿岸岛离大陆较近，交通方便，开发利用程度一般较高。

近岸岛是指岛屿分布位置距离大陆大于 10 km、小于 100 km 的海岛。我国近岸岛的数量占海岛总数的 27% 以上，浙江省近岸岛数量最多。

远岸岛是指岛屿位置距离大陆大于 100 km 的海岛。这类海岛由于远离大陆带来许多不便。但是，远岸岛在我国与相邻或相向国家海上划界时，具有特殊的意义。远岸岛数量占我国岛屿总数的 5% 以上，主要分布在海南省东部、西部和南部，广东省的东沙岛及台湾省。

4）按物质组成分类。我国海岛按物质组成可分为基岩岛、沙泥岛和珊瑚岛三大类。

基岩岛是指由固结的沉积岩、变质岩和火山岩组成的岛屿。我国基岩岛屿约占全国海岛总数的 93%。基岩岛分布很广，除河北省和天津市无基岩岛外，沿海其他省（自治区、直辖市）均有分布。基岩岛由于港湾交错，深水岸线长，是建设港口和发展海洋运输业的理想场所；由于岩石和沙滩交替发育，也是发展渔业和旅游业的好地方。我国面积大、开发程度高、经济发达的海岛大多数为基岩岛。

沙泥岛是指由沙、粉砂和黏土等碎屑物质经过长期堆积作用形成的岛屿。一般分布在河口区，地势平坦，岛屿面积一般较小，但有的沙泥岛面积也很大，如崇明岛。我国沙泥岛约占全国海岛总数的 6%。

珊瑚岛是指由珊瑚虫遗体堆积而形成的岛屿，一般面积较小，地势低平，结构复杂。基底一般是海底火山或基岩。西沙群岛、中沙群岛、东沙群岛、南沙群岛和澎湖列岛都是海底火山上发育而成的珊瑚岛。由于珊瑚虫的生长、发育要求温暖的水温，珊瑚岛在我国只分布在海南、台湾和广东。

5）按面积大小分类。我国海岛按面积大小可分为特大岛、大岛、中岛和小岛四大类。

特大岛是指岛屿面积大于 2 500 km^2 的海岛。我国这类海岛仅有台湾岛和海南岛 2 个。台湾岛是我国第一大海岛，南北长 438 km，东西宽 80 km，面积 35 759 km^2，海岸线长 1 217 km，最高点海拔 3 997 m。海南岛是我国第二大海岛，面积 33 907 km^2，海岸线长 1 528 km。

大岛的面积为 100~2 500 km^2，我国这类海岛共有 14 个，其中广东省 5 个，福建省 4 个，浙江省 3 个，上海市 1 个，香港 1 个。

中岛的面积为 5~99 km^2，我国共有 133 个，其中浙江省 40 个，广东省 23 个，福建省 26 个，山东省和台湾省各 9 个，辽宁省 8 个，香港 6 个，江苏省、上海市和广西壮族自治区各 3 个，海南省 2 个，澳门 1 个。它们绝大多数都是乡级海岛，在全国海岛开发利用中具有重要的作用。

小岛的面积为 500 m^2~5 km^2，我国这类海岛最多，约占全国海岛总数的 98%，其中浙江省居第一。这类海岛绝大多数都是无人常住岛，岛上淡水资源奇缺，开发条件较差。但有些海岛是我国的领海基点，在确定内海、领海和海域划界中均有重要作用；有些海岛，如蛇岛、大洲岛和南麂列岛等，则是重要物种的海洋自然保护区。

6）按所处位置分类。我国海岛按所处位置可分为河口岛、湾内岛、海内岛和海外岛四类。

河口岛是指分布在河流入海口附近的岛屿。这些岛屿一般都是由河流挟带的冲积物经过多年堆积而成的。这些岛屿数量较少，约占全国海岛总数的 3%。其中，广东最多，其次是海南、福建、浙江、广西、上海、辽宁、江苏和天津。

湾内岛是指分布在海湾以内的岛屿。由于许多海湾都是建港和发展海洋渔业的良好场所，所以，这些海岛在发展海洋交通运输业和海洋渔业等方面都起着重要的作用。我国湾内岛约占全国海岛总数的17%，其中浙江最多，其次是广东、辽宁、山东、福建、河北、广西、海南、江苏和上海。

海内岛是指分布在海湾以外，离大陆海岸的距离在45 km以内的岛屿。我国海内岛约占全国海岛总数的68.9%，其中浙江省最多，其次是福建、广西、广东、山东、河北、辽宁、海南、江苏和上海。

海外岛是指分布在海内岛以外，离大陆海岸的距离超过45 km的岛屿。我国海外岛约占全国海岛总数的8.6%，其中浙江省最多，其次是海南、广东、辽宁、山东、江苏、福建、广西和上海。

7）按有无人居住分类。我国海岛按有无常住人口居住可分为有居民海岛和无居民海岛两大类。

有居民海岛是指常年有居民居住的岛屿。这类海岛一般面积较大，资源丰富，有一定的行政隶属关系，是目前我国海岛开发活动最重要的区域。我国的有居民海岛约占全国海岛总数的8%，其中浙江最多，其次是福建、广东、山东、辽宁、台湾、海南、广西、江苏、上海和河北。

无居民海岛是指常年无居民居住的岛屿。它既包括无人常驻的岛屿，也包括季节性有人暂住的岛屿。我国的无居民海岛占全国海岛总数的93%以上，其中浙江最多，其次为福建、广东、广西、山东、海南、辽宁、台湾、河北、江苏、上海和天津。

8）按有无淡水分类。我国海岛按有无淡水资源可分为有淡水海岛和无淡水海岛两类。

有淡水海岛是指岛上有淡水资源分布的岛屿。由于淡水是人类赖以生存的必要条件，所以，有淡水海岛绝大多数都是有人居住的岛屿。我国有淡水海岛约占我国海岛总数的9%，其中浙江最多，其次是福建、广东、台湾、辽宁、山东、海南、广西、江苏、上海和河北。

无淡水海岛是指岛上没有淡水资源分布的岛屿。这些岛屿面积较小，一般都是无人居住的岛屿。我国的无淡水海岛约占全国海岛总数的91%，其中浙江最多，其次为福建、广东、广西、山东、海南、辽宁、台湾、河北、江苏、上海和天津。

9.7.1.2 海岛生态系统类型

海岛生态系统是由岛屿地理区域内的要素及其周边环境组成的生态系统，不仅包括海岛陆域部分，还包括其水下部分及周边一定范围内的海域。根据环境、生物、水文、地质状况等不同特征，可以将海岛生态系统划分为岛陆、潮间带及近海三个子生态系统（图9-18）。

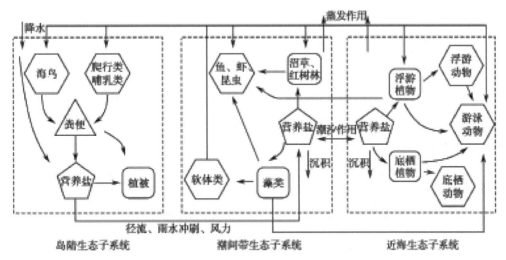

图9-18　海岛生态子系统

（1）岛陆生态子系统

岛陆生态子系统为海岛生态系统中的陆地部分，岛陆的面积一般较小，物种的丰富程度不及大陆，生物种类主要为哺乳类、鸟类、昆虫、植物等；其生态系统的结构和功能比陆地更为简单，而且易受自然灾害的干扰和破坏，生态系统较为脆弱，恢复力也比较弱。海岛地形地貌简单，生态环境条件严酷，植被建群种种类贫乏，优势种相对明显。岛陆生态子系统的生境类型一般含有林地、园地、农田、水域等多种。岛陆是人类生产、生活的主要区域，因此受到人类干扰的影响最为显著。

（2）潮间带生态子系统

尽管潮间带、岛陆与近海生态子系统在结构和功能上具有某些相似性，但由于生境的复杂多变，潮间带生物都是对恶劣环境有很强适应性的种类，它们不仅适应广湿性和广盐性，而且对周期性的干燥环境有很强的耐受力。潮间带濒临陆地，污染物容易在这里累积。表层长期或季节性积水、土壤水分饱和或过饱和，适应湿生环境的生物存在是潮间带生态子系统的基本特征。潮间带区域的波浪、潮汐冲刷作用很明显，底质也很复杂。潮间带生物资源丰富，不同类型的底质栖息着与之相适应的生物，形成各具特色的生物群落。

（3）近海生态子系统

海岛近海生态子系统的范围为自潮下带向下至陆架浅海区边缘，由于受岛陆与潮间带生态子系统的影响，其盐度、温度和光照的变化比外海大。温度变化受岛陆的影响，且与纬度有关。总的来说，这些变化的程度从近岸向外海方向逐渐减弱。我国海岛周围海域受沿岸流、暖流和上升流的交汇作用，水体交换频繁、潮间带海水自净能力较强，有利于维持水质量的稳定。近海由于靠近岛陆和营养盐较为丰富，初级生产力较高，有利于渔业资源的汇集；水生资源丰富多样，成为鱼类的理想栖息生长场所，可形成众多的渔场。

（4）海岛生态子系统间的联系

海岛生态三个子系统间的物质流动与能量循环较为密切，岛陆生态子系统中的有机物随着河流、雨水或人工进入潮间带和近海区域，为潮间带和近海生态子系统提供了营养盐，同时也可能输入污染物质。

潮间带生态子系统处于岛陆生态子系统和近海生态子系统的交界地带，易受这两个子系统的影响，潮间带生态子系统为岛陆生态子系统提供丰富的生物资源，为近海生态子系统提供营养物质，同时也可能输入污染物质。

近海生态子系统为潮间带和岛陆生态子系统提供海洋生物资源，调节岛陆和潮间带生态子系统的温度、湿度。另外，海洋动力环境直接影响海岛和潮间带的动态变化。例如，风暴潮可能给海岛和潮间带生态子系统带来破坏性的灾难。

9.7.1.3　海岛生态系统特征

海岛是地球进化史上不同阶段的产物，反映了重要的地理学过程、生态系统过程、生物学进化过程以及人与自然相互作用的过程。海岛由于海水的包围而有明显的边界，岛内的生物群体在长期进化过程中形成了自己的特殊生物区系斑块，往往是受威胁物种的避难所。从整体上看，海岛生态系统的特征主要包括以下几点。

（1）生态系统的独立性和独特性

海岛有着得天独厚的地理位置、自然资源、环境和社会经济条件。其四周被海水包围，每个海岛都相对地成为一个独立的生态环境地域小单元；海岛一般面积狭小，地域结构简单，物种来源受限，生物多样性相对较少，一般具有特殊的生物群落，保存了一批独特的珍稀物种，形成了独特的生态系统。由于被海水阻隔，交通条件不便，限制了人们的交往和社会经济活动，海岛封闭性较强、对外开放的程度低，形成了以岛屿为单元的、相对独立的生产和生活体系。

海岛的成因各异，与大陆上的地貌、地质构造和矿产资源都不一样，具有独特的地质地貌和矿产资源。海岛四周为海水包围，气候特征与内陆有明显的差异，海洋起着调节作用，使海岛气候冬暖夏凉，具有海洋性气候的特征。海岛的水文状况因受海洋水文的作用强烈，因而更为复杂，风、浪、流、潮汐等都对岛屿的水文起一定的作用；海岛由于陆域面积较小，河流较短、较少，流域面积小，淡水资源缺乏。

（2）生态系统的完整性

海岛与其周围海域构成一个既独立又完整的生态环境系统，特别是面积大的海岛，这种完整性更为明显，主要表现在以下三个方面。

1）地带分布上的完整性。海岛具有海域、海陆过渡带和陆域三大地貌单元。海域有浅海、深海，海陆过渡带有海岸带、岛架和岛坡，陆域又可根据其海拔高度分为平原、丘陵、低山、中山、高山等。由于地貌单元的多样性和分带性，又出现生物物种的多样性、分带性，从而形成生物资源从海到陆的完整性和不可分割的整体性。

2）经济和社会发展的完整性。海岛是一个多种资源并存的经济综合体，又是一个具有多种功能、多方面开发利用价值的自然综合体。大的海岛还是一个独立完整的社会单元，各种经济全面发展，不仅有农业，也有工业和服务业，不仅发展海洋经济，也发展岛陆经济；不仅要保护海洋环境和生态，还要保护岛屿陆上的环境和生态。

3）管理上的完整性。由于海岛管理的特殊性，1994 年联合国会议通过了《小岛屿发展中国家可持续发展行动纲领》，要求对岛屿的气候变化、自然灾害、淡水资源、沿海和海洋资源、能源和旅游业等可持续发展制定行动纲要；要求把海洋管理与岛上陆地的管理有机地结合起来，作为一个完整的系统进行管理；不仅要抓行业管理，更要抓综合管理，不仅要抓开发，更要抓环境和资源的保护，只有全面推进，才能有效地管好岛，用好岛，治好岛。

（3）生态系统的脆弱性

海岛生态系统是典型的脆弱型生态系统，在独特的复杂环境的干扰下，海岛生态系统还表现出易受损性和难恢复性，具备长期性、分异性和可调控性的特征。地理位置的特殊、规模的有限、空间的隔离等因素，使得海岛生态系统具有明显的独立性与资源短缺性。在此基础上，与不同类型、不同程度的自然扰动和人为干扰相互作用，形成并加剧海岛生态系统的脆弱性。

1）岛陆生态系统脆弱。因大多数海岛面积狭小，土地单薄贫瘠，地域结构简单，又与大陆分离，物种来源受到限制，生物系统缺乏多样性，稳定性较差，生态系统十分脆弱。

2）海洋灾害频发，易受干扰。我国海岛区域自然灾害较多，主要有大风、台风、风暴潮、海岸侵蚀等，不仅给岛屿工农业生产、海上作业、航运、通信、供水等方面带来很大影响，而且还严重威胁着人民生命财产的安全。全球气候变化、海平面上升使高程较低的海岛面临生存的威胁；海平面上升使海水入侵，影响灌溉用水和饮用水，严重的地区生态系统遭到毁灭性破坏。随着人类活动的加剧，海岛遭受的破坏日趋严重。

3）遭到破坏后，恢复能力差。海岛生态系统具有一定的自我调控和自我修复功能，在长期的进化过程中，同种生物种群间、异种生物种群间在数量上的调控保持了一种协调关系，生物群落与环境之间的物质、能量的供需关系形成了相互间的适应能力。但海岛生态系统的组成与结构较为简单，自我调节能力比较有限。当其受到损害后，通过系统的自我调节与生态系统的自身反馈等，不足以将其结构恢复至受损前的状态，也无法推动其功能向良性的方向发展。

9.7.2　海岛生态系统退化因素

海岛由于其特殊的地理区位与资源环境特征，受到的干扰包括海岛内部干扰和外部干扰。内部干扰主要表现为气象因子、地理构成、水文以及构成要素的属性等；外部干扰主要表现为全球气候变化、土地利用、人类活动以及经济投入等。

（1）海洋性季风气候，灾害性天气多发

我国是典型的季风国家，海岛气候主要受季风控制。冬季盛行偏北风，在冷高压气团向南扩散过程中，冷空气强度不断减弱；夏季盛行偏南风，带来充沛的暖湿气流，形成全年降水量最多的季节，这种雨热同季是我国海岛气候的一个明显特征；春秋两季是陆上气候向海上气候转变或海上气候向陆上气候转变的过渡期。沿岸海岛地处海陆过渡带，由于海陆的差异，海岛气候的特征与内陆有明显的差别。海岛区域自然灾害较多，在夏秋季经常受到台风和风暴潮的侵袭，危害极大；大风浪几乎全年在海岛均会造成不同程度的灾害影响。如江苏秦山岛，由于受海浪的长期冲击和历史时期海平面的升降变化，整个岛屿岸线侵蚀严重，海蚀崖高20~50 m。

（2）海岛土壤贫瘠，生态环境较为脆弱

我国海岛岛陆土壤以溶盐土为主，经过雨水长期淋溶逐渐脱盐，草本植物生长茂盛，继而滨海盐土上升为潮土。有些海岛的山地丘陵区，因遭到砍伐和烧荒，植被破坏殆尽，土壤侵蚀严重，丘陵山地土壤转而形成粗骨土和石质土。从各类型土壤质量看，各海岛的土壤含盐量均比大陆高，海岛的丘陵山地比例大，山高坡陡，水土流失普遍，大多数土层肥力低。

因大多数海岛面积狭小，土地单薄贫瘠，地域结构简单，又与大陆分离，物种来源受到限制，生物系统的生物多样性相对较少，稳定性较差，生态系统十分脆弱，极易遭受损害。

（3）人为干扰严重，破坏海岛生态环境

在较长时期内，海岛的开发利用处于无序、盲目状态，缺乏科学管理和合理规划建设，对海岛生态环境造成了极大威胁，部分海岛承载力减弱、水土流失严重、珍稀濒危动植物处于灭绝状态。例如，在水产生产方面，海岛周边普遍存在破坏式过度捕捞现象，导致海洋生物群落结构发生改变，损害了海洋生物栖息环境，而高密度的海水养殖产生的废物、残饵也使附近海域营养盐含量上升，提高了水体的富营养化水平；在旅游开发方面，各类接待设施建设极易破坏海岛植被与山体，引发水土流失；游客产生的垃圾、污水等也加重了海岛及周边海域的环境压力；在港口建设方面，在海岛周围筑堤围海利用天然港址，导致了海域纳潮量减少、港湾淤积、水质恶化、海洋生态服务功能衰退；在森林、矿产等资源开发方面，由于经济利益的驱使，炸岛挖岛、乱垦乱伐、滥捕滥采、围海填海等活动改变了部分海岛的地形地貌和自然景观，也导致生物多样性进一步降低，生态环境难以逆转地恶化。例如福建湄洲岛因采砂船在滨海地带抽沙作业频繁，众多防护林被砍伐，海岛海岸遭海水侵蚀严重后退。20 世纪 90 年代，广西、海南等地大面积砍伐海岛周边的红树林，使得阻挡海潮冲击、抵抗台风的天然屏障所剩无几，大大削弱了海岛的抵御灾害能力，海岸线也受海水侵蚀而不断后退。

（4）外来物种入侵

与大陆物种相比，岛屿生态系统中的物种具有基因库小和面积小的特征。因此一旦外来物种入侵岛屿，就很容易破坏该岛屿生态系统的原始生态平衡，其本土物种的竞争力也下降，并且生存空间很容易被外来入侵物种占据。

岛屿与大陆隔绝，特殊的生境使得岛上的植物具有特化或地方性的现象，被生态学家视为自然实验室。然而，岛屿环境还具有高风速、高盐度和大雾气的特点，生态系统更加脆弱，容易遭受频繁的极端天气和人为干扰。由于木本植物的分布通常是受限的，树木很少会传播到遥远的岛屿，尽管草本植物通常会被高大的树木所抑制，但是一旦草本植物在岛上安顿下来，任何树木都无法与之竞争，很容易肆虐增长。外来草本植物通常具有生态适应性强、繁殖能力强和传播能力强的特点，其依靠强大的竞争力排挤本土植物并破坏原始生态环境，摧毁生态系统。

多数海岛动物的防御能力、繁殖能力和适应能力都较差，海岛物种比较脆弱。尤其是放弃飞行的鸟类，一旦强势外来物种入侵，就会毫无还手之力，遭遇灭顶之灾。

9.7.3 海岛生态保护和修复措施

9.7.3.1 海岛保护法律法规

（1）《中华人民共和国海岛保护法》

1）海岛规划制度。海岛规划制度是进行海岛利用和保护的法律依据，《中华人民共和国海岛保护法》第八条就规定，我国实行海岛保护规划制度。规划制度的建立，对岛屿的生态环境和周围海域的环境系统有很积极的保护作用。我国这种自上而下的海岛规划方式，使海岛生态保护规划系统得到了法律的保障。从第九条到第十二条对海岛规划制度做了具体的规定：中央层面，国务院海洋主管部门与本级政府的有关部门、军事机关共同制定全国海岛保护规划，报国务院审批；地方层面，各省、自治区政府海洋主管部门和本级政府有关部门、军事机关共同组织编制省域海岛保护规划，报省、自治区人民政府审批和向国务院备案。

2）海岛分类管理制度。依据《中华人民共和国海岛保护法》的法律规定，我国海岛有三类，分别是无居民海岛、有居民海岛和特殊用途海岛，对这三种不同的岛屿实行不同的保护。《中华人民共和国海岛保护法》第三十条规定，从事全国海岛保护规划确定的可利用无居民海岛的开发利用活动，应当遵守可利用无居民海岛保护和利用规划，采取严格的生态保护措施，避免造成海岛及其周边海域生态系统破坏。我国对有居民海岛的管理体制，采取的是专门法和海岛环境有关的部门法相结合的模式。根据相关的城乡规划、环境保护、海域使用管理、土地管理、水资源和森林保护等各种法律法规的规定，对有居民海岛自然资源进行管理。《中华人民共和国海岛保护法》单独设立一章对特殊用途的海岛开发和保护做了具体规定，对有特殊意义或特殊价值的海岛，实行特别保护等。

3）海岛的权属制度。

无居民海岛属于国家所有，对无居民海岛的各种开发活动，都需要向有关海洋主管部门提出申请，提交项目论证报告、开发利用具体方案等申请文件，由海洋主管部门组织有关部门和专家审查，提出审查意见，报省级政府批准，才能实施各项活动，并且同时还得缴纳一定的海岛使用费用。

有居民海岛，因为岛屿上有居民，就会有居民生存所需的宅基地和农地等土地资源，依照相关法规的规定，有居民海岛权利形态表现为国家所有权、集体所有权以及宅基地使用权等，需要结合海岛、物权和土地等多种法律保护和管理有居民海岛。

（2）《中华人民共和国海洋环境保护法》

根据 2017 年 11 月 4 日第十二届全国人民代表大会常务委员会第三十次会议

《关于修改〈中华人民共和国会计法〉等十一部法律的决定》第三次修正的《中华
人民共和国海洋环境法》第二十条规定："国务院和沿海地方各级人民政府应当采
取有效措施，保护红树林、珊瑚礁、滨海湿地、海岛、海湾、入海河口、重要渔业
水域等具有典型性、代表性的海洋生态系统，珍稀、濒危海洋生物的天然集中分布
区，具有重要经济价值的海洋生物生存区域及有重大科学文化价值的海洋自然历史
遗迹和自然景观。对具有重要经济、社会价值的已遭到破坏的海洋生态，应当进行
整治和恢复。"第二十六条规定："开发海岛及周围海域的资源，应当采取严格的生
态保护措施，不得造成海岛地形、岸滩、植被以及海岛周围海域生态环境的破坏。"

（3）《全国海岛保护规划》

《中华人民共和国海岛保护法》专章规定了海岛保护规划制度，要求编制全国
海岛保护规划。经国务院批准，《全国海岛保护规划》在 2012 年 4 月 19 日正式公
布实施，规划期限为 2011—2020 年，展望到 2030 年。该规划是引导全社会保护和
合理利用海岛资源的纲领性文件，是从事海岛保护、利用活动的依据。该规划中海
岛管理具体措施如下：

1）强化海岛生态空间保护。构建由整岛保护和局部区域保护相结合的海岛生
态空间保护体系。建立海岛保护名录制度，实施整岛保护，探索开展封岛保育。加
强已建涉岛保护区的监督管理和保护能力建设，适时开展调整升级工作；选取具有
典型生态系统和重要物种栖息、迁徙路线上的海岛及其周边海域，划定为保护区。
加强对海岛自然岸线、自然和历史人文遗迹的保护，确定开发利用海岛保护区域和
保护对象，防止开发利用对自然生态系统的破坏。全面划定海洋生态红线，实施红线
保护制度，加强考核与评估。

2）保护海岛生物多样性。分步开展海岛生态本底调查，摸清重点海岛生物多
样性；开展海岛物种登记，建立物种数据库和重要物种基因库，构建海岛生物物种
信息共享平台，发布我国海岛珍稀濒危和特有物种清单。加强海岛外来物种防控，
开展外来入侵物种调查和生态影响评价，探索推进海岛生物安全和外来物种管理制
度化进程。支持建设海岛生物多样性长期观测样地，开展生物多样性和外来物种监
测与评价。维护依托海岛的生态廊道，保护典型物种及其生境。建立并发布海岛生
态指数，引导社会提升对海岛保护的认知和预期。

3）修复海岛生态系统。开展海岛生态系统受损状况调查与评估，推进生态受
损海岛的修复。实施珊瑚礁、红树林、海草（藻）床等典型海洋生态系统修复，支
持海岛周边渔业资源养护，开展海岛重要自然和历史人文遗迹保护。开展鸟类栖息
地保护；优先选择乡土物种，推进植被恢复与修复，防治水土流失，构建水下、海
岸和岛陆层级贯通的植被景观体系。采用恢复海岸沙丘、人工补沙、木质丁坝等亲

和性手段开展海岛海岸和沙滩修复。加强海岛地区环境整治，提高垃圾污水处理能力。建立海岛生态修复效果评估机制，加强对海岛整治修复的引导和管理。

4）推动社区共建共享。完善海岛管理信息系统公共服务功能，开展多样化的海岛基础地理信息和保护状况信息服务。开展休闲旅游、灾害预警预报等与居民生活有关的定制化信息服务。完善海岛保护与管理的社区参与机制，明确社区居民的权利、责任和义务，鼓励社区居民参与海岛保护与管理决策和行动，发挥涉岛保护区建设、生物多样性保护和海岛生态修复工程对当地居民生产生活条件、职业技能、就业和收入等方面的提升作用，形成社区参与海岛保护"共建、共管、共享"的良好局面。探索推进海岛生态保护认养制度和海岛保护社会捐赠制度，支持公益组织和社会团体开展多种形式的海岛保护行动，共同推进海岛保护与管理。

9.7.3.2　海岛修复措施

（1）岛体的生态修复

1）基岩岛。基岩岛岛体破坏主要来自人为的炸岛开山采石活动，采石后废弃，岩石裸露，自然景观破坏严重，这类基岩岛岛体的修复主要采用客土回填以及复绿技术。这种情况往往不能恢复到海岛原始面貌，主要通过景观设计，采用矿山复绿等技术让海岛自然景观得以改善，在此基础上逐步恢复海岛生态系统。对于破坏极为严重且山体不稳定的岛体，首先要采用加固措施，以稳定岛体。

引起基岩岛岛体破坏的自然因素主要是岩石的风化，岛体崩塌以及暴雨引起的泥石流等。这类海岛的生态修复，重要的是查明破坏机理，利用工程措施对此进行加固和综合治理。工程措施包括锚杆加固、挂钢筋网及喷射混凝土；对山体临水侧的处理是坡脚修筑挡墙。工程措施完成后，对坡面进行绿化。

2）沙泥岛。沙泥岛一般分布在河口区，地势平坦，海岛面积一般较小，并呈逐渐缩小的态势。沙泥岛的岛体面积减少原因包括两个方面：一是海岛周边海域水文泥沙动力环境引起的海岛侵蚀和海岛位置摆动；二是人为地在海岛周边或者海岛上挖沙引起海岛岛体的急速缩小。

对于自然原因引起的沙泥岛岛体变迁，一般不需要人为干预或修复。对于人为原因引起的沙泥岛破坏的整治修复，主要是调查清楚海岛周边的水文、泥沙、动力情况，采取抛石筑坝等工程措施主动促淤，并采用抛沙补沙等被动措施维持沙泥岛的岛体；同时采用生物措施，种植本土植物来固沙护岛。

3）珊瑚岛。珊瑚岛主要分布在海南、台湾和广东三省。对珊瑚岛岛体破坏原因也包括自然原因和人为原因。自然原因主要是海水侵蚀，或者珊瑚礁生长环境恶化；人为原因是盗采珊瑚礁，或者不合理的渔业生产和生物链破坏后有害生物如长棘海星等对珊瑚礁的影响。

对于珊瑚岛的生态修复，工程措施主要包括放置人工礁体等，为鱼类等提供繁殖、生长、索饵和庇敌的场所，同时为区域内的珊瑚培育创造基础条件。设置珊瑚礁养护区，包括设置界标，明确养护范围，充分发挥其指示、警告、宣传的作用；对养护区进行监视、监控，并及时清理威胁珊瑚礁生长的长棘海星等生物。

（2）海岛岸线的保护与修复

海岛岸线作为岛体与周边海域的分界线，其存在和变化直接关系到海岛的面积。通常情况下，岛体的修复与海岸线的修复息息相关。对海岸线的破坏主要是由各种因素导致的海岸侵蚀引起的，这与海岸物种组成、周边海域水动力条件等有关。

对于海岸线的保护与修复，重点在于在适当方向设置潜坝、丁字坝等工程，消减水动力条件，维持岸线的稳定。对于砂质和淤泥质岸线，需结合植树造林稳固岸线；对于基岩岸线，可采取砌石加固形成人工岸线等方法抗侵蚀。

（3）海岛沙滩修复与养护

沙滩是海岛宝贵的生态、娱乐和景观资源。由于沙滩和海浪的持续接触，沙滩侵蚀现象较多；在未经开发的沙滩，通常沙质中夹杂着碎石、贝壳和沙泥；没有专门看护的沙滩，游人导致的垃圾污染较为严重。

对于海岛沙滩的修复与养护，首先需要对沙滩进行岸线整治和沙滩清理，清理影响沙滩景观的杂物、私建房屋等，改善沙滩景观。同时，在海岸资源调查的基础上，掌握地区性自然海滩的形态要素、物质组成和冲淤演变趋势，遵循海岸演变的自然规律，依据海域的水动力条件和泥沙输运模式，科学合理地选择修复方案。在沙滩周边海域水动力情况较强的部分，可先采取抛石或者设置潜坝等工程方式固沙，再进行沙滩回填。沙滩回填分垫底层和表层两层进行，回填厚度按设计高程及设计坡度确定。在修复完成后，要对沙滩进行定期检测、科学合理地补充海沙，使沙滩达到平衡状态并维持相对的稳定性。

（4）植被的保护与修复

海岛通常风大，迎风面植被稀疏矮小，景观不好，开山采石、砍伐等也会导致植被破坏。提高植被覆盖度和成活率，可使海岛的生态环境得到有效的保护。因此，可通过覆填种植土确保多种适宜海岛生长的林木和草本植物的成活率，扩大海岛绿化的覆盖度。

通过实地调查和分析，了解植被种植环境及地形坡度现状，同时做好苗木的选择工作。应根据岛屿的气候、生态环境、景观要求，选择适宜的树种及规格、数量，尽量选择根系发达、生长健壮、无检疫病虫害、树形优美挺拔的优良苗木。

确认种植方案后，对岛屿地形进行适当的清理和整理，清理种植范围内的建筑垃圾、石块、杂草、树根、废弃物等，按照设计标高翻耕土地，确保场地排水通畅。

开展客土回填施工，选择的土质必须达到种植要求，土壤要肥沃、疏松、透气、排水性能好。客土回填后，在造型过程中加入营养土，确保植物生长发育需要养分的充足供给，同时，施好有机底肥，保持土壤的通气性，防止植物移植后"闭气"死亡。

苗木种植重在管理，要加强植被的养护管理，根据不同花木的生长需要与景观要求及时对苗木进行施肥、浇水、除草、修剪及病虫害防治。

思考题

1. 滨海湿地退化的原因及恢复措施有哪些？
2. 红树林生态系统退化原因及恢复措施有哪些？
3. 珊瑚礁生态系统退化原因及恢复措施有哪些？
3. 伏季休渔制度的效果如何？
4. 海洋牧场的概念是什么？
5. 海岛生态系统的定义及范围是什么？

第10章　海洋灾害预警与防范

　　灾害是一个范畴广泛的概念，在不同学科中有不同的解释，凡是对人的生命财产、自然环境、社会环境等造成危害的事件，我们都可以称之为灾害，如地震、洪涝、火灾、疫病等。海洋灾害属于灾害范畴内源于海洋的自然灾害，是由于海洋自然环境或者气象条件变异或剧烈变化导致在海洋或海岸发生的灾害。影响我国近海的海洋灾害有海洋气象灾害、海岸带地质灾害、海洋生态灾害以及其他灾害。

10.1　海洋气象灾害预警与防范

10.1.1　海洋气象灾害类型

　　海洋气象灾害是指由热带气旋、强冷空气、温带气旋等气象因素作用而引发的海洋灾害。海上大风是造成海洋气象灾害的根源，是导致海浪灾害和风暴潮灾害的直接原因。

　　（1）海上大风

　　海上大风是由冷空气、寒潮、温带气旋、热带气旋等气象因素作用而引发的平均风速达到 6 级（10.8~13.8 m/s）以上的海面上的风。海上形成大风浪的主要天气系统有冷高压、热带气旋、温带气旋等。冷高压是形成于中高纬度地区的反气旋，属于冷性浅薄天气系统，影响范围广，通常会给其活动区域造成降温、降水和大风天气模式，冬季活动最为频繁、剧烈。冷高压入侵时，其前部的冷锋附近和锋后是形成海上大风浪等恶劣天气的部位。热带气旋属于暖性深厚系统，常形成于热带洋面，其发展比较强烈，影响范围较广。热带气旋途经的海域或陆地，风力加大，降雨量大幅增加，产生大风浪恶劣天气。热带气旋在海上影响最大的部分是其涡旋区，风力在 8 级以上，尤其在气旋眼区附近的云墙区，风力更强，天气极其恶劣，是形成海上大风浪的重要结构。温带气旋也叫锋面气旋，属于冷性浅薄系统，一般形成于温带，发展相对剧烈，会给途经海域带来恶劣天气，影响船舶航行。一般来说，我国近海海上大风季节差异较为明显，冬季、夏季海上大风强度较大，发生频率较高；春季和秋季是一个过渡期，风力一般不大，发生频率也有所降低。

（2）风暴潮

风暴潮又被称为"风暴增水""风暴海啸""气象海啸"等，是在强冷空气、温带气旋、热带气旋等气象因素作用下引起海面异常升降的现象。如果恰逢天文大潮期，往往导致海面在短时间内急剧上升，严重破坏近海海洋基础设施、渔船、滨海公路等，严重影响近海海洋资源的开发，危及我国沿海地区人民群众生命和财产安全。一般来讲，形成严重风暴潮必须具备三个条件：

1）持续时间较长的强烈向岸大风；

2）喇叭口状海湾或者地势平坦的海滩等海岸带地形；

3）适逢天文大潮期。

在海洋气象学上，通常把风暴潮分为台风风暴潮和温带风暴潮两大类，台风风暴潮由热带气旋引发，增水剧烈，危害大，多发生于我国东南沿海地区；温带风暴潮由温带气旋、强冷空气等气象因素引发，增水过程相对缓慢，持续时间较长，多发生于我国长江口以北的黄海、渤海海域，尤其渤海湾和莱州湾是温带风暴潮的重灾区。按照风暴增水的多少，一般把风暴潮分为 7 个等级（表 10-1）。

表 10-1　风暴潮强度等级

等级	名称	灾害程度	超过警戒水位参考值	增水（cm）
0	轻风暴潮	轻度潮灾	接近或者超过	30~50
1	小风暴潮			51~100
2	一般风暴潮	较大潮灾	> 0.5 m	101~150
3	较大风暴潮			151~200
4	大风暴潮	严重潮灾	> 1 m	201~300
5	特大风暴潮	特大潮灾	> 2 m	301~450
6	罕见特大风暴潮			≥ 450

风暴潮的突出特点是海面异常升高，风暴潮引起的增水不但危及海岸，还可直接由海岸向陆地深入多达 70 km 造成灾害。风暴潮和相伴的狂风巨浪，可摧毁海岸工程、淹没城镇、村庄、农田、海水养殖场、盐田等，造成人员伤亡，酿成严重损失。风暴潮灾害位居我国海洋灾害之首，从南到北均有发生，几乎遍及我国沿海地区。它成灾率较高，和洪水灾害一样，也是沿海地区人民群众的心腹之患。

（3）灾害性海浪

灾害性海浪是指 6 m 以上海上巨浪引发的海洋灾害。海浪，通常指海洋中由风产生的海浪，包括风浪、涌浪和海洋近岸浪。在不同的风度、风向和地形条件下，海浪的尺寸变化很大，一般周期为 0.5~25 s，波长为几十厘米至几百米，波高为几厘米至 20 余米。在罕见的情形下，波高可达 30 m 以上。不同强度的海浪对人类活动造成不同程度危害，一般大浪（3 m 以上）、巨浪（4 m 以上）就会对小型船舶造成威胁，6 m 以上的海浪就能够摧毁大型船舶，破坏海上、海岸工程，给海上航行、海上生产活动、海上军事行动等造成危害。

我国海区由海浪灾害造成海难事故频繁发生，而且十分严重。渤海海峡的老铁山水道，浪大流急，被认为是危险区。黄海中部的成山头外海常有大浪发生，加之受海流等的影响，这一带海域是海难事故高发区。东海南部、台湾海峡和南海北部，大浪频发，尤其是冬季，3 m 以上的大浪区几乎天天出现。因此这些海区海难事故频繁发生。

（4）海啸

海啸是由海底地震、火山爆发、海底滑坡等引起海水陡涨的一种强烈海洋灾害，是一种具有超长波长和周期的重力长波，在接近近岸浅水区时，波速减小，振幅陡涨，有时可达 20~30 m，瞬间形成巨大的"水墙"，以排山倒海之势摧毁堤防、涌入陆地，吞没城镇、村庄、耕地，然后海水骤然退出；而后可能再次涌入陆地，有时反复多次，在滨海地区造成巨大的生命财产损失。海啸引起海水从深海底部到海面的整体波动，蕴含的能量极大，因此具有强烈的危害性。海啸是许多滨海国家最严重的海洋灾害之一，也是中国国际减灾委员会所确定的全球重大自然灾害之一。虽然它的发生频率很低，然而一旦发生，给人类带来的灾害是非常巨大的。

大部分海啸产生于深海地震，地震发生时伴随着海底发生剧烈的上下方向的位移，从而导致其上方海水剧烈波动，故而发生海啸。我国地震海啸发生频率很低，但不排除某些地震诱发大海啸的可能，特别是台湾省以东海域和南海，在我国历史上有记录的十几次地震海啸中，约有 70% 的过程集中于此，应引起高度重视。

（5）海冰

海冰灾害是指由于洋流变化或气候骤降造成大量冰块和冰山漂浮海面，影响人类正常海上、沿岸活动安全的灾害。我国的海冰灾害主要发生在渤海和黄海北部，是由于冬季海水的大规模、长时间的海洋冰封而引发的灾害。每年从 11 月中下旬相继出现初生冰，翌年的 1 月下旬至 2 月上旬出现严重海冰，2 月下旬海冰开始由南向北融化。

海冰灾害素有"白色杀手"之称，随着我国沿海城市发展、海上设施建设不断完善，海冰对于沿海地区环境、人民生命财产安全也造成极大危害，往往造成大量的鱼类、扇贝死亡，严重破坏养殖设施，影响渔业产量，威胁船舶和海上构筑物的安全，阻碍航运。在 2017—2018 年冬季，渤海以及黄海北部发生的特大海冰灾害，对辽宁港口运输、水产品养殖以及渔民的生命财产安全造成了巨大损失，造成经济损失约 20.5 亿元。

（6）海雾

海洋具备巨大而广阔的水体，海洋上空的低层大气中聚集着丰富的水汽，由于水汽遇冷凝结，使得水平能见度低于 1 km，便形成了海雾，海雾的厚度一般是 200~400 m。海雾形成后会随着海风向下风向扩展，如果风吹向陆地，海雾还会向陆地扩展。海雾对海洋资源开发的影响主要体现在海雾发生后，能见度降低，对海洋运输、海洋捕捞、海洋开发有较大影响。海雾扩展到陆地，由于雾气中含有多种盐分，会对建筑物造成不同程度的侵蚀。按照海雾形成的条件，可以把海雾分成锋面雾、平流雾、辐射雾、混合雾等类型，海上最常见的是锋面雾和平流雾。在我国近海从南部的北部湾、琼州海峡经台湾海峡到北部的黄海、渤海均有海雾灾害发生，总体来说，海雾呈现带状分布，雾带南窄北宽，海雾灾害南少北多。海雾的形成一般要具备以下几个条件：

1）温度低的海面，20~24℃以下，南北方有一定的差异；

2）一定的海气温差，海气温度高于海水温度 0~6℃范围内，其中，海气温度高于海面水温 1℃时，海雾发生的最多，当温差达到 8℃及以上时，海雾极少出现；

3）适宜的风场，风向和风速对海雾形成影响较大；

4）充足的水汽含量，一般为 80%~100%；

5）较强的逆温层结；

6）特定的大气环流形势。

总体来说，海雾的形成是一个复杂的过程，是多个因素共同作用的结果。

10.1.2　海洋气象灾害预警与防范

（1）海洋灾害预测预报预警体系

我国拥有逾 18 000 km 的大陆岸线，4 亿多人口生活在沿海地区；沿海地区工农业总产值占全国总产值的 60% 左右。我国近海和管辖海域蕴藏着丰富的海洋资源，包括油气资源、固体矿物资源、海洋生物资源、海洋旅游资源、海水资源等。各种海洋资源开发活动分别形成了不同的海洋产业，海洋产业已成为沿海经济的重要内容之一，经过多年发展现已初具规模。另外，海洋环境影响气候变化、降雨量分布和自然灾害的发生，直接或间接地影响沿海地区乃至内陆地区的经济与社会发展。根据《中国海洋 21 世纪议程》，我国提出了海洋防灾、减灾工作。海洋环境复杂多变，沿海地区和海上自然灾害较多。一切海洋开发活动都离不开对海洋环境的观测、评价、预报、警报和必要的防灾、减灾措施。海洋预报和警报对海上交通运输具有非常重要的保障作用，世界上 70%~80% 的沉船事故都与海洋预报失误有关。

在海洋渔业资源开发利用方面，海洋预报和警报不仅可以保证海洋捕捞和养殖作业的安全，而且有利于做好渔情预报，提高海洋渔业的经济效益。海岸工程和海洋油气勘探、开采更需要提供海浪、海流、潮汐、海冰、海水水质、海岸侵蚀、海平面升降、海域地震等的可靠数据和预警报服务。其他海洋开发活动，如滨海旅游、滩涂围垦、海洋盐业、海洋矿产等，也需要海洋观测、预警报工作的保障。

海洋气象灾害监测预警和应急服务体系包括气象灾害综合探测系统、气象灾害通信网络系统、气象灾害分析预警系统、气象灾害应急服务系统、应急移动气象台及移动观测站、体系保障系统等。

目前，我国已经建成全国气象探测与气象灾害监测网络，利用高分辨率卫星云图接收处理系统，可以接收气象卫星发送的红外、可见光、水汽等多通道卫星云图，能够对天气系统进行有效跟踪和定位。利用沿海各地大型数字化天气雷达，可以有效监测各类中小尺度的灾害性天气。同时各地建有自动测风站，相关数据可以实时传输至气象灾害监测系统。海洋观测台站的建设是海洋预警报体系的重要组成部分，也是预防和减少海洋灾害、应对海洋突发公共事件的基础，沿海台站建设要符合国家海洋观测台站的总体布局。观测平台各类观测仪器的观测数据经数据采集和控制器收集后经通信机发送至后方预警中心进行处理。

海洋气象资料和实时监测信息的通信传输主要通过三大环节来实现。一是利用VSAT 地球站系统，将综合监测信息数据传送至各地气象台。二是通过各地的海洋气象台局域网络，VSAT 工作站、省到市通信工作站、本地海洋气象灾害监测系统各个终端、海洋气象预报工作站、海洋气象服务工作站等互联成网，实现信息资源的共享。三是以多种通信方式实现远程终端与网络系统连接（见图 10-1）。

建立海洋气象灾害分析预警系统，利用气象信息综合分析处理系统，将常规资料以及各种监测平台汇总的数值预报、卫星云图、雷达数字化资料、传真图等几大类数据，包括常规资料中海平面（或地面）至高空十几个层次，气压、气温、露点温度、变压、高度场、风场、流场以及降水等十多种主要要素，进行综合分析处理，实现检索数据产品、显示图形图像、编辑图形图像、打印图形图像、反演数据等。

海洋气象服务最首要的任务，就是为各级政府、防汛指挥部门、海上搜救中心提供决策服务，通过微机终端可以调阅最新的各类海洋天气预报、重要天气服务公报、卫星云图监测信息、雷达探测资料、海上测风资料、台风定位和路径预报等丰富的海洋气象预报和信息情报，为政府部门和各级领导决策提供参考依据。

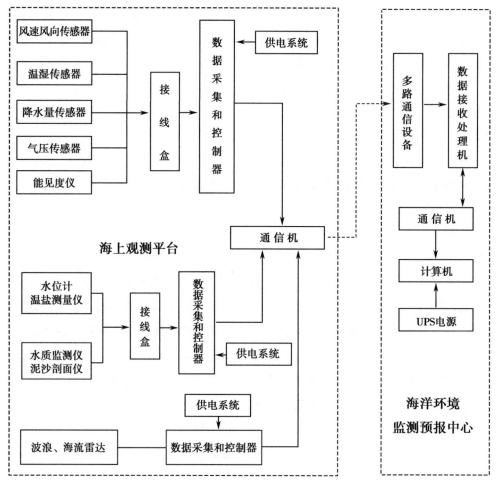

图 10-1　海洋观测平台工作原理

（2）运用多种媒介，提高信息传递效率

充分利用电视、广播、网络等媒介和渠道，及时发布即将发生海洋灾害的时间、地点、强度等重要信息，并提醒相关海洋从业人员做好御灾管理工作。

（3）做好御灾准备

海洋渔业、海洋油气业、海洋电力业、海洋船舶工业、海洋工程建筑业、海洋交通运输业等主要海洋产业，海洋信息服务、海洋环境监测预报服务、海洋地质勘察等海洋科研教育管理服务业的相关单位和从业人员，在接到相关预警信息、灾害信息后，根据海洋灾害发生的时间、地点和强度等情况，做好现场的防御工作。

（4）灾情控制与救援

我国主要海洋灾害发生后持续时间一般都不长，大多数灾害持续时间在数十分钟到百余小时，所以说从海洋灾害发生到结束时间较短。在事前预防的基础上，针对出现的突发问题和状况，采取有针对性的应对措施。灾害发生以后，救援救助队伍需要在第一时间进入灾害现场，按照预案或者计划开展救援救助工作。用于应急救援的食品、药品、消毒卫生用品等生活用品，需要按照应急预案通过海运、陆运和空运等多种途径及时运抵灾害现场。同时，重大及以上等级的海洋灾害发生以后，相关管理部门需要预防海洋资源开发设施的坍塌、山体滑坡、泥石流等次生灾害。

10.2　海岸带地质灾害防治

地质灾害是在地球内动力、外动力和人为地质动力的作用下所发生的地球内部能量释放、物质运动、地球岩土体变形位移、环境异常变化等现象。海洋地质灾害是地质灾害的一种，是由于海洋地质活动或者海洋地质环境异常变化而引发的自然灾害。海洋地质灾害类型众多，剧烈的海洋地质灾害类型有地震及断裂活动，以及地震所引发的海啸等；较为舒缓的类型有海岸侵蚀、海水入侵与倒灌、港口与海湾淤积等。剧烈海洋地质灾害会严重破坏海洋平台、海底电缆、海底管线等海洋工程和设施；舒缓的海洋地质灾害经过日积月累也会严重影响港口与海湾的正常使用，影响正常的海洋运输、海水养殖等产业的发展。

10.2.1　海岸带地质灾害类型

根据地质灾害的发育特点和形成机制，可将海岸带地质灾害分为地震灾害、火山灾害、岸坡失稳、海水入侵、海湾淤积和海平面上升等。其中，地震灾害和火山灾害属于内动力地质作用形成的地质灾害，与沿海地区新构造运动密切相关；岸坡失稳多属于外动力地质作用形成，与岸坡的岩土类型、结构和海洋水动力条件密切相关，主要类型包括崩塌、滑坡、泥石流和水下的海堤浊流等；海水入侵是咸淡水之间的动力平衡变化引起的地质灾害，与人类不合理开采地下水密切相关；海湾淤积主要是由于海湾周围及河流上游水土流失严重，河流泥沙含量高，湾内海水流通不畅所引起的；海平面上升主要由大洋热膨胀、山地冰川、格陵兰陆冰和南极冰盖的融化等因素引发，全球变暖导致冰川融化为海平面上升的主因。

（1）构造因素地质灾害

由构造运动因素引发的地质灾害主要是地震，其次是活动断裂。我国海岸带地震主要分布在四个地带，即环渤海地震带、黄海西部海底地震带、台湾冲绳海槽地震带和东南沿海地震带（福建、广东东部）。环渤海地震带主要发震构造是 NNE 向断裂，西部以唐山宁河断裂为主，东部以郯庐断裂带为主。黄海西部地质构造复杂，地堑地垒构造发育，新生代盆地与隆起交替分布，断裂构造密集，主要发震构造是 NEE 向断裂。台湾冲绳海槽地震带是我国地震频率最高、地震强度最大的地区。台湾岛的地震发震构造主要是与碰撞带平行的 NNE 向断裂。冲绳海槽的发震构造比较复杂，海槽南部的发震构造主要是 NEE 向断裂，中、北部为 NE、NNE 向断裂。东南沿海地震带北起福建省晋江市，西南至广东省海丰县沿海，主要发震构造是与海岸近于平行的 NE 向活动断裂。地震灾害与活动断裂密切相关，地震多发生在活动断裂周围或断裂交汇处。地震具有突发性、群发性、高危险性、不可控制性等特点。

（2）海岸侵蚀与港口泥沙回淤

海岸侵蚀是我国海岸带分布最广的一种地质灾害类型，几乎在全国沿岸均有发生。不论是南方还是北方，自然海岸还是人工海岸，基岩海岸还是松散沉积物组成的海岸，均有海岸侵蚀灾害发生。伴随着世纪性的全球气候变暖，由于海洋表层水体热膨胀与冰雪融水的增多，全球海平面主体呈上升趋势。与之相对应，一方面，气候的波动性加大，台风、风暴潮等灾害性天气条件相伴的海岸极端动力状态的重现期缩短，海岸动力作用加强；另一方面，人类活动不断加剧，流域中大量水库的修筑与调水工程的实施，使众多河流入海径流减少，导致入海沉积物通量剧烈缩减。海岸动力与物质的相对平衡被打破，海岸重新调整，海岸侵蚀问题日益严重，造成淤积型或稳定型海岸逐渐转变为侵蚀型海岸，侵蚀型海岸受损加重。海岸侵蚀有多种表现，主要包括岸线后退、海滩变陡、滩面束窄、水下岸坡下蚀和沉积物粗化等。

导致海岸侵蚀的因素主要包括自然因素和人为因素。自然因素主要包括 6 个方面。

1）海平面上升。温室气体排放的增加使全球气候变暖，导致冰川开始消融、南极冰盖不断解体、海水受热膨胀以及海平面不断上升，从而导致海岸侵蚀后退；但海平面上升对海岸侵蚀的影响力相对较小。

2）波浪作用。波浪作用是主导海岸演变的重要因素，波浪会重新分送河流排出的泥沙，对海岸造成冲击，从而导致海岸侵蚀。

3）潮流作用。潮汐升降使波浪对海岸作用的范围和强度时刻发生变化，同时潮流运动可使悬移物质向其他地点运输，从而导致海岸侵蚀。

4）风暴潮。风暴潮引起增水，在大风浪作用下会加剧海岸侵蚀。

5）生物作用。生物的新陈代谢和繁殖会对海岸的岩石产生破坏力，从而导致海岸侵蚀。

6）气候作用。不同的气候条件对海岸的作用形式和作用强度不同，使海岸风化具有不同的特点，如向岸表面风吹流引起向海洋底部回流，造成海岸泥沙流失。

人为因素主要包括 5 个方面。

1）修建海岸工程。海岸工程会导致沿海城市自然岸线的人工化，不合理的海岸工程会破坏当地海岸线的动态平衡，海滩剖面会在新动力因素下重新塑造，可能对海岸造成侵蚀影响。

2）采砂活动。采砂活动引起海岸泥沙亏损，可直接导致海岸线后退。

3）修建水利工程。在入海河流上游修建水利工程会导致河口潮流作用增强以及河流入海径流和输沙量减少，造成海岸侵蚀；在导致海岸侵蚀的各种因素中，危害最大的就是入海泥沙减少，尤其是修建水利工程等人为活动。

4）海岸生态被破坏。红树林和珊瑚礁等具有消浪和促淤保滩的作用，是天然的海岸保护屏障。人为活动破坏这些屏障，导致水土流失，进而发生海岸侵蚀。

5）地下水和油气资源开采。过量开采地下水和油气资源会导致地面下沉和海平面相对上升，加剧海岸侵蚀。

港湾周围陆域的风雨剥蚀、水土流失，径流携带泥沙的常年淤积，港湾围填以及不合理的涉海工程，导致港湾航道逐渐淤积，面积萎缩，天然良港破坏甚至丧失，威胁着沿海社会经济的持续繁荣。港湾淤积的发育特征受海湾内地形、地貌、植被及入湾河流输沙量和潮水补排条件等影响十分明显，主要发生在泥沙来源丰富、水动力较弱的港口和海湾。有的港湾由于不合理的围海造地，减少纳潮量，使落潮流速大减，影响了泥沙向湾外输运，使得港湾淤积比较严重。港湾淤积具有渐发性灾害特征，严重的港湾淤积影响港口航运的发展，如泉州港在宋元时期曾是世界性大港，"海上丝绸之路"的起点，后来港口严重淤积，泉州因此从我国最大的港口城市变为"历史文化名城"，后渚港区目前也只能乘潮通航 5 000 吨级船舶，由于淤积的原因，部分航道每隔三四年要进行一次疏浚，以保持航道的畅通。

（3）地面沉降与海平面上升

中国海岸地带稠密的人口和发达的经济对水资源的大量需求，导致各三角洲和滨海平原严重超采地下水资源，结果与海岸平原普遍存在的地壳构造下沉和巨厚的第四纪松散沉积层的自然密实等作用相叠加，引起严重的地面沉降问题。海平面上升是由全球气候变暖导致的海水膨胀、冰川和极冰融化以及地面沉降等原因引起的一种缓发性海洋灾害。海平面上升虽是个缓慢的过程，但长期累积对沿海地区带来多方面的严重影响，这种影响比任何一种自然灾害都要广泛和深入。

海平面上升加剧了海岸侵蚀，同时由于海平面上升抬高沿岸基准潮位，导致风暴潮潮位升高，影响区域扩大，加剧了风暴潮灾害，对沿岸居民的生活和安全构成威胁。另外，海平面上升还导致沿海生态系统改变，滨海湿地减少，濒危物种灭绝，降低了生态系统的功能和生物多样性。地面沉降不仅会损失地面标高、威胁各类建筑设施的安全，出现一系列环境地质问题，而且还与全球变暖引起的绝对海平面上升叠加，造成我国海岸平原的相对海平面上升速率远远超过全球平均值，即使按保守估计（即在人为地面沉降受到严格控制的前提下）的 21 世纪前半期平均相对海平面上升速率也将超过全球平均上升速率的 2~3 倍。世界气象组织发布的《2020 年全球气候状况》报告指出，2020 年全球主要温室气体浓度持续上升，全球平均气温已经比工业化前高出约 1.2℃，全球海平面加速上升，1993—2020 年上升速率为 3.3 mm/a。由于我国海岸平原大多为人口稠密和经济发达区，且地势又十分低平，相当部分土地的地面高程低于当地的平均高潮位、甚至平均潮位，完全依靠标准不高的海堤保护，因而，相对海平面的快速上升将使我国沿海成为世界上受海平面上升威胁最严重的地区之一，成为沿海地区可持续发展的重要制约因素。

（4）海水入侵与土地盐碱化

由于海平面上升和沿海地区地面沉降，某些沿海地区的地下水位长期处于平均地面以下，造成高盐度和高密度的海水或咸水流向陆地，即海水入侵。海水入侵严重地破坏了地下水资源，加剧水资源供需矛盾，影响工农业生产，导致土地盐渍化，经济损失严重，破坏沿海地区自然生态环境等。海水入侵可分为两种形式：第一种是陆地方向地下水水位下降，造成淡水 – 海水水楔向内陆发展直接侵染地下水。第二种是地面的下沉造成海水漫灌，海水直接渗入地下水，造成地下水的咸化。沿海地区的地面下沉，往往是由于过量开采地下水导致，大潮和台风风暴潮，也是造成海水入侵的重要原因。此外，沿海地区的水文地质条件决定了海水入侵的程度，如松散岩类含水层直接出露于地表，与海水水动力联系较为密切，在潮汐和开采作用下，易发生海水入侵。

（5）滑坡和崩塌

由坡地重力因素引起的地质灾害常见的有滑坡和崩塌。在外力作用或受人类活动的影响下，重力失衡形成的岩石、土壤和泥沙会整体塌落。其发生与坡面角度、物质组成、地貌、植被、降雨、地震、海洋动力诱发及人类活动均有关系，尤其是人类活动。滑坡和塌陷主要分布在丘陵、低山区，我国长江以北海岸带少见滑坡的报道，杭州湾以南的浙、闽、粤、琼和台湾沿海，丘陵、山地直抵海岸，加之气候湿热，降雨量充沛，风化层厚度大，为滑坡、泥石流的发育提供了适宜的条件。海岸带的海底滑坡主要分布在现代河口水下三角洲前缘，该地区由于沉积速率高，泥质沉积厚度大，承载力低，表层淤泥含水量高，在地形上有一定坡度，是潜在海底滑坡、塌陷和浅层气等灾害的不利地质因素。据研究表明，在开阔海域，坡度为 1°~4° 的水下斜坡上便可产生诱发性地层滑坡，在沉积速率较大的沉积环境，产生滑坡的临界坡度可减小到 0.1°。福建港湾的水下斜坡坡度均大于 0.1°，在地震或暴风浪的诱发下，容易产生滑坡灾害，是一种潜在和渐发性的灾害。

海岸带的崩塌和塌岸现象主要发生在松散沉积层组成的海岸、河岸。如山东蓬莱西部的黄土台地海岸、荣成北部柳夼村西部的海岸，由于海浪淘蚀形成深大的海蚀穴，上部的松散沉积层受重力作用而发生崩塌，造成海岸侵蚀后退。此外，沿海地区的地层和岩性分布比较复杂，横向变化大，在某一区域可同时出现两种以上的岩性，这些岩石的差异风化，一方面使得基岩面强烈起伏，另一方面由于岩性的不同，使同一风化程度的土层力学性质存在差异，在低海平面时期，邻近高处的花岗岩块体滚落，被后来的沉积层覆盖，散布于现代海相沉积层之下，对港湾工程的地基处理造成了一定的不利因素。

10.2.2　海岸带地质灾害防治

10.2.2.1　海岸侵蚀防护

波浪、潮流、风暴潮等是造成海岸侵蚀的主要海洋动力，为了防止岸线后退、消减海洋动力，建设各类海岸防护工程是最常见的海岸防护手段。由于侵蚀特征和防护目的不同，海岸防护形式多种多样。现代海岸防护理念多强调"维持海滩健康"，因此，所谓"软性工程"一般被认为比传统的"硬性工程"更加善待环境。但在人口密集的海岸，当人们的生命财产受到侵蚀威胁时，采用硬性防护措施在所难免。基本设施有建造丁坝、离岸堤、防波堤、护岸和海堤等海岸建筑物，以及人工海滩补沙等措施。

（1）海堤防护

目前，多数海堤存在不同程度的损坏情况，有必要对其进行修复加固，以提高海堤的防灾减灾能力，保护堤后的植被与基础设施。海堤是平行海岸布置、阻止岸线进一步后退以保护陆域免遭侵蚀的一种防护形式，是沿海地区防御台风风暴潮灾害，保障经济社会发展和人民群众生命财产安全的重要基础设施，是海岸防护体系中最后的一道防线。

海堤的建设和研究已有悠久的历史，是应用最广的海岸防护形式。关于海堤的研究主要在其设计方面，如断面形式、波浪爬高计算、越浪量、设计标准和稳定性等。因此，在海堤设计中除考虑满足一定高程和坚固程度之外还需兼顾一定的消浪功能，并将外侧堤面设计为斜坡、弧形、阶梯、加糙或透空等形式。但海堤对堤外海滩侵蚀的防护不会有任何有效作用，相反，海堤特别是直立或近直立堤造成的波浪反射可促使堤前滩面侵蚀加剧，而且随堤前水深的增大这种效应会更加明显。从防护对象看来，与其说海堤是海岸防护设施不如说是陆地防护设施。

海堤的作用和缺陷可归纳如下。海堤可直接把陆地和海洋之间的动力作用隔开，使陆地免受波浪、风暴等的侵袭，千百年来在固定岸线、防潮防浪等方面发挥了重要作用。经海堤反射的波浪对坡脚的淘刷和堤前滩面的冲刷强烈极易造成护坡的塌陷和滩面的下蚀，从而增加常年维护和重建的庞大费用；海堤的修筑除切断了陆域泥沙来源外，还打破了海岸原有的泥沙平衡，加剧了堤外的侵蚀作用；同时使海岸侵蚀失去陆域缓冲，造成潮滩剖面坡度变陡，甚至缺失高潮滩，原有潮滩生态系统遭到破坏。

（2）丁坝防护

丁坝又称挑流坝，通常与海岸呈丁字形，是与海岸正交或斜交并深入海中的海岸建筑物。丁坝分三部分，与堤连接的部分叫坝根，伸向水流的头部叫坝头，坝头和坝根之间的部分称为坝身。两个丁坝之间的部分称为坝田。

海岸丁坝的作用主要是阻止或减缓沿岸流及沿岸流引起的沿岸输沙，因此多用于沿岸输沙率较大的侵蚀性岸段。在无沿岸输沙或沿岸输沙率非常小的岸段，丁坝对岸滩防护几乎没有作用。即使在有沿岸输沙的海岸，由于动力格局和海岸物质组成的不同，丁坝防护后岸滩的淤蚀动态差异很大。如在淤泥质海岸建造丁坝建筑物，由于斜向入射波破碎后使丁坝的上游侧动力加强，冲刷细颗粒泥沙组成的海滩，而在下游侧波浪掩护区形成悬沙淤积在砂质海岸，泥沙运动形式以推移为主，丁坝拦截沿岸输沙后在其上游侧形成淤积区，而下游侧则因泥沙来源减少而形成冲刷。

由于丁坝所能防护的岸线范围非常有限，在侵蚀防护中，一般沿岸布置一系列的丁坝群以实现对海岸的整体防护。根据美国《海滨防护手册》中的推荐，丁坝间距一般为丁坝长度的一倍。在丁坝群的下游，由于沿岸流的输沙能力大于上游来沙量，岸滩常发生冲刷。另外，当丁坝在拦截沿岸输沙的同时常在其上游一侧形成向海方向的沿堤流，泥沙随沿堤流向海输运会导致海岸泥沙流失。为解决上述不利影响，丁坝常与离岸堤和人工补沙等措施并用，或将丁坝坝头筑为"丁"字形以防止沿堤流的形成和泥沙流失。

（3）离岸堤防护

离岸堤是与海岸线平行且具有一定距离的海岸建筑物，可用于消除入射波能并使泥沙在堤后淤积，从而发挥保护海岸的作用。当在离岸一定距离的浅水海域中建造大致与岸线平行的离岸堤后，由于堤后波能减弱，可保护该段海滩免遭海浪的侵蚀，同时在离岸堤与岸线间波浪掩护区内，沿岸输沙能力也将减弱，促使自上游进入波影区的泥沙沉积下来并逐渐形成由岸向海突出的沙嘴。当离岸堤的长度相对其离岸距离足够大时，沙嘴可发展成为与堤相连的连岛沙坝。

离岸堤可正面直接阻止波浪入射耗散波浪能量，真正成为岸滩的有效屏障，连岛沙坝的形成又可以起到丁坝的防护作用，同时可以拦截部分横向输沙，因此离岸堤在海岸防护中已得到非常广泛的应用。但实践表明，离岸堤也并非完全理想的防护形式，因为离岸堤一般修建在破波带以外的岸坡，施工难度相对较大，工程造价高，而且仅能保护其附近有限范围滩面，堤前冲刷严重而且维护成本高。

（4）防波堤防护

防波堤是为阻断波浪冲击力、围护港池和维持水面平稳，保护港口免受恶劣天气影响，使船舶安全停泊和作业而修建的水中建筑物。防波堤的主要功能是防御波浪对港域的侵袭，从而保证水面平稳，改善船舶停泊和作业条件。在砂质海岸，与岸相连的防波堤可以阻挡沿岸输移的泥沙进入港池。在河口或潮汐汊道口，防波堤可以兼作导堤。有些防波堤还具有内侧兼作码头的功能。防波堤是多数海港工程的重要组成部分，按结构形式可分为斜坡式、陡墙式以及混合式三类，斜坡堤和陡墙堤为常用的结构形式。

（5）人工补沙防护

人工补沙是从海底或陆上采集合适的沙源对侵蚀性海滩进行填筑以弥补被侵蚀的泥沙、塑造新的岸滩形态，从而防止海岸侵蚀和岸线后退的一种防护措施。除砂质海岸外，在非砂质海岸（粉砂淤泥质岸或基岩海岸）上的人造海滩也属于养滩范畴。由于可以提供由波浪和水流塑造海岸形态所需的物质基础而且对海岸自然过程的影响甚小，人工补沙被认为是一种最理想的海岸防护方式而被广泛采用。不过人工补沙工程最重要的问题是经济效益，因为人工补沙本身成本相对较高，补沙后由于部分泥沙流失，必须进行阶段性的重补以维持海岸形态的稳定。

由于人工补沙需要寻找能在受补给海岸动力条件下相对稳定的沙源，且不会对沙源区和补沙区造成不良的环境影响，因此沙源选择是人工补沙设计的首要任务。如果认为受补给海滩原有的泥沙组成可以代表与该海岸动力环境相适应，海岸侵蚀的主要原因仅是缺沙，那么沙源沙与海岸原有泥沙粒径相近是最好的选择。不过，为了减少填筑沙的流失，通常选用中值粒径略大于海滩原有泥沙的沙源。除粒径之外，沙源沙的分选性也是影响补沙后海岸稳定性的一个重要因素。一般陆上沙丘或海底表层的沙源粒径相对较小且分选好，易于流失，而在冲积河道或海中浅滩的沙源较粗且分选较差，在多变的海岸动力环境下流失量会更小。

当沿岸输沙量较大时，可以建造短而低的丁坝群来减小沿岸方向的补沙流失，而当横向输沙量较大时可采用离岸堤加以控制，国外很多大型人工补沙工程都是与丁坝、离岸堤或人工岬角相结合而实施的。人工补沙，一般按照如下步骤开展设计和施工。

1）海滩现状调查与分析。对海岸侵蚀进行调查，调查内容主要包括海岸与海底地形，波浪、潮流等水文测算，沉积物粒度分布，海滩泥沙运动，沙丘地形活动状况及侵蚀速率等。同时还需对海洋环境质量、底栖生物、人类活动历史遗迹和岸滩演变规律进行全面调查和分析，作为养护工程设计、施工以及辅助工程的选择和设计的基础。

2）海滩养护设计。沙滩关键参数是控制沙滩动力与泥沙相互作用而反映在地貌上的理论计算的数值或经验值，其内容包含三个方面：动力参数、泥沙参数和地貌参数。动力参数主要是波浪要素以及推算波浪要素的风要素，对于海湾、海岸沙滩，潮流也会产生一定的沉积物运移作用；泥沙参数包含粒径、密度、分选度等；地貌参数包括地形资料、滩肩高程、滩面坡度、岸线形态等。

填沙粒径的选择。海滩沙的粒度成分与流力相适应，强浪的海滩坡度陡，以粗沙、砾石为主；弱浪的海滩坡度缓，以中、细砂为主。国外人工补沙用得较多的是岸上的沙丘沙、潟湖内的沉积沙以及离岸区浅滩上的沙。最好的沙粒是与原海滩上的泥沙由相同的颗粒组成，但一般不容易得到。若填筑的沙粒较海滩沙细时，许多泥沙会向离岸区流失，因而用量较大；当采用的沙粒较粗时，泥沙会较多地堆积在滩面上，形成较陡的坡度。当坡度过陡时，可能不符合滨海浴场的要求。因此，一般选择粒径大小比天然海滩略粗的沙。对于抛沙中少部分的淤泥和黏土，对整体环境是不利的。一般对于海水比较洁净的海区，大于 5%~10% 的比例是不可接受的；对于海水比较浑浊的海区，细颗粒物比例达 15%~20% 是可以接受的。

岸线布设。对于岬湾形砂质海岸，岸线布设越接近自然稳定形态，抛沙后沙滩的过渡期就越短，反之亦然。一般以沿岸输沙状态来评估布设岸线的稳定性。根据动力地貌学研究，海岸在自然形态下达到的稳定形态以曲线形态居多。

填沙剖面。填沙剖面设计的依据是波浪对岸滩的横向作用。通过泥沙的横向输移分析，可知泥沙运动趋势决定于泥沙粒径、滩面坡度及波浪要素。波浪要素是自然条件且只能被消减不能够增强，因此，基于自然条件的约束，填沙剖面通常将泥沙粒径和滩面坡度作为设计参数。①平衡剖面是指近岸海区从水深等于盛行波 1/2 波长的深处至暴风浪可达到的岸滩最高点之间，由粒径相同和比重相同的泥沙构成坡度均匀的海底，在波浪的作用下，其侵蚀和堆积处于相对平衡状态的海底剖面。作为填沙剖面设计，平衡剖面是其中一部分，在沙滩旅游规划中还需对滩肩宽度进行设计。因此，填沙剖面包括滩肩和平衡剖面两部分。滩肩部分设计除满足旅游沙滩宽度标准，还应满足滩肩高程大于或等于设计重现期内波浪最大爬高与大潮高潮位。②横断面设计是进行补滩施工和计算抛沙量的关键，设计的合理与否直接关系着养滩工程建成后，新养护沙滩与当地水文环境的适应能力以及工程是否能够满足规划时的使用要求。中剖面有海滩的原始剖面、设计剖面和施工模板。原始剖面指前剖面形态，通常需要水下地形勘探测量得出；设计剖面是指根据当地的水动力条件和原沙、补沙粒径等因素，结合一定的设计准则（如 Dean 平衡剖面模式）所确定的海滩稳定时的平衡剖面，是优良海滩最终达到的剖面形态；施工模板是指在进行工程施工时所依据的补滩施工文件，是工程开展的依据性文件，包括滩肩高程和宽度以及一个或多个向海底坡的设计。海滩养护横断面设计方法主要有超沙法和平衡剖面法。

填沙位置。国外成功的补沙养滩工程中较好的补沙位置有后滨、滩肩和低潮岸外。①抛沙于后滨带上，构筑滩顶沙丘链。海滩后滨滩顶，常发育风成沙丘，若加固压实沙丘，可阻挡风暴潮期间海滩沙的越顶流失，植物固丘也可提高海滩沙的抗蚀力，并可扩大海滩旅游休闲场所。海滩沙丘是海滩沙的"储蓄卡"，冬、春季阻风沙而增宽，夏、秋季海滩受侵蚀时，沙丘沙再补充海滩。低矮的海滩区，常采用这种固丘法养滩，如荷兰的人造海滩与人造沙丘合用，效果极佳，既使陆域面积不断增大，还使疏浚来的泥沙得到妥善处理。当然，缺点是用沙量大，运沙路线长（对于从滨外取沙），造价高。②抛沙于高潮滩肩及其前坡上，构筑高而宽的滩肩和前坡。滩肩是海滩主要旅游休闲场地，也是海滩淤蚀动态的风向标。连续数天的较大风浪可使滩肩蚀窄数米。相反，数天涌浪天气，又可恢复。宽阔而致密的滩肩可在一定程度上减缓风浪的侵蚀，利于涌浪的淤沙。国内外许多工程的抛沙点在这一部位。优点是沙量省，运程短，见效快。但这里的海滩活动性较大，必须加强补沙后的监测和实施重建后的再补沙。③抛沙于滨外浅水区，构筑岸外潜沙坝（或水下滩丘）。向低潮线以外闭合深度以内大量抛沙，堆成水下沙坝。滨外浪小，所抛的沙容易保存，并可逐步补充海滩，同时滨外潜沙坝可起消浪作用，使海滩浪力减弱，利于淤滩；暴风浪时，下移的海滩沙也容易被潜沙坝所拦截。构筑滨外潜沙坝的优点是运程短，抛沙易，造价低，且不破坏海湾浅海区的地貌结构。

填沙方法。目前，国际上主要有 4 种填沙方法：滩丘补沙、干滩补沙、剖面补沙和水下沙坝补沙。①滩丘补沙：将所有补给泥沙堆积在平均高潮位以上，不直接增加干滩宽度，能够阻挡风暴潮期间的泥沙越顶迁移，流失小，填沙技术低。②干滩补沙（滩肩补沙）：将补给泥沙主要堆积在平均潮位以上，增加干滩宽度，效果显著，填沙技术中等，流失量较大，为目前使用较多的填沙方案。③剖面补沙：将补给泥沙吹填在整个海滩剖面上，施工时直接按照剖面的平衡形态填沙，短期效果显著，填沙技术较高且易遭受风暴潮的破坏。④水下沙坝补沙（近岸补沙）：将补给泥沙抛置在近岸平均低潮位以下，形成平行于海岸的若干条水下人工沙坝，依靠自然波浪的作用将泥沙向岸滩输移。

10.2.2.2 海水入侵防治

近几年来，海水入侵已经成为沿海地区日益严峻的环境问题，制定科学的海水入侵防治对策，保护现有的水资源环境，已成为亟须解决的重要问题。

（1）水资源适应性管理

在沿海地区全面加强水资源消耗总量和强度双控，坚持以水而定、量水而行，坚决遏制不合理用水需求，实现用水方式由粗放低效向节约集约的根本转变。合理确定海水入侵威胁区的地下水开采量和控制水位阈值，在沿海地区加快推行地下水开采量与水位"双控"管理。对于海水入侵严重的地区，严格控制地下淡水开采规模，精确计算沿海地区不同条件下的可开采量，完善地下水的抽水量布局，合理安排开采时间，合理布设地下水开采井，将地下水位控制在相对稳定的水平，地下水开采量控制在一个合理的范围。严禁乱打井、打深井，涵养地下水水源，从根本上控制和缓解海水入侵灾害。

（2）增加地下淡水补给

采用地表拦蓄补源、地下水井回补等工程措施增加地下水补给，抬高淡水水位，以改善海水入侵状况。结合入海河流源短流急特点，在沿海地区河道上合理规划建设拦河闸、拦河坝等拦蓄工程，通过梯级拦蓄方式，在保障河流生态基流的基础上，提高河流雨洪水滞蓄能力，增加河流对地下水的下渗补给。综合考虑地下储水空间、包气带渗透性能、含水层边界封闭性等条件，结合地下截渗墙建设，构建地下水库，实施地下水联合补给和优化开采，提高地下水人工调蓄能力。

地表拦蓄补源技术主要通过拦截和存蓄雨洪水、上游闸坝弃水、区间地表径流等，提高地表雨洪水滞蓄能力。为提高地表蓄水入渗能力，地表拦蓄通常与河道治理结合实施，即采取疏浚、扩挖等方式改造已有坑塘、河道，形成渗水廊道，在闸坝前适宜区域修建回补池渠，实施地下水人工补给。

地下水井回补是直接补给目标含水层地下水的主要技术方法。根据穿透地层厚度的不同，地下水回补井可分为包气带井和含水层井两大类，其中包气带井又称为干井或渗滤井。地下水回补井通常是机井，在地表土地资源有限、包气带渗透性差或补给目标含水层较深时，一般会通过机井将补给水源直接注入目标含水层。

（3）海水入侵屏障建设

通过建立各种工程屏障或水力屏障来阻隔海水，可以有效抵御海水入侵，这种方法属于一种防御性措施，主要包括建立水力帷幕、防潮坝、地下水坝、地下水库等。水力帷幕是在咸淡水界面之间形成水力屏障，阻碍海水入侵。

淡水帷幕是将地表淡水回灌补给含水层，使得地下淡水水头高于邻近的咸水水头，重新建立起由陆地指向海洋的正向水力梯度，在海水入侵的咸淡水前锋区形成一条带状阻咸帷幕屏障，借助较高的淡水水头及条带状淡水体隔离咸水，防止其持续向内陆运移。

在易受海水侵入的海岛海岸带修建河口闸、防潮堤坝和生态型海岸防护工程等，可从地表阻断海水入侵通道。

地下防渗墙是在滨海含水层中修建的拦截海水入侵的地下实体坝。在入海河道或咸淡水流通性较好的地点修建防渗墙后，原地层的透水性被大大削弱甚至完全消除，所以防渗墙一方面可以阻止下游海水对上游淡水的入侵，另一方面还可以拦蓄调节自上游向下游排泄的地下淡水。

地下水库是以含水层空隙为储水空间，在人工干预下形成的具有一定调蓄能力的水资源开发利用工程，主要利用地下坝体彻底阻断海水入侵路径，然后在地下坝内陆一侧，采取抽咸补淡方式，在治理咸水体的同时，积极回补淡水，在此基础上开展地表水源的地下调蓄利用。

（4）建立地下水动态监测系统

因地制宜地建立地下水动态监测系统，完善监测机制，监测结果是准确评价和合理开发地下水资源的重要依据。对海水入侵区的水量、地下水位、化学含量和 pH 等指标进行在线监测，第一时间掌握地下水水体变化情况。根据海水入侵的频率和规律，预测入侵速度和范围，采取有效措施，保护和改善现有的水环境状况。

10.3　海洋生态灾害防治

海洋生态系统是整个地球岩石圈和水圈最为重要的生态系统之一，是整个地球生态系统的重要组成部分。海洋生态灾害是指海洋环境由于开发利用方式不当、破坏生物链或在自然条件下某种海洋生物的过多、过快繁殖（生长）等因素而发生异常或激烈变化，导致在海上或海岸带发生的严重危害社会、经济和生命财产的事件。目前，海洋生态灾害呈现出类型增多、频率增高的趋势，传统的赤潮、外来物种入侵等生态灾害有增无减，新型的绿潮、水母等生态灾害频发，导致经济受损较为严重，已严重影响到沿海地区海洋经济的持续、稳定、健康发展。

10.3.1 海洋赤潮灾害防治

10.3.1.1 赤潮的形成机制

赤潮是在特定的海洋环境条件下，海洋水体中某些微小的原生动物、浮游植物或细菌突发性地增殖或者高度聚集，引起一定范围内的水体在一段时间内变色的现象。赤潮不一定都是红色的，赤潮因发生的原因、生物细菌种类、数量的不同，水体会呈现红色、砖红色、棕色、黄色、绿色等不同颜色。赤潮形成的原因和机理十分复杂，它是海洋中的生物、物理、化学、水文和气候等诸多因素共同作用的结果。赤潮的暴发与赤潮生物的存在、海水富营养化以及适宜的温度、盐度、水文气象等因子密切相关。

（1）赤潮生物

赤潮生物是能够大量繁殖并引发赤潮的生物统称，包括浮游生物、原生动物和细菌等，其中，有毒、有害赤潮生物以甲藻类居多，其次是硅绿色鞭毛藻、定鞭藻和原生动物等。赤潮生物是赤潮发生的基础和前提，在海域中存在赤潮生物的前提下，且水体环境满足其生长、繁殖的需求时，赤潮生物就会大量繁殖。一旦赤潮生物的数量达到诱发赤潮的临界值时，某一环境因子的改变就会使赤潮生物的增殖速度呈指数级增长，很快就能形成赤潮。一般来说，在赤潮生物种类多、密度大的区域，发生赤潮的潜在风险较大。

（2）水体富营养化

水体富营养化被公认为是引起赤潮的主要因子。一般而言，海域的富营养化程度越高，越容易引发赤潮。水体富营养化主要是由于城市工农业废水和生活污水未经处理被大量排放，从而导致营养盐（主要是氮和磷）、微量元素（如铁和锰）和有机物（如维生素）等物质在水体中大量富集。氮和磷是生物体生长、发育和繁殖所需要的重要元素，也是赤潮生物的重要限制因子，尤以磷的影响更大。

（3）海水理化和气象因子

海水理化因子、水文气象因子和水动力条件是赤潮发生的重要因素。海水理化因子特别是温度和盐度是诱发赤潮的重要原因之一。赤潮发生的适宜温度范围为 20~30℃，因此赤潮发生的季节大多在春末和夏季。海水温度在短时间内的快速升高，往往会刺激赤潮生物的繁殖而引发赤潮。随着全球气候变暖的趋势加剧和海水温度的不断上升，使得赤潮生物的分布范围更广，生长速率更快，赤潮发生的频率增大。海水盐度的变化也是促进赤潮生物大量繁殖的原因之一，海水盐度在 15~21.6 时易诱发赤潮，短时间内盐度的急剧下降对赤潮生物的繁殖具有刺激作用。

水文气象因子主要指气温、光照、降水、风向和风力等，对赤潮的形成也具有重要作用。一般而言，在天气闷热、干旱少雨、光照充足、水温偏高、风力较弱的水域极易暴发赤潮。因为气温高、光照充足有利于赤潮生物的大量繁殖，降雨会冲散赤潮，减小赤潮生物的密度，而较弱的风力不容易使赤潮生物扩散。沿岸流和潮汐对赤潮生物以及营养盐的输送也起着重要的作用。

10.3.1.2　赤潮灾害防治

赤潮灾害的危害在于首先大多数赤潮生物是有毒的，其他海洋生物进食后会导致中毒死亡；其次，赤潮破坏了海洋生态环境中的正常生产过程，中断食物链，威胁海洋生物生存；再次，赤潮生物死后尸体分解过程中需要大量消耗海水中的氧，致使局部形成缺氧环境，导致鱼虾、贝类大量死亡。赤潮作为一种突发性强、致灾面积广的全球性海洋生态灾害，其发生机制、监测预防、治理技术等一直是世界各国研究的重点。由于赤潮的发生机制尚未清楚，治理赤潮灾害主要采取"预防为主，防治结合"的策略。

（1）物理法

物理法是利用物理手段达到消灭或驱散赤潮生物的方法，主要包括隔离、机械搅动、超声波、紫外线、过滤、吸附和气浮等。物理法方法简单，无二次污染，但是对密度低、底层的赤潮生物效果不佳，且成本太高，不宜大面积使用。因此，物理法的实际可操作性不高，一般作为应急措施。

机械搅动法借助机械动力或其他外力搅动赤潮发生海域的底质，加速分解海底污染物，使底栖生物的生存环境得以恢复，同时提高周围海域的自净能力，进而减缓和控制赤潮的进一步发生。

超声波是备受关注的新型除藻技术，不需化学物质即可较快去除藻类。

吸附法利用具有多孔性的固体吸附材料，将赤潮藻类吸附在其表面，以达到富集和分离的目的，目前使用的赤潮吸附材料主要有炉渣、碎稻草和活性炭。

气浮法是在赤潮水体中通入大量微细气泡，使之与藻类依附，由于其比重小于水，进而借助浮力上浮至水面后去除赤潮藻类。目前使用的气浮工艺主要有压力溶气气浮、散气气浮和涡凹气浮。

（2）化学法

化学法是利用化学药剂和絮凝剂来抑制或杀死赤潮生物。该方法操作简单、见效快，是目前使用最广泛的方法。但是，要注意化学方法在药效持久力、对非赤潮生物的影响、药物残留、二次污染等方面存在的问题。

化学药剂杀灭法是指利用化学药剂抑制赤潮生物生理过程来抑制其生长繁殖，

或通过破坏细胞结构直接杀死赤潮生物的方法。无机药剂主要集中在铜离子试剂（硫酸铜）、次氯酸、二氧化氯、氯气、过氧化氢和臭氧等，有机药剂主要包括有机胺、碘类消毒剂、有机溶剂、黄酮类和羟基自由基等。如无机铜离子可抑制藻类的生长代谢和光合作用，破坏藻类细胞的原生质膜，进而有效去除赤潮藻类；二氧化氯是高效的新型杀藻剂，适用于 pH 值为 6~10 的赤潮，不会产生三氯甲烷等有害物质和避免造成二次污染；黄酮类物质可有效抑制赤潮藻类的生长代谢等。

胶体絮凝沉淀法是利用胶体的化学性质将赤潮生物聚集沉淀，然后打捞去除。絮凝剂包括无机絮凝剂、有机絮凝剂和天然矿物絮凝剂。无机絮凝剂主要包括铝盐、铁盐和聚硅酸金属盐三个大类，其中铝盐具有一定的污染性，铁盐可促进赤潮生物的生长，但两者在治理赤潮方面的应用具有局限性，新型无毒的高分子絮凝剂如聚硅酸硫酸铝相比铝盐絮凝效果更好，用量却低于铝盐约 1/3。有机絮凝剂具有荷电正、电荷密度大、水溶性好、具有一定链长和分子量大等特点，具有较高的絮凝沉降性能。利用天然矿物絮凝剂如黏土矿物絮凝沉淀是目前国际较公认的去除藻类方法，黏土法具有对海洋环境和生物影响较小、操作简单和材料来源丰富等优点，但黏土的溶胶性差，导致水体中悬浮颗粒较多，因此在治理赤潮时黏土使用量很大而效率较低。

（3）生物法

生物法是利用生物之间的相互作用以达到抑制或消灭赤潮的目的，主要包括栽培大型藻类、养殖滤食性动物以及引入可侵染微藻的细菌和病毒等。该方法材料选择广泛，不会对环境造成污染，但必须充分考虑所选择的生物对海域生态系统的影响。

通过引入赤潮藻类生物天敌来治理赤潮，是根据生态系统中食物链的关系，栽培与赤潮藻类存在营养竞争关系的大型经济藻类，或养殖摄食赤潮藻类的浮游动物。这种方法最大的弊端在于新物种的引进可能改变甚至破坏原有生态系统，我国曾采用凤眼莲、浮萍和水生花等除藻，最终其死亡腐烂反而加剧海洋污染。此外，一些赤潮藻类生物天敌有毒，对人类健康存在潜在危险。

利用对赤潮藻类具有特异性抑制甚至杀死作用的细菌和病毒等海洋微生物，释放杀死赤潮生物的物质，或破坏细胞的结构，或进入赤潮生物细胞内杀死细胞，或和赤潮生物竞争营养物质也可达到抑制赤潮的目的。随着技术手段的不断进步，"以菌治藻"在赤潮治理中具有巨大的潜力与广阔的应用前景。

10.3.2　海洋绿潮灾害防治

10.3.2.1　绿潮的形成机制

绿潮是在世界沿海国家中普遍发生的有害藻华，是一种可以造成次生环境危害的生态异常现象，主要由石莼属、浒苔属、刚毛藻属、硬毛藻属等大型定生绿藻脱离固着基后漂浮并不断繁殖，在特定的海洋环境条件下，突发性地增殖或者高度聚集，覆盖在海面上，被风浪卷到海岸后腐败产生有害气体，影响海洋景观且破坏海洋生态平衡，通常发生在河口、潟湖、内湾和城市密集的海岸等富营养化程度相对较高的水域环境中。

（1）绿潮海藻自身的生物学特点

绿潮海藻本身具有较高的营养盐吸收能力。在富营养化的水域环境中，绿潮海藻在营养盐的刺激下可成倍增长，且光能利用率高，具有较强的竞争优势。绿潮海藻的繁殖方式多样，包括有性生殖、无性生殖、营养繁殖等；繁殖能力强，在生活史的任何一个中间形态都可以单独发育为成熟的藻体。同时绿潮海藻的孢子和藻体具有较强的抗胁迫能力。由于绿潮海藻具有上述特点，所以导致在一个水域环境中绿潮海藻往往成为竞争的优胜者，目前报道的绿潮中大都只有一种优势海藻，如黄海绿潮的优势种为浒苔。

（2）环境因素

绿潮暴发的原因和赤潮类似，海洋水体中的氮、磷等营养盐和有机物增多导致的海水富营养化是绿潮灾害暴发的首要原因。除了营养盐，温度、光强、盐度、溶解氧、摄食动物等，也是绿藻能否在营养充足的条件下快速繁殖的重要因素。绿潮藻对温度和盐度的适应范围比较广，但有其最适生长的温度和盐度范围，适宜的环境条件会使其暴发性生长，从而形成绿潮。人类活动导致大气二氧化碳浓度增大，海水中二氧化碳浓度也会提高，改变了海水中碳酸盐系统及其相关的化学反应，从而使 pH 值降低，碳酸氢根离子浓度升高。这会直接或间接地影响海藻的光合固碳过程，可能促进光合作用，有利于绿潮藻的生长。大型绿藻覆盖在海面上遮蔽阳光，导致海底的藻类无法正常生长；大型藻类死亡后分解过程中要消耗海水中大量的溶解氧，导致水体缺氧；严重影响海洋景观、干扰海洋旅游观光和水上运动的进行。

10.3.2.2　绿潮灾害防治

绿潮在我国出现较晚，近年来，我国大连、厦门、北海等地的海湾区域每年春季定期发生规模不等的绿潮，形成绿潮的种类主要是石莼属绿藻。我国黄海的绿潮主要由浒苔引起。绿潮大规模暴发涉及种源基础、环境条件、漂移扩散等诸多方面，主要与海水富营养化、光照强度、温度等环境因素有关，是一个复杂的过程。

（1）源头控制

绿潮的防控首先要找到藻类的源头。浒苔在我国沿海一带海涂上自然生长已有悠久的历史，黄海海域优势种为肠浒苔，常见种为浒苔、螺旋浒苔和扁浒苔，少见条浒苔、基枝浒苔。根据调查，2008年至今在黄海海域经常暴发的绿潮是石莼科浒苔大量繁殖所引发的，这可能与海区水文动力基础环境条件、浒苔藻种种源、海水富营养化等多种因素有关，形成的机制十分复杂。对于绿潮暴发的种源众说纷纭，有人认为主要来自苏北浅滩海域的紫菜筏架，有人认为来自山东沿海地区日本对虾养殖的虾塘。

1）苏北浅滩紫菜筏架概况。黄海绿潮的主导绿藻是石莼科浒苔，最初形成于苏北地区辐射沙洲，该区域为紫菜养殖区，其中分布着大规模的紫菜养殖筏架。紫菜养殖筏架可以为水体中的浒苔微观繁殖体提供附着生长的基质。每年秋季，紫菜养殖区的紫菜养殖筏架设置完成后，绿藻微观繁殖体形成的绿藻会附着在筏架上并开始生长，期间产生大量的生殖细胞等微观繁殖体；次年春季，温度上升，微观繁殖体重新萌发，绿藻幼苗出现在紫菜筏架上，其间浒苔逐步占据群落优势；4—5月紫菜筏架回收，上面的绿藻被清除入海，形成的漂浮浒苔和其微观繁殖体会大量增殖，在苏北沿岸流和风力作用下向北漂移，并不断增殖和聚集，最终暴发成为浒苔绿潮。

2）山东沿海对虾养殖塘概况。据山东省海阳市渔业技术推广站人员介绍，在1996年前后，由于中国对虾养殖不景气，我国沿海地区陆续从国外引进了日本对虾养殖，经过几年的摸索实验，总结出了一套行之有效的日本对虾养殖技术，其中以青岛市即墨区鳌山卫镇的养殖方法最为标准和典型。目前，山东青岛一带养殖日本对虾主要是分春、秋两季投苗，养殖方法为：放虾苗前，先把虾池清理干净，引进过滤后的海水，再把人工培育的褐苔、浒苔、螺赢蜚、藻钩虾和拟沼螺等海洋生物移植到池中。当培育到一定密度形成立体式生态环境后投放虾苗，之后，还不断地调整池中海洋生物之间的生态平衡，最终形成藻钩虾、螺赢蜚等小生物依赖海藻，海草繁衍不息，对虾吃海洋小生物，海藻和海草吸食、分解对虾排泄物的良性循环。该技术路线中，最基本的一项是向对虾养殖池塘中撒播大约1/3面积的浒苔，在浒苔环境中养殖对虾，对虾不仅能够健康生长、不会发病，而且能够高产、高效，没有撒播浒苔的池塘，对虾很快就会发病。以此为样板，全国沿海地区的日本对虾养殖池塘几乎均采用了鳌山卫镇的技术路线。在池塘中浒苔的繁殖能力虽然很强，但不会无限制繁殖，因池塘中有螺蠃蜚，被养殖户移植进入池塘，它以浒苔为食，不仅可以控制浒苔的生长，而且还是日本对虾的优良生物饵料。该日本对虾养殖模式曾于 2002 年获得山东省科技进步二等奖。从 20 世纪 90 年代开始，即墨区鳌山卫街道的日本对虾养殖就已非常成熟，高峰期养殖面积达到 1 万多亩，在鲜虾集中收获期，每天从即墨区鳌山卫街道"游"向全国的竹节虾有十多万千克，成为全国重要的对虾交易集散地。

虽然浒苔的源头尚未定论，但浒苔的防治需要开展。自然资源部会同江苏省从 2019 年起在苏北辐射沙洲紫菜养殖区，采取紫菜养殖筏架上喷涂次氯酸钠除藻剂的方式，大规模清除筏架附生的浒苔绿藻，杜绝苏北浅滩区藻体入海，实现源头治理和早期防控。黄海沿岸的围塘养殖区内要改变采用浒苔养殖"生态虾"的方式，减少养殖过程中浒苔对海洋生态环境的影响。

（2）控制海水富营养化

预防绿潮的首要措施和根本方法是控制海水富营养化，从根本上断绝赤潮或绿潮发生的人为因素。中国科学院海洋研究所发明了用综合生态修复方法降低海水氮、磷含量以预防赤潮的方法，在近海养殖大型海藻植物如海带、海裙菜和龙须菜等，它们消耗海水中的氮和磷，起到净化海水的效果。

（3）人工打捞

通过卫星遥感影像和无人机航拍、海洋调查船调查，实时监测和分析海区海洋环境要素、生态环境变化、绿潮分布面积、漂移路径等情况，对绿潮发展趋势进行预测和预警；研究并初步确定绿潮生长机理、生活史、生态特点和功能，分析大规模暴发的原因、过程和机理，对绿潮大规模暴发产生的次生环境效应进行评价；研究绿潮快速围栏、打捞、输运和海上现场处置技术，以及打捞后的快速处理及综合利用技术。绿潮一旦暴发，目前主要的治理措施是打捞。可采取机械方式或人工方式持续不断地打捞，等到水中的营养元素耗尽，绿潮自然会逐渐消退。

（4）多途径开发利用

绿潮如浒苔富含碳水化合物、蛋白质、粗纤维及矿物质，可以直接晒干用作食物或饲料。用于水产养殖，可有效地促进鱼、虾、贝的生长，提高产量，改善肉质和体色，提高品质；用于蛋鸡养殖，可显著降低蛋黄中胆固醇含量，提高鸡蛋品质。另外，还可以从浒苔中提取物质进行深加工，例如味精、氨基酸和天然色素等，国外有很多专门进行浒苔深加工的厂家。

10.3.3 海洋动物灾害防治

10.3.3.1 海洋动物的致灾机理

近年来，受气候变化和人类活动的影响，海洋生态系统的结构与功能发生了很大变化。继绿潮、赤潮暴发之后，海地瓜、水母、长棘海星等海洋生物暴发性增长，对海洋渔业、沿海工业、滨海旅游业和海洋生态系统等造成严重威胁，甚至涌入冷源相关系统而使核电厂机组降功率运行，造成停机停堆的运行事件。

（1）海地瓜

海地瓜是海参的一种，也有人称之为白参、海茄子等。长度最大可达 200 mm，一般为 100 mm，体呈纺锤形，自然生活状态下呈肉红色，由于其形状和颜色看起来很像番薯，因此被称为"海地瓜"。海地瓜穴居于潮间带至 80 m 的软泥底，少数生活在泥沙中，在我国海南、广东、福建、浙江沿海均有分布。海地瓜本身柔软，不易拦截，因此很容易进入取水系统，如果大量涌入，会造成取水系统堵塞，并且很难捕捞，对现场造成了很大的困扰。

（2）水母

全世界的海域中有几千种水母，个体大小从几毫米到几米不等，形状各不相同。我国水母灾害多发生在渤海、黄海和东海海域，灾害多由大型水母暴发所致，大型水母的类型主要有沙海蜇、海月水母和霞水母。水母作为海洋生态系统中重要的组成部分，其增多或暴发被认为是一种严重的生态灾害。水母的暴发导致一系列的经济社会问题。每年 5—10 月是大型水母繁殖、生长季节，在其繁殖、生长过程中分泌大量毒素，会使海水污染，海洋生物、渔业资源遭到严重破坏。水母的暴发会大量消耗海区浮游动物，如桡足类、鱼卵、仔稚鱼等，威胁海区鱼类的基础饵料供应，影响渔业生产。如果大型水母不能加以有效地扼制，海洋渔业资源将得不到有效的保护，长期不能复苏，甚至会产生更为严重的后果。2013 年水母在秦皇岛海域蜇伤1 700 余名游客并导致 2 人死亡；2013 年 7 月下旬，辽宁红沿河核电站附近海域形成了高密度海月水母群，这也是在辽东湾首次发现大规模海月水母聚集现象。

海洋中鱼类的过度捕捞，使得水母的竞争者减少。不少研究学者证明，世界上水母大量暴发的地带多为一些近海的世界性渔场。由于人为活动的强弱决定着海洋生态环境的变化，大量不合理的人为捕捞，使得海域中鱼类的数量迅速降低。自然海区的鱼类多以浮游生物为食物，而水母的主要饵料来源也是浮游动物。鱼类数量大规模的减少，降低了对水母的威胁，水母个体的饵料来源更加方便、更加充足。这为水母的大规模暴发提供了一定的饵料基础。

海水富营养化和有毒赤潮导致水母的暴发，越来越多的工业废水、生活污水排放到海洋中，导致海水水体富营养化。海水的富营养化必然会导致藻华的发生，特别是从以硅藻为主的藻华过渡到以甲藻为主的藻华，这个过程对水母的大量繁殖起到促进作用。当海水中出现大量的甲藻时，甲壳类的浮游动物（如虾和桡足类）会大量减少，水中的微型浮游动物会在生态系统中占据主要位置。此时，鱼类由于饵料来源受到限制，数量会减少，水母则会充分利用水中大量的生物饵料，快速繁殖、生长。尽管水中也会有其他同等级别类群的生物竞争饵料，但是由于水母是一种低等的海产无脊椎浮游动物，身体 95% 以上都是水，并且身体柔软，消化系统发达，生物饵料利用率高，摄食能力强，常常会在激烈的饵料竞争中取得胜利。

极端温度的刺激，使水螅体大量繁殖。有关研究表明，当海底水温为 10~15℃ 时，特别适合水螅的孵化、生长和繁殖。此时水螅可以通过大量的横裂产生新的水母体。水母体的生长速度极快，短短几天内会产生许多新的水母。此外还有研究表明，在夏季或秋季时水温过高，并且海水表面与海底的温度差极大，这样会大大加快水螅的生长速率。海洋中水母的暴发速度快，可维持 7~10 天甚至更久。一旦暴发，大量的水母需要生长繁殖，每个个体之间进行激烈的饵料竞争。由于饵料因素的限制和水温、氧气等因素的变化，水母会逐渐沉降并随之死亡。在水母死亡的过程中会对海洋生态造成恶劣的影响。

第一，濒临死亡的水母从海面下沉到海底的过程中，会慢慢分解成可溶解的有机和无机成分，并最终引起海底水母类颗粒有机物的大量聚集。然而，水母的分解过程是非常复杂的，这跟水母的品种和海水水流速度、温度等因素有关。这个过程中由于水体中突然出现大量水母的尸体沉降腐烂，海洋水体被破坏，对水体中的其他生物，如鱼、虾等来说也是一种污染。

第二，水母死亡腐烂的过程，会导致有毒有害细菌等微生物的繁殖，容易使水产经济动物患病。大量死亡的水母使水体富营养化加重，这又为赤潮的发生创造了有利条件。

第三，死亡水母在下沉的过程中多进行无氧呼吸，会消耗大量的氧气，这就使得本来氧气含量就少的海底更处于缺氧状态，影响底栖动物和部分微生物的生长。同时水体溶解氧的减少会引起其他不耐低氧生物的大量死亡，这些动物的大量死亡同样会加重水中氧气的消耗，水体处于恶性循环状态，水中氧气含量会越来越少，与此同时消耗也会越来越大。这样的海域，会影响海洋生物活动、生长、生殖及其生存方式，导致某些海洋生物的物种丰富程度下降，减少物种的多样性，影响海洋生态系统的稳定性。

第四，水母的消解过程会产生大量的酸，影响水体的酸碱变化，会对酸碱适应范围小的生物产生严重的危害。

（3）长棘海星

长棘海星又名棘冠海星或魔鬼海星，隶属于棘皮动物门海星纲有棘目长棘海星科长棘海星属，主要栖息于印度洋—太平洋海区的热带珊瑚礁海域中。长棘海星是肉食动物，主要食物为造礁石珊瑚，在造礁石珊瑚缺乏时也会捕食多孔螅、软珊瑚和无脊椎动物。长棘海星在捕食时会翻出贲门胃包住猎物，并分泌消化酶，通过胃壁吸收养分。长棘海星的食量惊人，平均每只每天会吃掉数百平方厘米的珊瑚，且会突然以数百万只的数量大量出现，严重破坏珊瑚礁生态系统。

10.3.3.2 海洋动物灾害防治

（1）人工清除

人工清理的方法简单直接，应用最为广泛，可有效控制短时间和小规模的动物灾害暴发。目前，可将沙海蜇、海月水母、霞水母等引起水母暴发种类列入灾害性水母范围，协调渔业管理、海洋保护、科研等部门成立水母治理小组，加强旺发期水母监测，结合水母暴发预警情况和应急预案对水母进行清理整治，特别对渔业生产和海滨浴场等敏感海域，在水母产卵繁殖之前对水母成体进行大范围采捕、拖网，减少其产卵繁殖数量，控制幼体在海域中的附着密度。设立水母防护网，根据近年来大型水母在海域出现的规律，在渔业生产及海滨浴场等海域安装设置水母防护网，减少水母伤人机会，加强防护网具检查和维护，发现网内水母滞留或堵塞情况进行及时清除。

人工清除的方法主要是请有丰富潜水经验的人员手持钩子、棍子和袋子下海捡捞长棘海星。虽然人工移除的方法简单直接，能够有效地控制短暂的、小规模的长棘海星暴发，但对于大规模、大面积的暴发就显得心有余而力不足了。在人工移除时，一定不能在海中捣碎长棘海星。它们生命力顽强，捣碎后会变成很多只长棘海星。

注射药剂是常见的应对长棘海星大规模暴发的方法之一，注射的物质略有不同。注射的药物主要包括硫酸氢钠、胆盐、硫代硫酸柠檬胆盐蔗糖和醋酸等，效果比较好的是胆盐。为了更有效地移除并且控制长棘海星数量，专业的水下机器人也应运而生，水下机器人可以独自识别长棘海星并注射胆盐，目前技术尚不成熟。

注射硫酸氢钠：注射的次数与海星体型的大小成正比，一般需要注射10~25针，共计180 mL的硫酸氢钠才可以杀死一只长棘海星。注射也十分讲究，每一针间距为 3~4 cm。体内含有硫酸氢钠的长棘海星会在 48 h 内死亡分解。硫酸氢钠也不会对周边的环境和生物造成危害。

注射胆盐：注射胆盐大大地提升了移除效率，平均每一只海星只需要注射致命的一针 10 mL 的胆盐。和注射硫酸氢钠相比，工作人员的工作量减轻了不少。

注射硫代硫酸柠檬胆盐蔗糖：给长棘海星注射硫代硫酸柠檬胆盐蔗糖是目前杀伤力最强的方法之一。在长棘海星大暴发的地方，只需给其中一只长棘海星注射一针，就能诱发一种传染性疾病，这种传染病会在这一区域的长棘海星中传播，导致大批长棘海星病死。但是，目前这一方法仍然在探索阶段，带来的影响还不太明确，因此也没有大规模使用。

注射家用醋：给长棘海星注射醋的方法既便宜又简单，每一只长棘海星只需要注射一针 20 ml 的醋。长棘海星内部主要是水构成的，无法承受醋的酸性。醋能在 24 h 内将长棘海星的内部基本腐蚀，长棘海星 48 h 内死亡率几乎可达 100%。这种方法基本不会对周边的生态环境造成伤害。

（2）投放天敌

法螺和釉彩蜡膜虾是长棘海星的"克星"，一些珊瑚礁鱼类和海葵也可捕食长棘海星。法螺是长棘海星的克星，法螺追杀长棘海星时，会从头部伸出带齿舌的捕食器卷缠住海星，并用身体重量死死压住长棘海星，让其无处可逃，随后法螺会慢悠悠地将捕食器伸进长棘海星腹面的口盘内把它的肉质吃掉。使用这种方法治理长棘海星暴发不失为一种好方法，但是在引入"天敌"的时候也需要考虑到当地生态系统是否适合引入这些"天敌"。除此以外，我们也需要通过科学的方法来估算合适的引入量，否则，一旦引入入侵物种，就很可能带来新的麻烦。

长棘海星精卵细胞的捕食者主要包括蝴蝶鱼、雀鲷，二者是常见的观赏性鱼类。在我国西沙群岛海域，蝴蝶鱼正逐年减少，而雀鲷仍较常见。由于雀鲷的个体较小、投放成本较低以及人工繁育技术较成熟，可大量投放以控制长棘海星精卵细胞的数量，从而达到事半功倍的效果。此外，雀鲷也可控制长棘海星幼体的数量。刚从游泳状态附着到礁石上的长棘海星个体较小，也没有硬壳，可大量投放大型底栖生物，且以海胆和海螺等刮食性种类为宜。幼体和成体长棘海星的捕食者主要为具有坚硬的嘴和厚鳞片的珊瑚礁鱼类，可大量投放人工繁育技术较成熟和投放成本较低的裸颊鲷、石斑鱼、鲀类和鳞鲀类。由于长棘海星于每年 4—5 月开始产卵，须在此时间投放其精卵细胞和幼体的捕食者。成体长棘海星捕食者的投放时间以长棘海星产卵前为宜。

10.3.4 外来物种入侵防治

在自然界长期的进化过程中，生物与生物之间相互制约、相互协调，将各自的种群限制在一定的栖息环境和数量，形成了稳定的生态平衡系统。当一种生物传入一个新的栖息环境后，如果脱离了人为控制逸为野生，在适宜的气候、土壤、水分及传播条件下，极易大肆扩散蔓延，形成大面积单优群落，破坏本地动植物相，危及本地濒危动植物的生存，造成生物多样性丧失。

伴随着海洋运输业、海洋旅游业等对外交流活动迅速发展，海水养殖物种的引入与传播也愈加频繁，越来越多的外来物种开始在中国海域养殖、繁育。通常而言，具有强生命力、高繁殖率、高传播力、高竞争力且生态位较宽的海洋生物容易形成入侵。但如果原有海洋生态系统自我控制机制缺乏、生态位空缺、物种多样性较低、生境相对简单，气候温暖，特别是人为干扰严重，就更容易遭受外来物种入侵。任何海洋物种入侵事件的发展，都是外来海洋生物与当地海洋生态系统共同作用的结果。外来海洋物种通过竞争或占据原有物种生态位，排挤当地物种；或与当地物种竞争食物；或分泌化学物质，抑制其他物种生长；或直接扼杀当地物种。由此使当地物种的类型和数量大批减少，甚至导致物种濒危、灭绝。由于当地物种结构发生变化，外来海洋物种可形成单优群落，海洋生物群落的改变会相应地引起海洋生态过程的改变，包括物质、能量循环周期被更改，某些资源被加速消耗，海域贫瘠化过程加快等。最后，导致海洋生态系统的简化或退化，破坏原有的自然景观和资源形态。外来海洋物种一旦形成入侵，所引发的生态乃至经济损害是多方面的，如地区及国家收入的减少，控制费用的上升，以及由于海洋生态系统被破坏，人类经济活动受到妨碍而导致的资源经济价值降低等。近年来，由于全球气候变化和人类活动的影响，我国近岸海域的物种多样性呈现下降趋势，且仍未得到有效遏制，外来物种影响越来越大。

10.3.4.1 外来入侵物种种类与特征

（1）外来入侵物种的种类

自工业近代化以来，人类活动使得某些物种具备了跨越海洋和山脉等空间障碍的能力，通过车船、飞机、个人携带、漂浮垃圾或者附着污损等途径，进入它从未栖息的新环境，从而使得该物种有可能在新的生态系统得以生存。上述跨区域传播的物种称为外来物种。对于引入的外来物种，可以根据它们对人类的作用和对当地生态系统的影响，分为以下三类：有益外来物种、有害外来物种和入侵物种。有益外来物种可以获取较高的经济效益，提高当地生态系统的物种多样性。有害外来物种可能对当地生态系统造成某种危害或对人类造成健康威胁。当外来物种进入新的生态系统后，经存活、繁殖和扩散后，建立能够生长和传播后代的种群，而成为定居或归化的种群。在新的生态系统中，如果归化的物种对当地经济和环境构成危害或者具有潜在危害，或者改变当地的生态系统、栖息地和生物组成，则称为入侵物种。根据《2020 中国生态环境状况公报》，全国已发现 660 多种外来入侵物种，其中 71 种对自然生态系统已造成或具有潜在威胁并被列入《中国外来入侵物种名单》。主要的海洋外来物种包括以下几种。

1）海水养殖生物。海水养殖的对象主要是鱼类、虾蟹类、贝类、藻类以及海参等其他经济动物。进入我国的外来海水养殖生物包括：海洋鱼类如大菱鲆、眼斑拟石首鱼（美国红鱼）、虹鳟、欧洲鳗、红鳍东方鲀、罗非鱼、大西洋牙鲆、欧洲鳎、塞内加尔鳎，以及正在养殖试验的美洲条纹狼鲈、尖吻鲈等；海水虾类如南美白对虾、南美蓝对虾等；海水贝类如海湾扇贝、虾夷扇贝、长牡蛎、红鲍、绿鲍、象拔贝、美国硬壳蛤（美洲帘蛤）、欧洲大扇贝等；海水棘皮动物如虾夷马粪海胆；海水大型藻类如海带、裙带菜、巨藻、甘草麒麟菜。其中，美国红鱼原产于美国东海岸和墨西哥湾，为广温广盐鱼类，1991 年引入我国，从养殖网箱中逃逸进入自然海域后，由于缺乏天敌，具有捕食其他鱼类的侵略性和扩张性，对我国海洋生态产生严重危害；虾夷马粪海胆原产于日本北海道及以北海域，1989 年引入我国，后逃逸至自然海域，它能够咬断海底大型海藻根部而破坏海藻床，同时也与土著光棘球海胆争夺食物和生存空间，对土著海胆生存构成了严重危害。

2）害虫和病原生物。少数生物具有致病性，能引起人和动、植物的病害，这些生物称为病原生物，主要包括病毒、细菌、真菌和寄生虫等。外来病原生物的传播会造成严重的经济损害和生态影响。据不完全统计，已传入我国的病原生物有 26 种，如美国白蛾、福寿螺、桃拉病毒、淋巴囊肿病毒、大菱鲆虹彩病毒等。如美国白蛾原产于北美洲，1979 年 6 月我国在一次调查农作物病虫害时，首次发现美国白蛾。美国白蛾成虫具有"趋光""趋味""喜食"三个特性，对气味较为敏感，特别是对腥、香、臭味最敏感。一般在卫生条件较差的厕所、畜舍、臭水坑等周围极易发生疫情。

3）海洋污损生物。海洋污损生物是影响海洋设施安全与使用寿命的重要因素。污损生物的附着生长会增加船舶阻力，导致船速降低、灵活性减弱及能耗增加；有些种类促使海上作业平台、浮标、船舶等壳体表面的腐蚀，缩短海洋设施的使用年限。污损生物附着在网箱、筏架、笼具等水产养殖设施上，堵塞其网孔，致使设施内外水体交换率降低，导致溶解氧降低，造成养殖生物死亡，甚至与养殖对象争夺附着基和饵料，影响其生长发育，降低水产品质量，妨碍海上水水产养殖业的发展。海洋中附着在船体上的水生生物，动物约 1 300 种，植物约 600 种，常见的约有 50 种，如藤壶、海鞘等生物、沙筛贝等。其中，沙筛贝适应能力强，繁殖和生长速度快，能与养殖贝类和其他附着软体动物争夺空间和食物，破坏和排斥原生物群落结构。

4）其他海洋外来物种。其他海洋外来物种包括一些海洋水族馆生物、外来盐碱植物（大米草、海蓬子等）、有害赤潮生物（多为适应性强的广布性种类）等。如球形棕囊藻是一种广温广盐的有害赤潮藻类，能在富营养化海域中短期内暴发性增殖形成有害赤潮，严重影响海洋生态系统结构和功能。1997 年在我国海域首次记录有球形棕囊藻，从此在我国南海海域接连发生多起大规模的棕囊藻赤潮。棕囊藻赤潮已经成为我国主要的有害赤潮之一。

（2）外来入侵物种的特征

外来物种在新的生态系统中，如果温度、湿度、海拔、土壤、营养等环境条件适宜，就会自行繁衍。许多外来物种虽然可以形成自然种群，但多数种群数量都维持在较低水平，并不会造成危害。造成生物灾害的外来入侵种往往具有以下特点。

1）复杂多样性、难以防范性。外来物种入侵进入与扩散的途径和危害形式复杂多样、难以防范，存在通过不同的渠道多次引入的可能。这种入侵行为还具有隐蔽性和突发性。外来物种一旦入侵成功，往往难以控制。它们对生态环境及人体健康所造成的大多数损害也是无法挽回的。

2）较强的生态适应能力。外来入侵物种的生存空间非常广，几乎涉及陆地和水体的所有领域。它们可在多种生态系统中生存，跨越热带、亚热带和温带地区。有的入侵物种甚至能在相当贫瘠的土壤中生存，具有顽强的抗旱、耐热、耐寒和抗污能力，一旦条件适宜或好转，即可大量滋生。

3）入侵行为方式具有潜伏性。一个物种刚进入新的生态环境时，在数量上与本地物种相比只占少数，最后通过繁衍在数量上占多数，"反客为主"成为入侵物种是需要一个过程的。入侵过程通常可以分为四个阶段：引入和逃逸期、种群建立期、潜伏期和扩散期。一个外来物种成功入侵，通常要经历一个迁徙扩散、潜伏积累、竞争暴发的过程。该过程中，其影响可能长时间存在。另外，在人为干扰严重的和自然控制机制较弱的生态环境下，外来物种入侵成功的可能性较高，而完整性良好的生态系统较不易受到入侵。

4）强大的繁殖和传播能力。这些物种能够大量繁衍后代或种子，尤其是那些具有特强无性繁殖能力的物种，它们可通过根、茎、孢芽、孢子等大量繁殖。另外，入侵物种能够迅速大量传播，通过多种机会寻找合适的生存环境。有的入侵物种的种子非常细小，可随风和水流传播得很远；有的可通过鸟类和其他动物进行远距离传播。

10.3.4.2　外来物种的入侵途径

外来物种入侵的途径可以分为两类：一类是通过自然因素进行的，即物种随着风、雨、河流和自身移动而从原产地迁移和扩散至另一地域。这一类途径的入侵是十分有限的，因为绝大多数物种都难以穿越阻拦它们通过的天然生物地理屏障。另一类则是人为因素所造成的，即通过人的活动而将外来物种带入一个新的生态环境中。任何生物物种，总是先形成于某一特定地点，随后通过迁移或引入，逐渐适应迁移地或引入地的自然生存环境并逐渐扩大其生存范围。这一过程被称为外来物种的引进。

（1）人为引入

人们出于经济和其他目的，从当地生态系统之外引入那些具有经济价值或观赏价值的物种，以提高和丰富当地养殖或种植的品种结构，提高经济效益。主要有作为养殖或种植品种引入、作为鲜活食品引入后导致逃逸、作为生态控制物种或生态恢复物种引入、园林观赏需要引入等。如 1981 年，一位巴西籍华人将福寿螺引入到广东，目的是作为养殖食用。1984 年后，福寿螺在广东、福建、云南等地广为养殖。由于过度养殖造成市场供过于求，加上味道不好，很快它就被养殖户遗弃到野外。而福寿螺适应和繁殖能力十分强，很快它就散布南方各地，破坏蔬菜和水生农作物，给当地农作物造成了巨大损失。为了防止水土流失，改善当地植被状况，绿化海滩与改善海滩生态环境，人们于 1979 年从美国东海岸引进了互花米草。首先于 1980 年 10 月在福建沿海等地试种，1982 年扩种到江苏、广东、浙江和山东等地。现在这个物种已经在浙江、福建、广东、香港等地大面积逸生，对当地的水产养殖造成严重影响。1990 年仅福建宁德东吾洋一地的水产业损失就达 1 000 万元以上。这个物种已经成为沿海地区影响当地渔业产量，威胁红树林的一个严重问题。

（2）海运船只及压舱水带入

压舱水是造成地理性隔离水体间的有害入侵生物在全球传播和扩散的最主要途径，被世界环保基金会认定为海洋生态的四大危害之一。压舱水一般来自船舶的始发港或途经的沿岸水域，据国际海事组织统计，世界上每年由船舶转移的压舱水有 1×10^{10} t 之多。船舶压舱水的排放会释放大量的微型藻类，其中就包括部分有害藻类。这些外来有害藻类大量繁殖，加重海水的富营养化程度，引发大面积赤潮，导致贝类麻痹性中毒，对渔业资源造成严重的危害，给人类带来巨大的疫情隐患。由压舱水带来的赤潮生物可以引发赤潮的发生，在全世界 4 000 多种海洋浮游藻中有 260 多种能形成赤潮，其中有 70 多种能产生毒素。

（3）伴随引入

在进口其他商品和引进其他生物时夹杂带入，主要有从境外进口其他货物时偶然带入和引进其他生物时带入。通常是随人及其产品通过飞机、轮船、火车、汽车等交通工具，作为偷渡者或"搭便车"被引入新的环境。随着国际贸易的不断增加，对外交流的不断扩大，国际旅游业的快速升温，外来入侵生物借助这些途径越来越多地传入我国。除交通工具外，快件服务、信函邮寄等也会无意中引入外来物种。

（4）生物技术新品种的产生

随着现代生物技术的进步，人们已经能够利用现代手段去改善和优化某些物种的性状，将人类需要的某些性状移植到目标物种中去，获得经过遗传修饰的生物体。但这种遗传修饰生物体的释放具有一定的生态风险，包括由此形成的物种入侵。

（5）自然入侵

通过风吹、水流携带、水中丢弃垃圾的携带、自然迁徙等途径自然扩散形成入侵。外来植物可以借助根系、通过风力、水流、气流等自然传入；外来动物可以通过水流、气流、长途迁移等传入；外来海洋生物可以随海流、海洋垃圾的漂移传入。

10.3.4.3 外来入侵物种的危害

当一种海洋生物传入新的海洋生态系统后，在适宜的温度、盐分及繁衍条件下，由于缺乏天敌的抑制，极易大肆蔓延，形成大规模单优群落，破坏原有物种结构，更为严重的是许多外来物种不仅对原有海洋物种构成生存威胁，危及生态系统平衡，而且将对海洋经济系统产生冲击，妨碍区域海洋生产活动的正常进行。诸多实践证明，物种引进得当，将产生良好的生态效益和经济效益，但盲目引进外来物种，则会造成灾难性后果，给生态和经济效益带来巨大损失。外来海洋物种入侵所造成的危害可概括为生态危害、经济危害和人类健康危害三个方面。

（1）生态危害

外来物种一旦成功入侵一个海洋生态系统，首先，将引起海洋生态系统组成和结构的变化，同时对海洋生态系统的资源获取或利用产生影响，并使系统的受干扰频度和强度发生改变，系统的营养结构也将发生变化，甚至能彻底改变原有海洋生态系统的功能及性质；其次，可导致当地海洋生物群落多样性降低，致使一些当地物种灭绝，而群落多样性低的海洋生态系统又容易招致新的外来物种入侵，这种反馈和循环的结果将最终引发区域或全球范围的生物结构趋同；最后，还将引起诸多生态灾害的加剧，尤其是赤潮、环境污染、流行病害等。如中国北方从日本引进的虾夷马粪海胆能够从养殖笼中逃逸，咬断海底大型海藻根部，破坏海藻床，与海域中的光棘球海胆争夺营养物质和生存空间，对当地物种构成严重威胁。再如，20 世纪 90 年代后，我国海水养殖流行病害逐渐频发，1993 年起对虾开始大规模感染病毒，2000 年北方滩涂养殖的菲律宾蛤仔大批死亡，也均与外来病毒、病原生物入侵有关。我国海域目前有害赤潮生物种类发现有微型原甲藻、血红裸甲藻、长崎裸甲藻等 16 种，绝大部分是国际性物种，主要通过海船压舱水等途径传播，对世界各海域生态系统的适应性极强。有毒藻类的无意引进不仅对我国沿岸造成了严重的环境污染，而且加剧了赤潮灾害的发生。近几年来，我国平均每年暴发赤潮 80 余次，尤其集中在 7—9 月份。

（2）经济危害

人类将外来物种引入时，大多是想获取经济效益，但外来入侵物种对人类的经济活动也可能产生巨大的不利影响。海洋外来入侵物种对沿岸水产、旅游、建筑、运输等产业领域都可能带来直接经济损害，还可能通过影响海洋生态系统间接给海洋经济系统造成损失。

海洋外来物种一旦形成入侵，所引发的经济损害将是多方面的，如地区及国家收入的减少，控制费用的上升，以及由于海洋生态系统被破坏，人类经济活动受到妨碍而导致当地资源经济价值降低等。如我国沿海省市引进的互花米草等海洋生物，引发了大面积蔓延，导致当地渔业遭受了严重损失，据统计，福建 6 个市、县的水产养殖业每年经受的损失多达上亿元。

海洋外来物种在对生态系统造成巨大危害的同时，也将间接导致经济收益的流失。近年来，广泛传播的世界性病原生物帕金虫已经对我国北方沿海菲律宾蛤仔养殖造成严重威胁，打破了菲律宾蛤仔原有养殖生态环境，使产量大大降低，也减少了渔民的经济来源。在国外，死海区域曾引入的一种食肉类栉水母，在短短的几年时间里，导致当地 26 种主要水产品种消失，同时还引发了死海缺氧和"死亡"区域范围的迅速扩大。该物种后来还在阿勒尔海、加斯比安等地区造成类似的经济损失。

（3）人类健康危害

传染性疾病是外来物种入侵负面影响的典型例证。通常新型传染病的流行，一部分是通过旅行者的无意传播，还有一部分则是间接从人类有意或无意引进的动植物体上携带而来。历史上许多国家遭受过各种疾病的浩劫，例如欧洲殖民地的建立，使麻疹和天花从欧洲大陆传遍了整个西半球，直接促使了阿芝特克和印加帝国的衰亡。

一些水生外来物种也会影响人、畜健康，携带病原体传染人类。如 2006年，在我国发生的群体性广州管圆线虫病，发病的罪魁祸首就是"福寿螺"。此外，克氏原螯虾等也可能传播这种疾病。在各种海洋外来物种入侵的潜在威胁中，最严重的就是现代人类与病原微生物间日益增长的不平衡。现有充足的证据表明，人口的急剧增长、科学技术的发展、人类行为模式的变迁以及各国各地区日益紧密的相互依赖，正在使人类更容易受到新的、复活的、变异的疾病攻击。比如 1991 年美洲暴发霍乱，100 多万人受感染，造成 1 万多人死亡，病发的原因很可能就是海洋船只内灌有受污染的压舱水排放到秘鲁海港。

为了发展海洋水族馆业，我国引进了多种观赏性海洋生物。而随着海洋运输业的发展，船体附着以及压舱水排放等，也已带入近百种海洋外来生物。可以想见，海洋生态系统所面临的外来物种入侵威胁将比陆地生态系统更为严重。

10.3.4.4　外来物种入侵防范

外来物种入侵是威胁国家生物多样性、生态安全和公众健康的重大安全问题。2020 年 10 月，第十三届全国人大常委会第二十二次会议通过了《中华人民共和国生物安全法》，明确立法的总体要求即是维护国家生物安全和保障人民生命健康，并规定了"国家加强对外来物种入侵的防范和应对，保护生物多样性"。《中华人民共和国生物安全法》的通过为防治外来物种入侵提供了综合性的制度规范。

（1）入侵防御体系建设

无论是海洋还是其他来源的外来物种，在其迁入前，预防是防治过程中最为有效的手段，因为外来物种一旦被引进成为入侵物种，清除也许是不可能的。因此，凡涉及外来物种入侵的大多数国际文件都不同程度规定了相关预防措施，如在联合国《生物多样性公约》第 8 条（h）款中即规定："防止引进、控制或消除那些威胁到生态系统、生境或物种的外来物种。"

根据预防为主的原则，制定规范外来生物引种和海洋外来入侵物种检疫、防控的相关法律法规，并建立科学完整的海洋外来生物风险评估体系，为科学引种提供决策依据。此外，建立外来入侵物种的早期预测、监测、早期控制和快速反应体系，研究海洋外来入侵生物的控制和防范措施，完善外来生物入侵控制体系。

（2）早期预警体系建设

加强检疫和控制引进，并不能完全阻断外来物种入侵，不可避免地还会有部分外来物种有意或无意地被引进到一个新的生态系统，形成入侵。如果不能及时发现入侵并及时采取控制措施，将会造成严重的后果。因此，早期预测入侵并及时采取控制措施是极为重要的，是生态恢复首选的行动。

（3）加强外来物种监测

对于已经确认，已经采用措施控制的外来入侵物种，或具有较高入侵性危险但已被引种的物种，需要实施严密的监测措施。监测中一旦发现种群扩展，或发生种群再入侵现象，需及时采取措施进行治理。

10.3.4.5　外来物种入侵处理

（1）物理清除

物理清除，又称机械防除法，是外来入侵物种清除的基本方法，也是最简便最直接的清除方法。物理清除主要是指直接使用人工或机械的手段对入侵的外来物种实施清除的过程，物理手段包括了光、声、电离、过滤、捕捞、拦截、压力、加热、冰冻、手工采集、暴晒、粉碎等。合理地利用不同的物理方法，能够有效减缓或遏制外来物种的入侵和扩展。只要能够在早期发现外来入侵物种，其种群分布范围不大，物理清除就是一种根除外来物种入侵的有效方法。与化学清除和生物控制相比，物理清除一般不会造成环境污染，对其他生物种类的影响也较小。因此，物理清除是首选的方法。然而，单一的物理方法，其人力物力消耗大，防治效率也可能较低。

（2）化学清除

通过化学手段清除入侵外来物种，特点是效果迅速，使用方便，易于控制大面积暴发的灾害，但费用高，对本地环境和生物的副作用大。特别是对海洋系统而言，物质流动过大，波及范围较广，有时效果也不明显，且可能造成不可预测的生态影响。因此，在治理海洋外来物种入侵的过程中，化学清除的方法应避免使用或者小规模使用。

（3）生物控制

一般认为，生物处理方法是简单、高效的治理外来种入侵的方法，包括生物控制和生物替代等方法。

生物控制方法的宗旨是利用生物之间的相互作用，降低或控制目标生物的存活率或繁殖率，达到规模化控制、缩小有害生物种群的目的。但是生物控制的目标不是彻底地消灭有害生物，而是将有害生物的数量或规模降低至生态、经济和社会可接受的水平。以控制互花米草为例，生物控制可采用从互花米草原产地引进昆虫、真菌以及病原生物等天敌以抑制互花米草的生长和繁殖，从而遏制其种群的暴发。在对互花米草的控制中应用的生物主要有玉黍螺、麦角菌、光蝉等。玉黍螺能直接取食互花米草的叶片，从而抑制其生长。麦角菌能够使互花米草感染麦角病，使种子内形成菌核，降低种子生产量，从而限制其扩散。在加利福尼亚南部湿地用澳大利亚昆虫来治理入侵的蕨类。田野菟丝子是薇甘菊的相克植物，能寄生并致死薇甘菊，使薇甘菊的覆盖度由 75%~95% 降到 18%~25%，较好地控制住薇甘菊的危害，并使受害群落的物种多样性明显增加，而不会使其他植物致死。

生物替代方法是根据生物群落演替的自身规律，利用经济或生态价值的本地植物取代外来入侵物种的生态方法。这种生物替代通常基于本地物种与外来入侵物种生态位的重叠性或相似性。例如，国内研究人员尝试用芦苇和红树植物替代入侵的互花米草。生物替代可选用本地物种，也可以用外来物种。但是，与引进入侵物种一样，新物种的引进可能导致新的外来物种入侵，因此，在引进外来物种之前，必须进行细致的调查研究、实验和论证，对引进的物种进行充分的风险评估。

（4）压舱水入侵物种的处理

《中华人民共和国国境卫生检疫法实施细则》第七十八条第六款规定"装自霍乱疫区的压舱水，未经消毒，不准排放和移下"。《中华人民共和国防止船舶污染海域管理条例》和《中华人民共和国海洋环境保护法》对油轮压舱水的排放地点、排放量和瞬时排放率等做了一些限制，主要是基于防污和船舶安全的角度，并无针对压舱水的专业监测规定。由于压舱水是引入外来入侵物种的一个重要途径，对压舱水的处理需引起广泛关注。

1）船舶压舱水的置换。

深海置换法被认为是最简单有效的压舱水处理方法，同时它也是现行船舶所普遍采用的方法。其作用原理是：生活在淡水、河口及绝大多数的浅海生物无法在深海区域存活，反之亦然。按照处理方式的不同，置换法具体可分为三类。

排空法：又称逐一置换法，是指逐一将压载舱中的压舱水排空然后重新泵入洁净的深海海水。该方法更换压舱水比较彻底，并且耗时较少。

溢流法：又称为注入顶出法，是指从压载舱的底部泵入清洁海水，使原来的压舱水通过溢流作用从顶部排出。该方法不改变船舶的吃水差和稳性，对船舶的局部强度和总纵强度影响较小，同时也不会产生货物移位，且操作起来相对简单，对压舱水管系的改造不大。

稀释法：大洋海水从压载舱顶部注入，底部流出的方法。3 倍原舱容量可稀释置换 90% 以上的原压舱水。此方法相比于注入顶出法，不但可以减少寒冷的天气下甲板结冰的危险，还有利于搅起沉积物，效果更好。

2）机械处理。

利用机械手段，如过滤、旋流分离等将压舱水中的生物和病原体分离，达到初步的处理效果，但是对细小的微生物和病毒分离效果较差。

过滤法：过滤法处理压舱水被认为是一种对环境危害最小的处理方法。通过过滤装置滤除海水中一定体积的微生物或其他污染物。选择合适的网目，可以有效地去除不同的生物种群。这种方法的特点是原理简单、安装方便且占用空间较小、初装成本相对也不高、可以在压舱水装载的过程中使用，不需要二次处理。

旋流分离法：利用管路中高速流动的水流产生的分离作用，将固体生物和病原体从压舱水中分离出去。旋流分离器安装在"豪华公主"轮表明，以每小时 200 m³ 的流量运行时，可滤除 40 μm 以上微生物，实验室实验可滤除 1 μm 以上微生物。这种方法的优点是操作简单、成本合理、能有效去除压舱水中的大微粒和生物体而且还可以去除压载舱底的淤泥。

3）物理法。

物理处理方法是指采用物理方法来达到分离、排除或灭杀海水有害生物和物质的目的，主要包括加热处理、紫外线辐射、超声波处理等。

加热处理：其主要原理是利用高温杀死压舱水中的有害生物。最新研究表明，40~45℃足以杀死或抑活压舱水中的有害水生物；低温长时间比高温短时间更有效。

紫外线辐射：被紫外线照射的细胞核核酸会产生光化学反应，从而丧失活性不能正常复制，生物生命活动不能进行，细胞不能进行分裂而死亡。

超声波处理：超声波可以产生热量、压力波的偏向，形成真空或半真空状态从而导致浮游生物缺氧死亡。

4）化学法。

化学处理法是通过改变压舱水中某些化学物质或元素的含量从而抑制有害细菌与微生物的生长和繁殖。化学处理法的实现手段主要是通过添加特定的化学物质来改变压舱水成分或通过一些催化手段快速改变压舱水自身的组成成分来实现。主要包括氯化、臭氧、丙烯醛、电解、羟基自由基法等。

氯化：直接添加氯气或次氯酸钠，利用氯对细菌、病原体的有效杀灭作用处理压舱水。氯的有效杀菌性早在工业、生活污水处理领域得到验证，氯能快速地抑制微生物蛋白质的合成，与微生物蛋白质中的氨基酸发生反应，使其分解，从而导致细胞死亡。

臭氧：臭氧是一种强氧化性但不稳定的氧化剂，可在干燥空气中由高频电极产生，通过氧化作用达到杀灭压舱水中有害水生物的目的。它能快速杀灭病毒和细菌，包括孢子。臭氧分子易分解为氧，研究表明水温为 20℃时，臭氧分子在水中存在时间小于 30 min；臭氧作用速度非常快，以（1~2）×10^{-6}的剂量接触 5~10 min 即可；在 pH 值 6~8 范围内，臭氧的反应能力非常稳定，pH 值增大，水质差，杀灭率降低。

丙烯醛：丙烯醛是一种广谱灭活剂，可杀灭细菌、海藻和其他微生物。实验室研究证实，（1~3）×10^{-6}丙烯酸能有效地控制多种海洋生物；实船实验表明，以 9×10^{-6}处理 2 天内 99.99% 有效，残余丙烯醛浓度保持在不小于 2×10^{-6}时，微生物再生的可能性最低。

电解：通过电解海水生成有效氯（次氯酸、次氯酸根离子、氯气等）进而灭除有害水生物。此外电场也有较强的杀菌作用，通过电击穿造成细胞膜穿透，还会造成膜蛋白酶功能失调，从而引起细胞死亡。电解法处理船舶压舱水已被证实是一种有效、很有前途的处理技术，在一定条件下能够灭除大多数的有害水生物和病原体，相对于氯化处理更为直接。

羟基自由基：羟基具有极强的氧化性，通过其强氧化性和无选择性彻底杀灭有害水生物和病原体。羟基溶液能够快速有效地氧化分解各种有机物和无机物，并且处理后生成水和氧气，不存在剩余污染，环境亲和性很好。

思考题

1. 海洋气象灾害的类型有哪些？
2. 海洋地质灾害的类型及防范措施有哪些？
3. 赤潮和浒苔的区别有哪些？
4. 海洋外来入侵物种的特征及危害有哪些？

主要参考文献

安晓华，2003. 中国珊瑚礁及其生态系统综合分析与研究 [D]. 青岛：中国海洋大学.

白中科，师学义，周伟，等，2020. 人工如何支持引导生态系统自然修复 [J]. 中国土地科学，34
  （9）：1-9.

曹卉，2012. 辽宁省海岸带环境脆弱性的研究 [D]. 大连：辽宁师范大学.

曾桥，2019. 海洋渔业资源可持续发展法律制度研究 [D]. 桂林：广西师范大学.

曾星，2013. 北方海域典型潟湖大叶藻（Zostera marina L.）植株移植技术的研究 [D]. 青岛：中国
  海洋大学.

陈彬，俞炜炜，2012. 海洋生态恢复理论与实践 [M]. 北京：海洋出版社.

陈彬，俞炜炜，陈光程，等，2019. 滨海湿地生态修复若干问题探讨 [J]. 应用海洋学学报，38
  （4）：464-473.

陈甫源，王琪，曾剑，等，2018. 浙江省海岸线分类保护和围填海分类管理 [J]. 海洋开发与管理，
  35（6）：62-65.

陈金瑞，2011. 胶州湾及青岛近海岸线变迁对青岛近海海洋动力环境的影响研究 [D]. 青岛：中
  国海洋大学.

陈丕茂，2006. 渔业资源增殖放流效果评估方法的研究 [J]. 南方水产，2（1）：1-4.

陈增奇，金均，陈奕，2006. 中国滨海湿地现状及其保护意义 [J]. 环境污染与防治，28（12）：
  930-933.

陈仲新，张新时，2000. 中国生态系统效益的价值 [J]. 科学通报，45（1）：17-22.

程敏，张丽云，崔丽娟，等，2016. 滨海湿地生态系统服务及其价值评估研究进展 [J]. 生态学报，
  36（23）：7509-7518.

崔丽娟，张曼胤，李伟，等，2011. 湿地基质恢复研究 [J]. 世界林业研究，24（3）：11-15.

戴瑛，2013. 辽宁省海洋开发生态保护的制度设计 [J]. 理论观察（4）：57-58.

翟惟东，马乃喜，2000. 自然保护区功能区划的指导思想和基本原则 [J]. 中国环境科学，20
  （4）：337-340.

邸梅，2012. 船舶压载水典型处理方法存在的问题及对策研究 [D]. 大连：大连海事大学.

鄂海亮，2008. 我国船舶污染防治体系的分析研究 [D]. 大连：大连海事大学.

冯士筰，李凤岐，李少菁，1999.海洋科学导论［M］.北京：高等教育出版社.

冯有良，2013.海洋灾害影响我国近海海洋资源开发的测度与管理研究［D］.青岛：中国海洋大学.

傅秀梅，2008.中国近海生物资源保护性开发与可持续利用研究［D］.青岛：中国海洋大学.

高益民，2008.海洋环境保护若干基本问题研究［D］.青岛：中国海洋大学.

高宇，2019.中国典型红树林湿地沉积物碳库分布特征及控制因子研究［D］.北京：清华大学.

耿晓婧，余锡平，2009.海岸带微气候的相关研究进展［J］.水运工程（11）：40–44.

公德华，2006.浅谈固体废物最终处置的方法［J］.环境科学与管理，31（6）：106–109.

关道明，2012.中国滨海湿地［M］.北京：海洋出版社.

郭禹，章守宇，林军，2020.基于上升流效应的单位鱼礁建设模式研究［J］.南方水产科学，16（5）：71–79.

韩庚辰，杨新梅，2017.海洋特别保护区保护利用调控技术研究与实践［M］.北京：海洋出版社.

韩秋影，施平，2008.海草生态学研究进展［J］.生态学报，28（11）：5561–5570.

韩锡锡，李琴，曹婧，等，2018.赤潮治理方法综述［J］.海洋开发与管理（4）：76–80.

纪思琪，2019.厦门湾海洋塑料垃圾来源定量及其政策研究［D］.厦门：厦门大学.

江泽慧，王宏，2018.中国海洋生态文化［M］.北京：人民出版社.

姜欢欢，温国义，周艳荣，等，2013.我国海洋生态修复现状、存在的问题及展望［J］.海洋开发与管理（1）：35–38.

姜娇，钱周兴，雷鸣霞，等，2020.珊瑚的"敌"和"友"——长棘海星与法螺［J］.大自然（4）：18–23.

姜昭阳，郭战胜，朱立新，等，2019.人工鱼礁结构设计原理与研究进展［J］.水产学报，43（9）：1881–1889.

蒋平，2006.我国海洋资源综合开发利用法律问题研究——以海洋空间资源为视角［D］.青岛：中国海洋大学.

蒋婷，2015.基于生态混凝土的水污染修复技术研究［D］.邯郸：河北工程大学.

解雪峰，项琦，吴涛，等，2021.滨海湿地生态系统土壤微生物及其影响因素研究综述［J］.生态学报，41（1）：1–12.

雷利元，2020.GIS支持下的辽宁省海岸线分形特征研究［J］.测绘地理信息，45（3）：66–69.

李古月，王先鹏，赵艳莉，等，2020.加强宁波海岸带综合管理的对策建议［J］.宁波经济（三江论坛）（9）：21–23.

李京梅，2010.我国围填海造地资源环境价值损失评估及补偿研究［D］.青岛：中国海洋大学.

李露蓓，2011.江苏潮滩湿地生态系统服务功能价值研究［D］.南京：南京师范大学.

李萍，刘杰，徐元芹，等，2018.我国典型海岛主要地质灾害类型及防治措施［J］.海洋开发与管理，35（5）：60–64.

李生长，2021.海上大风浪环境中船舶航行安全分析［J］.天津航海（2）：3–8.

李晓诗，2015.威海东部新城海岸带植被修复研究及设计实践［D］.北京：北京林业大学.

李雅明，2015.海上溢油预测系统的研究与开发［D］.青岛：中国海洋大学.

李亚宁，2017.基于分级管控的大陆自然岸线保有率研究——以福建霞浦为例［D］.天津：天津
    大学.

李勇，2014.山东近岸海草植被固碳功能研究——以荣成天鹅湖大叶藻为例［D］.青岛：中国海
    洋大学.

李元超，梁计林，吴钟解，等，2019.长棘海星的暴发及其防治［J］.海洋开发与管理，36
    （8）：9–12.

李震，2010.青岛近海浒苔的污染与预防治理［J］.海洋开发与管理，27（9）：41–43.

林桂兰，2007.城市化过程中海岸带资源环境体系的调控与规划研究［D］.南京：南京大学.

林凯琴，2020.平潭岛外来草本植物的群落特征与入侵性研究［D］.福州：福建农林大学.

林子腾，2005.雷州半岛红树林湿地生态保护与恢复技术研究［D］.南京：南京林业大学.

刘炳舰，2012.山东典型海湾大叶藻资源调查与生态恢复的基础研究［D］.北京：中国科学院研
    究生院.

刘丹，2011.海洋生物资源国际保护研究［D］.上海：复旦大学.

刘峰，逄少军，2012.黄海浒苔绿潮及其溯源研究进展［J］.海洋科学进展，30（3）：441–
    449.

刘婧美，饶庆贺，2016.秦皇岛近岸海域水母暴发原因分析及防治对策研究［J］.河北渔业（1）：
    55–57.

刘亮，王厚军，岳奇，2020.我国海岸线保护利用现状及管理对策［J］.海洋环境科学，39（5）：
    723–731.

刘鹏，2013.海草床双壳贝类生理生态学特征及大叶藻生态恢复研究［D］.北京：中国科学院研
    究生院.

刘晴，2010.海州湾海岸带生态系统健康诊断［D］.南京：南京师范大学.

刘燕山，2015.大叶藻四种播种增殖技术的效果评估与适宜性分析［D］.青岛：中国海洋大学.

刘召峰，2009.海岸带生态系统退化诊断系统研究——以崇明东滩为例［D］.上海：华东师范大学.

鹿红，2018.我国海洋生态文明建设研究［D］.大连：大连海事大学.

吕兑安，程杰，莫微，等，2019.海水养殖污染与生态修复对策［J］.海洋开发与管理，36
    （11）：43–48.

吕佳，2008.中国红树林分布及其经营对策研究［D］.北京：北京林业大学.

马永辉，2020.建设智慧型海洋海岛国家公园研究——以长山群岛为例［D］.大连：辽宁师范

大学.

孟俣希, 2010. 浙江沿海红树林引种造林的效益与策略分析 [D]. 北京: 北京大学.

孟云闪, 曹英志, 韩志聪, 等, 2021. 20 世纪 90 年代以来我国渤海区域海岸线变化趋势分析 [J]. 长春工程学院学报 (自然科学版), 22 (2): 51–54.

潘敖大, 1999. 连云港市海洋气象业务服务系统 [J]. 南京气象学院学报, 22 (2): 274–278.

潘新春, 杨亮, 2017. 实行海岸线分类保护维护海岸带生态功能——《海岸线保护与利用管理办法》解读 [J]. 海洋开发与管理 (6): 3–6.

彭逸生, 周炎武, 陈桂珠, 2006. 红树林湿地恢复研究进展 [J]. 生态学报, 28 (2): 786–797.

濮文虹, 周李鑫, 杨帆, 等, 2005. 海上溢油防治技术研究进展 [J]. 海洋科学, 29 (6): 73–76.

齐连明, 张祥国, 李晓冬, 2013. 国内外海岛保护与利用政策比较研究 [M]. 北京: 海洋出版社.

齐平, 2006. 我国海洋灾害应急管理研究 [J]. 海洋环境科学, 25 (4): 81–83.

齐庆华, 2020. 海洋中尺度过程与区域海洋环境和气候安全 [J]. 海洋开发与管理 (10): 12–20.

邱若峰, 邢容容, 刘修锦, 等, 2019. 唐山市海岛沙滩受损海岸整治修复方案探讨 [J]. 海洋开发与管理, 36 (5): 41–47.

上官阿欣, 2012. 蓝色经济区填海造地生态补偿制度研究 [D]. 青岛: 山东科技大学.

沈国英, 黄凌风, 郭丰, 等, 2016. 海洋生态学 (第三版) [M]. 北京: 科学出版社.

宋延巍, 2006. 海岛生态系统健康评价方法及应用 [D]. 青岛: 中国海洋大学.

孙承君, 蒋凤华, 李景喜, 等, 2016. 海洋中微塑料的来源、分布及生态环境影响研究进展 [J]. 海洋科学进展, 34 (4): 449–461.

孙金华, 吴永祥, 林锦, 等, 2021. 黄渤海沿海地区海水入侵防治与地下水管理研究 [J]. 中国水利 (7): 20–23.

孙晓萌, 彭本荣, 2014. 中国生态修复成效评估方法研究 [J]. 环境科学与管理, 39 (7): 153–157.

孙旭, 2020. 我国海洋倾废管理立法的完善 [D]. 青岛: 山东科技大学.

孙雪, 2019. 红沿河电厂海域大型水母来源与迁移路径研究 [D]. 天津: 天津大学.

田野, 2020. 乐清湾资源环境对围垦工程的累积响应探究 [D]. 郑州: 华北水利水电大学.

王厚军, 袁广军, 刘亮, 等, 2021. 海岸线分类及划定方法研究 [J]. 海洋环境科学, 40 (3): 430–434.

王建忠, 任志刚, 王鹏, 等, 2020. 面向自然资源管理的海岸线界定方法探讨 [J]. 海洋测绘, 40 (3): 50–54.

王丽荣, 于红兵, 李翠田, 等, 2017. 海洋生态系统修复研究进展 [J]. 应用海洋学学报, 37 (3): 435–446.

王明舜，2009. 中国海岛经济发展模式及其实现途径研究［D］. 青岛：中国海洋大学.

王明婷，公维洁，韩玉，等，2019. 我国珊瑚礁生态系统研究现状及发展趋势［J］. 绿色科技（8）：
13-15.

王伟，2015. 金沙江观音岩水库增殖放流效果监测技术与评价体系研究［D］. 武汉：华中农业
大学.

王文卿，王瑁，2007. 中国红树林［M］. 北京：科学出版社.

王小钢，2005. 我国濒危物种生境保护法律措施的评述和完善［J］. 野生动物，26（2）：30-32.

王欣，2009. 北部湾涠洲岛珊瑚礁区悬浮物沉降与珊瑚生长关系的研究［D］. 南宁：广西大学.

王新艳，白军红，闫家国，等，2020. 关于海草床食物网营养级相互作用研究的文献分析［J］. 环
境生态学，2（6）：47-55.

王鑫，2019. 海洋生物资源的国际法保护［D］. 南昌：南昌大学.

王艳红，2006. 废黄河三角洲海岸侵蚀过程中的变异特征及整体防护研究［D］. 南京：南京师范
大学.

王莹，2008. 烟台东部近岸海域沉积动力学特征研究［D］. 青岛：中国海洋大学.

王永智，2020. 近30年北部湾涠洲岛珊瑚礁生态系统健康评价及其生态资产核算方法研究［D］.
南宁：广西大学.

王勇，宋泉清，任永秋，2009. 虾池中的浒苔或许是奥帆赛海域浒苔爆发的"罪魁祸首"［J］. 齐
鲁渔业（10）：61-61.

魏子瞻，马硕利，靳博文，2016. 海洋中水母暴发的诱因和影响［J］. 河北渔业（7）：71-72.

文芳，2015. 海南珊瑚礁保护法律制度研究［D］. 海口：海南大学.

吴地泉，2016. 中国红树林湿地生态系统的保护与生态恢复［J］. 花卉（16）：97-99.

吴亮，陈克亮，汪宝英，等，2013. 海岸带环境污染控制实践技术［M］. 北京：科学出版社.

吴玲娟，曹丛华，高松，等，2013. 我国绿潮发生发展机理研究进展［J］. 海洋科学，37（12）：
118-121.

吴玲玲，陆健健，童春富，等，2003. 长江口湿地生态系统服务功能价值的评估［J］. 长江流域资
源与环境，12（5）：411-415.

吴晓青，王国钢，都晓岩，等，2017. 大陆海岸自然岸线保护与管理对策探析——以山东省为例
［J］. 海洋开发与管理（3）：29-32.

夏长水，陈振华，韦重霄，等，2020. 广西钦州茅尾海综合整治水动力影响研究［J］. 海岸工程，
39（3）：157-168.

肖慧丹，2006. 海洋倾倒区监测在海洋倾废管理中的应用研究［D］. 青岛：中国海洋大学.

谢高地，鲁春霞，冷允法，2003. 青藏高原生态资产的价值评估［J］. 自然资源学报，18
（2）：189-196.

徐川，胡正春，2019.滨海核电站冷源拦截体系建设与研究［J］.电力安全技术，21（9）：45-48.

徐晓甫，2013.天津近岸海域生态环境特性及其空间决策支持系统研究［D］.天津：天津大学.

徐云兵，2016.盐碱地的改良和应用［J］.现代园艺（6）：147.

杨红生，许帅，林承刚，等，2020.典型海域生境修复与生物资源养护研究进展与展望［J］.海洋
　　与湖沼，51（4）：809-820.

杨金艳，罗福生，王爱军，等，2020.淤积型海湾整治修复效果综合评价——以厦门湾为例［J］.
　　应用海洋学学报，39（3）：389-399.

杨克红，赵建如，金路，等，2010.海南岛海岸带主要地质灾害类型分析［J］.海洋地质动态，26
　　（6）：1-6.

杨利娟，2008.表面活性剂产生菌及石油烃降解菌在石油烃降解中的作用［D］.汕头：汕头大学.

杨琳，2014.基于海陆统筹的海岸线管理研究［D］.厦门：厦门大学.

杨文鹤，2006.中国海岛［M］.北京：海洋出版社.

姚天舜，2017.青浜大型海洋藻类生态分布与人工海藻场生境构造技术［D］.舟山：浙江海洋
　　大学.

尹华斌，周德山，张晴，等，2020.连云港市海水入侵现状调查及防治对策探讨［J］.环境与发展，
　　32（11）：29-32.

应铭，2007.废弃亚三角洲岸滩泥沙运动和剖面塑造过程——以黄河三角洲北部为例［D］.上海：
　　华东师范大学.

于东生，洪家明，2011.广西钦州茅尾海清淤整治项目水动力影响研究［J］.第十五届中国海洋
　　（岸）工程学术讨论会论文集［C］.北京：海洋出版社.

臧盛璐，2020.基于本体论的海洋流场时空数据组织模型研究［D］.青岛：山东科技大学.

詹旭奇，2019.海岸生态廊道设计理论研究［D］.大连：大连理工大学.

张翠萍，贾后磊，吴玲玲，等，2020.海堤生态化建设技术的研究进展及推进我国海堤生态化建设
　　的建议［J］.海洋开发与管理（9）：57-61.

张国锋，2018.自然保护小区建设的自主治理问题研究——以四川关坝流域自然保护小区为例
　　［D］.贵阳：贵州师范大学.

张建伟，2013.枸杞岛瓦氏马尾藻规模化增养殖及生态修复作用研究［D］.上海：上海海洋大学.

张立斌，2010.几种典型海域生境增养殖设施研制与应用［D］.青岛：中国科学院海洋研究所.

张小霞，陈新平，米硕，等，2020.我国生物海岸修复现状及展望［J］.海洋通报，39（1）：1-11.

张晓龙，刘乐军，李培英，等，2013.中国滨海湿地退化评估［J］.海洋通报，33（1）：112-
　　119.

张欣，李长青，于杨飞，2020.珊瑚礁生态修复技术研究进展［J］.产业创新研究（22）：137-138.

张云，吴彤，张建丽，等，2018.基于海域使用综合管理的海岸线划定与分类探讨［J］.海洋开发

与管理（9）：12-16.

张长宽，2013.江苏省近海海洋环境资源基本现状［M］.北京：海洋出版社.

张志卫，2012.无居民海岛生态化开发监管技术体系研究［D］.青岛：中国海洋大学.

张志卫，刘志军，刘建辉，2018.我国海洋生态保护修复的关键问题和攻坚方向［J］.海洋开发与
管理（10）：26-30.

章守宇，孙宏超，2007.海藻场生态系统及其工程学研究进展［J］.应用生态学报，18（7）：
1647-1653.

赵瑾，2012.黄海绿潮浒苔（*Ulva prolifera*）遗传多样性研究［D］.青岛：中国科学院海洋研究所.

赵鹏，朱祖浩，江洪友，等，2019.生态海堤的发展历程与展望［J］.海洋通报，38（5）：
481-490.

赵千硕，初建松，朱玉贵，2020.海洋保护区概念、选划和管理准则及其应用研究［J］.中国软科
学增刊（上），z1：10-15.

赵淑江，吕宝强，李汝伟，等，2015.物种灭绝背景下东海渔业资源衰退原因分析［J］.中国科学：
地球科学，45（11）：1628-1640.

赵淑江，朱爱意，张晓举，2005.我国的海洋外来物种及其管理［J］.海洋开发与管理，22（3）：
58-66.

赵云英，杨庆霄，1997.溢油在海洋环境中的风化过程［J］.海洋环境科学，16（1）：45-51.

郑懿珉，高茂生，刘森，等，2015.基于我国海岸带开发的地质环境质量评价指标体系［J］.海洋
地质前沿，31（1）：59-64.

周小春，2013.植被在湿地修复中的应用［J］.安徽林业科技，39（2）：11-14.

朱文东，2019.智慧渔业背景下智慧型海洋牧场发展研究［D］.舟山：浙江海洋大学.

朱艳，2009.我国海洋保护区建设与管理研究［D］.厦门：厦门大学.

朱宇，李加林，汪海峰，等，2020.海岸带综合管理和陆海统筹的概念内涵研究进展［J］.海洋
开发与管理（9）：13-21.

朱越，2020.岩礁性鱼类增殖放流重要环节适宜性研究［D］.上海：上海海洋大学.

左玉辉，林桂兰，2008.海岸带资源环境调控［M］.北京：科学出版社.

ALAKBAROV U, LAWRENCE J E S, 2015.Towards ecological civilization：ideas from azerbaijan［J］.
Journal of Human Resource and Sustainability Studies，3（3）：93-100.

AN S Q, CHENG X L, LUO Y Q, et al., 2018. Alterations in soil bacterial community in relation to Spartina
alterniflora Loisel. Invasion Chronosequence in the Eastern Chinese Coastal Wetlands［J］. Applied Soil
Ecology，135.

AREF A, SAGHEER A, HUMADE A, et al., 2011.Monitoring of coastline changes along the Red Sea,
Yemen based on remote sensing technique［J］.Global Geology，14（4）：241-248.

BAELDE P, 1990. Differences in the structures of fish assemblages in Thalassia testudinum beds in Guadeloupe, French West Indies, and their ecological significance [J]. Marine Biology, 105 (1): 163–173.

BALLANTTNE B, 2014. Fifty years on: Lessons from marine reserves in New Zealand and principles for a worldwide network [J]. Biological Conservation, 176: 297–307.

BARRO R J, 1999. Notes on growth accounting [J]. Journal of Economic Growth, 4 (2): 119–137.

BRUCE HULL R, RICHERT D, SEEKAMP E, et al., 2003. Understandings of environmental quality: ambiguities and values held by environmental professionals [J]. Environmental Management, 31 (1): 0001–0013.

BURGER J, GOCHFELD M, 2001. On developing bioindicators for human and ecological health. [J]. Environmental Monitoring and Assessment, 66 (1): 23–46.

CHEN J Y, CHEN S L, 2002. Estuarine and coastal challenges in China [J]. Chinese Journal of Oceanology and Limnology, 20 (2): 174–181.

COSTANZA R, ARGE R, GROOT R, et al., 1997. The value of the world's ecosystem services and natural capital[J]. Nature, 1386: 253–260.

COSTELLO M J, 2015. Biodiversity: the known, unknown, and rates of extinction [J]. Current Biology, 25 (9): R368–R371.

COSTELLO M J, BULL B, 2015. Biodiversity conservation should focus on no-take Marine Reserves 94% of Marine Protected Areas allow fishing[J]. Trends in Ecology & Evolution, 30 (9): 507–509.

CUI J, CHEN X P, NIE M, et al., 2017. Effects of spartina alterniflora invasion on the abundance, diversity, and community structure of sulfate reducing bacteria along a successional gradient of coastal salt marshes in China [J]. Wetlands, 37 (2): 221–232.

ELSHINNAWY A, ALMALIKI H, 2021. Vulnerability assessment for sea level rise impacts on coastal systems of Gamasa Ras El Bar Area, Nile Delta, Egypt [J]. Sustainability, 13 (7): 3624.

GAO S, MICHAEL C, 1998. Equilibrium coastal profiles: I. Review and synthesis [J]. Chinese Journal of Oceanology and Limnology, 16 (2): 97–107.

GILL R E, LEE T T, DOUGLAS D C, et al., 2008. Extreme endurance flights by landbirds crossing the Pacific Ocean: ecological corridor rather than barrier? [J]. Proceedings of The Royal Society B, 276(1656): 447–457.

HARRIS R L, 2015. China's relations with the Latin American and Caribbean Countries: a peaceful panda Bear instead of a roaring dragon [J]. Latin American Perspectives, 42 (6): 153–190.

HERSHNER C, HAVENS K, BILKOVIC D M, et al., 2007. Assessment of Chesapeake Bay Program selection and use of indicators [J]. EcoHealth, 4 (2): 187–193.

HOLLING C S, 1992. Cross-scale morphology, geometry, and dynamics of ecosystems [J]. Ecological Monographs, 62 (4): 447–502.

HUMPHREYS J, HERBERT R J H, 2018. Marine protected areas: science, policy & management [J]. Estuarine, Coastal and Shelf Science, 215: 215–218.

HWANG H K, SON M H, MYEONG J I, et al., 2014. Effects of stocking density on the cage culture of Korean rockfish (Sebastes schlegeli) [J]. Aquaculture, 434: 303–306.

HYNDES G A, KENDRICK A J, MACARTHUR L D, et al., 2003. Differences in the species- and size-composition of fish assemblages in three distinct seagrass habitats with differing plant and meadow structure [J]. Marine Biology, 142 (6): 1195–1206.

JIN Y W, YANG W, SUN T, et al., 2016. Effects of seashore reclamation activities on the health of wetland ecosystems: a case study in the Yellow River Delta, China [J]. Ocean and Coastal Management, 123: 44–52.

KAY J J, 1991. A nonequilibrium thermodynamic framework for discussing ecosystem integrity [J]. Environmental Management, 15 (4): 483–495.

KE L, YIN S, WANG S, et al., 2020. Spatiotemporal changes caused by the intensive use of sea areas in the liaoning coastal economic zone of China [J]. PloS One, 15 (11): e0242977.

KHUMBONGMAYUM A D, KHAN M L, TRIPATHI R S, 2005. Sacred groves of Manipur, northeast India: biodiversity value, status and strategies for their conservation [J]. Biodiversity and Conservation, 14 (7): 1541–1582.

KIM S E, KIM H, CHAE Y, 2014. A new approach to measuring green growth: application to the OECD and Korea [J]. Futures, 63: 37–48.

KOMATSU T, KAWAI H, 1986. Diurnal changes of pH distribution and the cascading of shore water in a Sargassum forest [J]. Journal of the Oceanographical Society of Japan, 42 (6): 447–458.

KOMATSU T, 1985. Temporal fluctuations of water temperature in a Sargassum forest [J]. Journal of the Oceanographical Society of Japan, 41 (4): 235–243.

LARS HAKANSON, 1980. An ecological risk index for aquatic pollution control: a sedimentological approach [J]. Water Research, 14 (8): 975–1001.

LIANG P, WU S C, ZHANG J, et al., 2016. The effects of mariculture on heavy metal distribution in sediments and cultured fish around the Pearl River Delta region, south China [J]. Chemosphere, 148: 171–177.

LIU J J, 2020. A grey theory—based economic prediction method of port and ocean engineering [J].

Journal of Coastal Research, 106 (sp1): 197–200.

LIU J, LIU N, ZHANG Y, et al., 2019. Evaluation of the non−use value of beach tourism resources: a case study of Qingdao coastal scenic area, China [J]. Ocean and Coastal Management, 168: 63–71.

LIU X, MENG R L, XING Q G, et al., 2015. Assessing oil spill risk in the Chinese Bohai Sea: a case study for both ship and platform related oil spills [J]. Ocean and Coastal Management, 108: 140–146.

LUO L, HAN M, WU R N, et al., 2017. Impact of nitrogen pollution/deposition on extracellular enzyme activity, microbial abundance and carbon storage in coastal mangrove sediment [J]. Chemosphere, 177: 275–283.

LUO L, WU R N, GU J D, 2018. Influence of mangrove roots on microbial abundance and ecoenzyme activity in sediments of a subtropical coastal mangrove ecosystem [J]. International Biodeterioration & Biodegradation, 132: 10–17.

MAGDOFF F, 2012. Harmony and ecological civilization: beyond the capitalist alienation of nature [J]. Monthly Review, 64 (2): 1–9.

MANDELBROT B B, 1967.How long is the coast of Britain? statistical self—similarity and fractional dimension [J].Science, 156 (3775): 636–638.

MAVROMMATI G, BITHAS K, PANAYIOTIDIS P, 2013.Operationalizing sustainability in urban coastal systems: A system dynamics analysis [J]. Water Research, 47 (20): 7235–7250.

MAZDA Y, MAGI M, KOGO M, et al., 1997. Mangroves as a coastal protection from waves in the Tong King delta, Vietnam [J]. Mangroves and Salt Marshes, 1 (2): 127–135.

MONTGOMERY J, SCARBOROUGH C, SHUMCHENIA E, et al., 2021. Ocean health in the Northeast United States from 2005 to 2017 [J]. People and Nature, 3 (4): 827–842.

MUELLER P, NOLTE S, JENSEN K, et al., 2017. Top−down control of carbon sequestration: grazing affects microbial structure and function in salt marsh soils [J]. Ecological Applications, 27 (5): 1435–1450.

NADARAJAH S, 2005. Extremes of daily rainfall in west central Florida [J]. Climatic Change, 69 (2–3): 325–342.

NECKLES H A, DIONNE M, BURDICK D M, et al., 2002. A monitoring protocol to assess tidal restoration of salt marshes on local and regional scales [J]. Restoration Ecology, 10 (3): 556–563.

NEORI A, AGAMI M, 2017. The functioning of Rhizosphere Biota in wetlands–a review [J]. Wetlands, 37 (4): 615–633.

NI Z, WU X, LI L, et al., 2017. Pollution control and in situ bioremediation for lake aquaculture using an ecological dam〔J〕. Journal of Cleaner Production, 172：2256–2265.

NIENHUIS P H, GULATI R D, 2002. Ecological restoration of aquatic and semi–aquatic ecosystems in the Netherlands：an introduction〔J〕. Hydrobiologia, 478（1–3）：1–6.

NOSE T, 1985. Recent advances in aquaculture in Japan〔J〕. Geo Journal, 10（3）：261–276.

OLIVEIRA JAPD, DOLL CNH, BALABAN O, et al., 2013. Green economy and governance in cities：assessing good governance in key urban economic processes〔J〕. Journal of Cleaner Production, 58：138–152.

PANTUS F J, DENNISON W C, 2005. Quantifying and evaluating ecosystem health：a case study from Moreton Bay, Australia〔J〕. Environmental Management, 36（5）：757–771.

PHONDANI P C, BHATTA, ELSARRAG E, et al., 2016 .Criteria and indicator approach of global sustainability assessment system for sustainable landscaping using native plants in Qatar〔J〕. Ecological Indicators, 69：381–389.

PIET G, CULHANE F, JONGBLOED R, et al., 2019.An integrated risk–based assessment of the North Sea to guide ecosystem–based management〔J〕. Science of the Total Environment, 654：694–704.

PLATT T , SATHYENDRANATH S, 2008. Ecological indicators for the pelagic zone of the ocean from remote sensing〔J〕. Remote Sensing of Environment, 112（8）：3426–3436.

POWERS S P, FODRIE F J, SCYPHERS S B, et al., 2013. Gulf–wide decreases in the size of large coastal sharks documented by generations of fishermen〔J〕. Marine and Coastal Fisheries：Dynamics, Management, and Ecosystem Science, 5（1）：93–102.

PRINCE S D, GOETZ S J, GOWARD S N, 1995. Monitoring primary production from Earth observing satellites〔J〕. Water, Air, and Soil Pollution, 82（1–2）：509–522.

RAPPORT D J, 1989. What constitutes ecosystem health?〔J〕. Perspectives in Biology and Medicine, 33（1）：120–132.

RAPPORT D J, BHM G, BUCKINGHAM D, et al., 1999. Ecosystem health：the concept, the ISEH, and the important tasks ahead〔J〕. Ecosystem Health, 5（2）：82–90.

ROBERTSON A I, DUKE N C, 1987. Mangroves as nursery sites：comparisons of the abundance and species composition of fish and crustaceans in mangroves and other nearshore habitats in tropical Australia〔J〕. Marine Biology, 96（2）：193–205.

SCOTT G I, FULTON M H , DELORENZO M E , et al., 2013. The environmental sensitivity index and oil and hazardous materials impact assessments：linking prespill contingency planning and ecological risk assessment〔J〕. Journal of Coastal Research, 69（sp1）：100–113.

SINGHA S, VESPE M, TRIESCHMANN O, 2013. Automatic Synthetic Aperture Radar based oil spill detection and performance estimation via a semi-automatic operational service benchmark [J]. Marine Pollution Bulletin, 73 (1): 199–209.

STRAIN E M A, MORRIS R L, BISHOP M J, et al., 2018.Building blue infrastructure: assessing the key environmental issues and priority areas for ecological engineering initiatives in Australia's metropolitan embayments [J]. Journal of Environmental Management, 230: 488–496.

SU Z G, DAI T J, TANG Y S, et al., 2018. Sediment bacterial community structures and their predicted functions implied the impacts from natural processes and anthropogenic activities in coastal area [J]. Marine Pollution Bulletin, 131: 481–495.

TANG Y, YANG W, SUN L, et al., 2019.Studies on factors influencing hydrodynamic characteristics of plates used in Artificial Reefs [J].Journal of Ocean University of China, 18 (1): 193–202.

THEBAUD O, TNNES J, DOYEN L, et al., 2014. Building ecological-economic models and scenarios of marine resource systems: workshop report [J]. Marine Policy, 43: 382–386.

TOWNS D R, 2002. Korapuki Island as a case study for restoration of insular ecosystems in New Zealand [J]. Journal of Biogeography, 29 (5–6): 593–607.

VAN LOON-STEENSMA J M, SCHELFHOUT H A, 2017. Wide Green Dikes: a sustainable adaptation option with benefits for both nature and landscape values? [J]. Land Use Policy, 63: 528–538.

WHITTAKER R H, LIKENS G E, 1973. Carbon in the biota. Brookhaven Symposia in Biology [J]. 30: 281–302.

WINFIELD M, DOLTER B, 2014. Energy, economic and environmental discourses and their policy impact: the case of Ontario's green energy and green economy act [J]. Energy Policy, 68: 423–435.

WU H, LIU J L, BI X Y, et al., 2017. Trace metals in sediments and benthic animals from aquaculture ponds near a mangrove wetland in Southern China [J]. Marine Pollution Bulletin, 117 (1–2): 486–491.

XIE X F, PU L J, WANG Q Q, et al., 2017. Response of soil physicochemical properties and enzyme activities to long-term reclamation of coastal saline soil, Eastern China [J]. Science of the Total Environment, 607–608: 1419–1427.

YANG G S, 1995. Relative sea level rise and its effects on environment and resources in China's coastal areas [J]. Chinese Geographical Science, 5 (2): 104–115.

YANG J S, ZHAN C, LI Y Z, et al., 2018. Effect of salinity on soil respiration in relation to dissolved organic carbon and microbial characteristics of a wetland in the Liaohe River estuary, Northeast China [J]. Science of the Total Environment, 642: 946–953.

ZHANG G L, BAI J H, JIA J, 2019. Shifts of soil microbial community composition along a short-term invasion chronosequence of Spartina alterniflora in a Chinese estuary [J] . Science of the Total Environment, 657 : 222-233.

ZHANG H X, ZHENG S L, DING J W, et al., 2017. Spatial variation in bacterial community in natural wetland-river-sea ecosystems [J] . Journal of Basic Microbiology, 57 (6) : 536-546.

ZHAO B, KREUTER U, LI B, et al., 2004. An ecosystem service value assessment of land-use change on Chongming Island, China [J] . Land Use Policy, 21 (2) : 139-148.